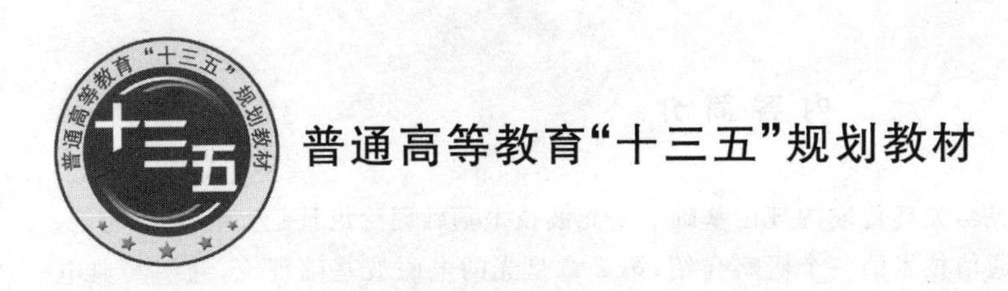

光波技术基础

袁建国　编著

北京邮电大学出版社
www.buptpress.com

内容简介

随着光纤通信技术的日益发展，光纤传输的理论基础——光波技术基础理论也日趋完善与系统化。本书共分为 9 章：第 1 章是对光通信技术的一个概略介绍；第 2 章是光的电磁波基础理论，介绍经典电磁理论的主要结论；第 3 章是对正规光波导的介绍；第 4 章是对均匀光波导的介绍；第 5 章是对光纤传输损耗的介绍；第 6 章是光纤的色散，讲述光纤的色散特性与色散补偿技术；第 7 章是单模光纤的非线性传输特性，讲述单模光纤中重要的非线性效应；第 8 章是对各种光纤技术的介绍；第 9 章是光通信中一些关键的光波导器件，讲述光通信系统中诸多关键光波导器件的结构、工作原理和特性。

本书是在编者多年讲授光波技术基础理论的教材与已发表的论文的基础上，吸收国内外有关论著，几经修改而完成的。本书选材新颖、内容翔实、系统性强，在叙述时作者力求深入浅出、通俗易懂。本书既可作为光学工程、光学、光电子、光通信等相关专业高年级本科生和研究生的教学用书，也可作为从事光通信产业的工程技术人员和科技研究人员的参考书。

图书在版编目(CIP)数据

光波技术基础 / 袁建国编著. -- 北京：北京邮电大学出版社，2017.10
ISBN 978-7-5635-5312-9

Ⅰ. ①光… Ⅱ. ①袁… Ⅲ. ①光通信 Ⅳ. ①TN929.1

中国版本图书馆 CIP 数据核字 (2017) 第 262868 号

书　　名：光波技术基础
著作责任者：袁建国　编著
责 任 编 辑：刘　颖
出 版 发 行：北京邮电大学出版社
社　　址：北京市海淀区西土城路 10 号(100876)
发 行 部：电话：010-62282185　传真：010-62283578
E-mail：publish@bupt.edu.cn
经　　销：各地新华书店
印　　刷：保定市中画美凯印刷有限公司
开　　本：787 mm×1 092 mm　1/16
印　　张：16.25
字　　数：383 千字
版　　次：2017 年 10 月第 1 版　2017 年 10 月第 1 次印刷

ISBN 978-7-5635-5312-9　　定价：39.00 元

前　言

随着信息领域相关技术的发展,特别是 Internet 对数据业务增长的强大推动,与信息有关的光通信、光电子、光传感、光集成与半导体激光等各种新技术,正以空前的速度和规模迅速发展。光波技术理论基础是光通信技术、光电子技术、光集成基础与光传感技术等的理论基础,主要讲述光在具有一定边界条件的透明介质中传播的基本规律和性质。在现代通信技术的发展中,人们发现,要建立光通信系统,首先必须解决两个基本问题:一是要有可以高速调制的相干光源,二是要有损耗足够低的光波传输介质。1960 年,世界上第一台激光器——红宝石激光器在美国休斯公司问世。1970 年,美国康宁公司用气相沉积法拉制出了世界上第一根有实用价值的单模光纤。此后,光纤通信技术和光纤传感技术迅速发展起来。目前,除用户线以外,光纤传输已完全代替了传统的电缆通信,形成了所谓同步光网络或称光电混合网络。同步光网络是第二代光通信网络,今后的发展方向是建设全光网络。在技术发展的同时,光波导理论,也就是以 Maxwell 电磁波理论为基础研究光在波导中的传输特性的理论也逐步形成了,并在技术的发展中发挥了重大的指导和推动作用。可以说,现代光通信技术的每一次重大突破都是根据已有理论有意识探索的结果。因而本书就从讲述光的 Maxwell 电磁波理论开始。由于光传输技术与半导体激光技术发展而逐步建立起来的光波技术理论是光通信与光电子技术的主要理论基础,所以一直受到科技人员的重视。掌握光波技术理论对有关专业的本科生、研究生以及研究工作者和技术人员理解新概念、掌握新方法、发现新现象和创造新技术都是十分必要和有益的。

光波技术理论基础是一门以光波技术为主的基础理论课,主要应用波动理论分析探讨光波技术理论的基本概念、原理和实际应用。这要求学生必须具备扎实的数学知识,良好的抽象思维能力和认真的治学态度。在学习的过程中,要注意由微波波导到光波导的过渡。老师在讲课过程中,不可能面面俱到地顾及光波技术理论中的所有问题,只能着重于阐述光波技术理论中的精髓和关键点。面对光通信技术与光电子技术日新月异的发展现实,本书力求反映光波导理论的最新技术和当前的研究水平,是一本理论性、系统性、可读性和时效性较好的教材。

目前国内外许多高校都为光学工程、光学、光电子、光通信等相关专业的研究生和高年级本科生开设了光波技术理论基础课程。本书是在编者多年讲授光波技术基础理论的教材与已发表的论文的基础上,参考国内外有关论著,几经修改而完成的。

本书共分为 9 章,系统地介绍了光波技术的理论基础知识,所选择的内容都是光波导的基础理论部分,其中着重对光纤波导的模式理论、光纤的传输损耗、光纤的色散特性与色散补偿技术、光纤的非线性传输特性、光纤技术以及光通信系统中一些关键的光波导器件等方面做了详尽阐述。本书为体现学科前沿成果,保证教材质量,在内容上充分吸收国内外相关研究成果,并融入编著者近年来在光波导领域的部分研究成果,突出思想性、针对性、科学性和系统性。在教材的编写上,作者力求理论体系完整、物理概念清晰明确、内容简明扼要、数学推导简洁严整。

本书的编写得到了重庆邮电大学光纤通信技术重点实验室全体科研工作者以及光电工程学院与教学处领导们的悉心帮助与指导,特此感谢他们!

我的一些研究生也参加了本书的编写与校对工作。其中,汪政权编写了第1章和第5章,曾晶编写了9.1节和9.3节,郑德猛编写了9.6节和9.7节,张锡若编写了9.11节和9.12节,孙乐乐编写了9.5节和9.8节。

由于编者水平有限,书中难免存在不妥之处,恳请读者批评指正。

编 者

2017年10月于重庆邮电大学

目　录

第1章 光纤通信技术的概论

光纤通信的发展推动了人类社会向信息社会的变革,1970年第一根低损耗光导纤维的出现,翻开了人类通向信息社会新的一页。光在光纤和各种波导结构中传输的理论即光波技术理论作为光纤传输的基本理论一直指导着光纤技术的前进和发展。20世纪末,光纤技术作为信息社会的主要支撑技术之一,光纤通信技术已成为现代通信技术的主流。进入21世纪,光纤通信技术与光纤传感技术继续飞速发展,其表现在单信道速率的不断提升、波分复用技术的成功应用以及网络化的发展。光纤的巨大通信能力正日益改变通信网的结构,光核心网、光城域网和光接入网以及IP技术等的不断应用,使现有的基于集中电路变换的通信网的分级结构有被分散的基于光交换的光网络取代的趋势。光纤通信已不只局限于传输领域,全光交换技术、全光网络技术的出现正预示着全光通信时代的到来。

1.1 光纤通信技术的演进

为了生存和发展,人们会在日常生活中把需要的信息从一个地方传送到另一个地方,这种信息的传递就是通信。通信必须依靠通信系统来完成。一个通信系统包括了三个主要组成部分:发送、传输和接收。光纤通信也不例外,需要传送的信息在发送端输入发送机,将信息调制到载波上,然后将已调制的载波通过传输媒介传送到接收端,由接收机解调出原来的信息。通常,射频波、微波、毫米波等都作为信息的载波,金属导线、电缆等作为传输媒介。但以光波为载波,光纤作为传输媒介的光纤通信迅速发展,已成为现代通信产业的支柱,是通信历史上重要的革命。

我国古代就开始利用光进行通信了,比如烽火台、手旗、灯光以及后来的交通红绿灯等,但可惜它们所能传递的距离和信息量都是十分有限的。

1880年Bell发明的光电话是近代光通信的雏形,他用阳光作为光源、硒晶体作为光接收检测器件,通过200 m的大气空间成功地传送了语音信号。但是这样的光电话需要合适的光源以及比较严格的大气环境,所以在如今的社会环境中,这种大气通信光电话未能像其他电通信方式那样得到发展。

激光器和光纤的诞生刺激了近代光通信的真正发展。1960年Maiman发明了红宝石激光器,激光器产生的强相干光可以作为可靠的光源服务于现代光通信。这种单波长的激光具有普通无线电波一样的特性,可对其调制而携带信息。利用激光的早期光通信也只能作为短距离通信使用,这是因为其传输媒介为大气。人们很快发现,许多因素如雾、雨、云,甚至一队偶然飞过的鸟,都会干扰光波的传播。显然,需要一种像射频或微波通信的电缆或波导那样的光波通信传输线,以克服这些影响,实现信息的长距离稳定传输。

1965 年,E. Miller 报导了由金属空心管内一系列透镜构成的透镜光波导,可避免大气传输的缺点,但其结构太复杂且精度要求太高而不能实用。与此同时,光导纤维的研究正在扎实进行。早在 1951 年就发明了医疗用玻璃纤维,但这种早期的光导纤维损耗太大(大于 1 000 dB/km),也不能作为光通信的传输媒质。1966 年,C. K. Kao 和 G. A. Hockman 在其论文中分析了造成光纤传输损耗高的主要原因,然后指出,如能完全除去玻璃中的杂质,损耗就可降到 20 dB/km——相当于同轴电缆的水平,那么,光纤就可用来进行光通信。在这种预想的鼓舞下,Corning 公司终于在 1970 年制出了 20 dB/km 损耗的光纤,从而为光纤通信的发展铺平了道路。之后,光纤损耗随着新的制造方法的出现以及工艺水平的不断提高而降低。到了 1979 年,单模光纤在 1 550 nm 波长上的损耗已经降到 0.2 dB/km,接近石英光纤的理论损耗极限。从此光通信技术得到了飞速的发展,通信容量也得到了惊人增长。

在光纤损耗不断降低的同时,光源的发展也十分迅速。1962 年,GaAs 半导体激光二极管(LD)问世意味着现代光通信有了小体积的高速光源。GaAs-LD 的发射波长为 870 nm,在掺杂铝后移到了光纤的短波长低损耗窗口(850 nm),又实现了在室温下长时间工作。但是 LD 价格昂贵,所以适合光纤通信的发光二极管(LED)便应运而生,也促进了光通信的实用化和大发展。

在光接收机的研究方面,APD、PIN 等高效率高速率半导体光电转换器件也陆续问世。1973 年,在对 PCM 数字接收机分析的论文中,解决了现代光通信系统中光接收机的设计问题。数字接收机的灵敏度很高,所以就损耗而言的传输距离得到了一定的增加。

另外,为了满足系统应用的需求,各种无源光器件(如光衰减器、光波分复用器、隔离器等)以及专用的仪器设备(如光纤熔接机、光功率计等)也陆续配套商用。

从 20 世纪 80 年代起,光纤通信进入了高速发展时期。从短波长(850 nm)到长波长(1 300 nm、1 550 nm),从多模光纤到单模光纤,从低速率到高速率。至今,商用光纤通信系统的发展已经历 4 代,即 850 nm 波长的多模光纤(第一代系统,1980 年)、1 300 nm 波长的单模光纤(第二代系统,1983 年)、1 550 nm 波长的单模光纤单频激光器(第三代系统,1991 年)以及光放大器(第四代系统,1995 年)。现在,传输速率为 2.5 Gbit/s 的系统已经实用化并大量应用,形成了遍布全国、全世界的陆地与海底光纤网。

1.2 光纤通信系统的关键技术

为了充分发挥光纤的带宽潜力,克服光纤损耗以及色散的影响、延长中继距离、扩大传输容量、降低成本一直都是光通信发展目标。系统的码速距离积一再提高,几乎每 4 年增加一个数量级,极大满足了人们对于信息传递速度、质量以及容量的要求。在光通信的发展过程中，各种技术不断涌现，推动着光通信技术不断地前进。

① 研制新型光纤、有源以及无源光器件、系统端机的集成化与模块化，提高速率与性能，简化结构降低成本，是系统发展的技术基础。实现"光电子器件集成化"是器件研发工作者的追求目标，为新一代的光通信系统与网络提供新的功能器件。

② 波分复用(Wavelength Division Multiplexing，WDM)技术，使单根光纤上能同时传输几十、几百个甚至上千个波长，实现超高速、超大容量的传输。WDM 技术使得网络容量提高了两个数量级以上，为当今数据业务、Internet 的超速发展提供了海量的带宽。WDM 在光网络中的作用犹如 IC 在电子学革命中的作用。

③ 光放大器技术，尤其是掺铒光纤放大器(Erbium Doped Fiber Amplifier，EDFA)、光纤拉曼放大器(Fiber Raman Amplifier，FRA)及应用。没有 EDFA，就没有当今 WDM 技术的辉煌与成功。目前比较引人注目的光纤拉曼放大器(FRA)，利用了光纤中的 SRS 效应，使信号与一个强泵浦波同时传输，并且其频率差位于泵浦波的拉曼增益谱宽之内，则此信号可被光纤放大。拉曼放大器的一个特性是有很宽的带宽，可以在任何波长处提供增益，只要能得到所需的泵浦波长，并且增益介质是光纤，可以制成分立式或分布式的放大器，另外一个显著优点是噪声低，可以满足在小信号放大时对光信噪比(OSNR)的要求。但受激拉曼效应的泵浦阈值较高，实现拉曼放大器的关键是高功率泵浦。例如，泵浦波长为1 450 nm，要获得 20 dB 的峰值增益，泵浦功率需要 400 mW(G. 655 光纤)或 620 mW (G. 652光纤)。所以一般建议在超过 2 000 km 的超长距系统或单跨段距离超过 100 km 时，为满足 OSNR 的要求，才使用拉曼放大器，当然为满足 L 波段放大的要求，也可以使用拉曼放大器，但一般长距系统应尽量避免使用。

④ 高速大容量光网络技术。光网络已经从电子交换和路由的第一代，发展到今天采用可重构光分插复用(ROADM)或可重构光交叉连接(ROXC)以及自动交换光网络(ASON)的第二代，并正向采用突发或分组交换的第三代演进，以提供更大的容量以及灵活性、可靠性。为此，必须在关键技术、系统技术及网络控制、管理与规划等方面不断创新。

⑤ 光接入网技术。"接入"是指连接用户和网络运营商边缘交换局之间"最后一公里"网络。现在的接入网 90%以上仍然采用的是双绞线的模拟系统，制约了全光网络的发展。光接入网技术能很好地解决这一难题。

⑥ 光纤孤子通信技术。光孤子是在无损耗光纤中传输时能始终保持其形状不变的一种光脉冲。利用光孤子技术可实现高速信号的长距离传输。近几年来，随着色散补偿和色散管理的实施，色散管理孤子(Dispersion Management Solition)的出现，大大克服了传统光孤子传输系统中的主要问题，简化了系统，使其向实用化又迈进了一大步。色散管理孤子是一种非严格意义上的光孤子，它使用归零码技术，通过对光脉冲的精心设计，利用传输光纤的周期性色散补偿，使脉冲的时域波形和频谱形状沿着链路获得周期性恢复。理论上讲，色散管理孤子比 NRZ 码有 8 dB 的性能提升，但由于实际操作中每一跨段的精确色散补偿有很大的难度，对性能有了一定限制。

⑦ 色散补偿技术。在 10 Gbit/s 以上的高速系统中，必须考虑色散补偿问题。最常用的色散补偿的方法是使用色散补偿光纤(DCF)，它在 1 550 nm 波段有很大的负色散，

可以补偿常规光纤的色散，但 DCF 的色散斜率与常规光纤不能完全匹配，导致不能在多个波长上同时精确地补偿色散效应，有残余的色散，尤其对于 G.655 光纤，色散斜率的补偿比较困难。目前比较先进的方法是针对光谱优化的色散补偿，可以通过子波带的精细补偿来补偿色散斜率。另外一种色散补偿的方法是使用啁啾光纤光栅，这种方法器件紧凑、插入损耗小，其色散斜率可以控制为与传输光纤相同，但目前制作的啁啾光纤光栅相位特性还不是很平滑，技术还不成熟。

⑧ 编码调制技术。新型的编码方式主要有 RZ 码、CS-RZ 码、Super NRZ 码等。RZ 码的优点是平均功率低，非线性容限能力有了提高，相对于 NRZ 码，接收端的 OSNR 可以提高 1～2 dB。且随着调制技术的成熟，成本不会增加很多。新型的 CS-RZ 码，其频谱宽度介于 RZ 和 NRZ 之间，可在增加功率的同时，保持其非线性容限性能，但其成本相对较高，目前还处于实验阶段。Super NRZ 码是在 NRZ 码上发展的又一种新的编码技术。它一方面展宽了 NRZ 码的频谱，降低了谱功率密度；另一方面还补偿了非线性效应产生的相位变化，从而抵消了非线性带来的信号幅度波形的变化。而且时域脉冲的变窄也增强了抗码间干扰的能力，相对于 NRZ 码，接收端的 OSNR 可以提高 3 dB 以上，技术成熟以后，在高速超长距离光信号的传输中将是一种很有竞争力的编码方式。

⑨ 前向纠错技术。对于高速率长距离系统，除了在光域上提高 OSNR 外，还可以在电域上进行编码纠错。目前比较流行的办法是采用前向纠错 FEC，能在接收端光信噪比 OSNR 较低的情况下依然获得较佳的误码性能指标。ITU-T G.707 建议中利用 SDH 的段开销 SOH 中空余字节以 BCH-3 码方式增加了 FEC 选项，应用到高速 SDH 系统上预期可获得 2～3 dB 的误码性能改善。如希望得到更多的改善，则可使用带外 FEC。例如，利用超强 FEC(SFEC)可以获得高达 10 dB 以上净编码增益的误码性能改善。

⑩ 动态均衡技术。动态均衡技术主要指动态功率调整。目前，比较完善的动态增益均衡可以通过放大器内部增加增益均衡滤波器和系统周期性增加自动增益均衡器来实现。前者通过优化中间级衰减，控制放大器输入功率，维持增益平坦度，属于单板级别。后者是通过软硬件结合实现的，沿光纤线路周期性地设置增益平坦滤波器，减少增益波动，属于系统级别。通过两者共同配合，可对系统功率进行调节，保证线路功率基本一致，降低由于线路或系统性能劣化对线路造成的影响。

发展新技术的根本目的在于更好地满足光纤通信系统日益增长的信息需求。其中，WDM 技术与光放大器技术的完美结合，极大地提高了光纤通信系统的性能与通信容量，成为现代光纤通信系统最为重要的技术，是通向全光网络的桥梁。

1.3 光纤通信系统的基本组成

光通信系统可以分为两大类：导波光波系统和非导波光波系统。人们常说的光纤通信系统实际上就是导波光波系统，光信号在空间上的传输受到限制，只能在光纤中传输。而另一种非导波光波系统就是自由空间光通信(FSO)系统。比如烽火台就是最早的 FSO 的典型代表。FSO 有比较大的带宽，架设也比较简单，因此在卫星通信、宽带接入等领域有着重要的作用。

一般人们常说的光波系统指的是光纤通信，虽然它还应该包括非导波光波系统。本章将介绍光纤通信系统的基本组成。

一个简单的光通信系统如图 1.3.1 所示，其主要包括光发射机、光纤、光放大中继器、以及光接收机。从光发送机到光接收机是光信息的传输通道，称为光信道，其主要功能是把信息可靠有效地从始端传送到终端。各部分的作用简述如下。

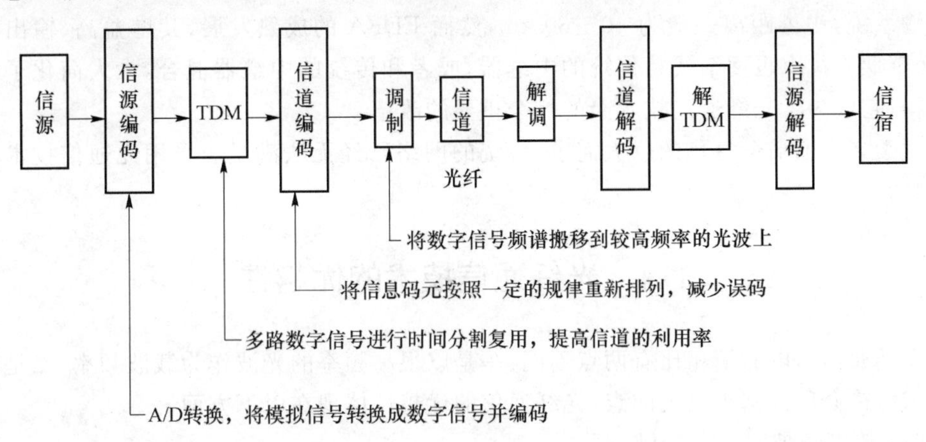

图 1.3.1 一个简单的光通信系统

① PCM 电端机包含了信源编码与 TDM，同时，解 TDM 与信源解码也称 PCM 电端机。PCM 电端机是常规电通信中的载波机、图像设备以及计算机等终端设备，需要传输的信息信号包括语音、图像、数据等。对于数字通信来说，信号在电端机内要进行 A/D 以及 D/A 转换，变换成数字信号。

② 光发射机包括光源、驱动电路以及调制器等，它将电端机来的电信号经编码后调制光源（直接调制）或驱动调制器调制光源输出的光波（外调制）产生载有信息的光信号，以完成电一光转换。光纤通信系统使用的光源主要有两种：激光二极管（LD）和发光二极管（LED）。光源的发射功率越大，传输距离越长。LD 的发射功率约为 0～10 dBm，而 LED 发射功率要小很多，大约小于－10 dBm。同时，由于 LED 调制速率比较低，所以大多数光通信系统所采用的光源是 LD。

③ 光信道是将光源发射的光信号传送到远处的接收端，它可以是光纤（导波光波系统），可以是大气（非导波光波系统）。

④ 光接收机用于完成光-电转换。接收的光信号由光检测器检测转换成电信号，然后放大解调、判决再生，送入电端机恢复成原信号。光通信用的半导体检测器主要是 PIN 光电二极管和 APD 光电倍增管。

由于大多数的光通信采用的是直接检测的方式，数字信号的解调由判决电路来决定。按电信号的幅值判定为 1 或者 0。判决的精度决定于光检测器电信号的信噪比（SNR），即信号与噪声的比值。性能可用误码率（BER）来衡量，它定义为发现误码的平均概率。

接收机的一个主要性能参数是接收灵敏度。它是 $BER=10^{-9}$ 的最小平均接受光功率。光信号以及接收机中的各种噪声源都能影响灵敏度。接收机的灵敏度与码速成反比的关系，码速越高，灵敏度越低。

光放大中继器是长途光纤数字通信系统中比较重要的装置，它能把经过长途传输后变得衰落的光信号进行光检测，转换成电信号，经过定时、整形和再生(3R——Retiming、Reshaping、Regenerating)后输入通信系统。在长途光纤数字通信系统中使用中继器的一个最大优点是经过 3*R* 后的输出脉冲消除了附加的噪声和畸变。也就是说，即使使用多个中继器组成的系统也不会积累噪声和畸变。传统的采用光-电-光中继器的长距离光纤传输系统，中继距离一般为 40～80 km，然而 EDFA 的成熟发展，其增益高、输出功率大、噪声低等优点也逐渐代替传统的中继器，或者和传统的中继器混合，大大简化了系统的结构，它成为了光纤通信技术上的一个重要的改革。

对于当今通信信息量的巨大需求，传统的网络已经无法满足。采用光通信技术是大势所趋。

1.4 光纤通信技术的优越性

光纤通信与电通信相比有两点不同：一是以很高频率的光波作为载波频率，二是以光纤作为传输介质。基于以上两点，光纤通信的优越性体现在以下方面。

(1) 传输频带宽，通信容量大

随着科学技术的迅速发展，人们对通信的要求越来越多。为了扩大通信容量，有线通信从明线发展到电缆，无线通信从短波发展到微波和毫米波，它们都是通过提高载波频率来扩容的，光纤中传输的光波要比无线通信使用的频率高得多，所以，其通信容量也就比无线通信大得多。

(2) 中继距离长

信号在传输线上传输，由于传输线的损耗会使信号不断衰减，信号传输的距离越长，衰减就越严重，当信号衰减到一定程度以后，对方就接收不到信号了。为了长距离通信，往往需要在传输线路上设置许多中继器，将衰减了的信号放大后再继续传输。中继器越多，传输线路的成本就越高，维护也就越不方便，若某一中继器出现故障，就会影响全线的通信。因此，人们希望传输线路中的中继器越少越好，最好是不要中继器。减小传输线路的损耗是实现长中继距离的首要条件。因为光纤的损耗很低，所以，能实现很长的中继距离。

(3) 抗电磁干扰

任何信息传输系统都应具有一定的抗干扰能力，否则就无实用意义了。而当代世界对通信的各种干扰源比比皆是，有天然干扰源，如雷电干扰、电离层的变化和太阳的黑子活动等；有工业干扰源，如电动马达和高压电力线；还有无线电通信的相互干扰等，这都是现代通信必须认真对待的问题。一般来说，现有的电通信尽管采取了各种措施，但都不能满意地解决以上各种干扰的影响，唯有光纤通信不受以上各种电磁干扰的影响，这将从根本上解决电通信系统多年来困扰人们的问题。

(4) 保密性好，无串话干扰

对于通信系统另一个要求就是保密性要好。随着科技技术的发展，无论是无线电通信还是有线电通信的保密性都不是那么好。光纤通信就不一样了。光波在光纤传输中是不会跑出光纤之外的。即使是在转弯处，弯曲半径很小时，漏出的光波也十分微弱，如果在光纤或光缆的表面涂上一层消光剂，光纤中的光就完全不能跑出光纤了。这样，用什么方法也无法在光纤外面窃听光纤中传输的信息了。

此外，由于光纤中的光不会跑出来，在电缆通信中常见的串话现象，在光纤通信中也就不存在了。同时，它也不会干扰其他通信设备或测试设备。

(5) 节约有色金属和原材料

现有的电话线或电缆是由铜、铝、铅等金属材料制成的。从目前的地质调查情况来看，世界上铜的储藏量不多，有人估计，按现在的开采速度只能再开采50年左右。而光纤的材料主要是石英(二氧化硅)，这在地球上是取之不尽用之不竭的，并且用很少的原材料就可拉制出很多光纤。

(6) 线径细，重量轻

通信设备体积的大小和重量的轻重对许多领域具有特殊、重要的意义，特别是在军事、航空和宇宙飞船等方面。光纤的芯径很细，只有单管同轴电缆的1/100，光缆直径也很小，8芯光缆横截面直径约为1 mm，而标准同轴电缆为47 mm。线径细对减小通信系统所占的空间具有重要意义。目前，利用光纤通信的这个特点，在市话中继线路中成功地解决了地下管道拥挤的问题，节约了地下管道的建设投资。

由于光通信技术的优越性，使其在未来的通信领域中有着不可忽视的重要地位。

1.5　光纤通信中关键技术

一个最基本的光纤通信系统的构成如图1.5.1所示。

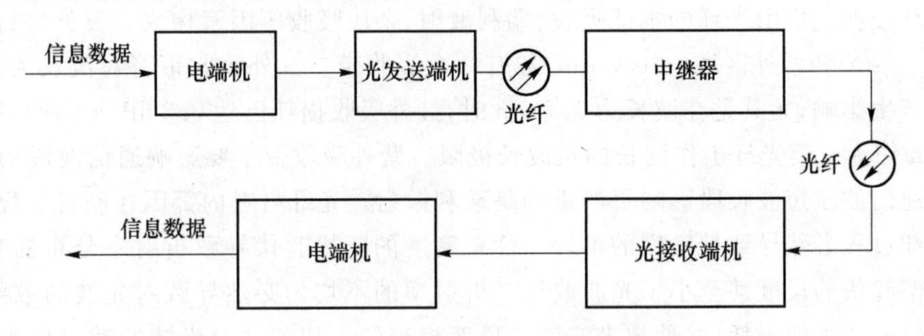

图1.5.1　光纤通信系统原理框图

图中的电端机处理来自信源的信息数据，完成诸如复节等功能，形成适合于在光路上传输的高速数据流。光发送端机将电端机送来的电信号变换为光信号，送入光纤传输。在接收端，光接收端机将光信号还原为电信号，送进电端机处理，完成数据分节等功能，恢复原始数据送至用户。一般的长途通信系统中间还有中继器，中继器可以是电光中继，也可以是全光中继(光放大器)。

1.5.1　光纤

光纤是构成光网络的传输介质，目前使用的通信光纤无一例外地都是以石英为基础材料。它由纤芯、包层及保护层构成。纤芯和包层由石英材料掺不同的杂质构成，使纤芯折射率 n_1 略大于包层折射率 n_2。光纤对光波的导引作用由纤芯和包层完成，保护层的作用是防止光纤受到机械损伤。通信用光纤主要有多模光纤与单模光纤两类。多模光纤纤芯直径为 $2a$，主要有 50 μm、62.5 μm 两种规格；单模光纤纤芯更细，其直径小于 10 μm。多模光纤和单模光纤的包层直径一般都为 125 μm。如果不加标识，凭肉眼，我们无法区分单模光纤和多模光纤。多模光纤有较为严重的多径色散，在通信网中已很少使用，尤其是长途传输系统，无一例外地都用单模光纤。

光纤最主要的传输特性是它的损耗、色散、非线性及双折射等。在光纤通信发展的早期，损耗是制约光纤通信系统的主要因素。

1. 光纤的损耗特性

光纤的损耗导致光信号在传输过程中信号功率下降，光功率在光纤中的变化可以用方程(1.5.1)表示。

$$\frac{\mathrm{d}P}{\mathrm{d}z}=-\alpha P \tag{1.5.1}$$

其中，α 就是光纤的衰减系数。积分上式可得

$$P_{\text{out}}=P_{\text{in}}\mathrm{e}^{-\alpha L} \tag{1.5.2}$$

其中，P_{in}是注入功率，P_{out}是长为 L 的光纤的输出功率。一般用 dB/km 作为光纤损耗的实用单位，即

$$\alpha=-\frac{10}{L}\lg\left(\frac{P_{\text{out}}}{P_{\text{in}}}\right) \tag{1.5.3}$$

其中，α 的单位是 dB/km。

光纤损耗主要由光纤的本征吸收、瑞利散射、杂质吸收等因素构成。石英材料在红外区域(>7 μm)和紫外区域(<0.3 μm)各有一个吸收带。红外吸收带将对波长大于 1 μm 的波段产生影响，尤其是在波长为 1.7 μm 时，红外吸收损耗已达 0.3 dB/km，所以一般以 1.65 μm 作为石英光纤工作波长的长波长极限。紫外吸收带主要影响通信波段的短波长段。对通信波段短波长段影响更严重的是瑞利散射。光纤材料内部因在制备过程中的熔融及冷却过程必然导致其密度的不均匀性。密度的随机起伏导致折射率分布的起伏，这种折射率起伏的尺度甚至小于光波波长。折射率的不均匀必然导致对光波的散射，散射导致光信号能量的损耗，这种与光波波长尺度相当的不均匀性对光波的散射称为瑞利散射。瑞利散射导致的损耗系数可以表示为

$$\alpha_{\mathrm{R}}=C/\lambda^4 \tag{1.5.4}$$

其中，常数 C 在 0.7～0.9 $\mu\mathrm{m}^4\cdot$dB/km 范围，在 0.8 μm 处 α_{R} 已达 2 dB/km，所以瑞利散射是限制通信波段短波长的主要因素。在 1.55 μm 处 α_{R} 在 0.12～0.15 dB/km 范围内。当然波长更长时瑞利散射导致的损耗会进一步减小，但红外吸收损耗则会迅速增加。瑞利散射和红外吸收共同决定了 1.55 μm 附近石英光纤有最低的损耗系数。

光纤中的杂质对光纤的损耗特性产生重要影响，尤其是 OH^- 离子在 1.39 μm 处有一个吸收峰，残存的 OH^- 离子的吸收导致光纤的通信波段在 0.8～1.65 μm 范围内形成两个低损耗窗口，即 1.31 μm 和 1.55 μm。目前 1.31 μm 处光纤损耗在 0.3～0.4 dB/km 范

围内，1.55 μm 处损耗已低于 0.2 dB/km。美国朗讯公司公布的最新的光纤制造技术已可完全消除 OH^- 离子的影响，制成所谓全波光纤，其最低损耗带宽超过 50 THz。

2. 光纤的色散特性

一般意义下的色散是指介质中不同频率的电磁波以不同的速度传播这一物理现象。色散导致光信号在传输过程中产生畸变。在光纤中，不同频率成分的光有不同的传播速度，不同的传播模式也有不同的传输速度，称为模式色散。模式色散同样导致光信号在传输过程中的畸变。

光纤的色散因素主要包括材料色散、波导色散和模式色散。所有的材料都是色散材料，其折射率都是频率的函数。石英材料的折射率在 0.8～1.65 μm 波段内随频率的增加而增加，即 $dn(\omega)/d\omega^2>0$。但 $dn(\omega)/d\omega$ 并不代表光纤的色散特性，在光信号传输中我们关心的是信号脉冲包络的传输情况，而包络的传输速度即为波的群速度。群速度随频率的变化决定了包络的畸变，这就是所谓群速度色散(GVD)。GVD 决定于折射率对频率的二阶导函数 $d^2n(\omega)/d\omega^2$。石英材料在 $\lambda_0=1.27$ μm 处，$d^2n(\omega)/d\omega^2=0$。$\lambda_0<1.27$ μm 时，$d^2n(\omega)/d\omega^2>0$，呈正常色散。当 $\lambda_0>1.27$ μm 时 $d^2n(\omega)/d\omega^2<0$，呈反常色散。1.27 μm是石英材料的零色散点。

波导色散是因光波导中某一个特定的传播模式的纵向相位常数与频率之间的非线性关系决定的。单模光纤工作模式的波导色散总是正常色散。单模光纤的总色散由材料色散和波导色散构成，在 $\lambda>1.27$ μm 时波导色散与材料色散符号相反，部分抵消，使得零色散波长向长波长方向移动。常规单模光纤的零色散波长为 1.31 μm。这种单模光纤在 1.31 μm窗口具有很好的传输特性，它的缺点是在石英光纤的最低损耗窗口 1.55 μm 附近有较大的反常色散系数。改变单模光纤结构，可以将零色散波长移至1.55 μm 处，这就是所谓色散位移光纤(DSF)。色散位移光纤在 1.55 μm 波长附近有最好的传输特性，但它在 1.55 μm 附近的零色散，对多波长复用(WDM)系统却十分不利。在 WDM 系统中，四波混频(FWM)会导致相邻波长通道间的串扰。为抑制四波混频，在 1.55 μm 波长附近适当地保留一个足够大(足以抑制四波混频)同时足够小(不致对高速数据的传输产生明显影响)的残余色散是必要的。这就是所谓非零色散光纤(NZDF)。模式色散是指不同的传播模式具有不同的传播速度。光信号会在多模光纤中激励起众多的传播模式，不同模式到达输出端的时延不同，导致信号产生严重的畸变。这是多模光纤的主要缺点，这一缺点限制它只能用于短距离、低速率的传输系统。单模光纤的偏振模色散(PMD)实际也是一种模式色散。它是由于单模光纤中两个正交的偏振态以不同的速度传播造成的。通常条件下，PMD 比 GVD 小得多，所以过去不被重视。近年由于 GVD 可以采用色散补偿措施加以克服，因而 PMD 在高速传输系统的影响日益突出，有关 PMD 的补偿措施成为近年的研究热点。

3. 单模光纤的非线性

非线性是指光纤对大信号的响应特性，几乎所有媒质都是非线性媒质，但在小信号条件下，非线性极小，可以忽略。单模光纤中传输的光信号的功率在 mW 量级，但由于单模光纤芯径很小，单位面积上通过的功率却是很大的，或者说光强很强。光纤纤芯中的电场强度达到10^5～10^6 V/m 量级。在如此强大的电场作用下，石英的非线性极化导致光纤的

折射率有一个与外加光强成比例的非线性修正项，即

$$n=n_1+n_2|E|^2 \tag{1.5.5}$$

这就是所谓的光克尔效应。由于光克尔效应的存在，导致光信号传输过程中存在自相位调制(SPM)、交叉相位调制(XPM)以及四波混频(FWM)。此外在外加信号较大时光纤中还存在非弹性散射过程，如受激拉曼散射(SRS)、受激布里渊散射(SBS)等。这些非线性过程都将对通信系统的性能产生重要影响。

4. 单模光纤的双折射

单模光纤中的传播模式并不是严格意义上的单一模式，光纤的主模式是一对偏振态相互止交的简并模，在非理想状态下，这一对模式将不再是理想的简并模，它们的传输特性将略有差别，或者说它们的等效折射率不同，这就是单模光纤的双折射。双折射导致光信号在单模光纤的传输过程中偏振态的不稳定，这种不稳定对相干光通信系统会产生严重的影响。双折射的另一后果是导致偏振模色散。为了克服双折射的影响，可以人为地加大两个偏振态传输特性的差异，并使其中的一个处于截止状态，从而实现严格意义上的单模传输，这就是所谓偏振保持光纤或保偏光纤。与此相反，是采取措施尽量减小双折射，使双折射导致的偏振模色散减至可以忽略的程度。

1.5.2 光源和光发送机

1. 光源

光通信系统中所使用的光源无例外地都是半导体光器件。短距离低速率系统可以用半导体发光二极管(LED)作光源，而长距离高速率传输系统都用半导体激光器(LD)作光源。半导体光源实际上就是一个加正向电压的半导体 PN 结，PN 结区导带中的电子与价带中的空穴产生辐射复合，发射一个光子。光子的能量 $h\nu \geqslant Eg$，$h=6.625\times10^{-34}$ J·s 是普朗克常量，ν 是光子的频率，Eg 是半导体禁带宽度。

半导体发光二极管(LED)是基于自发辐射发光机理的发光器件。它的发光功率与注入电流成正比，线性好、温度稳定性好、成本低，缺点是发光功率小(−20 dBm 左右)、谱线宽，因而只适用于短距离传输。例如，局域网(LAN)中的光端机多采用 LED 作光源，可以降低成本。

半导体激光器(LD)是基于光的受激辐射放大机理的发光器件。LD 是一种阈值器件，也就是说仅当注入电流大于某一特定电流 I_{th}时，器件才发射激光束。与 LED 相比，LD 具有较大的发光功率(mW 量级)，光谱线宽很窄(从数百埃直到数十埃)，可以对其实现高速调制(数 GHz)。因而长途高速传输系统都采用 LD 作为光源。

根据 LD 内部的频率选择机构，又可将 LD 分为 F-P 型、DFB 型和 DBR 型，以及多量子型。F-P 型 LD 利用半导体 PN 结的解理面形成 F-P 型光学谐振腔，作为频率选择机构。这种结构的半导体激光器，在高速调制下，往往呈多纵模工作，因而谱线较宽，不宜用作超高速传输系统的光源。DFB 型 LD，即分布反馈型 LD，采用制作在激光器有源区上的反射光栅作为频率选择机构；DBR 型 LD，即分布布喇格反射型 LD，与 DFB 型 LD 相似，也是以反射光栅作为频率选择机构。但 DBR 型 LD 的反射光栅位于有源区的两端，DFB 型 LD 和 DBR 型 LD 具有相似的特性，它们可以稳定地工作于单纵模状态，也称为

动态单纵模激光器。DFB型和DBR型的LD具有发光谱线极窄、发光功率大、线性好等优点，是超高速传输系统和高质量的模拟传输系统（如CATV）理想的光源。

2. 光源调制技术

对光源的调制可以采用直接调制和间接调制两种方式实现。直接调制又称内调制，即采用信号直接控制光源的注入电流，使光源的发光强度随外加信号变化。间接调制又称外调制，光源发出稳定的光束进入外调制器，外调制器利用介质的电光效应、声光效应或磁光效应实现信号对光束的调制。

对光源的直接调制易于实现。控制光源注入电流的驱动电路，对模拟系统就是一个电流放大电路，对数字系统则是一个电流开关电路。早期的光通信系统都采用这种调制方式，但是在对光源进行直接调制过程中，半导体光源有源区载流子浓度的快速变化，这导致有源区等效折射率的快速变化，其结果是输出光束的频率不稳定，这就是所谓高速调制时的频率啁啾现象；频率啁啾会因光纤的色散产生额外的传输损伤，所以高速传输系统一般采用外调制技术。外调制器一般是一个无源器件，它的调制速率可以做得很高（超过数十GHz），几乎不产生频率啁啾。实用的外调制器大多是基于晶体的电光效应做成的电光调制器。例如，以$LiNbO_3$为基础材料做成的波导调制器，尤其是M-Z型调制器得到了广泛应用。外调制器的主要缺点是插入损耗大，达到6～8 dB，因而外调制器输出的光信号一般都要经过掺铒光纤放大器放大以后再注入光纤传输。

3. 光发送端机

光发送端机的功能是将电端机送来的电信号转换为光信号，然后注入光纤传输。光发送端机的核心就是光源和驱动电路或外调制器。为了保证光发送端机稳定可靠的工作，还必须有一些附加电路。例如，自动温度控制电路以保证光源结区温度在允许的范围以内，同时自动功率控制电路也是不可少的，它可保证在光源及其他电路参数变化时，发光功率的变化在允许的范围以内。一个数字光发送端机的框图如图1.5.2所示。

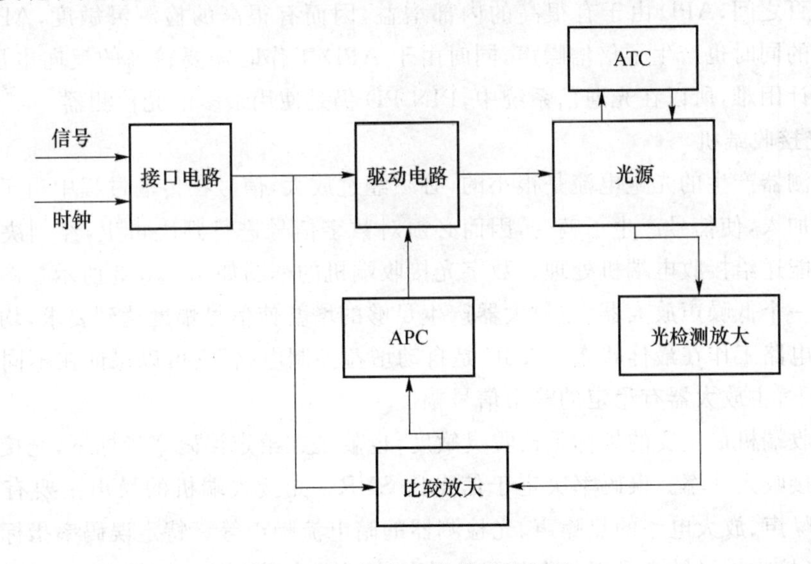

图1.5.2 数字光发送端机框图

1.5.3 光检测器和光接收端机

目前的通信终端都是电子设备，因而在光通信系统的接收端必须将光信号还原为电信号，这个任务是由光接收端机完成的。光接收端机中最关键的器件就是光检测器，它将信号从光载波上解调下来，送给放大器和判决电路，经判决再生后的信号，即可送至电端机处理。

1. 光检测器

光通信系统用的光检测器都是半导体光电二极管。最常用的光检测器有两类，即PIN型光电二极管（PIN-PD）和雪崩光电二极管（APD），它们的检测原理都是基于半导体PN结的光电效应，即半导体PN结区价带内电子吸收光子能量跃迁至导带，形成电子-空穴对，在外加反向电压的作用下，在外电路中形成光生电流。半导体光电二极管能工作的必要条件是光子的能量 $h\nu \geqslant Eg$。因而半导体光电二极管都有截止波长，仅当工作波长比截止波长短时，光电效应才能产生，而截止波长则由材料禁带宽度决定，即 $\lambda_c = hc/Eg$，这里的 c 是真空中的光速。

PIN型光电二极管是最常用的光检测器，它的主要参数是响应度和响应时间。响应度只的定义是单位接收光功率产生的光生电流，即

$$I_P = RP_{in} \tag{1.5.6}$$

其中，P_{in} 是照射在光电二极管光敏面上的输入光功率，I_P 是在外电路中形成的光电流。响应时间则主要是因半导体PN结的结电容和负载电阻构成的 RC 电路的时间常数 $\tau = RC$ 导致的光电延迟时间，其倒数 $\omega = 1/RC$ 可以认为是其截止频率。显然 τ（$\tau = RC$ 称时间常数）越小越好。PIN结构就是为了减小结区电容，提高响应度而设计的。

APD与PIN-PD不同，由于雪崩效应，它有内部增益，电流增益系数 G 视材料不同在数十到数百之间，APD由于有很高的内部增益，因而有很高的检测灵敏度，APD在产生内部增益的同时也产生了倍增噪声，同时由于APD工作时需要较高的反向电压，这增加了电路设计困难，所以在光通信系统中，PIN-PD仍是使用最多的光检测器。

2. 光接收端机

光检测器产生的光生电流是很小的，必须经过放大，信号在传输过程中由于色散影响及噪声的加入，使信号产生了畸变，因而必须对数字信号进行判决再生，经判决再生后的数据流才能送给接收电端机处理。数字光接收端机的框图如图1.5.3所示。图中的前置放大器是一个低噪声放大器，主放大器产生足够的增益使信号幅度达到要求，均衡的目的是使判决电路工作在最佳状态。AGC是自动增益控制电路，它可以保证在不同的输入光功率条件下，主放大器有稳定的输出信号幅度。

光接收端机最主要的指标是接收灵敏度，也就是在给定误码率指标下，光接收端机允许的最小接收光功率。误码率决定于信噪比SNR。光接收端机的噪声主要有光检测过程的量子噪声、放大电路的热噪声、光检测器的暗电流噪声等。特定误码率指标（如10^{-9}）条件下，光接收端灵敏度是以每个信号比特的光子数来定义的。因而若按平均功率来算，系统传输速率越高，灵敏度就越低。

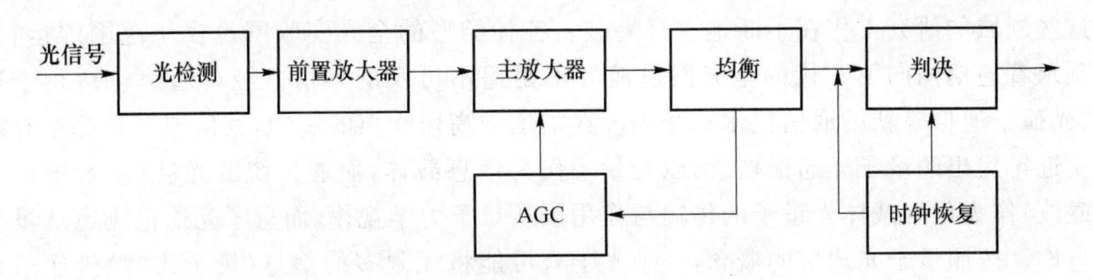

图 1.5.3 数字光接收端机的框图

1.5.4 光电集成和光集成技术

早期的光通信设备中,光发送单元和光接收单元的半导体激光器和光检测器都是分立的元件。由电子器件构成的驱动电路、保护电路与激光器组成光发送机。类似地,由放大电路、AGC 电路、判决电路与光检测器组成光接收机。随着传输速率的提高,电子电路的寄生参量成为影响系统性能的重要因素。为了改进高速光通信的性能,将电子器件与激光器集成在一个芯片之中,即可形成单片光发送机。进一步还可将光检测器也集成到光发送单元之中,此光检测器主要是监视激光器发光功率的变化情况,从而形成完整的集成光发送机。光电集成接收单元最早的例子就是所谓 PIN-FET 组件,它将 PIN 型光电二极管与低噪声场效应管放大电路集成在一个芯片中,形成一个完整的光接收机前端。进一步,将主放大器、均衡电路、ACG 电路集成在一个芯片之中即可形成单片光接收机。

光电集成技术的另一个重要应用是将高速系统光发送机的外调制器与激光器集成在同一芯片中。电吸收式调制器的工作原理是所谓 Franz-Keldysh 效应,即在外加电场作用下,半导体材料的禁带宽度下降,从而导致它的吸收带向低频方向移动。激光器发出的光束经此调制单元时,如果施加的调制电压,使其吸收带移至光波系统工作波长附近,则可实现对光波的调制。这种调制的优点是易于与光源集成,同时所需的电压很低(2 V 左右),采用这种集成技术制成的光发送机可以工作到 20 Gbit/s 以上。

随着光网络技术的发展,对光电集成技术和光集成技术提出了更高的要求。多波长系统需要工作于不同波长的阵列激光器,光交换单元需要大规模的光开关阵列,密集波分复用/解复用器、波长转换器、可调谐滤波器等关键器件都依赖于光集成技术。

1.6 光波技术的发展

20 世纪 70 年代至 90 年代,光波技术的发展是以光纤通信为主线的,基本上以提高光纤链路传输速率和延长传输距离为目标。20 世纪 90 年代以后逐渐进入光网络时代。光网络是以网络节点互联而形成的全光透明网络。为了实现光信号的透明传输,网络节点必须在光域完成选路、交换等功能。因而光信息技术,如光缓存、光逻辑、光交换等,已成为光波技术的前沿领域。近年提出的量子光通信概念,更预示着在通信以及信息系统领域一个新的发展时期的到来。通信网从目前的光电混合网向全光网过渡,还有很长的路要走,这其中的主要原因是光信息处理技术尚不成熟,如光缓存、光逻辑等都还处于实验室研究阶段。与波长路由技术紧密相关的波长变换技术距实用化也还有一定的距离,但这些领域的研究工作在不断地取得突破。各种类型的全光实验网也在小范围内运行，它预示着通信网向第三代的全光网过渡并不是遥不可及的事情。经典通信包括相干通信、光孤子通信等新的通信技术都受到经典信道中高斯噪声的制约，其信道容量都是有限的。近年提出的量子光通信概念，以光量子作为信息载体，而非传统的光波（波长极短的电磁波）作为信息载体光量子的传输与作用服从量子力学规律，而量子光通信则遵从量子信息论。按照量子光通信的概念，一个光子有可能将无限多的信息（量子比特）传递给无限多个分支终端。量子光通信概念的提出及相关技术的开发，必将在光通信领域产生一场深刻的变革。

经典光通信遵从香农的信息论，根据香农定理，一个光子能够承载的信息量的理论极值是 1.44 bit。但实际系统则远远达不到这个极限值，即使采用 PSK 调制的相干光通信系统也只能达到$\frac{1}{45}$bit/光子。但是如果对于量子光通信，采用量子计数方式接收，则在误码率为10^{-9}的条件下，可达 $\rho=21.6$ bit/光子。如果改进调制方式，可达到$\rho=h\nu/kT$，式中 ν 是光频率，k 是波尔兹曼常数，T 是绝对温度。在室温 $T=300$ K，$\lambda=1.0$ μm 时，$\rho=69$ bit/光子。如果在低温条件下工作，还可将其提高 2～3 个数量级。实现量子光通信的关键技术是光子计数技术、光量子无破坏检测技术和相应的激光器技术。目前量子光通信已进入实验研究阶段，其中许多技术难题还有待解决。

光波技术理论是光通信技术和光传感技术的理论基础，主要讲述光在具有一定边界条件的透明介质中传播的基本规律和性质。在现代通信技术的发展中，人们发现，要建立光通信系统，首先必须解决两个基本问题：一是要有可以高速调制的相干光源，二是要有损耗足够低的光波传输介质。1960 年，世界上第一台激光器——红宝石激光器在美国休斯公司问世。1970 年，美国康宁公司用气相沉积法拉制出了世界上第一根有实用价值的单模光纤。此后，光纤通信技术和光纤传感技术迅速发展起来。目前，除用户线以外，光纤传输已完全代替了传统的电缆通信，形成了所谓同步光网络或称光电混合网络。同步光网络是第二代光通信网络，今后的发展方向是建设全光网络。在技术发展的同时，光波导理论，也就是以 Maxwell 电磁波理论为基础研究光在波导中的传输特性的理论也逐步形成了，并在技术的发展中发挥了重大的指导和推动作用。可以说，现代光通信技术的每一次重大突破都是根据已有理论有意识探索的结果。因此，本书从讲述光的 Maxwell 电磁波理论开始。

第 2 章　光的电磁波基础理论

1864 年，Maxwell 在前人和自己研究成果的基础上提出了被后人称为 Maxwell 电磁场方程的一组方程，预言了电磁波的存在，指出光是一定频率范围的电磁波。实践证明，Maxwell 电磁场方程组是经典电磁学的理论总结，也是研究包括光波导在内的电磁现象和进一步发展电磁学理论并将其量子化的理论基础，具有重大的理论和实践意义。作为研究光波导的出发点。本章根据 Maxwell 电磁场方程组介绍电磁波的基本概念和性质。

2.1　电磁波的基本理论

1. 电磁波方程

在普通物理学中，我们已经知道，积分形式的 Maxwell 电磁场方程组(SI 制)是

$$\begin{cases} \oint_l \boldsymbol{E}\cdot \mathrm{d}\boldsymbol{l} = -\dfrac{\mathrm{d}}{\mathrm{d}t}\iint_S \boldsymbol{B}\cdot \mathrm{d}\boldsymbol{s} \\ \oiint_S \boldsymbol{D}\cdot \mathrm{d}\boldsymbol{s} = \iiint_V \rho \mathrm{d}V \\ \oint_l \boldsymbol{H}\cdot \mathrm{d}\boldsymbol{l} = \iint_S \boldsymbol{j}\cdot \mathrm{d}\boldsymbol{s} + \dfrac{\mathrm{d}\Phi_e}{\mathrm{d}t} \\ \oiint_S \boldsymbol{B}\cdot \mathrm{d}\boldsymbol{s} = 0 \end{cases} \tag{2.1.1}$$

这个方程组是 Maxwell 在前人和他自己研究成果的基础上于 1864 年提出的，是经典电磁学的理论总结，也是研究包括光波导在内的电磁现象的理论基础，具有重大的理论和实践意义。这 4 个方程依次是意义扩充了的 Faraday 电磁感应定律、电场 Gauss 定理、Ampere 环路定理和磁场 Gauss 定理，其中的 ρ 是电荷密度，$\boldsymbol{j}$ 是电流密度。方程组中几个电磁场物理量的关系式是

$$\boldsymbol{D}=\varepsilon_0\boldsymbol{E}+\boldsymbol{P},\quad \boldsymbol{B}=\mu_0\boldsymbol{H}+\boldsymbol{M} \tag{2.1.2}$$

其中，ε_0 和 μ_0 分别是真空的介电常数和磁导率，$\boldsymbol{P}$ 和 $\boldsymbol{M}$ 分别是介质的电极化强度和磁化强度。

利用矢量分析的 Stokes 公式和 Gauss 公式

$$\oint \boldsymbol{a}\cdot \mathrm{d}\boldsymbol{l} = \oiint \nabla\times \boldsymbol{a}\cdot \mathrm{d}\boldsymbol{s},\quad \oiint \boldsymbol{a}\cdot \mathrm{d}\boldsymbol{s} = \iiint \nabla\cdot \boldsymbol{a}\mathrm{d}v \tag{2.1.3}$$

可以把积分方程组(2.1.1)依次变为微分方程组：

$$\begin{cases} \nabla\times\boldsymbol{E}=-\dfrac{\partial\boldsymbol{B}}{\partial t} \\ \nabla\cdot\boldsymbol{D}=\rho \\ \nabla\times\boldsymbol{H}=\boldsymbol{j}+\dfrac{\partial\boldsymbol{D}}{\partial t} \\ \nabla\cdot\boldsymbol{B}=0 \end{cases} \tag{2.1.4}$$

对于自由空间,即不存在电荷和电流的空间或均匀介质,$\rho=0,\boldsymbol{j}=0$,式(2.1.4)变为

$$\begin{cases} \nabla\times\boldsymbol{E}=-\dfrac{\partial\boldsymbol{B}}{\partial t} \\ \nabla\cdot\boldsymbol{D}=0 \\ \nabla\times\boldsymbol{H}=\dfrac{\partial\boldsymbol{D}}{\partial t} \\ \nabla\cdot\boldsymbol{B}=0 \end{cases} \tag{2.1.5}$$

在真空中,$\boldsymbol{D}=\varepsilon_0\boldsymbol{E},\boldsymbol{B}=\mu_0\boldsymbol{H}$,由式(2.1.5)中第一、第三两式得

$$\nabla\times(\nabla\times\boldsymbol{E})=-\mu_0\frac{\partial}{\partial t}(\nabla\times\boldsymbol{H})=-\mu_0\varepsilon_0\frac{\partial^2\boldsymbol{E}}{\partial t^2}$$

上式左边 $\nabla\times(\nabla\times\boldsymbol{E})=\nabla(\nabla\cdot\boldsymbol{E})-\nabla^2\boldsymbol{E}=-\nabla^2\boldsymbol{E}$

其中用到了公式 $\boldsymbol{a}\times(\boldsymbol{b}\times\boldsymbol{c})=\boldsymbol{b}(\boldsymbol{a}\cdot\boldsymbol{c})-(\boldsymbol{a}\cdot\boldsymbol{b})\boldsymbol{c}$ 和式(2.1.5)的第二式。所以

$$\nabla^2\boldsymbol{E}-\mu_0\varepsilon_0\frac{\partial^2\boldsymbol{E}}{\partial t^2}=0$$

令

$$C=\frac{1}{\sqrt{\mu_0\varepsilon_0}} \tag{2.1.6}$$

得

$$\nabla^2\boldsymbol{E}-\frac{1}{C^2}\frac{\partial^2\boldsymbol{E}}{\partial t^2}=0 \tag{2.1.7}$$

同理得

$$\nabla^2\boldsymbol{B}-\frac{1}{C^2}\frac{\partial^2\boldsymbol{B}}{\partial t^2}=0 \tag{2.1.8}$$

以上两式称为真空中的电磁波方程,它们有下面的解：

$$\boldsymbol{E}(\boldsymbol{r},t)=\boldsymbol{E}_0\cos(\boldsymbol{k}\cdot\boldsymbol{r}-\omega t),\quad \boldsymbol{B}(\boldsymbol{r},t)=\boldsymbol{B}_0\cos(\boldsymbol{k}\cdot\boldsymbol{r}-\omega t) \tag{2.1.9}$$

或者写成复数形式：

$$\boldsymbol{E}(\boldsymbol{r},t)=\boldsymbol{E}_0\mathrm{e}^{-\mathrm{i}(\boldsymbol{k}\cdot\boldsymbol{r}-\omega t)},\quad \boldsymbol{B}(\boldsymbol{r},t)=\boldsymbol{B}_0\mathrm{e}^{-\mathrm{i}(\boldsymbol{k}\cdot\boldsymbol{r}-\omega t)} \tag{2.1.10}$$

其中,$\boldsymbol{E}_0$ 和$\boldsymbol{B}_0$ 是常矢量,$\boldsymbol{k}$ 称为波矢,波矢的方向是波的传播方向,它的模 $k=\frac{2\pi}{\lambda}$称为波数。上面的解描述真空中的时变电磁场,即真空中的电磁波。由于振幅不变,按照波动理论,这个电磁波是真空中的平面电磁波。常数 $C=2.997\,9\times10^8$ m/s 就是电磁波在真空中的波速,即光速,所以,光是一定频率范围的电磁波。

2. 时谐电磁波

下面讨论介质中的时变电磁场。当时变电磁场作用于介质时,由于介质中的电极化

强度 $\boldsymbol{P}$ 相对电场强度 $\boldsymbol{E}$ 在时间上滞后，在各向同性的均匀电介质中，有

$$\boldsymbol{D}=\varepsilon_0\boldsymbol{E}+\boldsymbol{P}=\varepsilon_0\left[\boldsymbol{E}+\int_{-\infty}^{\infty}\chi(t-t')\boldsymbol{E}(\boldsymbol{r},t')\mathrm{d}t'\right] \tag{2.1.11}$$

因此，瞬时关系式 $\boldsymbol{D}(t)=\varepsilon\boldsymbol{E}(t)$ 在电介质中并不成立。当然，瞬时关系式 $\boldsymbol{B}(t)=\mu\boldsymbol{H}(t)$ 在电介质中也不成立。对(2.1.11)式做傅里叶变换：$F[\boldsymbol{E}(t)]=\boldsymbol{E}(\omega)$，利用卷积定理 $F[f*g]=F[f]\cdot F[g]$，其中 $f*g=\int_{-\infty}^{\infty}f(x-\xi)g(\xi)\mathrm{d}\xi$，得

$$\boldsymbol{D}(\omega)=\varepsilon_0[1+\chi(\omega)]\boldsymbol{E}(\omega)=\varepsilon(\omega)\boldsymbol{E}(\omega)$$

即

$$\boldsymbol{D}(\omega)=\varepsilon(\omega)\boldsymbol{E}(\omega)$$

同理，有

$$\boldsymbol{B}(\omega)=\mu(\omega)\boldsymbol{H}(\omega)$$

所以，关系式

$$\boldsymbol{D}=\varepsilon\boldsymbol{E},\quad \boldsymbol{B}=\mu\boldsymbol{H} \tag{2.1.12}$$

其中的各物理量对于各向同性均匀电介质中的时变电磁场应理解为频率的函数。ε 和 μ 随频率变化的现象称为介质的色散。由于任何电磁波都可以用傅里叶分析法分解为不同频率电磁波的叠加，下面，我们只讨论一定频率的电磁波。

设在各向同性的均匀电介质中，电荷密度 $\rho=0$，电流密度 $j=0$，角频率为 ω 的时谐电磁波的电场和磁场分别是

$$\boldsymbol{E}(\boldsymbol{r},t)=\boldsymbol{E}(\boldsymbol{r})\mathrm{e}^{\mathrm{i}\omega t},\quad \boldsymbol{B}(\boldsymbol{r},t)=\boldsymbol{B}(\boldsymbol{r})\mathrm{e}^{\mathrm{i}\omega t} \tag{2.1.13}$$

将式(2.1.13)代入式(2.1.5)中，并利用式(2.1.12)，得

$$\begin{cases}\nabla\times\boldsymbol{E}=-\mathrm{i}\omega\mu\boldsymbol{H}\\ \nabla\times\boldsymbol{H}=\mathrm{i}\omega\varepsilon\boldsymbol{E}\\ \nabla\cdot\boldsymbol{E}=0\\ \nabla\cdot\boldsymbol{H}=0\end{cases} \tag{2.1.14}$$

对式(2.1.14)第一式取旋度并利用第二式，得

$$\nabla\times(\nabla\times\boldsymbol{E})=\omega^2\mu\varepsilon\boldsymbol{E}$$

由于

$$\nabla\times(\nabla\times\boldsymbol{E})=\nabla(\nabla\cdot\boldsymbol{E})-\nabla^2\boldsymbol{E}=-\nabla^2\boldsymbol{E}$$

得

$$\nabla^2\boldsymbol{E}+k^2\boldsymbol{E}=0 \tag{2.1.15}$$

其中，$k=\omega\sqrt{\mu\varepsilon}$. 注意，式(2.1.15)满足条件 $\nabla\cdot\boldsymbol{E}=0$ 的解才是电磁波。式(2.1.15)是一个 Helmhotz 方程，是一定频率的电磁波的基本方程。它的每一种满足条件 $\nabla\cdot\boldsymbol{E}=0$ 的解称为一种模式的电磁波或电磁波的一种模式。由式(2.1.15)解出 $\boldsymbol{E}$ 之后，可由式(2.1.14)的第一式得到磁场：

$$\boldsymbol{B}=\frac{\mathrm{i}}{\omega}\nabla\times\boldsymbol{E}=\frac{\mathrm{i}}{k}\sqrt{\mu\varepsilon}\,\nabla\times\boldsymbol{E} \tag{2.1.16}$$

同理，也可得

$$\begin{cases}\nabla^2\boldsymbol{B}+k^2\boldsymbol{B}=0\\ \nabla\cdot\boldsymbol{B}=0\\ \boldsymbol{E}=-\dfrac{\mathrm{i}}{\omega\mu\varepsilon}\nabla\times\boldsymbol{B}=-\dfrac{\mathrm{i}}{k\sqrt{\mu\varepsilon}}\nabla\times\boldsymbol{B}\end{cases} \tag{2.1.17}$$

3. 平面电磁波

平面电磁波是式(2.1.15)的一种最基本的解，其重要性不仅在于它体现了电磁波的基本性质，而且在于其他形式的电磁波都可以分解为各种频率的平面电磁波的叠加。如前所说，平面电磁波电场的复数表示式是

$$\boldsymbol{E}=\boldsymbol{E}_0\mathrm{e}^{-\mathrm{i}(\boldsymbol{k}\cdot\boldsymbol{r}-\omega t)} \tag{2.1.18}$$

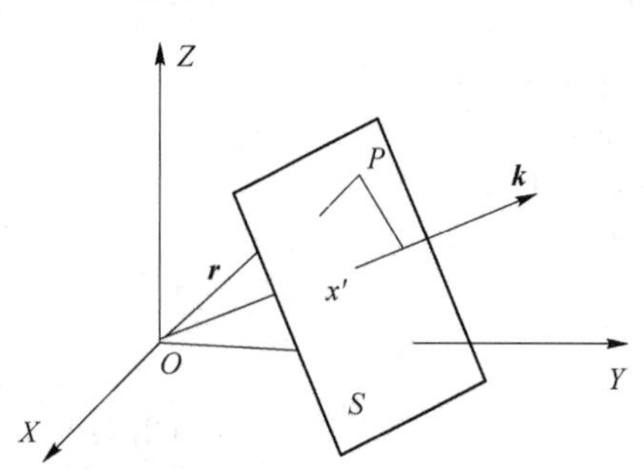

图 2.1.1 波矢 $\boldsymbol{k}$ 方向传播的平面电磁波示意图

如图 2.1.1 所示，取垂直于波矢 $\boldsymbol{k}$ 的任一平面 S，P 为 S 上一点，其位矢为 $\boldsymbol{r}$，则 $\boldsymbol{k}\cdot\boldsymbol{r}=kx'$，$x'$ 是 $\boldsymbol{r}$ 在波矢 $\boldsymbol{k}$ 方向上的投影。由于平面 S 上任一点在波矢 $\boldsymbol{k}$ 方向上的投影都等于 x'，平面 S 是一个等相位面。所以，式(2.1.18)描述沿 $\boldsymbol{k}$ 方向传播的平面电磁波。

由于$\nabla\cdot\boldsymbol{E}=0$，$\nabla\cdot\boldsymbol{B}=0$，得

$$\boldsymbol{k}\cdot\boldsymbol{E}_0=0,\quad \boldsymbol{k}\cdot\boldsymbol{B}_0=0 \tag{2.1.19}$$

可见，平面电磁波的电场和磁场的方向都垂直于波的传播方向，即电磁波是横波。

将式(2.1.18)代入式(2.1.16)，得

$$\nabla\times\boldsymbol{E}=-\mathrm{i}\omega\boldsymbol{B}$$

利用矢量分析公式：

$$\nabla\times(\varphi\boldsymbol{a})=(\nabla\varphi)\times\boldsymbol{a}+\varphi\nabla\times\boldsymbol{a}$$

得

$$\boldsymbol{B}=\frac{\mathrm{i}}{\omega}\nabla\times\boldsymbol{E}=\frac{1}{\omega}\boldsymbol{k}\times\boldsymbol{E} \tag{2.1.20}$$

式(2.1.20)表明电场与磁场相互垂直且同相，$\boldsymbol{k}$，$\boldsymbol{E}$，$\boldsymbol{B}$ 三者的方向服从右手关系，如图2.1.2所示。由式(2.1.20)得

$$\left|\frac{\boldsymbol{E}}{\boldsymbol{B}}\right|=\frac{1}{\sqrt{\mu\varepsilon}}\gg 1 \tag{2.1.21}$$

4. 相速度和群速度

将电场强度写成式(2.1.18)的复数形式是为了便于分析。实际的电场强度是该式的实部：

$$\boldsymbol{E}(\boldsymbol{r},t)=\boldsymbol{E}_0\cos\Phi(x,t)=\boldsymbol{E}_0\cos(\omega t-kx)$$

其中，$\boldsymbol{k}\cdot\boldsymbol{r}=kx$。上式是一个无限长的等幅余弦波。设相位 $\Phi=\omega t-kx$ 在移动中保持不变。于是，得

$$\frac{\mathrm{d}\Phi}{\mathrm{d}t}=\omega-k\frac{\mathrm{d}x}{\mathrm{d}t}=0$$

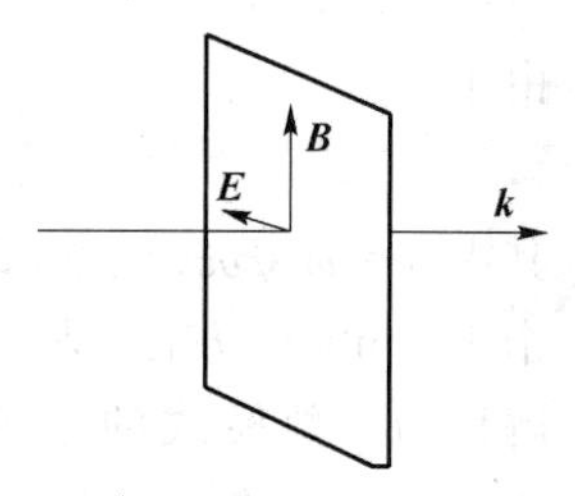

图 2.1.2 $\boldsymbol{k}$，$\boldsymbol{E}$，$\boldsymbol{B}$ 三者方向服从右手关系示意图

所以，单个波的传播速度$\frac{\mathrm{d}x}{\mathrm{d}t}$是等相位面的移动速度，称为相速度，记作

$$v=\frac{\omega}{k}=\frac{1}{\sqrt{\mu\varepsilon}} \tag{2.1.22}$$

由于 μ，ε 是频率的函数，不同频率的电磁波在同一介质中的速度不同，这称为介质的色散。显而易见，式(2.1.6)是式(2.1.22)在真空情形的特例。

现在考虑合成波的移动速度。不失一般性，设两个波的振幅相同，频率和波数有微小的差异，即令

$$\begin{cases} \boldsymbol{E}_1(x,t)=\boldsymbol{E}_0\cos(\omega t-kx) \\ \boldsymbol{E}_2(x,t)=\boldsymbol{E}_0\cos[(\omega+\mathrm{d}\omega)t-(k+\mathrm{d}k)x] \end{cases}$$

其波形如图 2.1.3(a)所示，则合成波为

$$\boldsymbol{E}(x,t)=\boldsymbol{E}_1+\boldsymbol{E}_2=2\,\boldsymbol{E}_0\cos\left(\frac{t\mathrm{d}\omega-x\mathrm{d}k}{2}\right)\cos\left[\frac{(2\omega+\mathrm{d}\omega)t-(2k+\mathrm{d}k)x}{2}\right]$$

由于 $\mathrm{d}\omega\ll\omega$，$\mathrm{d}k\ll k$，有

$$\boldsymbol{E}(x,t)=2\,\boldsymbol{E}_0\cos\left(\frac{t\mathrm{d}\omega-x\mathrm{d}k}{2}\right)\cos(\omega t-kx)$$

其波形如图 2.1.3(b)所示，是一个个的波包。显而易见，要使波包在移动中保持振幅不变，即包络上任一点 A 的振幅不变，必须有

$$t\mathrm{d}\omega-x\mathrm{d}k=常数$$

于是有

$$v_g=\frac{\mathrm{d}x}{\mathrm{d}t}=\frac{\mathrm{d}\omega}{\mathrm{d}k} \tag{2.1.23}$$

其中，v_g 称为群速度，即波包的移动速度。

在真空中，$k=\omega\sqrt{\mu_0\varepsilon_0}=\frac{\omega}{c}$，群速度等于相速度，而在介质中，二者不相等。

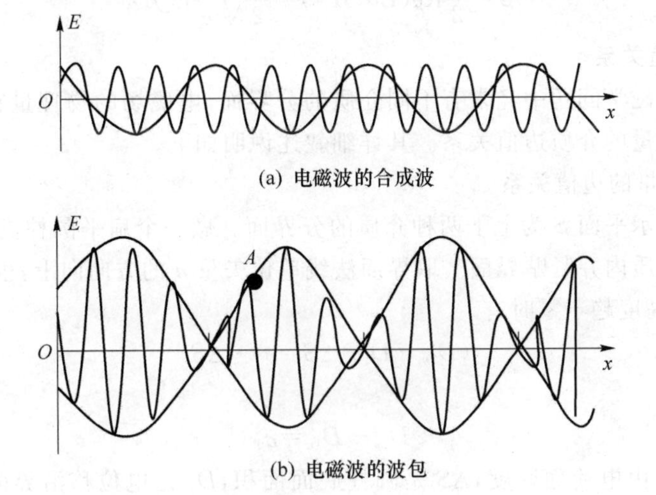

图 2.1.3　电磁波的合成波与波包示意图

5. 电磁波的能流密度

我们知道，电场能量密度 $\omega_e=\boldsymbol{E}\cdot\boldsymbol{D}/2$，磁场能量密度 $\omega_m=\boldsymbol{H}\cdot\boldsymbol{B}/2$，所以，电磁场能量密度：

$$\omega=\frac{1}{2}(\boldsymbol{E}\cdot\boldsymbol{D}+\boldsymbol{H}\cdot\boldsymbol{B})$$

在各向同性均匀介质中，$\boldsymbol{D}=\varepsilon\boldsymbol{E}$，$\boldsymbol{B}=\mu\boldsymbol{H}$，电磁场能量密度可以写成：$\omega=\frac{1}{2}\left(\varepsilon E^2+\frac{B^2}{\mu}\right)$

真空的电磁场能量密度：

$$\omega=\frac{1}{2}\left(\varepsilon_0 E^2+\frac{B^2}{\mu_0}\right) \tag{2.1.24}$$

对于真空，由式(2.1.21)得

$$\frac{B}{E}=\frac{1}{C}=\sqrt{\mu_0\varepsilon_0} \tag{2.1.25}$$

将式(2.1.25)代入式(2.1.24)，得

$$\omega=\sqrt{\mu_0\varepsilon_0}EH$$

所以，真空中电磁波的能流密度 $S=C\omega=EH$，通常将能流密度写成矢量形式：

$$\boldsymbol{S}=\boldsymbol{E}\times\boldsymbol{H}^* \tag{2.1.26}$$

能流密度矢量 $\boldsymbol{S}$ 又称为坡印廷矢量，其方向与波矢 $\boldsymbol{k}$ 相同。

事实上，能量密度和能流密度的平均值更有实际意义。为便于应用，下面给出求二次式平均值的公式。设 $f(t)=f_0\mathrm{e}^{-\mathrm{i}\omega t}$，$g(t)=g_0\mathrm{e}^{-\mathrm{i}(\omega t-\varphi)}$，则乘积 fg 对一个周期的平均值是

$$\overline{fg}=\frac{\omega}{2\pi}\int_0^{2\pi/\omega}f_0g_0\cos\omega t\cdot\cos(\omega t-\varphi)\mathrm{d}t=\frac{1}{2}f_0g_0\cos\varphi=\frac{1}{2}\mathrm{Re}(f^*g)$$

所以，能量密度和能流密度的平均值是

$$\bar{\omega}=\frac{1}{2}\varepsilon E_0^2=\frac{1}{2\mu}B_0^2 \tag{2.1.27}$$

$$\overline{\boldsymbol{S}}=\frac{1}{2}\mathrm{Re}(\boldsymbol{E}\times\boldsymbol{H}^*)=\frac{1}{2}\sqrt{\frac{\varepsilon}{\mu}}E_0^2\boldsymbol{k} \tag{2.1.28}$$

6. 介质边值关系

在实际的电磁学问题中经常有不同介质的分界面，电磁场的物理量在分界面上的变化关系称为电磁量的介质边值关系。其详细叙述说明如下。

(1) 法向分量的边值关系

图 2.1.4 所示平面 S 为上下两种介质的分界面。做一个扁平圆柱高斯面，使其两个底面各在一种介质内并紧贴界面。取界面法线单位矢量 $\boldsymbol{n}$ 的方向向上，根据式(2.1.1)第二式，当圆柱面高度趋于零时有

$$(D_{2n}-D_{1n})\Delta S=\sigma_0\cdot\Delta S$$

即

$$D_{2n}-D_{1n}=\sigma_0 \tag{2.1.29}$$

σ_0 是界面上的自由电荷面密度，ΔS 是圆柱底面面积，D_n 是电位移沿界面法线方向的分量。同理，将式(2.1.1)第四式应用于图 2.1.4 的圆柱面，得

$$B_{2n}=B_{1n} \tag{2.1.30}$$

(2) 切向分量的边值关系

如图 2.1.5 所示，在两种介质的界面上下做一个矩形，使其短边垂直于界面而两个长边分别在两种介质内。对此矩形环路应用式(2.1.1)第一式，设矩形长边为 l，而令短边趋于零，则积分$\iint\boldsymbol{B}\cdot\mathrm{d}\boldsymbol{s}\rightarrow 0$，于是有 $E_{2\mathrm{t}}l-E_{1\mathrm{t}}l=0$，即

$$E_{2\mathrm{t}}=E_{1\mathrm{t}} \tag{2.1.31}$$

E_t 是电场强度沿界面切线的分量。

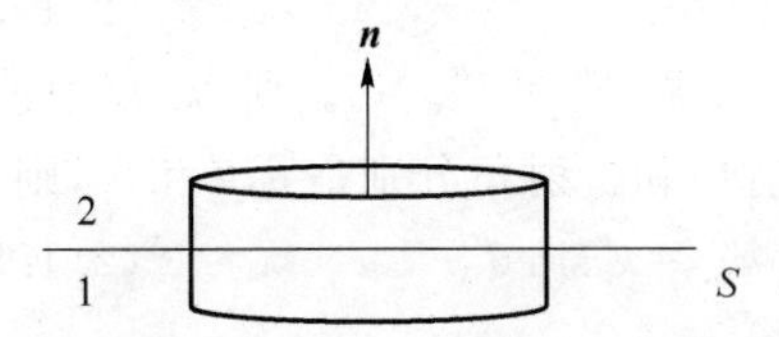

图 2.1.4 电位移沿界面的法向分量示意图

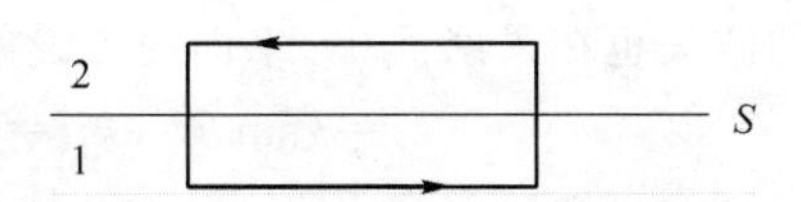

图 2.1.5 电位移沿界面的切向分量示意图

同理，将式(2.1.1)第三式应用于图 2.1.5 的矩形回路，得

$$H_{2t}-H_{1t}=j \tag{2.1.32}$$

j 是界面上穿过矩形所围面积的传导电流面密度。以上 4 个式子称为电磁场量介质边值关系，适用于连续分布介质的界面。这 4 个边值关系式可以写成矢量形式：

$$\begin{cases} \boldsymbol{n}\times(\boldsymbol{E}_2-\boldsymbol{E}_1)=0 \\ \boldsymbol{n}\times(\boldsymbol{H}_2-\boldsymbol{H}_1)=\boldsymbol{J} \\ \boldsymbol{n}\cdot(\boldsymbol{D}_2-\boldsymbol{D}_1)=\sigma \\ \boldsymbol{n}\cdot(\boldsymbol{B}_2-\boldsymbol{B}_1)=0 \end{cases} \tag{2.1.33}$$

不难看出，若前两个式子成立，则后两个式子自然成立。由于在绝缘介质分界面上，$\boldsymbol{j}=0$，$\sigma=0$，故有

$$\boldsymbol{n}\times(\boldsymbol{E}_2-\boldsymbol{E}_1)=0,\quad \boldsymbol{n}\times(\boldsymbol{H}_2-\boldsymbol{H}_1)=0 \tag{2.1.34}$$

和

$$\boldsymbol{n}\cdot(\boldsymbol{D}_2-\boldsymbol{D}_1)=0,\quad \boldsymbol{n}\cdot(\boldsymbol{B}_2-\boldsymbol{B}_1)=0$$

7. 电磁波在介质界面上的反射和折射

(1) 反射和折射定律

波在两种介质分界面上的反射和折射源于波的基本物理量在界面上的性质。如图 2.1.6 所示，各向同性的均匀介质 1 和介质 2 的分界面为无限大平面 S，一束平面电磁波从介质 1 射到界面 S 上发生反射和折射，假设反射波和折射波也是平面波，入射波、反射波和折射波的电场表示式分别是

$$\begin{cases} \boldsymbol{E}=\boldsymbol{E}_0\mathrm{e}^{-\mathrm{i}(\boldsymbol{k}\cdot\boldsymbol{r}-\omega t)} \\ \boldsymbol{E}'=\boldsymbol{E}'_0\mathrm{e}^{-\mathrm{i}(\boldsymbol{k}'\cdot\boldsymbol{r}-\omega t)} \\ \boldsymbol{E}''=\boldsymbol{E}''_0\mathrm{e}^{-\mathrm{i}(\boldsymbol{k}''\cdot\boldsymbol{r}-\omega t)} \end{cases} \tag{2.1.35}$$

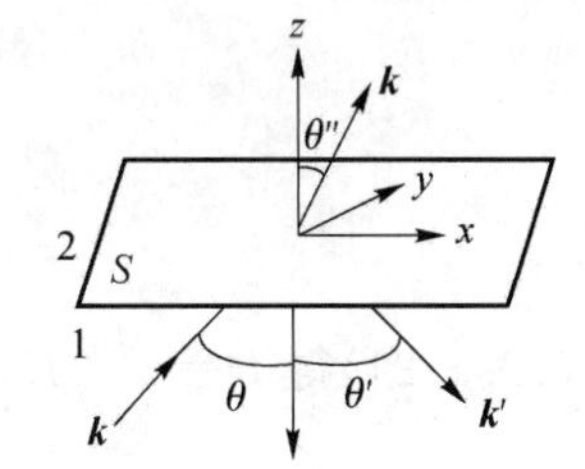

图 2.1.6 电磁波在介质面上的反射和折射示意图

先来求波矢之间的关系。由于介质 1 中的电场是入射波和反射波的叠加，而介质 2 中的电场只是折射波，根据边界条件式(2.1.34)的第一式，有

$$\boldsymbol{n}\times(\boldsymbol{E}+\boldsymbol{E}')=\boldsymbol{n}\times\boldsymbol{E}''$$

将式(2.1.35)代入上式，得

$$\boldsymbol{n}\times(\boldsymbol{E}_0\mathrm{e}^{-\mathrm{i}\boldsymbol{k}\cdot\boldsymbol{r}}+\boldsymbol{E}'_0\mathrm{e}^{-\mathrm{i}\boldsymbol{k}'\cdot\boldsymbol{r}})=\boldsymbol{n}\times\boldsymbol{E}''_0\mathrm{e}^{-\mathrm{i}\boldsymbol{k}''\cdot\boldsymbol{r}}$$

上式对整个界面成立。若取界面为 $z=0$ 的平面，则上式对任意的(x,y)成立，因此，作为

x,y 的系数,波矢的各分量应分别相等:

$$k_x=k'_x=k''_x,\quad k_y=k'_y=k''_y \tag{2.1.36}$$

如图 2.1.6 所示,设入射波波矢在 xz 平面内,则 $k_y=0$,即 $k'_y=k''_y=0$。所以,反射波和折射波的波矢也在入射面 xz 平面内。设入射角、反射角和折射角分别是 θ,θ' 和 θ'',则

$$k_x=k\sin\theta,\quad k'_x=k'\sin\theta',\quad k''_x=k''\sin\theta'' \tag{2.1.37}$$

由式(2.1.22)可知:

$$k=k'=\frac{\omega}{v_1},\quad k''=\frac{\omega}{v_2} \tag{2.1.38}$$

其中,v_1,v_2 是两种介质中的波速。将以上两式代入式(2.1.36),得

$$\theta=\theta',\quad \frac{\sin\theta}{\sin\theta''}=\frac{v_1}{v_2}=\sqrt{\frac{\mu_2\varepsilon_2}{\mu_1\varepsilon_1}}=n_{21} \tag{2.1.39}$$

这就是波的反射和折射定律,其中 n_{21} 是介质 2 相对于介质 1 的折射率。对于非铁磁质,$\mu\approx\mu_0$,故近似有 $n_{21}\approx\sqrt{\frac{\varepsilon_2}{\varepsilon_1}}$。由于 $\varepsilon=\varepsilon(\omega)$,频率不同的电磁波介质折射率不同。

(2) 振幅的关系

现在来考虑入射波、反射波和折射波振幅的关系。由于与一个波矢 $\boldsymbol{k}$ 对应的有两个独立偏振波,应分别讨论 $\boldsymbol{E}$ 垂直于入射面和平行于入射面两种情形。

如图 2.1.7(a)所示,$\boldsymbol{E}$ 垂直于入射面,由边值关系式(2.1.33)得

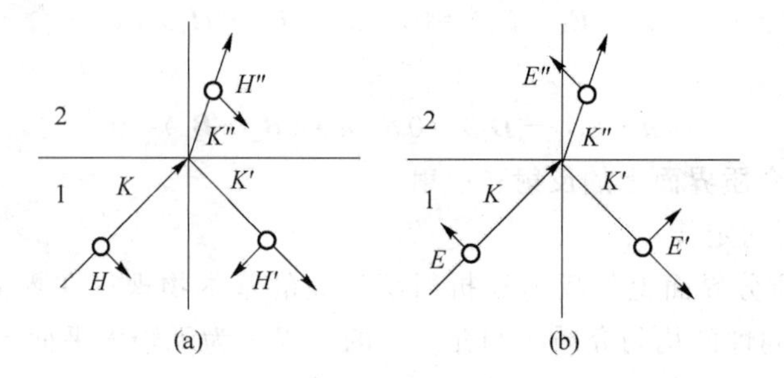

图 2.1.7 **E** 垂直于入射面与平行于入射面的示意图

$$E+E'=E'' \tag{2.1.40}$$
$$H\cos\theta-H'\cos\theta'=H''\cos\theta''$$

由式(2.1.21)得 $H=\sqrt{\frac{\varepsilon}{\mu}}E$,取 $\mu=\mu_0$,可将式(2.1.40)写成

$$\sqrt{\varepsilon_1}(E-E')\cos\theta=\sqrt{\varepsilon_2}E''\cos\theta''$$

利用折射定律式(2.1.39),由上式和式(2.1.40)得

$$\begin{cases}\dfrac{E'}{E}=\dfrac{\sqrt{\varepsilon_1}\cos\theta-\sqrt{\varepsilon_2}\cos\theta''}{\sqrt{\varepsilon_1}\cos\theta+\sqrt{\varepsilon_2}\cos\theta''}=-\dfrac{\sin(\theta-\theta')}{\sin(\theta+\theta')}\\[2ex]\dfrac{E''}{E}=\dfrac{2\sqrt{\varepsilon_1}\cos\theta}{\sqrt{\varepsilon_1}\cos\theta+\sqrt{\varepsilon_2}\cos\theta''}=\dfrac{2\cos\theta\sin\theta''}{\sin(\theta'+\theta'')}\end{cases} \tag{2.1.41}$$

如图 2.1.7(b)所示,$\boldsymbol{E}$ 平行于入射面,由边值关系式(2.1.34)得

$$E\cos\theta-E'\cos\theta=E''\cos\theta'' \qquad (2.1.42)$$
$$H+H'=H''$$

利用 $H=\sqrt{\frac{\varepsilon}{\mu}}E$，将上式改写为

$$\sqrt{\varepsilon_1}(E+E')=\sqrt{\varepsilon_2}E''$$

利用折射定律式(2.1.39)，由上式和式(2.1.42)得

$$\begin{cases}\dfrac{E'}{E}=\dfrac{\tan(\theta-\theta'')}{\tan(\theta+\theta'')}\\[2ex]\dfrac{E''}{E}=\dfrac{2\cos\theta\sin\theta''}{\sin(\theta+\theta'')\cos(\theta-\theta'')}\end{cases} \qquad (2.1.43)$$

式(2.1.41)和式(2.1.43)称为 Fresnel 公式。这两式说明，$\boldsymbol{E}$ 垂直于入射面和 $\boldsymbol{E}$ 平行于入射面两种偏振波的反射和折射行为不同。当入射波为自然光时，经过反射和折射后，由于两种偏振波的反射和折射波的强度不同，反射波和折射波都变为部分偏振光。当 $\theta+\theta''=90°$ 时，按照式(2.1.43)，$\boldsymbol{E}$ 平行于入射面的偏振波没有反射波，于是，反射光是 $\boldsymbol{E}$ 垂直于入射面的完全偏振光。这就是波动光学的 Brewster 定律。

(3) 全反射

设 $\varepsilon_2<\varepsilon_1$，由 $\frac{\sin\theta}{\sin\theta''}=\sqrt{\frac{\varepsilon_2}{\varepsilon_1}}$ 可知，折射角大于入射角。这时，如果入射角使 $\sin\theta=n_{21}=\sqrt{\frac{\varepsilon_2}{\varepsilon_1}}$，折射角 θ'' 等于 $\frac{\pi}{2}$，折射波沿界面掠过。下面来研究入射角继续增大时电磁波的传播及其物理意义。

设当 $\sin\theta\geqslant n_{21}$ 时，在图 2.1.6 的两种介质中式(2.1.36)仍然成立，即有

$$k''_x=k_x=k\sin\theta,\quad k''=kn_{21} \qquad (2.1.44)$$

于是

$$k''_z=\sqrt{k''^2-k''^2_x}=\mathrm{i}k\sqrt{\sin^2\theta-n_{21}^2}$$

是一个纯虚数。令 $k''_z=\mathrm{i}\kappa$，$\kappa=k\sqrt{\sin^2\theta-n_{21}^2}$，则折射波电场为

$$\boldsymbol{E}''=\boldsymbol{E}''_0\mathrm{e}^{-\kappa z}\mathrm{e}^{\mathrm{i}(k''_x x-\omega t)} \qquad (2.1.45)$$

不难看出，式(2.1.45)也是 Helmhotz 方程式(2.1.15)的解，但由于 $z\to-\infty$ 时，$E''\to\infty$，这个解只存在于 $z>0$ 的半空间中，事实上是在 z 轴方向上指数衰减。所以，上式的电磁波只存在于介质 2 内界面附近的薄层内。薄层厚度的数量级为

$$\frac{1}{\kappa}=\frac{1}{k\sqrt{\sin^2\theta-n_{21}^2}}=\frac{\lambda_1}{2\pi\sqrt{\sin^2\theta-n_{21}^2}} \qquad (2.1.46)$$

现在来求折射波平均能流密度。折射波磁场强度可由式(2.1.20)得到。例如，在$\boldsymbol{E}''$ 垂直于入射面时 $E''=E''_y$，有

$$\begin{cases}H''_z=\sqrt{\dfrac{\varepsilon_2}{\mu_2}}\dfrac{k''_x}{k''}E''_y=\sqrt{\dfrac{\varepsilon_2}{\mu_2}}\dfrac{\sin\theta}{n_{21}}E''\\[2ex]H''_x=-\sqrt{\dfrac{\varepsilon_2}{\mu_2}}\dfrac{k''_z}{k''}E''_y=-\mathrm{i}\sqrt{\dfrac{\varepsilon_2}{\mu_2}}\sqrt{\dfrac{\sin^2\theta}{n_{21}^2}-1}E''\end{cases} \qquad (2.1.47)$$

折射波平均能流密度

$$\begin{cases} \overline{S}''_x=\frac{1}{2}\text{Re}(E''^*_y H''_z)=\frac{1}{2}\sqrt{\frac{\varepsilon_2}{\mu_2}}|E''_0|^2\frac{\sin\theta}{n_{21}}e^{-2\kappa z} \\ \overline{S}''_z=-\frac{1}{2}\text{Re}(E''^*_y H''_x)=0 \end{cases} \tag{2.1.48}$$

可见，折射波平均能流密度只有 x 分量而无 z 分量。

当 $\sin\theta \geqslant n_{21}$ 时，反射和折射定律在形式上仍然成立，只要做变换

$$\sin\theta'' \to \frac{k''_x}{k''}=\frac{\sin\theta}{n_{21}},\quad \cos\theta'' \to \frac{k''_z}{k''}=\text{i}\sqrt{\frac{\sin^2\theta}{n_{21}^2}-1}$$

就可由式(2.1.41)和式(2.1.43)得到反射波和折射波的振幅和相位。例如，在 $\boldsymbol{E}$ 垂直于入射面时，由式(2.1.41)得

$$\frac{E'}{E}=\frac{\cos\theta-\text{i}\sqrt{\sin^2\theta-n_{21}^2}}{\cos\theta+\text{i}\sqrt{\sin^2\theta-n_{21}^2}}=e^{-2\text{i}\varphi} \tag{2.1.49}$$

其中，$\tan\varphi=\frac{\sqrt{\sin^2\theta-n_{21}^2}}{\cos\theta}$。可见，反射波和入射波振幅相同而不同相，即二者的平均能流密度相等，也就是说，当 $\sin\theta \geqslant n_{21}$ 时，入射的电磁能量被全部反射。这种现象称为全反射。不过，由于反射波和入射波不同相，二者的瞬时能流密度不相等。所以，在全反射过程的前半周期内，电磁能量透入第二介质，在界面附近的薄层内储存起来，在后半周期内作为反射波能量释放出来。

8. 谱线的自然宽度

我们知道，原子内的电子在两能级之间跃迁时发射一条光谱线。光谱线并不是完全单色的，即光频率不是绝对不变的，而是有一定的频率分布宽度。下面应用经典振子作为原子辐射模型来说明谱线宽度的形成。

设有一个质量为 m 的经典振子，振动轴为 x 轴，弹性恢复力为 $-kx$。当振子振动时，辐射出一定频率的电磁波，其能量要减少，相当于受到一个阻尼 F_s。于是，振子的运动方程是：$m\ddot{x}+kx=F_s$。

根据经典力学，这个阻尼可以表示为 $F_s=-m\gamma\dot{x}$，其中的 γ 称为阻尼系数。令 $\omega_0^2=k/m$，得

$$\ddot{x}+\gamma\dot{x}+\omega_0^2x=0 \tag{2.1.50}$$

设式(2.1.50)有形如 $x=x_0e^{\text{i}\omega t}$ 的解，代入式(2.1.50)，得

$$\omega^2-\text{i}\gamma\omega-\omega_0^2=0$$

当 $\gamma \ll \omega_0$ 时，解得

$$\omega \approx \omega_0+\frac{\text{i}}{2}\gamma$$

于是，方程(2.1.50)的解是

$$x=x_0e^{-\frac{\gamma}{2}t}e^{\text{i}\omega_0 t} \tag{2.1.51}$$

这是一个振幅衰减的振子。振子能量衰减到初值的 e^{-1} 倍时的时间称为振子的寿命，记作 τ。注意到振子能量与振幅平方成正比，得

$$\tau=\frac{1}{\gamma} \tag{2.1.52}$$

由于振幅衰减，振子辐射的电磁波不断减弱。设振子于某时刻开始辐射，则在某空间点处观察到的电场强度是

$$E(t)=\begin{cases}E_0\,\mathrm{e}^{-\frac{1}{2}\gamma t}\,\mathrm{e}^{\mathrm{i}\omega_0 t}, & t>0\\ 0, & t<0\end{cases} \tag{2.1.53}$$

$t=0$ 是电磁波最初传到该处的时刻。式(2.1.53)不是正弦波，可分解为不同频率正弦波的叠加。对式(2.1.53)做傅里叶变换，得

$$E(\omega)=\frac{1}{2\pi}\int_{-\infty}^{\infty}E(t)\,\mathrm{e}^{-\mathrm{i}\omega t}\,\mathrm{d}t=\frac{1}{2\pi}\int_{0}^{\infty}E_0\,\mathrm{e}^{-\frac{\gamma}{2}t}\,\mathrm{e}^{-\mathrm{i}(\omega-\omega_0)t}=\frac{E_0}{2\pi}\,\frac{-\mathrm{i}}{\omega-\omega_0-\mathrm{i}\,\frac{\gamma}{2}}$$

单位频率间隔的辐射能量正比于 $|E(\omega)|^2$，即有

$$W_\omega\propto\frac{1}{(\omega-\omega_0)^2+\frac{\gamma^2}{4}}$$

设总辐射能量为 W，积分上式，得

$$W_\omega=\frac{W}{\pi}\,\frac{\gamma}{(\omega-\omega_0)^2+\frac{\gamma^2}{4}} \tag{2.1.54}$$

其中，利用了积分公式 $\int_0^{\infty}\frac{\mathrm{d}x}{x^2+a^2}=\frac{\pi}{2a}$。式(2.1.54)的函数曲线如图 2.1.8 所示。当 $\omega=\omega_0$ 时，W_ω 有极大值；当 $|\omega-\omega_0|=\frac{\gamma}{2}$ 时，W_ω 降为极大值的一半。因此，γ 称为谱线宽度，它等于振子寿命的倒数。谱线宽度可用波长表示为

$$|\Delta\lambda|=\left|\Delta\left(\frac{2\pi c}{\omega}\right)\right|=\frac{2\pi c}{\omega_0^2}\Delta\omega=\frac{\pi c}{\omega_0^2}\gamma \tag{2.1.55}$$

这表明用经典振子作为原子辐射模型时，得到的谱线宽度是一个常数。事实上，原子辐射的谱线宽度变化很大，有些接近于经典谱线宽度，有些远小于经典谱线宽度。所以，谱线宽度的形成不能用经典理论完全说明，必须用量子理论来说明。不过，辐射阻尼，寿命和宽度的关系是有普遍意义的，关系式 $\tau=1/\gamma$ 依然成立。

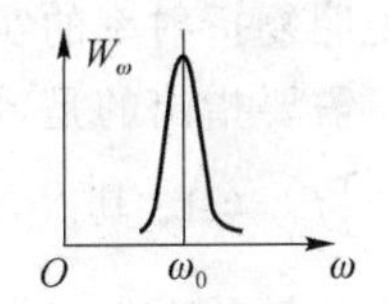

图 2.1.8 总辐射能量的函数曲线示意图

9. 介质的复折射率

当电磁波入射到介质中时，电子散射的次波相互叠加，形成了介质内的电磁波。介质内的宏观电磁现象取决于极化强度 $\boldsymbol{P}$ 和磁化强度 $\boldsymbol{M}$。对于非铁磁质，磁化强度很弱，只需考虑极化强度 $\boldsymbol{P}$ 与入射电磁波电场强度 $\boldsymbol{E}$ 的关系。为简便起见，设介质为稀薄气体。

设介质单位体积中的电子数为 n，每个电子的固有振动频率为 ω_0。在稀薄气体中，可忽略分子间的相互作用，认为作用在电子上的电场等于入射电场。设入射电场强度为 $\boldsymbol{E}=\boldsymbol{E}_0\,\mathrm{e}^{\mathrm{i}\omega t}$。

在入射电场作用下，电子振子的运动方程是

$$\ddot{x}+\gamma\dot{x}+\omega_0^2x=\frac{e}{m}E_0e^{i\omega t}$$

设上式有形如 $x=x_0e^{i\omega t}$ 的解，代入上式，经过计算，得

$$x=\frac{e}{m}\frac{1}{\omega_0^2-\omega^2+i\gamma\omega}E_0e^{i\omega t}$$

所以，介质电极化强度是

$$\boldsymbol{P}=ne\boldsymbol{x}=\frac{ne^2}{m}\frac{1}{\omega_0^2-\omega^2+i\omega\gamma}\boldsymbol{E}$$

利用关系式 $\boldsymbol{P}=\chi_e\varepsilon_0\boldsymbol{E}$ 和 $\varepsilon=\varepsilon_r\varepsilon_0=(1+\chi_e)\varepsilon_0$，得电容率

$$\varepsilon=\varepsilon_0+\frac{ne^2}{m}\frac{1}{\omega_0^2-\omega^2+i\gamma\omega} \tag{2.1.56}$$

可见，电容率是一个复数。相对电容率的实部是

$$\varepsilon'_r=1+\frac{ne^2}{m\varepsilon_0}\frac{\omega_0^2-\omega^2}{(\omega_0^2-\omega^2)^2+\gamma^2\omega^2}$$

虚部是

$$\varepsilon''_r=\frac{ne^2}{m\varepsilon_0}\frac{\gamma\omega}{(\omega_0^2-\omega^2)^2+\gamma^2\omega^2}$$

以上只考虑了电子的一个固有频率 ω_0。实际上，介质内的电子有多个固有频率。设单位体积内固有频率为 ω_i 的电子有 nf_i，$\sum\limits_i f_i=1$，式(2.1.56)应改写为

$$\varepsilon=\varepsilon_0+\sum_i\frac{ne^2}{m}\frac{f_i}{\omega_i^2-\omega^2+i\gamma_i\omega} \tag{2.1.57}$$

据此，介质的折射率应为复数：

$$n(\omega)=n_1(\omega)-in_2(\omega)=\sqrt{\varepsilon_r} \tag{2.1.58}$$

注意到在非铁质介质中 $k=\omega\sqrt{\mu_0\varepsilon}=\omega\sqrt{\mu_0\varepsilon_0}n=k_0n$，$k_0$ 是真空中的波矢，于是有

$$\boldsymbol{E}(x,t)=\boldsymbol{E}_0e^{i(\omega t-kx)}=\boldsymbol{E}_0e^{-n_2k_0x}e^{i(\omega t-n_1k_0x)}$$

这说明复折射率的实部引起色散，虚部引起电磁波的吸收。

需要指出的是，用量子力学可得到与式(2.1.57)类似的结果，但几率 f_i 的意义不同，且 $\sum\limits_i f_i\neq1$。其次，经典理论不能算出固有频率 ω_i。这说明物质的宏观电磁性质的研究应当从量子力学出发。

2.2 有导体存在时的电磁波

这一节讨论有导体存在时电磁波的传播。通过上一节的讨论，我们已经知道，电磁波在真空和在无损耗的理想介质中传播时不衰减。但是，导体内存在大量自由电子，自由电子在电磁场作用下形成电流，电流的 Joule 热消耗电磁波的能量，因此，导体内的电磁波是衰减波。由于电磁波在导体内的传播是时变电磁场与自由电子相互作用的过程，我们从分析导体内自由电荷的分布开始，然后求解存在传导电流的麦克斯韦电磁场方程组，进而分析有导体存在时电磁波的传播特点。

1. 导体内自由电荷的分布

我们知道，处于静电场中的导体的内部不带电，电荷只能分布在导体表面。在时变电场中是否也是这样呢？

设导体内部某处的自由电荷密度为 ρ，这时电荷的电场强度为 $\boldsymbol{E}$，于是有

$$\nabla \cdot \boldsymbol{E} = \frac{\rho}{\varepsilon}$$

在电场 $\boldsymbol{E}$ 作用下，导体内应存在传导电流 $\boldsymbol{j}$，按照欧姆定律，$\boldsymbol{j}=\sigma\boldsymbol{E}$，于是得

$$\nabla \cdot \boldsymbol{j} = \frac{\sigma}{\varepsilon}\rho$$

这表示自由电荷密度为 ρ 的地方有电荷流出，而 ρ 的变化服从电荷守恒定律：

$$\frac{\partial \rho}{\partial t} = -\nabla \cdot \boldsymbol{j} = -\frac{\sigma}{\varepsilon}\rho$$

积分上式，得

$$\rho(t) = \rho_0 \mathrm{e}^{-\frac{\sigma}{\varepsilon}t}$$

其中，ρ_0 为初始电荷密度。通常，将电荷密度 ρ 衰减到 $\frac{\rho_0}{\mathrm{e}}$ 的时间称为电荷密度衰减的特征时间，记作 $\tau=\frac{\varepsilon}{\sigma}$。所以，只要电磁波的频率 $\omega \ll \tau^{-1}$，即

$$\frac{\sigma}{\omega\varepsilon} \gg 1 \tag{2.2.1}$$

就可以认为 $\rho(t)=0$。式(2.2.1)称为良导体条件。一般金属导体的 τ 的数量级为 10^{-17} s。因此，只要电磁波的频率满足式(2.2.1)，一般金属导体都可以被看作良导体，其内部不带电，电荷只能分布在导体表面。

2. 导体内的电磁波

设在导体内部 $\rho=0$，$\boldsymbol{j}=\sigma\boldsymbol{E}$，Maxwell 方程组是

$$\nabla \times \boldsymbol{E} = -\frac{\partial \boldsymbol{B}}{\partial t}$$

$$\nabla \times \boldsymbol{H} = \frac{\partial \boldsymbol{D}}{\partial t} + \boldsymbol{j}$$

$$\nabla \cdot \boldsymbol{D} = 0$$

$$\nabla \cdot \boldsymbol{B} = 0$$

对一定频率的电磁波，$\boldsymbol{D}=\varepsilon\boldsymbol{E}$，$\boldsymbol{B}=\mu\boldsymbol{H}$，于是有

$$\begin{cases} \nabla \times \boldsymbol{E} = -\mathrm{i}\omega\mu\boldsymbol{H} \\ \nabla \times \boldsymbol{H} = (\mathrm{i}\omega\varepsilon + \sigma)\boldsymbol{E} \\ \nabla \cdot \boldsymbol{D} = 0 \\ \nabla \cdot \boldsymbol{H} = 0 \end{cases} \tag{2.2.2}$$

定义导体的复电容率为

$$\varepsilon' = \varepsilon - \mathrm{i}\,\frac{\sigma}{\omega}$$

则式(2.2.2)中的第二式可写成

$$\nabla \times \boldsymbol{H} = \mathrm{i}\omega\varepsilon' \boldsymbol{E} \tag{2.2.3}$$

于是，式(2.2.2)就与电介质中的 Maxwell 方程组(2.1.14)在数学形式上相同。因此，只要把电介质中电磁波的表示式中的 ε 换成 ε'，就得到导体内的电磁波解。显而易见，复电容率的物理意义是：实部 ε 与位移电流相联系，它不耗散电磁波能量，而虚部 σ/ω 与传导电流相联系，它耗散电磁波能量。如果考虑到电介质对电磁波能量的耗散，电介质的电容率也是复数，其虚部与电磁波能量的耗散有关。

所以，对于一定频率的电磁波，与电介质内的 Helmhotz 方程(2.1.15)对应的导体内的 Helmhotz 方程是

$$\nabla^2 \boldsymbol{E} + k^2 \boldsymbol{E} = 0 \tag{2.2.4}$$

其中，

$$k = \omega\sqrt{\mu\varepsilon'} \tag{2.2.5}$$

式(2.2.4)的满足条件 $\nabla \cdot \boldsymbol{E} = 0$ 的解表示导体内可能存在的电磁波。求得 $\boldsymbol{E}$ 后，可由式(2.2.2)第一式得到磁场 $\boldsymbol{H}$。式(2.2.4)也有平面波解：

$$\boldsymbol{E}(\boldsymbol{r},t) = \boldsymbol{E}_0 \mathrm{e}^{-\mathrm{i}(\boldsymbol{k}\cdot\boldsymbol{r}-\omega t)}$$

由式(2.2.5)可知，波矢 $\boldsymbol{k}$ 是一个复数。令 $\boldsymbol{k} = \boldsymbol{\alpha} - \mathrm{i}\boldsymbol{\beta}$，上式变为

$$\boldsymbol{E}(\boldsymbol{r},t) = \boldsymbol{E}_0 \mathrm{e}^{-\boldsymbol{\beta}\cdot\boldsymbol{r}} \mathrm{e}^{-\mathrm{i}(\boldsymbol{\alpha}\cdot\boldsymbol{r}-\omega t)} \tag{2.2.6}$$

这表明波矢 $\boldsymbol{k}$ 的实部 α 描述波的相位变化，称为相位常数，而虚部 β 描述振幅的衰减，称为衰减常数。根据式(2.2.5)，有

$$k^2 = \alpha^2 - \beta^2 - 2\mathrm{i}\boldsymbol{\alpha}\cdot\boldsymbol{\beta} = \omega^2\mu\left(\varepsilon - \mathrm{i}\frac{\sigma}{\omega}\right)$$

于是有

$$\begin{cases} \alpha^2 - \beta^2 = \omega^2\mu\varepsilon \\ \boldsymbol{\alpha}\cdot\boldsymbol{\beta} = \dfrac{1}{2}\omega\mu\sigma \end{cases} \tag{2.2.7}$$

注意，一般地说，$\boldsymbol{\alpha}$ 和 $\boldsymbol{\beta}$ 的方向不一定相同。例如，如图 2.1.5 所示，取导体表面为 xy 平面，电磁波沿 z 轴正方向垂直入射到导体内部，$\boldsymbol{k}^0$ 为导体外空间的入射波矢，$\boldsymbol{k}$ 为导体内的透射波矢，入射面为 xz 平面。按照边值关系(2.1.35)，有

$$k_x^0 = k_x = \alpha_x + \mathrm{i}\beta_x$$

由于导体外空间的波矢 k^0 为实数，得 $\alpha_x = k_x$，$\beta_x = 0$，即 $\boldsymbol{\beta}$ 垂直于导体表面。这样，就可由式(2.2.7)解出 $\boldsymbol{\alpha}$ 和 $\boldsymbol{\beta}$。

3. 趋肤效应和穿透深度

由于式(2.2.6)的波解含有衰减因子，电磁波只能透入导体表面附近的一个薄层内。因此，电磁波主要是在导体以外的空间或介质中传播，而导体表面则被看成传播区域的边界。在导体表面上，电磁波与导体上的自由电荷相互作用，形成表面电流，电流的存在使电磁波的能量部分被反射，部分变为 Joule 热。

为简便起见，考虑前述电磁波沿 z 轴正方向垂直入射到导体上，取导体表面为 xy 平面。这时，式(2.2.6)简化为

$$\boldsymbol{E} = \boldsymbol{E}_0 \mathrm{e}^{-\beta z} \mathrm{e}^{-\mathrm{i}(\alpha z - \omega t)} \tag{2.2.8}$$

由式(2.2.7)解得

$$\begin{cases} \alpha=\omega\sqrt{\dfrac{\mu\varepsilon}{2}\left(\sqrt{1+\dfrac{\sigma^2}{\omega^2\varepsilon^2}}+1\right)} \\ \beta=\omega\sqrt{\dfrac{\mu\varepsilon}{2}\left(\sqrt{1+\dfrac{\sigma^2}{\omega^2\varepsilon^2}}-1\right)} \end{cases} \tag{2.2.9}$$

对于良导体，$\dfrac{\sigma}{\omega\varepsilon}\gg1$，于是有

$$\alpha\approx\beta\approx\sqrt{\frac{\omega\mu\sigma}{2}} \tag{2.2.10}$$

波振幅衰减到初始值的 1/e 时的透射距离称为穿透深度，记作 δ，于是得

$$\delta=\frac{1}{\beta}=\sqrt{\frac{2}{\omega\mu\sigma}} \tag{2.2.11}$$

例如，铜的 σ 约为 $5\times10^7\ \mathrm{sm^{-1}}$，若电磁波频率为 50 Hz，$\delta$ 约为 0.9 cm；若频率为 100 MHz，δ 约为 0.7×10^{-3} cm。可见，对于高频电磁波，电磁波和相应的电流的确只存在于导体表面附近的一个薄层内。这种现象称为趋肤效应。

由式(2.2.2)第一式可得

$$\boldsymbol{H}=\frac{\boldsymbol{k}}{\omega\mu}\times\boldsymbol{E}=\frac{1}{\omega\mu}(\alpha+\mathrm{i}\beta)\boldsymbol{n}\times\boldsymbol{E} \tag{2.2.12}$$

其中，$\boldsymbol{n}$ 是导体表面 xy 平面的指向导体内部的法线。

4. 电磁波在导体表面的反射

与讨论电磁波在介质表面的反射和折射一样，应用边值关系也可以讨论电磁波在导体表面的反射和折射。由于电磁波垂直入射到导体表面时计算比较简单且已能说明电磁波在介质表面的反射和折射的基本特点，我们只讨论电磁波垂直入射到导体表面时的反射和折射。如图 2.1.7(a)所示，当电磁波垂直入射到导体表面时，电磁场的边值关系是

$$\begin{cases} E+E'=E'' \\ H-H'=H'' \end{cases} \tag{2.2.13}$$

对于良导体，利用关系式 $\left|\dfrac{E}{B}\right|=\dfrac{1}{\sqrt{\mu_0\varepsilon_0}}$ 和式(2.2.12)，并取 $\mu\approx\mu_0$ 将式(2.2.13)第二式写成

$$E-E'=\sqrt{\frac{\sigma}{2\omega\varepsilon_0}}(1+\mathrm{i})E'' \tag{2.2.14}$$

联立式(2.2.14)与式(2.2.13)第一式，解得

$$\frac{E'}{E}=-\frac{1+\mathrm{i}-\sqrt{\dfrac{2\omega\varepsilon_0}{\sigma}}}{1+\mathrm{i}+\sqrt{\dfrac{2\omega\varepsilon_0}{\sigma}}}$$

反射能流与入射能流的比称为反射系数，记作 R。由上式得

$$R=\left|\frac{E'}{E}\right|^2=\frac{\left(1-\sqrt{\dfrac{2\omega\varepsilon_0}{\sigma}}\right)^2+1}{\left(1+\sqrt{\dfrac{2\omega\varepsilon_0}{\sigma}}\right)^2+1}\approx1-2\sqrt{\frac{2\omega\varepsilon_0}{\sigma}} \tag{2.2.15}$$

式(2.2.15)说明,电导率 σ 越高,反射系数越接近于1。这已被实验证实。例如,波长为 1.2×10^{-5} m的红外线垂直入射到铜表面时的反射系数 $R=1-0.016$。因此,对于可见光、微波和无线电波,可近似地把金属的反射系数看作1。当电导率 $\sigma\to\infty$ 时,反射系数等于1,这种导体称为理想导体。

2.3 波 导

如前所述,在无界空间中,电磁波的基本形式是平面电磁波,其电场和磁场都与传播方向垂直,故而称为横电磁(TEM)波。在有理想导体存在时,电磁波全部被导体反射,导体表面构成了电磁波存在的边界。这种有界空间中的电磁波由于边界条件的不同而有许多不同的特点,对这类问题的研究具有广泛的实际意义。例如,谐振腔是中空的金属腔,在高频技术中常用谐振腔来产生一定频率的电磁振荡。又如,波导是中空的金属管,截面常为矩形或圆形。电磁波在波导中传播,管壁作为电磁波存在的边界制约着电磁波的存在形式。在这类边值问题中,导体表面作为边界起着重要的作用。因此,这一节我们先对导体表面作为边界条件做一般性的讨论,然后讨论谐振腔和波导,从而对模式概念有基本的理解。

1. 理想导体边界条件

在2.1节中曾经把边值关系式写成矢量形式:

$$\begin{cases}\boldsymbol{n}\times(\boldsymbol{E}_2-\boldsymbol{E}_1)=0\\ \boldsymbol{n}\times(\boldsymbol{H}_2-\boldsymbol{H}_1)=\boldsymbol{J}\\ \boldsymbol{n}\cdot(\boldsymbol{D}_2-\boldsymbol{D}_1)=\sigma\\ \boldsymbol{n}\cdot(\boldsymbol{B}_2-\boldsymbol{B}_1)=0\end{cases} \tag{2.3.1}$$

现取下角标1代表理想导体,下角标2代表真空或电介质,界面法线由导体指向介质中。由于理想导体内部不存在电磁场,应有 $\boldsymbol{E}_1=0$,$\boldsymbol{H}_1=0$。略去角标2,有

$$\begin{cases}\boldsymbol{n}\times\boldsymbol{E}=0\\ \boldsymbol{n}\times\boldsymbol{H}=\boldsymbol{j}\end{cases} \tag{2.3.2}$$

如前所说,若这两个式子被满足,另两个式子自然被满足:

$$\begin{cases}\boldsymbol{n}\cdot\boldsymbol{D}=\sigma\\ \boldsymbol{n}\cdot\boldsymbol{B}=0\end{cases} \tag{2.3.3}$$

因此,求解导体边值问题时,只需考虑条件式(2.3.2)。解得介质中的电磁波后,由式(2.3.2)第二式就可求得导体表面电流的分布。所以,真正制约电磁波存在形式的是式(2.3.2)第二式。也就是说,Helmhotz方程加条件 $\nabla\cdot\boldsymbol{E}=0$,再加边界条件式(2.3.2)构成了电磁波的定解问题,此定解问题的解就是在所给条件下可能存在的电磁波的模式。上述理想导体的边界条件可以直观地表述为:**在导体表面上,电场线垂直于界面,磁感线与界面相切。**

2. 谐振腔

在实际工作中,电磁波是用具有特定谐振频率的线路或元件激发的。低频的无线电

波用 LC 回路产生振荡，其频率是 $\frac{1}{2\pi\sqrt{LC}}$。要提高频率就要减小电感 L 或电容 C 的值。当 L 或 C 减小到一定程度时，辐射损耗和 Joule 损耗将显著增大。所以，LC 回路不能有效地产生高频振荡。通常采用金属壁面的谐振腔来产生高频振荡。

如图 2.3.1 所示，矩形谐振腔的内表面分别为 $x=0, l_1$；$y=0, l_2$ 和 $z=0, l_3$。设 $u(x, y, z)$ 为 $\boldsymbol{E}$ 或 $\boldsymbol{H}$ 的任一直角分量，则 Helmhotz 方程是

$$\nabla^2 u + k^2 u = 0 \tag{2.3.4}$$

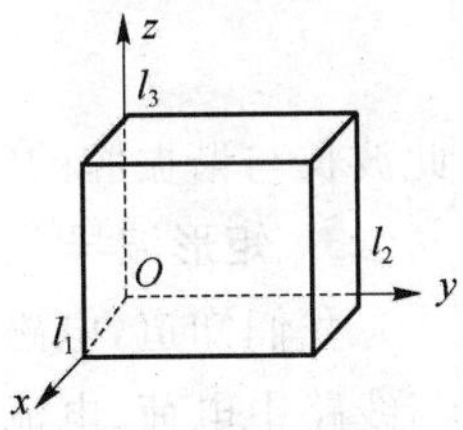

采用分离变量法，令 $u(x,y,z)=X(x)Y(y)Z(z)$，将式(2.3.4)分解为三个方程：

$$\begin{cases} \dfrac{\mathrm{d}^2 X}{\mathrm{d}x^2} + k_x^2 X = 0 \\ \dfrac{\mathrm{d}^2 Y}{\mathrm{d}y^2} + k_y^2 Y = 0 \\ \dfrac{\mathrm{d}^2 Z}{\mathrm{d}z^2} + k_z^2 Z = 0 \end{cases} \tag{2.3.5}$$

图 2.3.1 矩形谐振腔示意图

其中，

$$k^2 = k_x^2 + k_y^2 + k_z^2 = \omega^2 \mu \varepsilon \tag{2.3.6}$$

式(2.3.5)的驻波解是

$$u(x,y,z) = (C_1 \cos k_x x + D_1 \sin k_x x)(C_2 \cos k_y y + D_2 \sin k_y y)(C_3 \cos k_z z + D_3 \sin k_z z) \tag{2.3.7}$$

其中，$C_i, D_i (i=1,2,3)$ 是待定常数。例如，若 $u(x,y,z)=E_x$，它垂直于 $x=0$ 面。由于在 $x=0$ 面上 $E_y=0, E_z=0$，$\nabla \cdot \boldsymbol{E} = \frac{\partial E_x}{\partial x} + \frac{\partial E_y}{\partial y} + \frac{\partial E_z}{\partial z} = 0$，$\frac{\partial E_x}{\partial x} = 0$，故在式(2.3.7)中应令 $D_1=0$。又因为电场线垂直于界面，在 $y=0$ 面和 $z=0$ 面上 $E_x=0$，故在式(2.3.7)中应令 $C_2=C_3=0$。对于 E_y 和 E_z 也应做类似的考虑，于是得

$$\begin{cases} E_x = A_1 \cos k_x x \sin k_y y \sin k_z z \\ E_y = A_2 \sin k_x x \cos k_y y \sin k_z z \\ E_z = A_3 \sin k_x x \sin k_y y \cos k_z z \end{cases} \tag{2.3.8}$$

再考虑到在 $x=l_1, y=l_2, z=l_3$ 面上的边界条件，得

$$k_x = \frac{m\pi}{l_1}, \quad k_y = \frac{n\pi}{l_2}, \quad k_z = \frac{p\pi}{l_3} \tag{2.3.9}$$

其中，$m, n, p = 0, 1, 2, \cdots$ 由于 $\nabla \cdot \boldsymbol{E} = 0$，式(2.3.7)中的三个常数 A_i 应满足：

$$k_x A_1 + k_y A_2 + k_z A_3 = 0 \tag{2.3.10}$$

故只有两个是独立的。

满足式(2.3.9)和式(2.3.10)时，式(2.3.8)表示谐振腔内的一种电磁波模式，也就是谐振腔内的一种本征振荡。每一组(m, n, p)值有两个独立的偏振方向相互垂直的偏振模式。由式(2.3.6)和式(2.3.9)得谐振腔的本征频率

$$\omega_{mnp} = \frac{\pi}{\sqrt{\mu\varepsilon}} \sqrt{\left(\frac{m}{l_1}\right)^2 + \left(\frac{n}{l_2}\right)^2 + \left(\frac{p}{l_3}\right)^2} \tag{2.3.11}$$

由式(2.3.8)不难看出，若 m,n,p 中有两个等于零，则 $\boldsymbol{E}=0$，这是没有意义的。因此，若 $l_1 \geqslant l_2 \geqslant l_3$，则频率最低的谐振模式为(1,1,0)，其频率为

$$\nu_{110}=\frac{1}{2\sqrt{\mu\varepsilon}}\sqrt{\frac{1}{l_1^2}+\frac{1}{l_2^2}}$$

相应的波长是

$$\lambda_{110}=\frac{2}{\sqrt{\dfrac{1}{l_1^2}+\dfrac{1}{l_2^2}}}=\frac{2l_1}{\sqrt{1+\left(\dfrac{l_1}{l_2}\right)^2}}$$

此波长与谐振腔的线度同数量级。

3. 矩形波导

我们知道，电磁能量总是通过电磁场传播的。在低频条件下，常用双线传输系统，场与线路中电荷、电流的关系比较简单，场在线路中的作用可以用线路中的一些集中分布参数(电阻、电压、电容、电感等)间接表示出来。这时，可以通过求解电路方程来解决问题，不必直接研究电磁场。在高频条件下，为了避免辐射损耗和外界干扰，使用同轴传输线系统。如果频率更高，同轴传输线中的热损耗变得严重，必须用波导代替同轴传输线。如前所说，波导是中空的金属管，截面常为矩形或圆形。波导传输适用于微波范围。在同轴传输线系统中，场的波动性较强，集中分布参数的概念已不再适用，在波导中更是这样如此，所以，在高频条件下必须直接研究电磁场，才能解决能量的传输问题。下面来求矩形波导内的电磁波解。

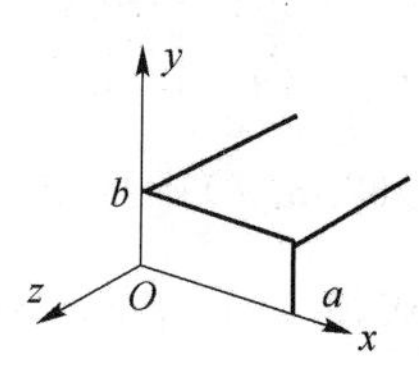

图 2.3.2 矩形波导示意图

如图 2.3.2 所示，取波导内壁面为 $x=0,a$；$y=0,b$，z 轴为传播方向。一定频率的管内电磁波的 Helmhotz 方程是

$$\nabla^2\boldsymbol{E}+k^2\boldsymbol{E}=0 \tag{2.3.12}$$

其中，$k=\omega\sqrt{\mu\varepsilon}$。由于电磁波沿 z 轴传播，它应有因子 $\mathrm{e}^{\mathrm{i}(\omega t-k_z z)}$，因此，令振幅：

$$\boldsymbol{E}(x,y,z)=\boldsymbol{E}(x,y)\mathrm{e}^{-\mathrm{i}k_z z} \tag{2.3.13}$$

将式(2.3.13)代入式(2.3.12)，得

$$\left(\frac{\partial^2}{\partial x^2}+\frac{\partial^2}{\partial y^2}\right)\boldsymbol{E}(x,y)+(k^2-k_z^2)\boldsymbol{E}(x,y)=0 \tag{2.3.14}$$

分离变量，令 $u(x,y)=X(x)Y(y)$ 表示 $\boldsymbol{E}(x,y)$ 的任一直角分量，并代入式(2.3.14)，得两个方程：

$$\frac{\mathrm{d}^2X}{\mathrm{d}x^2}+k_x^2X=0,\quad \frac{\mathrm{d}^2Y}{\mathrm{d}y^2}+k_y^2Y=0 \tag{2.3.15}$$

其中，$k^2=k_x^2+k_y^2+k_z^2$。式(2.3.15)的解是

$$u(x,y)=(C_1\cos k_x x+D_1\sin k_x x)(C_2\cos k_y y+D_2\sin k_y y) \tag{2.3.16}$$

常数 C_1、C_2 和 D_1、D_2 由下列边界条件确定：

$$\left.\begin{aligned}&E_y=E_z=0,\quad \frac{\partial E_x}{\partial x}=0,\quad x=0,a\\&E_x=E_z=0,\quad \frac{\partial E_y}{\partial y}=0,\quad y=0,b\end{aligned}\right\} \tag{2.3.17}$$

于是得

$$\begin{cases} E_x = A_1 \cos k_x x \sin k_y y \mathrm{e}^{-\mathrm{i}k_z z} \\ E_y = A_2 \sin k_x x \cos k_y y \mathrm{e}^{-\mathrm{i}k_z z} \\ E_z = A_3 \sin k_x x \sin k_y y \mathrm{e}^{-\mathrm{i}k_z z} \end{cases} \tag{2.3.18}$$

其中，$k_x = \dfrac{m\pi}{a}$，$k_y = \dfrac{n\pi}{b}$，$m,n=0,1,2,\cdots$解式(2.3.18)应满足条件$\nabla \cdot \boldsymbol{E}=0$，即有

$$k_x A_1 + k_y A_2 + \mathrm{i}k_z A_3 = 0 \tag{2.3.19}$$

三个常数 A_i 中只有两个是独立的。对于每一组(m,n)值有两个独立偏振模。

得到 $\boldsymbol{E}$ 之后，磁场由式(2.1.16)得到

$$\boldsymbol{H} = \frac{\mathrm{i}}{\omega\mu} \nabla \times \boldsymbol{E} \tag{2.3.20}$$

由式(2.3.19)可知，对给定的一组(m,n)值，若取一种模式的 $E_z=0$(即 $A_3=0$)，则有

$$k_x A_1 = -k_y A_2 \tag{2.3.21}$$

且必有 $H_z \neq 0$。因为，若 $H_z=0$，则由式(2.3.20)得$\dfrac{\partial E_y}{\partial x} = \dfrac{\partial E_x}{\partial y}$，即

$$k_x A_2 = k_y A_1 \tag{2.3.22}$$

这将导致 $\boldsymbol{E}=0$，是无意义的。同理，对给定的同一组(m,n)值，若取另一种模式的 $H_z=0$，则必有 $E_z \neq 0$。所以，在波导中传播的电磁波的特点是：电场 $\boldsymbol{E}$ 和磁场 $\boldsymbol{H}$ 不能同时有 $E_z=0$ 和 $H_z=0$，或者说，电场 $\boldsymbol{E}$ 和磁场 $\boldsymbol{H}$ 不能同时为横波。通常把 $E_z=0$ 的模式称为横电波(TE)，把 $H_z=0$ 模式称为横磁波(TM)。一般地说，波导中传播的电磁波是各种(m,n)值的 TE 波和 TM 波的叠加。

每一个波导都有自己的截止频率，说明如下。对给定的同一组(m,n)值，由于 $k=\omega\sqrt{\mu\varepsilon}$，波矢 k 的值由频率决定，而 $k_x^2+k_y^2=\left(\dfrac{m^2}{a^2}+\dfrac{n^2}{b^2}\right)\pi^2$ 的值由波导的截面尺寸决定。当频率降低使 $k<\sqrt{k_x^2+k_y^2}$时，k_z 为虚数，传播因子 $\mathrm{e}^{-\mathrm{i}k_z z}$ 变为衰减因子，使(m,n)值给定的模式不能在波导中传播。使(m,n)值给定的模式能够在波导中传播的最低频率称为该模式的截止频率，其值为

$$\omega_{c,mn} = \frac{\pi}{\sqrt{\mu\varepsilon}} \sqrt{\left(\frac{m}{a}\right)^2 + \left(\frac{n}{b}\right)^2} \tag{2.3.23}$$

如果 $a>b$，则 TE_{10}模的截止频率是

$$\nu_{c,10} = \frac{1}{2\pi}\omega_{c,10} = \frac{1}{2a\sqrt{\mu\varepsilon}}$$

若管内为真空，$\nu_{c,10}=\dfrac{C}{2a}$，相应的截止波长是 $\lambda_{c,10}=2a$。考虑到波导的截面尺寸不可能很大，用波导传输波长较长的波(如无线电波)是不现实的。适用于传播微波(厘米波)的波导称为微波波导。光波导就是在微波波导基础上发展起来的新技术。

第3章　正规光波导

如前所说，作为一门新技术理论，光波导理论在通信技术和传感技术的发展中发挥了重大的指导和推动作用。为便于今后的学习和理解，这一章简要介绍光波导的基本知识和基本概念。

3.1　光　波　导

1. 光纤的基本知识

所谓光纤，是光导纤维的简称。如图 3.1.1 所示，光纤由纤芯、包层和套层构成。纤芯由高透明材料（如石英玻璃）制成，是光波的传输介质。包层是一层折射率稍低于纤芯的介质材料，它作为反射介质与纤芯构成光波导，同时保护纤芯不被污染损坏；套层由不透明的柔软材料（如塑料）制成，起着增强机械性能、保护光纤的作用，同时也起着防止光泄漏，抑制串扰的作用。一般说来，光纤分为两大类：通信光纤和非通信光纤，后者主要用于光纤传感系统。通信光纤在工作波长处应满足传输功率损耗低、传输容量大以及与系统元件高效耦合等要求，同时，具有良好的稳定性，能抵抗恶劣环境，价格低廉。非通信光纤具有一些特殊的性能，如高双折射性、高敏感性及非线性等。

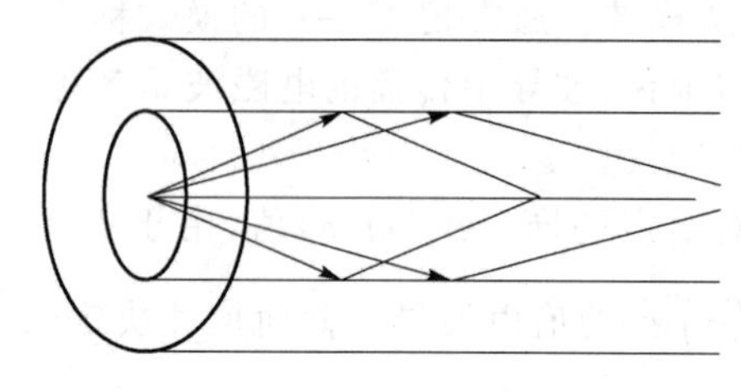

图 3.1.1　光导纤维示意图

按照光纤的结构、材料、折射率分布和传播特性，可将光纤分为以下几种类型。

(1) 阶跃折射率分布光纤（SIOF）和渐变折射率分布光纤（GIOF）

SIOF 光纤的纤芯各处的折射率相同，记作 n_1，包层各处的折射率相同，记作 n_2，且 $n_1>n_2$。在纤芯和包层分界处折射率发生突变，其折射率分布可表示为

$$n(r)=\begin{cases}n_1, & 0\leqslant r\leqslant a\\ n_2, & r>a\end{cases}\tag{3.1.1}$$

其中，a 是纤芯半径。

GIOF 光纤的纤芯折射率在其中心最高（n_1），沿半径向外逐渐减小，在纤芯和包层分界处最低（n_2），包层各处的折射率一般不变。多数 GIOF 光纤的折射率服从所谓 g 型折

射率分布：

$$n(r)=\begin{cases}n_1\left[1-2\Delta\,(r/a)^g\right]^{\frac{1}{2}}, & 0\leqslant r\leqslant a\\ n_2, & r>a\end{cases}\tag{3.1.2}$$

其中，$\Delta=\frac{n_1^2-n_2^2}{2n_1^2}\approx\frac{n_1-n_2}{n_1}$称为折射率相对差，$g$ 是折射率分布参数，它决定折射率分布曲线的形状。当 $g\to\infty$ 时，为 SIOF 光纤；当 $g=2$ 时为抛物线光纤，也称自聚焦光纤；当 $g=1$ 时为三角分布光纤。

(2) 单模、双模和多模光纤

在光纤中传播的光线可分为两类：子午光线和偏斜光线。子午光线就是在子午面内传播的光线，所谓子午面，就是过光纤纵轴线的平面。子午面在光纤横截面(通常是圆面)上的投影是圆面的直径。与光纤纵轴线不相交也不平行的光线称为偏斜光线。

模式是描述光纤中光波传输的基本概念，其意义将在后面详细讨论。直观地说，一种模式是光电磁波在光纤横截面上的一种分布。如果光纤中只能传播一种模式，这种光纤称为单模光纤。如果光纤中可以传播两个或多个模式，这种光纤称为双模和多模光纤。多模光纤中的模式数目可根据下式来估算：

$$M=\frac{1}{2}\frac{g}{g+2}V^2\tag{3.1.3}$$

而多模阶跃光纤中的模式数目可根据下式来估算：

$$M=\frac{V^2}{2}\tag{3.1.4}$$

其中，$V=ka\sqrt{n_1^2-n_2^2}=\frac{2\pi a}{\lambda}n_1\sqrt{2\Delta}$称为光纤的归一化频率。如果 V 很大，光纤中可存在几十甚至几百个模式。而当 V 很小时，只有几个或单个模式。在后面的 4.4 节中将说明，当 $V<2.405$ 时，光纤中只有一个模式，称为主模或基模。显然，当波长、折射率和折射率分布参数给定后，光纤中可存在的模式数目由纤芯半径决定。所以，多模光纤的纤芯比较粗(50～60 μm)，单模光纤的纤芯比较细(5～10 μm)。

(3) 石英、塑料与红外光纤

石英玻璃光纤是以 $SiCl_4$ 为主材料，以 $GeCl_4$，$PoCl_3$ 和 BCl_3 为掺杂材料，高温拉制成的。目前的通信光纤几乎都是石英玻璃光纤。塑料光纤是采用高透明的光学塑料制成的，具有重量轻$\left(\text{为石英玻璃光纤的}\frac{1}{3}\sim\frac{1}{2}\right)$，韧性好(直径 2 mm 仍可自由弯曲不断裂)，工艺简便，成本低以及在远红外和紫外波段透过率强于石英玻璃光纤等优点，在航天、导弹制造等领域有重要应用。

(4) 特种光纤

具有各种特殊性能的光纤称为特种光纤，如保偏(单偏振)光纤。保偏光纤是通过波导结构的特殊设计，使在光纤中传输的基模只沿一个方向偏振且在传输中保持不变。其他特种光纤还有：有源光纤、辐射光纤、发光光纤、多包层光纤等。

2. 光纤的传输特性

光纤最主要的传输特性是损耗、色散、双折射和非线性。

(1) 光纤的损耗

随着光波在光纤中的传播,光功率 P 在光纤中的下降称为光纤损耗,其表示式是:

$$\frac{\mathrm{d}P}{\mathrm{d}z}=-\alpha P \tag{3.1.5}$$

其中,α 称为衰减系数。积分上式,得

$$P_{\text{out}}=P_{\text{in}}\mathrm{e}^{-\alpha L}$$

其中,P_{in}是输入光功率,P_{out}是输出光功率,L 是光纤长度。通常用 dB/km 作为光纤损耗的单位,其定义是

$$\alpha=-\frac{10}{L}\ln\left(\frac{P_{\text{out}}}{P_{\text{in}}}\right) \tag{3.1.6}$$

其中,α 的单位是 dB/km。

造成光纤损耗的主要因素是本征吸收、瑞利散射和杂质吸收。研究发现,石英玻璃在红外区域($\lambda>7\ \mu$m)和紫外区域各有一个吸收带。其中的红外吸收带对波长大于 1 μm 的波段产生影响,特别是当波长为 1.7 μm 时,红外吸收造成的损耗达到 0.3 dB/km,因此,通常把 1.65 μm 作为石英光纤工作波长的长波极限。紫外吸收带主要影响短波段。不过,对短波段有影响的主要是瑞利散射。所谓瑞利散射就是光纤中与光波长长度相当的介质不均匀性引起的光散射。瑞利散射和红外吸收的综合作用使光纤在 1.55 μm 处有一个最低的损耗窗口。

光纤中的杂质对光纤损耗也有重要影响,尤其是 OH^- 离子在 1.39 μm 处有一个吸收峰。这使得光纤的通信波段在 0.8～1.65 μm 范围内形成了两个低损耗窗口:1.31 μm 和 1.55 μm。目前,在 1.31 μm 和 1,55 μm 处的光纤损耗分别降到了 0.3～0.4 dB/km 和 0.2 dB/km以下。

(2) 光纤的色散

所谓色散,一般是指频率不同的电磁波在介质中有不同的传播速度。色散使光信号在传输过程中发生畸变。在光纤中,频率不同的光波之间存在色散,不同模式之间由于速度不同也存在色散,称为模间色散。多模光纤存在较为严重的模间色散,在通信网中很少使用,尤其是在长途通信网中,使用的都是单模光纤。

(3) 单模光纤的双折射

所谓单模光纤,并非严格意义上的单一模式。事实上,光纤的主模式是一对偏振方向相互垂直的简并模。在非理想状态下,这一对模式将不再是理想的简并模,它们的传输特性将略有差别,或者说等效折射率不同,这称为单模光纤的双折射。双折射使光信号在传输过程中不稳定,并导致偏振模色散(PMD)。为克服双折射的影响,可以人为加大两个偏振态的传输差异,使其中一个处于截止,这样,就实现了严格意义上的单模传输,这种光纤称为保偏光纤。相反的办法是采取措施尽量减少双折射,使偏振模色散减少到可以忽略其影响。

(4) 光纤的非线性

我们知道,光强度较强时,介质对光电场的非线性响应项不可忽略。虽然光纤中光信号的功率在 mW 数量级,但由于单模光纤半径很小,光功率密度是很大的,纤芯中电场强

度可以达到$10^5 \sim 10^6$ V/m 的数量级。这时，介质折射率为

$$n = n_1 + n_2 (E^2) \tag{3.1.7}$$

其中，非线性项称为光克尔效应。光克尔效应的存在，使光信号在传输过程中发生自相位调制(SPM)、交叉相位调制(XPM)、四波混频(FWM)等非线性效应。此外，当信号较强时，还有受激拉曼散射(SRS)、受激布里渊散射(SBS)等非线性效应。这些非线性效应都会对光纤的通信性能产生重要的影响。

关于光纤的传输特性，将在后面的章节中做比较详细的讨论。

3. 光波导的 Helmhotz 方程

在光频条件下，介质都是无磁的，即磁化强度 $\boldsymbol{M}=0$，$\boldsymbol{B}=\mu_0\boldsymbol{H}$。于是，式(2.1.12)化为

$$\boldsymbol{D} = \varepsilon \boldsymbol{E}, \quad \boldsymbol{B} = \mu_0 \boldsymbol{H} \tag{3.1.8}$$

不过，在光波导中，介电系数 $\varepsilon=\varepsilon(x,y,z,\omega)$ 一般不是常数。与前述同样，下面只讨论一定频率的电磁波。

设在各向同性的时不变电介质中，电荷密度 $\rho=0$，电流密度 $j_c=0$，角频率为 ω 的时谐电磁波的电场和磁场分别是

$$\boldsymbol{E}(\boldsymbol{r},t) = \boldsymbol{E}(\boldsymbol{r})\mathrm{e}^{\mathrm{i}\omega t}, \qquad \boldsymbol{B}(\boldsymbol{r},t) = \boldsymbol{B}(\boldsymbol{r})\mathrm{e}^{\mathrm{i}\omega t} \tag{3.1.9}$$

将式(3.1.9)代入式(3.1.5)中，并利用式(3.1.8)，得

$$\begin{cases} \nabla \times \boldsymbol{E} = -\mathrm{i}\omega\mu_0 \boldsymbol{H} \\ \nabla \times \boldsymbol{H} = \mathrm{i}\omega \boldsymbol{D} \\ \nabla \cdot \boldsymbol{D} = 0 \\ \nabla \cdot \boldsymbol{H} = 0 \end{cases} \tag{3.1.10}$$

在式(3.1.10)中，各个场量都不含时间 t。将 $\boldsymbol{D}=\varepsilon\boldsymbol{E}$ 代入式(3.1.10)第三式中，得

$$\nabla \cdot \varepsilon \boldsymbol{E} = \nabla \varepsilon \cdot \boldsymbol{E} + \varepsilon \nabla \cdot \boldsymbol{E} = 0$$

即

$$\nabla \cdot \boldsymbol{E} = -\frac{\nabla \varepsilon}{\varepsilon} \cdot \boldsymbol{E} \tag{3.1.11}$$

式(3.1.11)的物理意义是：在电场 $\boldsymbol{E}$ 作用下，波导中介质分布的非均匀性导致极化电荷分布不均匀，出现剩余电荷，使电场 $\boldsymbol{E}$ 成为有源场。于是，式(3.1.10)变为

$$\begin{cases} \nabla \times \boldsymbol{E} = -\mathrm{i}\omega\mu_0 \boldsymbol{H} \\ \nabla \times \boldsymbol{H} = \mathrm{i}\omega\varepsilon \boldsymbol{E} \\ \nabla \cdot \boldsymbol{E} = -\dfrac{\nabla \varepsilon}{\varepsilon} \cdot \boldsymbol{E} \\ \nabla \cdot \boldsymbol{H} = 0 \end{cases} \tag{3.1.12}$$

利用$\nabla \times (\nabla \times \boldsymbol{E}) = \nabla(\nabla \cdot \boldsymbol{E}) - \nabla^2 \boldsymbol{E}$ 和式(3.1.11)及式(3.1.12)第二式得

$$\nabla^2 \boldsymbol{E} + k^2 n^2 \boldsymbol{E} + \nabla\left(\boldsymbol{E} \cdot \frac{\nabla \varepsilon}{\varepsilon}\right) = 0 \tag{3.1.13}$$

其中，波数 $k=\dfrac{2\pi}{\lambda}$，介质相对于真空的折射率 $n=\sqrt{\dfrac{\varepsilon}{\varepsilon_0}}$。同理，可得

$$\nabla^2 \boldsymbol{H} + k^2 n^2 \boldsymbol{H} + \frac{\nabla \varepsilon}{\varepsilon} \times (\nabla \times \boldsymbol{H}) = 0 \tag{3.1.14}$$

以上两式就是光波导的基本方程——Helmhotz 方程，都是非齐次方程。不难看出，如果

介质是均匀或近似均匀的，即$\nabla\varepsilon=0$或($\nabla\varepsilon/\varepsilon\to 0$)，则 Helmhotz 方程蜕化为齐次方程(2.1.15)和(2.1.17)第一式。因此，按照光波导折射率的分布可将光波导分类，相应地，光波导的基本方程有各种形式。

4. 光场的纵向分量和横向分量

在研究光波导中电磁波的传播时，为便于研究，按照规定的纵向和横向将电磁波(或称光场)的场量分为相互正交的纵向分量和横向分量：

$$\begin{aligned} \boldsymbol{E} &= \boldsymbol{E}_{t}+\boldsymbol{E}_{z} \\ \boldsymbol{H} &= \boldsymbol{H}_{t}+\boldsymbol{H}_{z} \end{aligned} \tag{3.1.15}$$

其中，下标 t 表示横向，下标 z 表示纵向。通常取波导管的轴向为纵向，与轴向垂直的方向为横向。注意，这样规定的纵向(有时称为光的传播方向)一般不是波矢 $\boldsymbol{k}$ 的方向，如图 3.1.1 所示。设波矢 $\boldsymbol{k}$ 与纵向的夹角为 θ，则其纵向分量值 $k_{z}=k\cos\theta$，横向分量值 $k_{t}=k\sin\theta$。

令$\nabla=\nabla_{t}+\hat{z}\dfrac{\partial}{\partial z}$，连同式(3.1.15)代入式(3.1.12)的前两式，令方程两边的纵向和横向量分别相等，得

$$\begin{cases} \nabla_{t}\times\boldsymbol{E}_{t}=-\mathrm{i}\omega\mu_{0}\boldsymbol{H}_{z} \\ \nabla_{t}\times\boldsymbol{H}_{t}=\mathrm{i}\omega\varepsilon\boldsymbol{E}_{z} \\ \nabla_{t}\times\boldsymbol{E}_{z}+\hat{z}\times\dfrac{\partial\boldsymbol{E}_{t}}{\partial z}=-\mathrm{i}\omega\mu_{0}\boldsymbol{H}_{t} \\ \nabla_{t}\times\boldsymbol{H}_{t}+\hat{z}\times\dfrac{\partial\boldsymbol{H}_{t}}{\partial z}=\mathrm{i}\omega\varepsilon\boldsymbol{E}_{t} \end{cases} \tag{3.1.16}$$

由于波导中不可能存在 TEM 波，即不可能同时有$\boldsymbol{E}_{z}=0$，$\boldsymbol{H}_{z}=0$，由上式可知，光场的横向分量和纵向分量都是有旋量。

3.2 正规光波导

介质折射率沿纵向不变的光波导称为正规光波导，也就是说，在正规光波导中，$\varepsilon=\varepsilon(x,y)$。正规光波导是最典型的光波导。

1. 模式的概念

用分离变量法可以证明 Helmhotz 方程(3.1.13)和方程(3.1.14)

$$\begin{cases} \nabla^{2}\boldsymbol{E}+k^{2}n^{2}\boldsymbol{E}+\nabla\left(\boldsymbol{E}\cdot\dfrac{\nabla\varepsilon}{\varepsilon}\right)=0 \\ \nabla^{2}\boldsymbol{H}+k^{2}n^{2}\boldsymbol{H}+\dfrac{\nabla\varepsilon}{\varepsilon}\times(\nabla\times\boldsymbol{H})=0 \end{cases} \tag{3.2.1}$$

有形如

$$\begin{cases} \boldsymbol{E}(x,y,z)=\boldsymbol{e}(x,y)\mathrm{e}^{-\mathrm{i}\beta z} \\ \boldsymbol{H}(x,y,z)=\boldsymbol{h}(x,y)\mathrm{e}^{-\mathrm{i}\beta z} \end{cases} \tag{3.2.2}$$

的解，$\beta=\beta(\omega,\varepsilon)$称为纵向传输因子，振幅 $\boldsymbol{e}(x,y)$ 和 $\boldsymbol{h}(x,y)$ 描述光场沿波导横截面的分布。注意，$\boldsymbol{e}(x,y)$和 $\boldsymbol{h}(x,y)$是横坐标的函数，但其方向并不限于横截面内。令

$$\nabla^2=\nabla_t^2+\frac{\partial^2}{\partial z^2}$$

连同式(3.2.2)代入式(3.2.1),得

$$\begin{cases}[\nabla_t^2+(k^2n^2-\beta^2)]\boldsymbol{e}+\nabla_t\left(\boldsymbol{e}\cdot\frac{\nabla_t\varepsilon}{\varepsilon}\right)-\mathrm{i}\beta\hat{z}\left(\boldsymbol{e}\cdot\frac{\nabla_t\varepsilon}{\varepsilon}\right)=0\\[\nabla_t^2+(k^2n^2-\beta^2)]\boldsymbol{h}+\frac{\nabla_t\varepsilon}{\varepsilon}\times(\nabla_t\times\boldsymbol{h})-\mathrm{i}\beta\hat{z}\left(\boldsymbol{h}\cdot\frac{\nabla_t\varepsilon}{\varepsilon}\right)=0\end{cases}\tag{3.2.3}$$

这是两个二元偏微分方程,其中,在推导式(3.2.3)的第二式时用到了式子

$$\frac{\nabla\varepsilon}{\varepsilon}\times(\hat{z}\times\boldsymbol{h})=\hat{z}\left(\frac{\nabla\varepsilon}{\varepsilon}\cdot\boldsymbol{h}\right)-\boldsymbol{h}\left(\hat{z}\cdot\frac{\nabla\varepsilon}{\varepsilon}\right)$$

根据偏微分方程理论,在边界条件给定时,式(3.2.3)有无穷多个离散的可排序的特征解,每个特征解可表示为

$$\boldsymbol{e}_i(x,y)\mathrm{e}^{-\mathrm{i}\beta_i z},\qquad \boldsymbol{h}_i(x,y)\mathrm{e}^{-\mathrm{i}\beta_i z}\tag{3.2.4}$$

称为一个模式。一个模式是正规光波导中可存在的光场沿横截面分布的一种图形。这种图形沿正规光波导的纵向不变。表征一个模式的基本物理量是它的纵向传输因子β。若β为实数,光场在传输中只有相移而无衰减;若β为复数,光场在传输中既有相移又有衰减。光波导中的总光场是所有可存在模式的线性叠加。

2. 模式的纵向分量和横向分量的关系

令:

$$\begin{bmatrix}\boldsymbol{E}_t\\\boldsymbol{E}_z\\\boldsymbol{H}_t\\\boldsymbol{H}_z\end{bmatrix}=\begin{bmatrix}\boldsymbol{e}_t\\\boldsymbol{e}_z\\\boldsymbol{h}_t\\\boldsymbol{h}_z\end{bmatrix}\mathrm{e}^{-\mathrm{i}\beta z}\tag{3.2.5}$$

代入式(3.1.16),得

$$\begin{cases}\nabla_t\times\boldsymbol{e}_t=-\mathrm{i}\omega\mu_0\boldsymbol{h}_z\\\nabla_t\times\boldsymbol{h}_t=\mathrm{i}\omega\varepsilon\boldsymbol{e}_z\\\nabla_t\times\boldsymbol{e}_z-\mathrm{i}\beta\hat{z}\times\boldsymbol{e}_t=-\mathrm{i}\omega\mu_0\boldsymbol{h}_t\\\nabla_t\times\boldsymbol{h}_z-\mathrm{i}\beta\hat{z}\times\boldsymbol{h}_t=\mathrm{i}\omega\varepsilon\boldsymbol{e}_t\end{cases}\tag{3.2.6}$$

利用$\nabla_t\times\boldsymbol{e}=-\hat{z}\times\nabla_t e_z$。可将式(3.2.6)第三、第四式改写为

$$\mathrm{i}\omega\mu_0\boldsymbol{h}_t-\mathrm{i}\beta\hat{z}\times\boldsymbol{e}_t=\hat{z}\times\nabla_t e_z$$

$$\mathrm{i}\omega\varepsilon\boldsymbol{e}_t+\mathrm{i}\beta\hat{z}\times\boldsymbol{h}_t=-\hat{z}\times\nabla_t h_z$$

联立上两式,注意到$\hat{z}\times(\hat{z}\times\boldsymbol{e}_t)=-\boldsymbol{e}_t$,得

$$\begin{cases}\boldsymbol{e}_t=\frac{\mathrm{i}}{\gamma^2}(\omega\mu_0\hat{z}\times\nabla_t h_z-\beta\nabla_t e_z)\\\boldsymbol{h}_t=\frac{\mathrm{i}}{\gamma^2}(\omega\varepsilon\hat{z}\times\nabla_t e_z+\beta\nabla_t h_z)\end{cases}\tag{3.2.7}$$

这说明模式场的横向分量可由纵向分量唯一确定,其中的$\gamma=\sqrt{\omega^2\mu_0\varepsilon-\beta^2}$称为横向传播常数,它一般不等于零,如图3.2.1所示。

同理,若将式(3.2.5)代入Maxwell方程组(3.1.10)后两式,可得

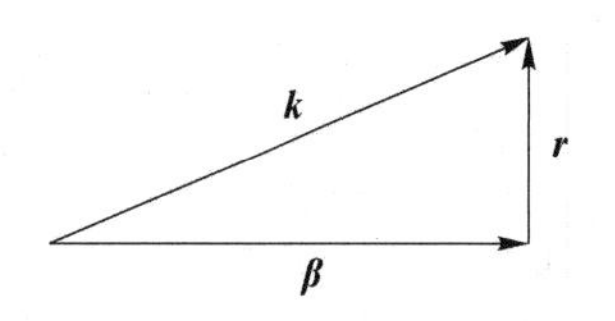

图 3.2.1 **k**,**p**,**r** 三者的矢量关系

$$\nabla_t \cdot \boldsymbol{h}_t - i\beta h_z = 0$$

$$\nabla_t \cdot (\varepsilon \boldsymbol{e}_t) - i\beta\varepsilon e_z = 0$$

也就是

$$\begin{cases} h_z = -\dfrac{i}{\beta}\nabla_t \cdot \boldsymbol{h}_t \\ e_z = -\dfrac{i}{\beta}\left[\dfrac{\nabla_t \varepsilon}{\varepsilon} + \nabla_t \cdot \boldsymbol{e}_t\right] \end{cases} \tag{3.2.8}$$

这说明模式场的纵向分量可由横向分量唯一确定。

下面讨论模式场分量的相位关系。将坡印廷矢量在柱坐标中分解为

$$\boldsymbol{S} = \boldsymbol{E} \times \boldsymbol{H}^* = \boldsymbol{S}_z + \boldsymbol{S}_\varphi + \boldsymbol{S}_r \tag{3.2.9}$$

其中的分量分别是

$$\begin{cases} \boldsymbol{S}_z = \boldsymbol{e}_\varphi \times \boldsymbol{h}_r^* + \boldsymbol{e}_r \times \boldsymbol{h}_\varphi^* \\ \boldsymbol{S}_\varphi = \boldsymbol{e}_z \times \boldsymbol{h}_r^* + \boldsymbol{e}_r \times \boldsymbol{h}_z^* \\ \boldsymbol{S}_r = \boldsymbol{e}_z \times \boldsymbol{h}_\varphi^* + \boldsymbol{e}_\varphi \times \boldsymbol{h}_z^* \end{cases} \tag{3.2.10}$$

由于模式在正规波导中传输时,能量沿纵向传输,故纵向分量$\boldsymbol{S}_z$一定是实矢量,两个横向分量都是虚矢量。因此,$\boldsymbol{e}_\varphi$与$\boldsymbol{h}_r$,$\boldsymbol{e}_r$与$\boldsymbol{h}_\varphi$同相,而$\boldsymbol{e}_z$与$\boldsymbol{h}_r$,$\boldsymbol{e}_r$与$\boldsymbol{h}_z$,$\boldsymbol{e}_z$与$\boldsymbol{h}_\varphi$,$\boldsymbol{e}_\varphi$与$\boldsymbol{h}_z$有$\frac{\pi}{2}$的相位差。

3.3 模式的性质

1. 模式的分类

按照模式纵向分量是否等于零,可将模式分为三类:

(1) 只有横向分量而无纵向分量的模式称为 TEM 模,即$\boldsymbol{e}_z=0$,$\boldsymbol{h}_z=0$。

(2) 只有一个纵向分量的模式称为 TE 模或 TM 模。$\boldsymbol{e}_z=0$,$\boldsymbol{h}_z\neq 0$ 的模式称为 TE 模。$\boldsymbol{e}_z\neq 0$,$\boldsymbol{h}_z=0$ 的模式称为 TM 模。

(3) 两个纵向分量都不等于零的模式称为混合模,即$\boldsymbol{e}_z\neq 0$,$\boldsymbol{h}_z\neq 0$。通常认为,电场纵向分量比磁场纵向分量强的混合模称为 EH 模;反之,则称为 HE 模。电场纵向分量比磁场纵向分量显著强的 EH 模类似于 TM 模,而磁场纵向分量比电场纵向分量显著强的 HE 模类似于 TE 模。

根据 2.3 中的结论,在光波导中不可能存在 TEM 模。这一结论也可从式(3.2.8)直接得到。按照式(3.2.8),只有当模式的横向分量全等于零或横向分量都与横向 Nabla 算符∇_t垂直,才能使$\boldsymbol{e}_z=0$,$\boldsymbol{h}_z=0$。这显然是无意义的和不可能的。

对于 TE 模,$\boldsymbol{e}_z=0$,利用$\hat{z}\times(\hat{z}\times\boldsymbol{e}_t)=-\boldsymbol{e}_t$ 由式(3.2.6)第三式得

$$\boldsymbol{e}_t = -\frac{\omega\mu_0}{\beta}\hat{z}\times\boldsymbol{h}_t \tag{3.3.1}$$

式(3.3.1)说明,电场横向分量与磁场横向分量相互垂直,同相成比例而且服从右手法则,如图 3.3.1 所示。

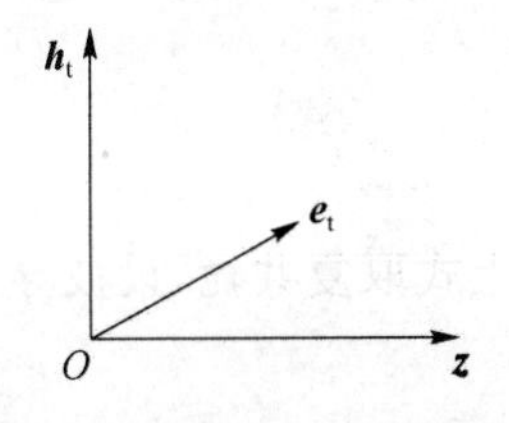

图 3.3.1 h_t, e_t, z 三者服从右手法则示意图

系数 $\omega\mu_0/\beta$(可能是复数)具有阻抗的量纲,称为 TE 模的波阻抗。

对于 TM 模,$h_z=0$,利用 $\hat{z}\times(\hat{z}\times e_t)=-e_t$ 由式(3.2.6)第四式得

$$e_t=-\frac{\beta}{\omega\varepsilon}\hat{z}\times h_t \tag{3.3.2}$$

其中,系数 $\beta/\omega\varepsilon$(可能是复数)称为 TM 模的波阻抗。上式的物理意义与式(3.3.1)相同。

对于 HE 模或 EH 模,$e_z\neq0, h_z\neq0$,由式(3.2.7)得

$$e_t\cdot h_t=\frac{1}{\omega^2\mu_0\varepsilon-\beta^2}(\nabla_t e_z)\cdot(\nabla_t h_z)\neq0 \tag{3.3.3}$$

这说明 HE 模或 EH 模的电场横向分量和磁场横向分量不相互垂直。

2. 正向模与反向模

设介质的介电系数 ε 为实数,对 Helmhotz 方程式(3.2.3)取复共轭,得

$$[\nabla_t^2+(k^2n^2-\beta^2)]e^*+\nabla_t\left(e^*\cdot\frac{\nabla_t\varepsilon}{\varepsilon}\right)+\mathrm{i}\beta\hat{z}\left(e^*\cdot\frac{\nabla_t\varepsilon}{\varepsilon}\right)=0$$

$$[\nabla_t^2+(k^2n^2-\beta^2)]h^*+\frac{\nabla_t\varepsilon}{\varepsilon}\times(\nabla_t\times h^*)+\mathrm{i}\beta\hat{z}\left(h^*\cdot\frac{\nabla_t\varepsilon}{\varepsilon}\right)=0$$

若将式(3.2.3)所确定的模式称为正向模,记做(e_+, h_+, β),则上式确定一个与正向模传输方向相反的模式,称为反向模,记作

$$e_-=a\,e_+^*,\quad h_-=b\,h_+^*\beta_-=-\beta \tag{3.3.4}$$

其中,a,b 为待定系数。不难看出,a,b 的模对方程(3.2.3)的求解没有影响,可设 $|a|=1, |b|=1$。再考虑到 a,b 对相位的贡献,令 $a=\mathrm{e}^{\mathrm{i}\theta}$,$\theta$ 与时间、坐标无关,于是得$e_-=\mathrm{e}^{\mathrm{i}\theta}e_+^*$。将式(3.2.2)代入式子$\nabla\times E=-\mathrm{i}\omega\mu_0 H$,得

$$\nabla\times[e_+\mathrm{e}^{-\mathrm{i}\beta z}]=-\mathrm{i}\omega\mu_0\,h_+\mathrm{e}^{-\mathrm{i}\beta z}$$

对上式取复共轭,再乘以 $\mathrm{e}^{\mathrm{i}\theta}$,得

$$\nabla\times[\mathrm{e}^{\mathrm{i}\theta}e_+^*\mathrm{e}^{\mathrm{i}\beta z}]=\mathrm{i}\omega\mu_0[\mathrm{e}^{\mathrm{i}\theta}h_+^*\mathrm{e}^{\mathrm{i}\beta z}]$$

比较以上两式,可知$h_-=-\mathrm{e}^{\mathrm{i}\theta}h_+^*$。于是,当 $\theta=0$ 时,有

$$e_-=e_+^*,\quad h_-=-h_+^* \tag{3.3.5}$$

当 $\theta=\pi$ 时,有

$$e_-=-e_+^*,\quad h_-=h_+^* \tag{3.3.6}$$

不难验证,对于满足正向模和反向模传输方向相反这一条件,以上两式是等价的。

3. 模式的正交性

下面来证明正规光波导的不同模式满足正交关系:

$$\iint_\infty(e_i\times h_k^*)\cdot\mathrm{d}s=\iint_\infty(e_k^*\times h_i)\cdot\mathrm{d}s=0\quad(i\neq k) \tag{3.3.7}$$

设(E,H)和(E',H')是正规光波导的两个不同模式,它们满足同样的方程组

$$\begin{cases}\nabla\times E=-\mathrm{i}\omega\mu_0 H\\ \nabla\times H=\mathrm{i}\omega\varepsilon E\end{cases} \tag{3.3.8}$$

和

$$\nabla\times\boldsymbol{E}'=-\mathrm{i}\omega\mu_0\boldsymbol{H}'$$
$$\nabla\times\boldsymbol{H}'=\mathrm{i}\omega\varepsilon\boldsymbol{E}'$$

对上式取复共轭，设波导是无损耗的，ε 是实数，得

$$\begin{cases}\nabla\times\boldsymbol{E}'^{*}=\mathrm{i}\omega\mu_0\boldsymbol{H}'^{*}\\ \nabla\times\boldsymbol{H}'^{*}=-\mathrm{i}\omega\varepsilon\boldsymbol{E}'^{*}\end{cases}\tag{3.3.9}$$

定义矢量：

$$\boldsymbol{F}=\boldsymbol{E}\times\boldsymbol{H}'^{*}+\boldsymbol{E}'^{*}\times\boldsymbol{H}\tag{3.3.10}$$

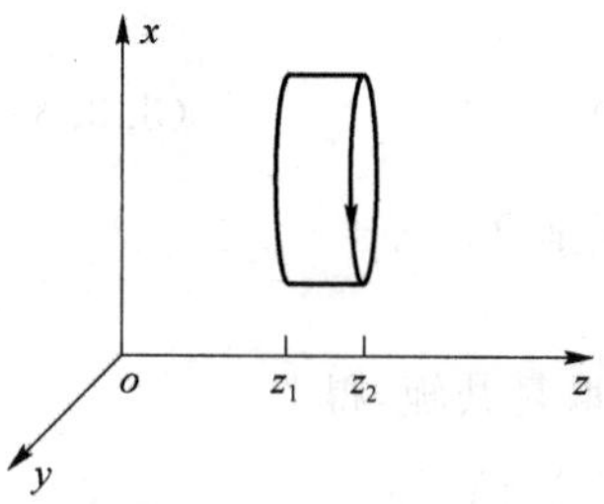

图 3.3.2 垂直于 z 轴的扁柱体示意图

如图 3.3.2 所示，设有一个垂直于 z 轴的扁柱体，其厚度为无穷小量 Δz，两底面面积为 S，侧面积为 S'。根据高斯定理：

$$\iiint\nabla\cdot\boldsymbol{F}\mathrm{d}v=\oiint\boldsymbol{F}\cdot\mathrm{d}\boldsymbol{s}$$

有

$$\iint_S\nabla\cdot\boldsymbol{F}\mathrm{d}s\Delta z=\iint_S[\boldsymbol{F}(z_2)-\boldsymbol{F}(z_1)]\cdot\mathrm{d}\boldsymbol{s}+\iint_{S'}\boldsymbol{F}\cdot\mathrm{d}\boldsymbol{s}$$

注意到在侧面积上 $\mathrm{d}\boldsymbol{s}=\mathrm{d}\boldsymbol{l}\times\hat{z}\Delta z$。上式两边同除以 Δz，当 $\Delta z\to0$ 时，得

$$\iint_S\nabla\cdot\boldsymbol{F}\mathrm{d}s=\iint_S\frac{\partial\boldsymbol{F}}{\partial z}\cdot\mathrm{d}\boldsymbol{s}+\oint_L(\hat{z}\times\boldsymbol{F})\cdot\mathrm{d}\boldsymbol{l}\tag{3.3.11}$$

其中，L 是面积 S 的周线。由式(3.3.10)得

$$\begin{aligned}\nabla\cdot\boldsymbol{F}&=\nabla\cdot(\boldsymbol{E}\times\boldsymbol{H}'^{*})+\nabla\cdot(\boldsymbol{E}'^{*}\times\boldsymbol{H})\\&=(\nabla\times\boldsymbol{E})\cdot\boldsymbol{H}'^{*}-\boldsymbol{E}\cdot(\nabla\times\boldsymbol{H}'^{*})+(\nabla\times\boldsymbol{E}'^{*})\cdot\boldsymbol{H}-\boldsymbol{E}'^{*}\cdot(\nabla\times\boldsymbol{H})\\&=-\mathrm{i}\omega\mu_0\boldsymbol{H}\cdot\boldsymbol{H}'^{*}+\mathrm{i}\omega\varepsilon\boldsymbol{E}\cdot\boldsymbol{E}'^{*}+\mathrm{i}\omega\mu_0\boldsymbol{H}'^{*}\cdot\boldsymbol{H}-\mathrm{i}\omega\varepsilon\boldsymbol{E}'^{*}\cdot\boldsymbol{E}=0\end{aligned}$$

而当 $S\to\infty$ 时，$(\boldsymbol{E},\boldsymbol{H})\to0$，即 $\lim_{L\to\infty}\oint_L(\hat{z}\times\boldsymbol{F})\cdot\mathrm{d}\boldsymbol{l}=0$，于是，由式(3.3.11)得

$$\iint_\infty\frac{\partial\boldsymbol{F}}{\partial z}\cdot\mathrm{d}\boldsymbol{s}=0\tag{3.3.12}$$

设 $(\boldsymbol{E},\boldsymbol{H})$ 为第 i 模，$(\boldsymbol{E}',\boldsymbol{H}')$ 为第 k 模：

$$\boldsymbol{E}=\boldsymbol{e}_i\mathrm{e}^{-\mathrm{i}\beta_i z},\quad\boldsymbol{H}=\boldsymbol{h}_i\mathrm{e}^{-\mathrm{i}\beta_i z}$$
$$\boldsymbol{E}'=\boldsymbol{e}_k\mathrm{e}^{-\mathrm{i}\beta_k z},\quad\boldsymbol{H}'=\boldsymbol{h}_k\mathrm{e}^{-\mathrm{i}\beta_k z}$$

于是有

$$\boldsymbol{F}=(\boldsymbol{e}_i\times\boldsymbol{h}_k^{*}+\boldsymbol{e}_k^{*}\times\boldsymbol{h}_i)\mathrm{e}^{-\mathrm{i}(\beta_i-\beta_k)z}$$

和

$$\frac{\partial\boldsymbol{F}}{\partial z}=-\mathrm{i}(\beta_i-\beta_k)\boldsymbol{F}$$

将上式代入式(3.3.12)，若 $\beta_i\neq\beta_k$，得

$$\iint_\infty(\boldsymbol{e}_i\times\boldsymbol{h}_k^{*}+\boldsymbol{e}_k^{*}\times\boldsymbol{h}_i)\cdot\mathrm{d}\boldsymbol{s}=0\tag{3.3.13}$$

设另一对模式是

$$\boldsymbol{E}=\boldsymbol{e}_i\mathrm{e}^{-\mathrm{i}\beta_i z},\quad\boldsymbol{H}=\boldsymbol{h}_i\mathrm{e}^{-\mathrm{i}\beta_i z}$$

和

$$\boldsymbol{E}'=\boldsymbol{e}_{-k}\mathrm{e}^{-\mathrm{i}\beta_{-k}z},\quad \boldsymbol{H}'=\boldsymbol{h}_{-k}\mathrm{e}^{-\mathrm{i}\beta_{-k}z}$$

应用前面的方法，并利用正向模与反向模的关系式(3.3.5)，得

$$\iint_{\infty}(\boldsymbol{e}_i\times\boldsymbol{h}_k-\boldsymbol{e}_k\times\boldsymbol{h}_i)\cdot\mathrm{d}\boldsymbol{s}=0$$

由于 $\mathrm{d}\boldsymbol{s}=\boldsymbol{z}\mathrm{d}s$，上式和式(3.3.13)中只有横向分量对积分有贡献，而横向分量同相，故可将上式写成

$$\iint_{\infty}(\boldsymbol{e}_i\times\boldsymbol{h}_k^*-\boldsymbol{e}_k^*\times\boldsymbol{h}_i)\cdot\mathrm{d}\boldsymbol{s}=0 \tag{3.3.14}$$

将式(3.3.14)与式(3.3.13)相加减，即得式(3.3.7)。

4. 传输因子的积分表示式

现在来证明，对于模式场$(\boldsymbol{e}_i,\boldsymbol{h}_i)$有

$$\beta_i=\frac{\omega}{2}\frac{\iint_{\infty}(\mu_0 h_i^2+\varepsilon e_i^2)\mathrm{d}s}{\iint_{\infty}(\boldsymbol{e}_i\times\boldsymbol{h}_i)\cdot\mathrm{d}\boldsymbol{s}} \tag{3.3.15}$$

其中，$h^2=\boldsymbol{h}\cdot\boldsymbol{h}$，　$\mathrm{e}^2=\boldsymbol{e}\cdot\boldsymbol{e}$。上式表明，传输因子 β_i 由模式场$(\boldsymbol{e}_i,\boldsymbol{h}_i)$确定。由上式可以看出，如果模式场的振幅值变化时各个物理量的相对大小不变，则传输因子 β_i 并不改变。

定义矢量：

$$\boldsymbol{F}=\boldsymbol{E}\times\boldsymbol{H}'^*$$

注意到 $S\to\infty$时，$(\boldsymbol{E},\boldsymbol{H})\to 0$，即$\lim_{s\to\infty}\oint_l\boldsymbol{F}\cdot\mathrm{d}\boldsymbol{l}=0$，式(3.3.11)变为

$$\iint_{\infty}(\nabla\cdot\boldsymbol{F})\mathrm{d}s=\iint_{\infty}\frac{\partial\boldsymbol{F}}{\partial z}\cdot\mathrm{d}\boldsymbol{s} \tag{3.3.16}$$

设有一对传输方向相反的模式：

$$\boldsymbol{E}=\boldsymbol{e}_i\mathrm{e}^{\mathrm{i}\beta_i z},\quad \boldsymbol{H}=\boldsymbol{h}_i\mathrm{e}^{\mathrm{i}\beta_i z}$$

和

$$\boldsymbol{E}'=\boldsymbol{e}_{-\mathrm{i}}\mathrm{e}^{-\mathrm{i}\beta_i z}=\boldsymbol{e}_i^*\mathrm{e}^{-\mathrm{i}\beta_i z},\quad \boldsymbol{H}'=\boldsymbol{h}_{-\mathrm{i}}\mathrm{e}^{-\mathrm{i}\beta_i z}=-\boldsymbol{h}_i^*\mathrm{e}^{-\mathrm{i}\beta_i z}$$

对模式$(\boldsymbol{E}',\boldsymbol{H}')$取复共轭：

$$\boldsymbol{E}'^*=\boldsymbol{e}_i\mathrm{e}^{\mathrm{i}\beta_i z},\quad \boldsymbol{H}'^*=-\boldsymbol{h}_i\mathrm{e}^{\mathrm{i}\beta_i z}$$

于是得

$$\boldsymbol{F}=\boldsymbol{E}\times\boldsymbol{H}'^*=\boldsymbol{e}_i\times(-\boldsymbol{h}_i)\mathrm{e}^{\mathrm{i}2\beta_i z}$$

和

$$\frac{\partial\boldsymbol{F}}{\partial z}=\mathrm{i}2\beta_i\,\boldsymbol{e}_i\times(-\boldsymbol{h}_i)\mathrm{e}^{\mathrm{i}2\beta_i z}$$

将以上两式代入式(3.3.17)，即得式(3.3.15)。略去下标 i，得

$$\beta=\frac{\omega}{2}\frac{\iint_{S}(\mu_0\,\boldsymbol{h}^2+\varepsilon\,\boldsymbol{e}^2)\mathrm{d}s}{\iint_{\infty}(\boldsymbol{e}\times\boldsymbol{h})\cdot\mathrm{d}\boldsymbol{s}} \tag{3.3.17}$$

由于 $\mathrm{d}\boldsymbol{s}=\boldsymbol{z}\mathrm{d}s$，有$(\boldsymbol{e}\times\boldsymbol{h})\cdot\mathrm{d}\boldsymbol{s}=e_t h_t\mathrm{d}s$。如果纵向分量为实数，横向分量为虚数，则有

$$\boldsymbol{h}^2=h_z^2-|h_t|^2,\quad \boldsymbol{e}^2=e_z^2-|e_t|^2$$

将这两式代入式(3.3.17)，得

$$\begin{aligned}\beta&=\frac{\omega}{2}\frac{\iint_\infty[(\mu_0 h_z^2+\varepsilon e_z^2)-(\mu_0|h_t|^2+\varepsilon|e_t|^2)]\mathrm{d}s}{\iint_\infty e_t h_t\mathrm{d}s}\\&=\frac{\omega}{2}\frac{\iint_\infty[(\mu_0|h_t|^2+\varepsilon|e_t|^2)-(\mu_0 h_z^2+\varepsilon e_z^2)]\mathrm{d}s}{\iint_\infty|e_t||h_t|\mathrm{d}s}\end{aligned}\tag{3.3.18}$$

第 4 章　均匀光波导

4.1　均匀光波导的基本概念

介质折射率沿纵向不变，沿横向也不变的光波导称为均匀光波导。在均匀光波导中，介质折射率除在平行于纵向的分界面上发生突变外，总有$\nabla\varepsilon=0$。均匀光波导是正规光波导中最简单的一种。常见的均匀光波导的横截面形状不一定是封闭的，如图 4.1.1 所示。

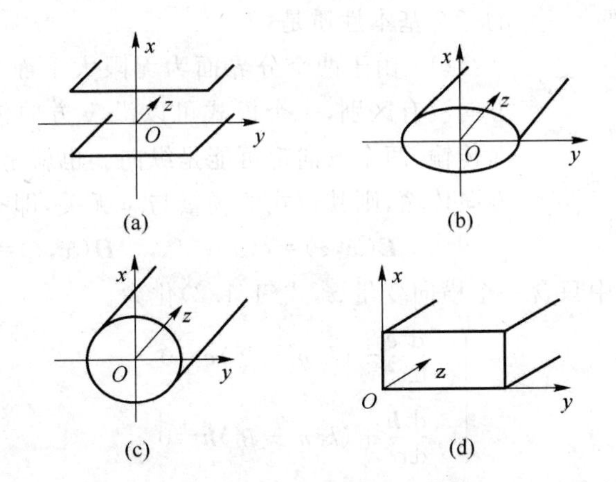

图 4.1.1　几种常见的均匀光波导的横截面形状示意图

均匀光波导具有正规光波导的三个一般性质。

(1) 有如式(3.2.2)所示的传输模：

$$\begin{cases} \boldsymbol{E}(x,y,z)=\boldsymbol{e}(x,y)\mathrm{e}^{-\mathrm{i}\beta z} \\ \boldsymbol{H}(x,y,z)=\boldsymbol{h}(x,y)\mathrm{e}^{-\beta z} \end{cases} \tag{4.1.1}$$

(2) 由于$\nabla\varepsilon=0$，Helmhotz 方程式(3.2.3)简化为齐次方程：

$$\begin{cases} [\nabla_{\mathrm{t}}^2+(k^2n^2-\beta^2)]\cdot\boldsymbol{e}=0 \\ [\nabla_{\mathrm{t}}^2+(k^2n^2-\beta^2)]\cdot\boldsymbol{h}=0 \end{cases} \tag{4.1.2}$$

具体求解方程时，要按照均匀光波导的形状选择合适的坐标系。例如，对于图 4.1.1(c)的圆柱形均匀光波导，选择柱坐标系。

（3）模式的纵向分量和横向分量仍然满足式(3.2.6)～式(3.2.8)。为方便起见，将式(3.2.6 重写在下面：

$$\begin{cases} \nabla_t \times \boldsymbol{e}_t = -i\omega\mu_0 \boldsymbol{h}_z \\ \nabla_t \times \boldsymbol{h}_t = i\omega\varepsilon \boldsymbol{e}_z \\ \nabla_t \times \boldsymbol{e}_z - i\beta \hat{z} \times \boldsymbol{e}_t = -i\omega\mu_0 \boldsymbol{h}_t \\ \nabla_t \times \boldsymbol{h}_z - i\beta \hat{z} \times \boldsymbol{h}_t = i\omega\varepsilon \boldsymbol{e}_t \end{cases} \tag{4.1.3}$$

4.2 平面光波导

纵向分界面是平面的均匀光波导称为平面光波导或薄膜光波导。平面光波导在激光器中用作谐振腔，因此，对平面光波导的研究有重要的实际意义。为简单起见，取两个分界面为无限大平面，折射率为

$$n(x) = \begin{cases} n_1, & |x| < a \\ n_2, & |x| > a \end{cases}$$

如图 4.2.1 所示，$|x|<a$ 的区域称为芯层，$|x|>a$ 的区域称为包层。

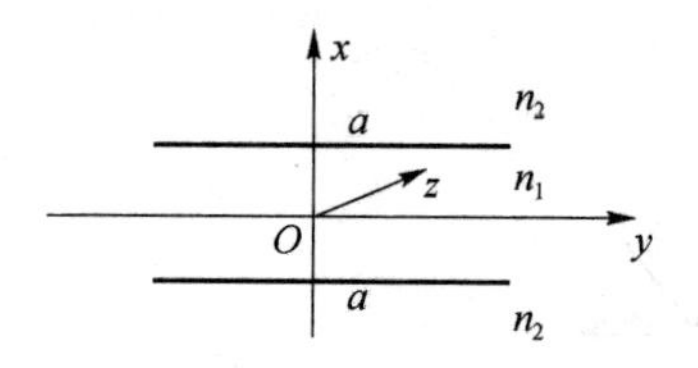

图 4.2.1　平面光波导横截面形状示意图

这种平面光波导称为对称平面光波导或对称薄膜光波导，它的三个基本性质是：

（1）由于两个分界面为无限大平面，图中的 y 方向与 z 方向没有区别，一个模式可以沿 y 方向传输，也可以沿 z 方向传输，两个方向都可能是纵向。也就是说，若一个模式沿 z 方向传输，则其模式的场量与 y 无关，即有

$$\boldsymbol{E}(x,z) = \boldsymbol{e}(x)e^{-i\beta z}, \quad \boldsymbol{H}(x,z) = \boldsymbol{h}(x)e^{-i\beta z} \tag{4.2.1}$$

（2）由于模式场中只含一个横向变量 x，式(4.1.2)化为

$$\begin{cases} \dfrac{d^2 \boldsymbol{e}}{dx^2} + (k^2 n^2 - \beta^2)\boldsymbol{e} = 0 \\ \dfrac{d^2 \boldsymbol{h}}{dx^2} + (k^2 n^2 - \beta^2)\boldsymbol{h} = 0 \end{cases} \tag{4.2.2}$$

（3）而式(4.1.3)化为

$$\begin{cases} \hat{x} \times \dfrac{d\,\boldsymbol{e}_t}{dx} = -i\omega\mu_0 \boldsymbol{h}_z \\ \hat{x} \times \dfrac{d\,\boldsymbol{h}_t}{dx} = i\omega\varepsilon \boldsymbol{e}_z \\ \hat{x} \times \dfrac{d\,\boldsymbol{e}_z}{dx} - i\beta \hat{z} \times \boldsymbol{e}_t = -i\omega\mu_0 \boldsymbol{h}_t \\ \hat{x} \times \dfrac{d\,\boldsymbol{h}_z}{dx} - i\beta \hat{z} \times \boldsymbol{h}_t = i\omega\varepsilon \boldsymbol{e}_t \end{cases} \tag{4.2.3}$$

1. 平面光波导可能存在的模式

将 $\boldsymbol{e}_t = \boldsymbol{e}_x + \boldsymbol{e}_y$，$\boldsymbol{h}_t = \boldsymbol{h}_x + \boldsymbol{h}_y$ 代入式(4.2.3)，得到下列两个标量方程组：

$$
\begin{cases}
\dfrac{\mathrm{d}e_y}{\mathrm{d}x}=-\mathrm{i}\omega\mu_0 h_z \\
\beta e_y=-\omega\mu_0 h_x \\
\dfrac{\mathrm{d}h_z}{\mathrm{d}x}+\mathrm{i}\beta h_x=-\mathrm{i}\omega\varepsilon e_y
\end{cases}
\tag{4.2.4}
$$

和

$$
\begin{cases}
\dfrac{\mathrm{d}h_y}{\mathrm{d}x}=\mathrm{i}\omega\varepsilon e_z \\
\beta h_y=\omega\varepsilon e_x \\
\dfrac{\mathrm{d}e_z}{\mathrm{d}x}+\mathrm{i}\beta e_x=\mathrm{i}\omega\mu_0 h_y
\end{cases}
\tag{4.2.5}
$$

其中,式(4.2.4)是关于 e_y,h_z,h_x 的方程组,式(4.2.5)是关于 e_x,e_z,h_y 的方程组,所以,式(4.2.4)的解属于 TE 模,而式(4.2.5)的解属于 TM 模。

对于上述 TE 模,$\boldsymbol{e}_z=0,\boldsymbol{e}_t=\boldsymbol{e}_y,\boldsymbol{h}_t=\boldsymbol{h}_x$。同时,由式(4.2.4)得

$$
h_z=\frac{\mathrm{i}}{\omega\mu_0}\frac{\mathrm{d}e_y}{\mathrm{d}x},\quad h_x=-\frac{\beta}{\omega\mu_0}e_y \tag{4.2.6}
$$

所以,这种 TE 模只有三个非零分量$\boldsymbol{e}_y,\boldsymbol{h}_x,\boldsymbol{h}_z$。只要求得了 e_y,其他两个分量就可得到。要得到 e_y,只需解式(4.2.2)的第一个方程:

$$
\frac{\mathrm{d}^2 e_y}{\mathrm{d}x^2}+(k^2n^2-\beta^2)e_y=0 \tag{4.2.7}
$$

这是一个二阶常系数齐次常微分方程,其解应满足 $x\to\pm\infty$ 时 $e_y\to 0$ 的条件。因此,按照微分方程理论,在芯层内,系数 $k^2n_1^2-\beta^2>0$,方程有余弦函数和正弦函数的解,分别是 TE 偶模和 TE 奇模;在包层内,系数 $k^2n_2^2-\beta^2<0$,方程有形如指数函数 $\mathrm{e}^{-|x|}$ 的解。方程(4.2.7)的 TE 偶模解是

$$
e_y=\begin{cases}
b_1\cos(\sqrt{k^2n_1^2-\beta^2}\,x), & |x|<a \\
b_2\exp(-\sqrt{\beta^2-k^2n_2^2}\,|x|), & |x|>a
\end{cases}
\tag{4.2.8}
$$

$$
-\mathrm{i}h_z=\begin{cases}
\dfrac{b_1\sqrt{k^2n_1^2-\beta^2}}{\omega\mu_0}\sin(\sqrt{k^2n_1^2-\beta^2}\,x), & |x|<a \\
\dfrac{b_2\sqrt{\beta^2-k^2n_2^2}}{\omega\mu_0}\exp(-\sqrt{\beta^2-k^2n_2^2}\,|x|), & |x|>a
\end{cases}
\tag{4.2.9}
$$

TE 奇模解是

$$
e_y=\begin{cases}
b'_1\sin(\sqrt{k^2n_1^2-\beta^2}\,x), & |x|<a \\
b'_2\exp(-\sqrt{\beta^2-k^2n_2^2}\,|x|), & |x|>a
\end{cases}
\tag{4.2.10}
$$

$$
\mathrm{i}h_z=\begin{cases}
\dfrac{b'_1}{\omega\mu_0}\sqrt{kn_1^2-\beta^2}\cos\sqrt{k^2n_1^2-\beta}x, & |x|<a \\
-(\pm)\dfrac{b'_2}{\omega\mu_0}\sqrt{\beta^2-k^2n_2^2}\exp(-\sqrt{\beta^2-k^2n_2^2}\,|x|), & |x|>a
\end{cases}
\tag{4.2.11}
$$

其中,b_1,b_2,b'_1,b'_2 是待定常数。同理,TM 模只有三个非零分量$\boldsymbol{e}_x,\boldsymbol{e}_z,\boldsymbol{h}_y$,也有奇模和偶模,其表示式与 TE 模相似。

2. 特征方程

根据 2.1 节所讲，电磁场介质边值关系式(2.1.31)和式(2.1.32)，e_y 和 h_z 在边界上连续。在式(4.2.8)和式(4.2.9)中，令 $x=a$，得

$$b_1\cos\left(\sqrt{k^2n_1^2-\beta^2}\,a\right)=b_2\exp\left(-\sqrt{\beta^2-k^2n_2^2}\,a\right) \tag{4.2.12}$$

$$b_1\sqrt{k^2n_1^2-\beta^2}\sin\left(\sqrt{k^2n_1^2-\beta^2}\,a\right)=b_2\sqrt{\beta^2-k^2n_2^2}\exp\left(-\sqrt{\beta^2-k^2n_2^2}\,a\right) \tag{4.2.13}$$

令

$$U^2=(k^2n_1^2-\beta^2)a^2,\quad W^2=(\beta^2-k^2n_2^2)a^2 \tag{4.2.14}$$

定义

$$V^2=k^2(n_1^2-n_2^2)a^2=U^2+W^2 \tag{4.2.15}$$

显而易见，U 与波导芯层中的横向传播常数有关，称为芯层中的径向相位常数，W 与波导包层中的横向传播常数有关，称为包层中的径向相位常数。用式(4.2.12)除式(4.2.13)，得

$$U\tan U=W \tag{4.2.16}$$

上式称为对称薄膜波导中 TE 偶模的特征方程。同理，可得对称薄膜波导中 TE 奇模的特征方程

$$-U\cot U=W \tag{4.2.17}$$

相应地，U 与 W 统称为模式的特征参量或特征参数。以上两式都是超越方程。一般说来，超越方程只能用数值法求近似解，但对称薄膜波导的特征方程可以用图解法求近似解。将式(4.2.16)写成

$$U\tan U=(V^2-U^2)^{\frac{1}{2}} \tag{4.2.18}$$

取 U 为横轴，W 为纵轴做一个直角坐标系，如图 4.2.2 所示。在此坐标系内，上式左边函数的图线是 $U\tan U$，右边函数的图线是以坐标原点为中心，以 V 为半径的圆，两个函数图线的交点就是式(4.2.18)的解。

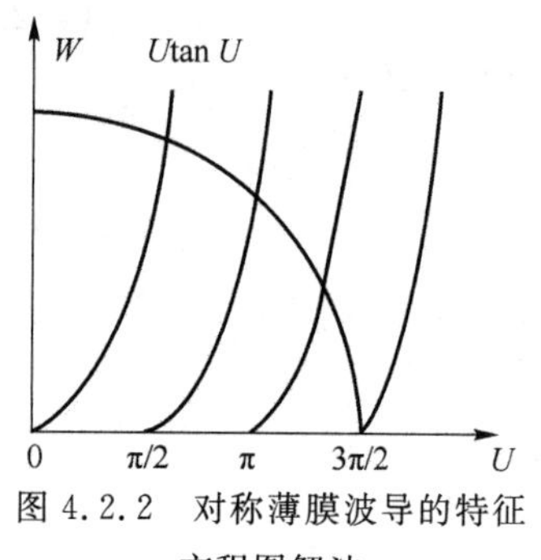

图 4.2.2 对称薄膜波导的特征方程图解法

由图可见，波导中可传播模式的数目完全由参数 V，也就是图中的圆半径决定。参数 V 越大，圆半径越大，它与图线 $U\tan U$ 的交点就越多，波导中可传播模式的数目就越多。由定义式(4.2.15)可知，参数：

$$V=ka\sqrt{n_1^2-n_2^2}=\nu\frac{2\pi}{u}a\sqrt{n_1^2-n_2^2} \tag{4.2.19}$$

由波导的结构参数 a，n_1，n_2 和波长 $\lambda=2\pi/k$ 决定，与波的频率 ν 成正比，是一个无量纲的量，称为波导的归一化频率。上式中的 u 是介质中的波速。

若将波导的几何尺寸归一化，即令 $\rho=\dfrac{x}{a}$，则方程式(4.2.7)化为

$$\begin{cases}\dfrac{d^2e_y}{d\rho^2}+U^2e_y=0, & |\rho|<1\\[2ex]\dfrac{d^2e_y}{d\rho^2}-W^2e_y=0, & |\rho|>1\end{cases} \tag{4.2.20}$$

其解是

$$e_y=\begin{cases} b_1\cos U\rho, & |\rho|<1 \\ b_2\exp(-W|\rho|), & |\rho|>1 \end{cases} \tag{4.2.21}$$

若取 $\rho=1$ 时 $e_y=1$，则 $b_1=\cos U$，$b_2=e^W$。

对 TE 奇模和 TM 模也可做与以上类似的讨论。

3. 截止条件

式(4.2.21)第二式表明，场量 e_y 在包层内指数衰减，也就是说，电磁波只存在于包层内界面附近的薄层内。波导中的这种模式称为导波模。如果把波振幅衰减到初始值的 1/e 时的透射距离称为穿透深度，记作 δ，则 $\delta=\frac{1}{W}$。由式(4.2.15)和式(4.2.19)可知，随着频率 ν 变小，归一化频率 V 变小，U 和 W 变小。当 $W\to 0$ 时，穿透深度 $\delta\to\infty$，电磁波的能量耗散于广大的空间，不再沿着波导传输。这种模式称为辐射模，产生辐射模的现象称为模式截止，$W=0$ 称为截止条件。

由图 4.2.2 可知，$W=0$ 时，特征方程式(4.2.16)和式(4.2.17)的解是

$$V=\frac{1}{2}m\pi,\quad m=0,1,2,3,\cdots \tag{4.2.22}$$

m 是模式序号。$m=0$ 的模式称为基模，它的截止频率 $V=0$，这说明基模不会截止。$m\neq 0$ 的模式称为高阶模，当 $V\leqslant\frac{1}{2}m\pi$ 时高阶模截止。

由于基模不会截止，当 $0<V<\pi/2$，只有基模在波导中传输。这种状态称为波导的单模传输。事实上，这时除了 TE 单模，还有 TM 单模在波导中传输。所谓单模传输，是就 TE 模或 TM 模而言。

单模传输的概念对任意光波导都适用。通常把用于单模传输的光纤称为单模光纤，把用于多模传输的光纤称为多模光纤。由式(4.2.19)可知，这种区分包含两方面的含义。对于给定的光纤结构，模式数取决于频率(或波长)，低频传输时的单模光纤用于高频传输时模式增多。对于一定的频率，尺寸大或介质折射率差大的光纤中可传输的模式多。所谓多模光纤，主要是指后一种含义。例如，标准的 G.652 单模光纤的截止频率为1 270 nm，虽然当它用于 850 nm 波长时有多个高阶模存在，但比通常所说的多模光纤中的模式要少得多，称为少模状态。而且，截止频率附近的高阶模的很大一部分能量透射到包层中去了，实际意义不大。如果包层中的损耗不大，这些高阶模也可以传得很远，称为包层模。

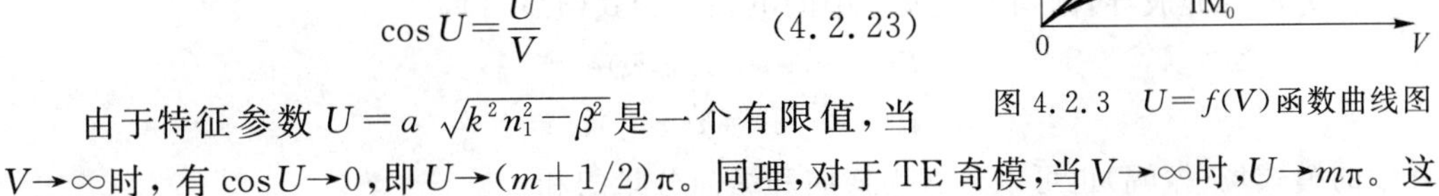

图 4.2.3 $U=f(V)$函数曲线图

4. 远离截止频率的情形

将 TE 偶模的特征方程(4.2.16)式代入式(4.2.15)，得

$$\cos U=\frac{U}{V} \tag{4.2.23}$$

由于特征参数 $U=a\sqrt{k^2n_1^2-\beta^2}$ 是一个有限值，当 $V\to\infty$ 时，有 $\cos U\to 0$，即 $U\to(m+1/2)\pi$。同理，对于 TE 奇模，当 $V\to\infty$ 时，$U\to m\pi$。这

就是说，对于一定的模式，当 V 远离截止频率时，特征参数趋于一个确定值。$U=f(V)$的函数曲线如图 4.2.3 所示。

4.3 圆均匀光波导

1. 圆均匀光波导的基本概念

横截面为圆面的光波导称为圆光波导。工程技术中使用的光纤大都是圆光波导。如果一个圆光波导是均匀光波导，且其横截面可分为一系列同心环域，每个环域内折射率均匀，则称其为圆均匀光波导或同轴光波导。圆均匀光波导是最简单且使用最广泛的光波导。图 4.3.1(a)所示为一种最早出现的两层圆均匀光纤，它只有一个芯层和一个包层，芯层直径 $2a=50\ \mu\text{m}$，芯层和包层的相对折射率差 $\Delta=\dfrac{n_1^2-n_2^2}{2n_1^2}\approx\dfrac{n_1-n_2}{n_1}=1\%$。这种光纤能传输多个模式，称为多模阶跃光纤。由于多模阶跃光纤的不同模式之间存在严重的由于传输常数不同引起的色散(称为模间色散)，限制了通信速率的提高，又出现了梯度光纤，如图4.3.1(b)所示。在梯度光纤的包层内，折射率均匀，而在芯层内按平方律下降，以便降低模间色散，提高通信速率。G.651 光纤就是一种梯度光纤。此后，为彻底消除模间色散，人们把芯层半径 a 减小到了 5～10 μm，相对折射率差 Δ 减小到 0.5%左右，这样，就制成了单模光纤，如图 4.3.1(c)所示。工作于 1.3 μm 波长的单模光纤的模间色散小于3 ps/nm·km，几乎等于零，损耗也很小，得到了广泛应用。G.652 光纤就是这样一种低色散低损耗光纤，但其最低损耗点不在 1.3 μm 波长而在 1.55 μm 处。为使色散最低点和损耗最低点一致，人们制成了如图 4.3.1(d)所示的三层或四层圆均匀光波导，称为色散位移光纤。G.653 光纤就是这样一种色散位移光纤。为了对光纤的色散进行补偿，又研制出了多层结构的圆均匀光波导，其色散为负值，称为色散补偿光纤。近几年出现的G.655光纤也是一种圆均匀光波导，具有低损耗、低色散和低非线性的良好性能。总之，圆均匀光波导的研究具有重要的实际意义。

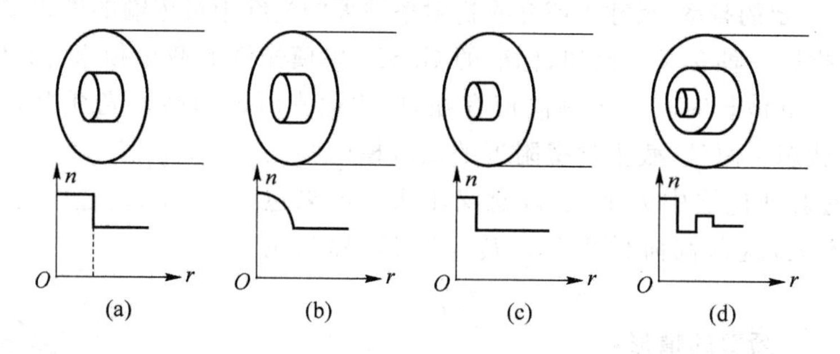

图 4.3.1　几种常见的圆均匀光波导

作为均匀光波导，圆均匀光波导中的电磁场为式(4.1.1)：

$$\begin{aligned}\boldsymbol{E}(x,y,z)&=\boldsymbol{e}(x,y)\mathrm{e}^{-\mathrm{i}\beta z}\\ \boldsymbol{H}(x,y,z)&=\boldsymbol{h}(x,y)\mathrm{e}^{-\mathrm{i}\beta z}\end{aligned}\tag{4.3.1}$$

其中的模式场(振幅)也可以分解为横向和纵向分量的和：

$$\boldsymbol{e}=\boldsymbol{e}_{\mathrm{t}}+\boldsymbol{e}_{z},\quad \boldsymbol{h}=\boldsymbol{h}_{\mathrm{t}}+\boldsymbol{h}_{z} \tag{4.3.2}$$

若在极坐标中分解横向分量：

$$\boldsymbol{e}_{\mathrm{t}}=\boldsymbol{e}_{\mathrm{r}}+\boldsymbol{e}_{\varphi},\quad \boldsymbol{h}_{\mathrm{t}}=\boldsymbol{h}_{\mathrm{r}}+\boldsymbol{h}_{\varphi} \tag{4.3.3}$$

则因分量的方向不固定，称为矢量模。若在直角坐标中分解横向分量：

$$\boldsymbol{e}_{\mathrm{t}}=\boldsymbol{e}_{x}+\boldsymbol{e}_{y},\quad \boldsymbol{h}_{\mathrm{t}}=\boldsymbol{h}_{x}+\boldsymbol{h}_{y}, \tag{4.3.4}$$

则因分量的方向固定，称为标量模或线偏振模(LP 模)。

2. 矢量模

下面来讨论矢量模。将式(4.3.2)代入式(4.1.2)，得

$$\begin{cases}(\nabla_{\mathrm{t}}^{2}+(k^{2}n^{2}-\beta^{2}))e_{z}=0\\(\nabla_{\mathrm{t}}^{2}+(k^{2}n^{2}-\beta^{2}))h_{z}=0\\(\nabla_{\mathrm{t}}^{2}+(k^{2}n^{2}-\beta^{2}))\boldsymbol{e}_{\mathrm{t}}=0\\(\nabla_{\mathrm{t}}^{2}+(k^{2}n^{2}-\beta^{2}))\boldsymbol{h}_{\mathrm{t}}=0\end{cases} \tag{4.3.5}$$

方程组(4.3.5)中的前两个标量方程可以利用分离变量法直接求解，后两个矢量方程中的横向分量由于其分量的方向不固定不能再分解为标量方程。因此，方程组(4.3.5)的求解方法是，先求出纵向分量 e_z,h_z，再利用横向分量和纵向分量的关系式(4.2.7)求出横向分量。这种方法称为矢量法。具体步骤就是，首先在柱坐标中分离变量，得到贝塞尔方程：

$$\frac{\mathrm{d}^{2}e_{z}}{\mathrm{d}r^{2}}+\frac{1}{r}\frac{\mathrm{d}e_{z}}{\mathrm{d}r}+\left(k^{2}n_{i}^{2}-\beta^{2}-\frac{m^{2}}{r^{2}}\right)e_{z}=0,\quad r_{i-1}<r<r_{i} \tag{4.3.6}$$

和

$$\frac{\mathrm{d}^{2}h_{z}}{\mathrm{d}r^{2}}+\frac{1}{r}\frac{\mathrm{d}h_{z}}{\mathrm{d}r}+\left(k^{2}n_{i}^{2}-\beta^{2}-\frac{m^{2}}{r^{2}}\right)h_{z}=0,\quad r_{i-1}<r<r_{i} \tag{4.3.7}$$

其中，r_i 是圆均匀光波导中第 i 层的半径。解这两个方程，就得到纵向分量 e_z,h_z。

令 $\boldsymbol{e}_{\mathrm{t}}=\boldsymbol{e}_{\mathrm{r}}+\boldsymbol{e}_{\varphi}$，$\boldsymbol{h}_{\mathrm{t}}=\boldsymbol{h}_{\mathrm{r}}+\boldsymbol{h}_{\varphi}$，并利用极坐标中的表示式：

$$\nabla_{\mathrm{t}}=\frac{\partial}{\partial r}\hat{r}+\frac{1}{r}\frac{\partial}{\partial\varphi}\hat{\varphi} \tag{4.3.8}$$

由式(4.2.7)得

$$\begin{cases}e_{\mathrm{r}}=\dfrac{-\mathrm{i}}{\gamma^{2}}\left(\beta\dfrac{\partial e_{z}}{\partial r}+\dfrac{\omega\mu_{0}}{r}\dfrac{\partial h_{z}}{\partial\varphi}\right)\\ e_{\varphi}=\dfrac{\mathrm{i}}{\gamma^{2}}\left(\omega\mu_{0}\dfrac{\partial h_{z}}{\partial r}-\dfrac{\beta}{r}\dfrac{\partial e_{z}}{\partial\varphi}\right)\\ h_{\mathrm{r}}=\dfrac{\mathrm{i}}{\gamma^{2}}\left(\beta\dfrac{\partial h_{z}}{\partial r}-\dfrac{\omega\varepsilon}{r}\dfrac{\partial e_{z}}{\partial\varphi}\right)\\ h_{\varphi}=\dfrac{\mathrm{i}}{\gamma^{2}}\left(\omega\varepsilon\dfrac{\partial e_{z}}{\partial r}+\dfrac{\beta}{r}\dfrac{\partial h_{z}}{\partial\varphi}\right)\end{cases} \tag{4.3.9}$$

其中，$\boldsymbol{r},\boldsymbol{\varphi},\boldsymbol{z}$ 的方向服从右手关系，如图 4.3.2 所示。上式表明，只要求得两个纵向分量 e_z,h_z，其他分量都可以由上式得到。

下面说明矢量模中可能存在的模式的性质。

如前所说，光波导中不存在 TEM 模。如果存在 TE 模，由于 $e_z=0$，由式(4.1.3)第二式得

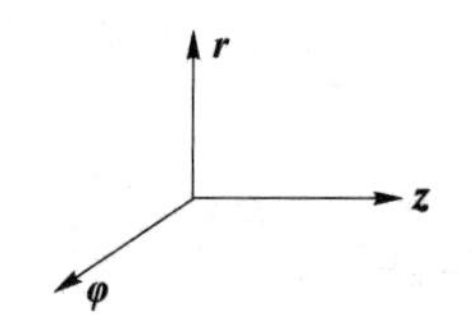

图 4.3.2 r,φ,z 的方向服从右手关系示意图

$$\nabla_t \times \boldsymbol{h}_t = 0 \tag{4.3.10}$$

这表明横向磁场无旋。同时,由于 $e_z=0$,式(4.3.9)后两式化为

$$h_r = \frac{\mathrm{i}}{\gamma^2}\beta\frac{\partial h_z}{\partial r}, \quad h_\varphi = \frac{\mathrm{i}}{\gamma^2}\frac{\beta}{r}\frac{\partial h_z}{\partial \varphi} \tag{4.3.11}$$

4.4 节我们将看到,由于圆对称性,圆均匀光波导中的模式场各分量都具有 $R(r)\sin m\varphi$ 或 $R(r)\cos m\varphi$ 的形式,因此,将式(4.3.11)代入式(4.3.10),得

$$\nabla_t \times \boldsymbol{h}_t = \frac{\mathrm{i}}{\gamma^2} m\,\hat{z}\left[\frac{\partial}{\partial r}\left(\frac{\beta}{r}R(r)\right) - \frac{\beta}{r}\frac{\partial R}{\partial r}\right]\cos m\varphi = 0 \tag{4.3.12}$$

即 $m=0$。这就是说,对于无旋的横向磁场,$m=0$。反之,如果 $m=0$,由式(4.3.12)可知,必有$\nabla_t \times \boldsymbol{h}_t=0$,即横向磁场无旋,则由式(4.1.3)第二式得 $e_z=0$,此为 TE 模。同理,对于 TM 模,由于 $h_z=0$,由式(4.1.3)第一式得$\nabla_t \times \boldsymbol{e}_t=0$,这表明横向电场无旋,也有 $m=0$。反之,如果 $m=0$,则横向电场无旋,即$\nabla_t \times \boldsymbol{e}_t=0$,则由式(4.1.3)第一式得 $h_z=0$,此为 TM 模。总之,$m=0$ 对应着矢量模中的 TE 模或 TM 模,它们的横向磁场或横向电场无旋。

对于 TE 模,由于 $e_z=0$ 和 $m=0$,$e_r=0$,$h_\varphi=0$,式(4.3.9)化简为

$$\begin{cases} e_\varphi = \dfrac{\mathrm{i}}{\gamma^2}\omega\mu_0\dfrac{\partial h_z}{\partial r} \\ h_r = \dfrac{\mathrm{i}}{\gamma^2}\beta\dfrac{\partial h_z}{\partial r} \end{cases} \tag{4.3.13}$$

即$\boldsymbol{e}_t=\boldsymbol{e}_\varphi$,$\boldsymbol{h}_t=\boldsymbol{h}_\varphi$,二者相互垂直。由上式可知,$e_\varphi/h_r=\omega\mu_0/\beta$。如前所说,$\omega\mu_0/\beta$ 为波阻抗。

对于 TM 模,由于 $h_z=0$ 和 $m=0$,$e_\varphi=0$,$h_r=0$,式(4.3.9)化简为

$$\begin{cases} e_r = \dfrac{-\mathrm{i}}{\gamma^2}\beta\dfrac{\partial e_z}{\partial r} \\ h_\varphi = \dfrac{\mathrm{i}}{\gamma^2}\omega\varepsilon\dfrac{\partial e_z}{\partial r} \end{cases} \tag{4.3.14}$$

即$\boldsymbol{e}_t=\boldsymbol{e}_r$,$\boldsymbol{h}_t=\boldsymbol{h}_\varphi$,二者相互垂直。由上式可知,$\left|\dfrac{e_r}{h_\varphi}\right|=\dfrac{\beta}{\omega\varepsilon}$为波阻抗。

总之,TE 模和 TM 模都是偏振方向相互垂直的线偏振波。

如前所说,式(4.3.14)中的 e_z 是 $m=0$ 时的贝塞尔方程(4.3.6)的解,而式(4.3.13)中的 h_z 是 $m=0$ 时的贝塞尔方程(4.3.7)的解。由此不难理解,对于混合模 HE 模或 EH 模,由于 $e_z\neq0$,$h_z\neq0$,其方程组如式(4.3.9)所示,而 e_z 和 h_z 满足 $m\neq0$ 的贝塞尔方程(4.3.6)和方程(4.3.7)。总之,不论 TE 模、TM 模还是混合模,问题都归于求解贝塞尔方程(4.3.6)和方程(4.3.7)。从数学意义上说,式(4.3.6)和式(4.3.7)的解是 4 类贝塞尔函数的两种线性组合:

$$\begin{pmatrix} e_z(r) \\ h_z(r) \end{pmatrix} = \begin{pmatrix} a_i & b_i \\ c_i & \mathrm{d}_i \end{pmatrix}\begin{pmatrix} \mathrm{J}_m(\sqrt{k^2n_i^2-\beta^2}\,r) \\ \mathrm{N}_m(\sqrt{k^2n_i^2-\beta^2}\,r) \end{pmatrix}, \quad kn_i>\beta \tag{4.3.15}$$

和

$$\begin{pmatrix} e_z(r) \\ h_z(r) \end{pmatrix} = \begin{pmatrix} a_i & b_i \\ c_i & \mathrm{d}_i \end{pmatrix} \begin{pmatrix} \mathrm{I}_m(\sqrt{\beta^2-k^2n_i^2}r) \\ \mathrm{K}_m(\sqrt{\beta^2-k^2n_i^2}r) \end{pmatrix}, \quad kn_i<\beta \tag{4.3.16}$$

其中，J_m，N_m，I_m，K_m 分别是第一、第二类(Neumann)贝塞尔函数和第一、第二类变型贝塞尔函数，这四类贝塞尔函数的函数曲线如图 4.3.3 所示。注意，图 4.3.3(a)中的第一类贝塞尔函数 J_m 是振荡衰减函数，图 4.3.3(d)中的第二类变型贝塞尔函数 K_m 是指数衰减函数(见郭敦仁编《数学物理方法》，人民教育出版社，1965 年第 1 版，第十七章)。

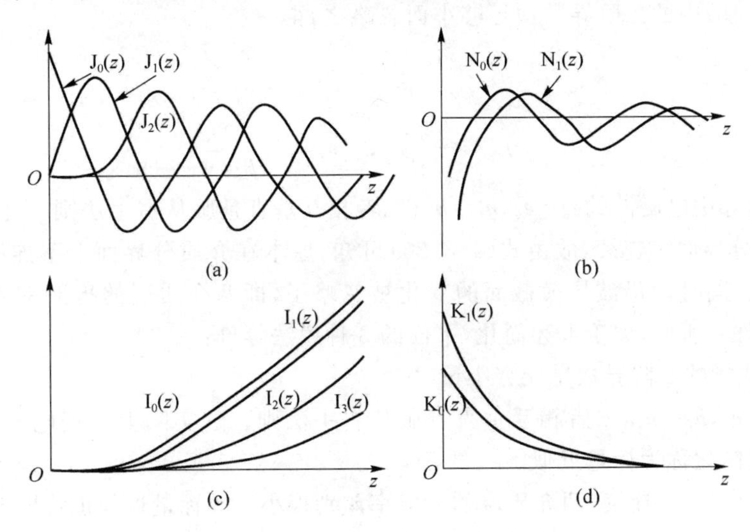

图 4.3.3　4 类贝塞尔函数的函数曲线图

3. 标量模

下面讨论标量模。将式(4.3.4)和$\nabla_t=\hat{x}\dfrac{\partial}{\partial x}+\hat{y}\dfrac{\partial}{\partial y}$代入式(4.1.3)，得

$$\begin{cases} \dfrac{\partial e_y}{\partial x}-\dfrac{\partial e_x}{\partial y}=-\mathrm{i}\omega\mu_0 h_z, & \dfrac{\partial h_z}{\partial y}+\mathrm{i}\beta h_y=\mathrm{i}\omega\varepsilon e_x, \\ \dfrac{\partial h_z}{\partial x}+\mathrm{i}\beta h_x=-\mathrm{i}\omega\varepsilon e_y, & \dfrac{\partial h_y}{\partial x}-\dfrac{\partial h_x}{\partial y}=\mathrm{i}\omega\varepsilon e_z, \\ \dfrac{\partial e_z}{\partial y}+\mathrm{i}\beta e_y=-\mathrm{i}\omega\mu_0 h_x, & \dfrac{\partial e_z}{\partial x}+\mathrm{i}\beta e_x=\mathrm{i}\omega\mu_0 h_y \end{cases} \tag{4.3.17}$$

现在来证明，若 $e_x=0$，e_y 是已知的，模式$(0,e_y,e_z,h_x,h_y,h_z)$是式(4.3.17)的解。

由于 $e_x=0$，由式(4.3.17)的前 4 个式子化为

$$\begin{cases} h_z=\dfrac{\mathrm{i}}{\omega\mu_0}\dfrac{\partial e_y}{\partial x}, & h_y=-\dfrac{1}{\omega\mu_0\beta}\dfrac{\partial^2 e_y}{\partial x\partial y} \\ h_x=-\dfrac{\omega\varepsilon}{\beta}e_y-\dfrac{1}{\omega\mu_0\beta}\dfrac{\partial^2 e_y}{\partial x^2}, & e_z=-\dfrac{\mathrm{i}}{\beta}\dfrac{\partial e_y}{\partial y} \end{cases} \tag{4.3.18}$$

若将上面最后两式代入式(4.3.17)的第五个式子，得

$$[\nabla_t^2+(\omega^2\mu_0\varepsilon-\beta^2)]e_y=0 \tag{4.3.19}$$

其中，$\omega^2\mu_0\varepsilon=k^2n^2$。式(4.3.19)是关于 e_y 的波动方程，总是成立的。若将式(4.3.18)的

第二和第四式代入式(4.3.17)中最后一个式子,则得到一个关于 e_y 的恒等式。所以,只要从式(4.3.19)解得 e_y,模式$(0,e_y,e_z,h_x,h_y,h_z)$作为式(4.3.17)的解就可确定。该模式称为 y 方向的偏振模。

同理可证,若 $e_y=0$,e_x 是已知的,模式$(e_x,0,e_z,h_x,h_y,h_z)$也是式(4.3.17)的解,称为 x 方向的偏振模。而圆均匀光波导中实际的标量模是这两种线偏振模的叠加:

$$\begin{pmatrix}\boldsymbol{e}\\ \boldsymbol{h}\end{pmatrix}=a\begin{bmatrix}\boldsymbol{e}_x+\boldsymbol{e}_{z1}\\ \boldsymbol{h}_1\end{bmatrix}+b\begin{bmatrix}\boldsymbol{e}_y+\boldsymbol{e}_{z2}\\ \boldsymbol{h}_2\end{bmatrix}$$

若设式(4.3.18)中的二阶导数项足够小而忽略之,得

$$\begin{cases}h_z=\dfrac{\mathrm{i}}{\omega\mu_0}\dfrac{\partial e_y}{\partial x}, & h_y=0\\ h_x=-\dfrac{\omega\varepsilon}{\beta}e_y, & e_z=-\dfrac{\mathrm{i}}{\beta}\dfrac{\partial e_y}{\partial y}\end{cases}\tag{4.3.20}$$

这就是说,波导中电磁波的$\boldsymbol{e}_t=\boldsymbol{e}_y$,$\boldsymbol{h}_t=\boldsymbol{h}_x$,二者相互垂直且服从右手法则。注意到 e_z,h_x,h_z 应在介质分界面上连续,故由式(4.3.20)可知,原本在介质分界面上不连续的 e_y 及其导数连续了。同时,ε 沿波导横截面的变化被忽略了,即两介质层的折射率差别很小,这称为弱导条件。所以,关于上述简化,下面的 3 种说法等价:

(1) 模式场的二阶导数是无穷小量。

(2) $\boldsymbol{e}_t=\boldsymbol{e}_y$,$\boldsymbol{h}_t=\boldsymbol{h}_x$,二者相互垂直且服从右手法则。这实际上是把电磁场看成了标量场,故上述简化称为标量近似。

(3) e_y 及其导数连续,两介质层的折射率差别很小。故标量近似也称弱导近似。

总而言之,线偏振模的特征是:

(1) 横向分量相互垂直,即 x 方向偏振模的 e_x 与 h_y 相互垂直,y 方向偏振模的 e_y 与 h_x 相互垂直。

(2) 电磁场的两个横向分量成比例,比例系数就是波阻抗。如此看来,线偏振模类似于矢量模中的 TE 模和 TM 模,但纵向分量 e_z 和 h_z 不等于零。

4.4 二层圆均匀光波导的矢量模解

1. 二层圆均匀光波导的一般概念

二层圆均匀光波导只有芯层和包层,是一种阶跃光波导,如图 4.4.1 所示,其折射率分布为

$$n(r)=\begin{cases}n_1, & r<a\\ n_2, & r>a\end{cases}\tag{4.4.1}$$

其中,a 为芯层半径,$n_1>n_2$。这虽然是一种最简单的光波导,但却是最重要、最有实际意义的光波导。在工程技术中广泛使用的单模光纤通常都是这种阶跃光波导,通常,其芯层直径 $2a$ 为 4~10 μm,包层直径为 125 μm。虽然包层直径实际上总是有限大的,但由于介质分界面外(即包层内)的光场已迅速衰减,理论上可将包层直径看成无限大。因此,单模光纤理论上属于二层圆均匀光波导。

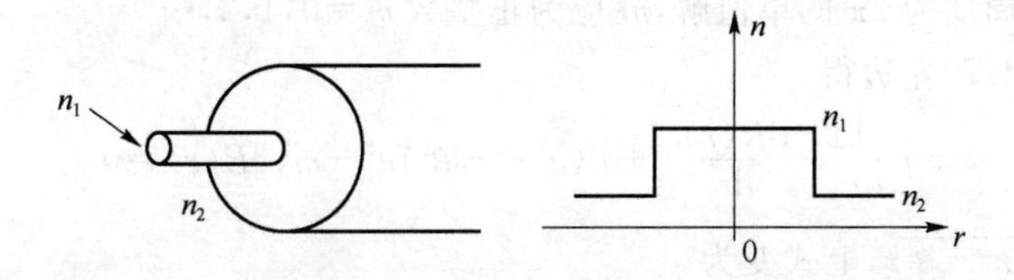

图 4.4.1　折射率为阶跃型分布的二层圆均匀光波导

作为一种简单的圆均匀光波导，二层圆均匀光波导的模式场具有圆对称性。用不同的坐标分解法分解，可以得到不同的矢量模和线偏振模，其中，矢量模的求解归结为求解方程组(4.3.5)中前两个关于纵向分量的方程：

$$[\nabla_t^2+(k^2n^2-\beta^2)]\begin{pmatrix}e_z\\h_z\end{pmatrix}=0 \tag{4.4.2}$$

求出纵向分量 e_z,h_z 后，利用横向分量和纵向分量的关系式(4.3.9)求出横向分量。

标量模的求解归结为求解方程式(4.3.19)

$$[\nabla_t^2+(k^2n_i^2-\beta^2)]e_y=0 \tag{4.4.3}$$

或

$$[\nabla_t^2+(k^2n_i^2-\beta^2)]e_x=0 \tag{4.4.4}$$

求出横向分量 e_y(或 e_x)后，利用方程组(4.3.20)求出其他分量。

在极坐标系中

$$\nabla_t^2=\frac{1}{r}\frac{\partial}{\partial r}\left(r\frac{\partial}{\partial r}\right)+\frac{1}{r^2}\frac{\partial^2}{\partial\varphi^2}$$

于是，可将式(4.4.2)～式(4.4.4)一并写为

$$\frac{1}{r}\frac{\partial}{\partial r}\left(r\frac{\partial\Psi}{\partial r}\right)+\frac{1}{r^2}\frac{\partial^2\Psi}{\partial\varphi^2}+(k^2n_i^2-\beta^2)\Psi=0 \tag{4.4.5}$$

下面来讨论二层圆均匀光波导的矢量模解，主要讨论电磁波解(场分布)、特征方程、截止条件和色散曲线。

2. 矢量模的电磁波解

式(4.4.5)可以用分离变量法求解。设上式的解可写为

$$\Psi(r,\varphi,z)=R(r)\Phi(\varphi)\mathrm{e}^{-\mathrm{i}\beta z} \tag{4.4.6}$$

其中，$R(r)$是波导半径 r 的函数，$\Phi(\varphi)$是截面圆心角的函数，指数 $\mathrm{e}^{-\mathrm{i}\beta z}$ 表示这个解是沿 z 轴的行波。将上式代入方程(4.4.5)，两边同乘以 $r^2/(R\Phi)$，得

$$\frac{r}{R(r)}\frac{\mathrm{d}}{\mathrm{d}r}\left[r\frac{\mathrm{d}R(r)}{\mathrm{d}r}\right]+(k^2n_i^2-\beta^2)r^2=-\frac{1}{\Phi(\varphi)}\frac{\mathrm{d}^2\Phi(\varphi)}{\mathrm{d}\varphi^2} \tag{4.4.7}$$

其中，左边只是 r 的函数，右边只是 φ 的函数，r 与 φ 是相互独立的变量，因此，上式成立的条件是两边同等于一个常数，设此常数为 m^2。于是，由上式右边得

$$\frac{\mathrm{d}^2\Phi(\varphi)}{\mathrm{d}\varphi^2}+m^2\Phi(\varphi)=0 \tag{4.4.8}$$

上式的解是

$$\Phi(\varphi)=\begin{pmatrix}\sin m\varphi\\\cos m\varphi\end{pmatrix} \tag{4.4.9}$$

为保证 $\Phi(\varphi)$是周期为 2π 的单值解，m 应为正整数 $m=0,1,2,\cdots$

由方程(4.4.7)左边得

$$r\frac{\mathrm{d}}{\mathrm{d}r}\left[r\frac{\mathrm{d}R(r)}{\mathrm{d}r}\right]+\left[(k^2n_i^2-\beta^2)r^2-m^2\right]R(r)=0$$

做变换 $x=\sqrt{k^2n_i^2-\beta^2}r$，上式变为

$$\frac{\mathrm{d}^2R}{\mathrm{d}x^2}+\frac{1}{x}\frac{\mathrm{d}R}{\mathrm{d}x}+\left(1-\frac{m^2}{x^2}\right)R=0 \tag{4.4.10}$$

当 $k^2n_i^2-\beta^2>0$ 时，上式是标准的 m 阶贝塞尔方程；当 $k^2n_i^2-\beta^2<0$ 时，上式是变型(虚宗量)m 阶贝塞尔方程。

在芯层中，折射率较 n_1 大，设 $k^2n_i^2-\beta^2>0$，方程(4.4.10)的解是

$$R(r)=\begin{Bmatrix}\mathrm{J}_m(\sqrt{k^2n_1^2-\beta^2}r)\\ \mathrm{N}_m(\sqrt{k^2n_1^2-\beta^2}r)\end{Bmatrix},\quad r\leqslant a \tag{4.4.11}$$

其中，J_m，N_m 分别是第一、第二类(Neumann)贝塞尔函数。当 x 足够大时，其大宗量渐进式为

$$\begin{aligned}\mathrm{J}_m(x)&=\sqrt{\frac{2}{\pi x}}\cos\left(x-\frac{m\pi}{2}-\frac{\pi}{4}\right)\\ \mathrm{N}_m(x)&=\sqrt{\frac{2}{\pi x}}\sin\left(x-\frac{m\pi}{2}-\frac{\pi}{4}\right)\end{aligned} \tag{4.4.12}$$

当 x 足够小时，其小宗量渐进式为

$$\begin{cases}\mathrm{J}_0(x)=1,\quad \mathrm{J}_m(x)=\dfrac{1}{m!}\left(\dfrac{x}{2}\right)^m\\ \mathrm{N}_0(x)=\dfrac{2}{\pi}\ln\dfrac{x}{2},\quad \mathrm{N}_m(x)=-\dfrac{(m-1)!}{\pi}\left(\dfrac{2}{x}\right)^m\end{cases} \tag{4.4.13}$$

函数曲线如图 4.3.3(a)和(b)所示。由图可见，$\mathrm{J}_m(\sqrt{k^2n_1^2-\beta^2}r)$在芯层中($0\leqslant r\leqslant a$)总是有限值，而 $\mathrm{N}_m(\sqrt{k^2n_1^2-\beta^2}r)$当 $r\to 0$ 是发散的。因此，应取

$$R(r)=\mathrm{J}_m(\sqrt{k^2n_1^2-\beta^2}r),\quad 0\leqslant r\leqslant a \tag{4.4.14}$$

将上式和式(4.4.9)代入式(4.4.6)，得芯层中的纵向分量

$$\begin{cases}e_{z1}(r,\varphi,z)=e_{z1}(r,\varphi)\mathrm{e}^{-\mathrm{i}\beta z}=a_1\mathrm{J}_m(\sqrt{k^2n_1^2-\beta^2}r)\begin{pmatrix}\sin m\varphi\\ \cos m\varphi\end{pmatrix}\mathrm{e}^{-\mathrm{i}\beta z}\\ h_{z1}(r,\varphi,z)=h_{z1}(r,\varphi)\mathrm{e}^{-\mathrm{i}\beta z}=b_1\mathrm{J}_m(\sqrt{k^2n_1^2-\beta^2}r)\begin{pmatrix}\cos m\varphi\\ \sin m\varphi\end{pmatrix}\mathrm{e}^{-\mathrm{i}\beta z}\end{cases} \tag{4.4.15}$$

其中，e_z 取因子 $\sin m\varphi$ 时，h_z 取因子 $\cos m\varphi$；e_z 取因子 $\cos m\varphi$ 时，h_z 取因子 $\sin m\varphi$，以保证在芯层和包层的分界面上 e_z 和 h_z 满足介质边界条件(具体讨论见后)。

在包层中，折射率 n_2 较小，设 $k^2n_2^2-\beta^2<0$，方程(4.4.10)的解是

$$R(r)=\begin{Bmatrix}\mathrm{I}_m(\sqrt{\beta^2-k^2n_2^2}r)\\ \mathrm{K}_m(\sqrt{\beta^2-k^2n_2^2}r)\end{Bmatrix},\quad r>a \tag{4.4.16}$$

其中，I_m，K_m 分别是第一、第二类(Neumann)变型贝塞尔函数。当 x 足够大时，其大宗量渐进式为

$$\mathrm{I}_m(x)=\frac{1}{\sqrt{2\pi x}}\mathrm{e}^{x},\quad \mathrm{K}_m(x)=\sqrt{\frac{\pi}{2x}}\mathrm{e}^{-x}\tag{4.4.17}$$

当 x 足够小时，其小宗量渐进式为

$$\begin{cases}\mathrm{I}_0(x)=1+\left(\dfrac{x}{2}\right)^2,\quad \mathrm{I}_m(x)=\dfrac{1}{m!}\left(\dfrac{x}{m}\right)^m\\[2ex]\mathrm{K}_0(x)=\ln\dfrac{2}{x},\quad \mathrm{K}_m(x)=\dfrac{(m-1)!}{2}\left(\dfrac{2}{x}\right)^m\end{cases}\tag{4.4.18}$$

函数曲线如图4.3.3(c)和(d)所示。由图可见，当 $r\to\infty$ 时，$\mathrm{I}_m(\sqrt{\beta^2-k^2n_2^2}r)$ 在包层中发散，而 $\mathrm{K}_m(\sqrt{\beta^2-k^2n_2^2}r)$ 按指数趋于零，因此，应取

$$R(r)=\mathrm{K}_m(\sqrt{\beta^2-k^2n_2^2}r),\quad r>a\tag{4.4.19}$$

将式(4.4.19)和式(4.4.9)代入式(4.4.6)，得包层中的纵向分量

$$\begin{cases}e_{z2}(r,\varphi,z)=e_{z2}(r,\varphi)\mathrm{e}^{-\mathrm{i}\beta z}=a_2\mathrm{K}_m(\sqrt{\beta^2-k^2n_2^2}r)\begin{pmatrix}\sin m\varphi\\ \cos m\varphi\end{pmatrix}\mathrm{e}^{-\mathrm{i}\beta z}\\[2ex]h_{z2}(r,\varphi,z)=h_{z2}(r,\varphi)\mathrm{e}^{-\mathrm{i}\beta z}=b_2\mathrm{K}_m(\sqrt{\beta^2-k^2n_2^2}r)\begin{pmatrix}\cos m\varphi\\ \sin m\varphi\end{pmatrix}\mathrm{e}^{-\mathrm{i}\beta z}\end{cases}\tag{4.4.20}$$

因子 $\sin m\varphi$ 和 $\cos m\varphi$ 的选取规则与式(4.4.15)相同。为明确起见，在式(4.4.15)和式(4.4.20)中选取因子 $\sin m\varphi$ 和 $\cos m\varphi$ 分别作为 e_z 和 h_z 的因子，并利用横向参数的定义式(4.2.14)，将芯层和包层中的纵向分量写成

$$\begin{cases}e_{z1}(r,\varphi)=a_1\mathrm{J}_m\left(\dfrac{U}{a}r\right)\sin m\varphi\\[2ex]h_{z1}(r,\varphi)=b_1\mathrm{J}_m\left(\dfrac{U}{a}r\right)\cos m\varphi\end{cases}\tag{4.4.21}$$

和

$$\begin{cases}e_{z2}(r,\varphi)=a_2\mathrm{K}_m\left(\dfrac{W}{a}r\right)\sin m\varphi\\[2ex]h_{z2}(r,\varphi)=b_2\mathrm{K}_m\left(\dfrac{W}{a}r\right)\cos m\varphi\end{cases}\tag{4.4.22}$$

芯层和包层中的电磁波解必须满足介质边值条件，即电场和磁场的切线分量在界面上连续。因此，$r=a$ 时，应有 $e_{z1}=e_{z2}$，$h_{z1}=h_{z2}$，也就是

$$a_1\mathrm{J}_m(U)=a_2\mathrm{K}_m(W),\quad b_1\mathrm{J}_m(U)=b_2\mathrm{K}_m(W)\tag{4.4.23}$$

为便于运算，令

$$A=a_1\mathrm{J}_m(U)=a_2\mathrm{K}_m(W),\quad B=b_1\mathrm{J}_m(U)=b_2\mathrm{K}_m(W)$$

于是有

$$\begin{cases}e_{z1}(r,\varphi)=\dfrac{A}{\mathrm{J}_m(U)}\mathrm{J}_m\left(\dfrac{U}{a}r\right)\sin m\varphi\\[2ex]e_{z2}(r,\varphi)=\dfrac{A}{\mathrm{K}_m(W)}\mathrm{K}_m\left(\dfrac{W}{a}r\right)\sin m\varphi\\[2ex]h_{z1}(r,\varphi)=\dfrac{B}{\mathrm{J}_m(U)}\mathrm{J}_m\left(\dfrac{U}{a}r\right)\cos m\varphi\\[2ex]h_{z2}(r,\varphi)=\dfrac{B}{\mathrm{K}_m(W)}\mathrm{K}_m\left(\dfrac{W}{a}r\right)\cos m\varphi\end{cases}\tag{4.4.24}$$

将这四个式子代入式(4.3.9)，得芯层中模式场的其余分量

$$\begin{cases} e_{\varphi 1}=\dfrac{-\mathrm{i}}{\mathrm{J}_m(U)}\left(\dfrac{a}{U}\right)^2\left[\dfrac{Am\beta}{r}\mathrm{J}_m\left(\dfrac{U}{a}r\right)-\dfrac{B\omega\mu_0 U}{a}\mathrm{J}'_m\left(\dfrac{U}{a}r\right)\right]\cos m\varphi \\ e_{r1}=\dfrac{-\mathrm{i}}{\mathrm{J}_m(U)}\left(\dfrac{a}{U}\right)^2\left[\dfrac{A\beta U}{a}\mathrm{J}'_m\left(\dfrac{U}{a}r\right)-\dfrac{B\omega\mu_0}{r}\mathrm{J}_m\left(\dfrac{U}{a}r\right)\right]\sin m\varphi \\ h_{\varphi 1}=\dfrac{\mathrm{i}}{\mathrm{J}_m(U)}\left(\dfrac{a}{U}\right)^2\left[\dfrac{A\omega\varepsilon_1 U}{a}\mathrm{J}'_m\left(\dfrac{U}{a}r\right)-\dfrac{Bm\beta}{r}\mathrm{J}_m\left(\dfrac{U}{a}r\right)\right]\sin m\varphi \\ h_{r1}=\dfrac{\mathrm{i}}{\mathrm{J}_m(U)}\left(\dfrac{a}{U}\right)^2\left[\dfrac{B\beta U}{a}\mathrm{J}'_m\left(\dfrac{U}{a}r\right)-\dfrac{Am\omega\varepsilon_1}{r}\mathrm{J}_m\left(\dfrac{U}{a}r\right)\right]\cos m\varphi \end{cases} \tag{4.4.25}$$

和包层中模式场的其余分量

$$\begin{cases} e_{\varphi 2}=\dfrac{\mathrm{i}}{\mathrm{K}_m(W)}\left(\dfrac{a}{W}\right)^2\left[\dfrac{Am\beta}{r}\mathrm{K}_m\left(\dfrac{W}{a}r\right)-\dfrac{B\omega\mu_0 W}{a}\mathrm{K}'_m\left(\dfrac{W}{a}r\right)\right]\cos m\varphi \\ e_{r2}=\dfrac{\mathrm{i}}{\mathrm{K}_m(W)}\left(\dfrac{a}{W}\right)^2\left[\dfrac{A\beta W}{a}\mathrm{K}'_m\left(\dfrac{W}{a}r\right)-\dfrac{Bm\omega\mu_0}{r}\mathrm{K}_m\left(\dfrac{W}{a}r\right)\right]\sin m\varphi \\ h_{\varphi 2}=\dfrac{-\mathrm{i}}{\mathrm{K}_m(W)}\left(\dfrac{a}{W}\right)^2\left[\dfrac{A\omega\varepsilon_2 W}{a}\mathrm{K}'_m\left(\dfrac{W}{a}r\right)-\dfrac{Bm\beta}{r}\mathrm{K}_m\left(\dfrac{W}{a}r\right)\right]\sin m\varphi \\ h_{r2}=\dfrac{-\mathrm{i}}{\mathrm{K}_m(W)}\left(\dfrac{a}{W}\right)^2\left[\dfrac{B\beta W}{a}\mathrm{K}'_m\left(\dfrac{W}{a}r\right)-\dfrac{Am\omega\varepsilon_2}{r}\mathrm{K}_m\left(\dfrac{W}{a}r\right)\right]\cos m\varphi \end{cases} \tag{4.4.26}$$

因为电场和磁场的切线分量在界面上连续，即当 $r=a$ 时，

$$e_{\varphi 1}=e_{\varphi 2},\quad h_{\varphi 1}=h_{\varphi 2}$$

有

$$\begin{cases} m\beta\left(a_1\dfrac{\mathrm{J}_m(U)}{U^2}+a_2\dfrac{\mathrm{K}_m(W)}{W^2}\right)=\omega\mu_0\left(b_1\dfrac{\mathrm{J}'_m(U)}{U}+b_2\dfrac{\mathrm{K}'_m(W)}{W}\right) \\ m\beta\left(b_1\dfrac{\mathrm{J}_m(U)}{U^2}+b_2\dfrac{\mathrm{K}_m(W)}{W^2}\right)=\omega\left(a_1\varepsilon_1\dfrac{\mathrm{J}'_m(U)}{U}+a_2\varepsilon_2\dfrac{\mathrm{K}'_m(W)}{W}\right) \end{cases} \tag{4.4.27}$$

显而易见，在波导结构常数 $a,\varepsilon_1,\varepsilon_2,\mu_0$ 和激励条件 ω,β 给定时，即当特征参数 U,W 给定时，第 m 个模式的 4 个待定常数 a_1,a_2,b_1,b_2 由式(4.4.23)和式(4.4.27)的 4 个方程确定。

3. 特征方程

为得到矢量模特征方程，我们把 $r=a$ 时的边值关系 $e_{\varphi 1}=e_{\varphi 2}$， $h_{\varphi 1}=h_{\varphi 2}$ 写成

$$\begin{cases} Am\beta\left(\dfrac{1}{U^2}+\dfrac{1}{W^2}\right)=B\omega\mu_0\left(\dfrac{\mathrm{J}'_m(U)}{U\mathrm{J}_m(U)}+\dfrac{\mathrm{K}'_m(W)}{W\mathrm{K}_m(W)}\right) \\ Bm\beta\left(\dfrac{1}{U^2}+\dfrac{1}{W^2}\right)=A\omega\varepsilon_0\left(\dfrac{n_1^2\mathrm{J}'_m(U)}{U\mathrm{J}_m(U)}+\dfrac{n_2^2\mathrm{K}'_m(W)}{W\mathrm{K}_m(W)}\right) \end{cases} \tag{4.4.28}$$

其中，用到了关系式 $\varepsilon=n^2\varepsilon_0$。将这两式相乘，消去常数 A,B，得

$$m^2\beta^2\left(\frac{1}{U^2}+\frac{1}{W^2}\right)^2=k^2\left(\frac{\mathrm{J}'_m(U)}{U\mathrm{J}_m(U)}+\frac{\mathrm{K}'_m(W)}{W\mathrm{K}_m(W)}\right)\left(\frac{n_1^2\mathrm{J}'_m(U)}{U\mathrm{J}_m(U)}+\frac{n_2^2\mathrm{K}_m(W)}{W\mathrm{K}_m(W)}\right) \tag{4.4.29}$$

利用特征参数的定义式(4.2.14)可以消去上式中的传输常数 β，得

$$m^2\left(\frac{1}{U^2}+\frac{1}{W^2}\right)\left(\frac{n_1^2}{U^2}+\frac{n_2^2}{W^2}\right)=\left(\frac{\mathrm{J}'_m(U)}{U\mathrm{J}_m(U)}+\frac{\mathrm{K}'_m(W)}{W\mathrm{K}_m(W)}\right)\left(\frac{n_1^2\mathrm{J}'_m(U)}{U\mathrm{J}_m(U)}+\frac{n_2^2\mathrm{K}_m(W)}{W\mathrm{K}_m(W)}\right) \tag{4.4.30}$$

以上两式确定特征参数 U,W,称为矢量模的特征方程。注意到式(4.2.15)

$$V^2=k^2(n_1^2-n_2^2)a^2=U^2+W^2$$

在已知波导结构常数和波长时,可由式(4.4.30)解出特征参数 U,W。

以上是未做任何近似的精确结论。若包层折射率 n_2 只是略小于芯层折射率 n_1,这种光纤称为弱导光纤,实际通讯中使用的光纤都是弱导光纤。弱导条件可写成 $n_1/n_2\approx 1$,于是,式(4.4.30)化为

$$\frac{\mathrm{J}'_m(U)}{U\mathrm{J}_m(U)}+\frac{\mathrm{K}'_m(W)}{W\mathrm{K}_m(W)}=\pm m\left(\frac{1}{U^2}+\frac{1}{W^2}\right) \tag{4.4.31}$$

其中,$m=0,1,2,\cdots$这就是弱导条件下的特征方程,是分析弱导光纤传输特性的基础。

对于 TE 模,$e_z=0$,即式(4.4.24)中的常数 $A=0$。因此,由边值关系(4.4.28)第二式得

$$m\beta B\left(\frac{1}{U^2}+\frac{1}{W^2}\right)=0$$

显然,$\beta\neq 0$,$\frac{1}{U^2}+\frac{1}{W^2}\neq 0$,而 B 也不能等于零,因为 B 若再等于零,就没有电磁场了。故只能是 $m=0$。这与4.3节的结论一致。令 $m=0$,由式(4.4.28)第一式或式(4.4.31)得

$$\frac{\mathrm{J}'_0(U)}{U\mathrm{J}_0(U)}+\frac{\mathrm{K}'_0(W)}{W\mathrm{K}_0(W)}=0 \tag{4.4.32}$$

这就是 TE 模的特征方程。利用贝塞尔函数的递推公式

$$\mathrm{J}'_0(U)=-\mathrm{J}_1(U),\quad \mathrm{K}'_0(W)=-\mathrm{K}_1(W)$$

可将 TE 模的特征方程写成下面常见的形式:

$$\frac{\mathrm{J}_1(U)}{U\mathrm{J}_0(U)}+\frac{\mathrm{K}_1(W)}{W\mathrm{K}_0(W)}=0 \tag{4.4.33}$$

对于 TM 模,$h_z=0$,即式(4.4.24)中的常数 $B=0$,由边值关系式(4.4.28)第一式得 $m=0$。令 $m=0$,由(4.4.28)第二式得

$$\frac{\mathrm{J}_1(U)}{U\mathrm{J}_0(U)}+\frac{n_2^2}{n_1^2}\frac{\mathrm{K}_1(W)}{\mathrm{K}_0(W)}=0 \tag{4.4.34}$$

这就是 TM 模的特征方程。在弱导条件下 $n_1/n_2\approx 1$,式(4.4.34)与式(4.4.33)一致,或者说,式(4.4.33)是弱导条件下 TE 模和 TM 模共同的特征方程。$m=0$ 意味着电磁波的场量与角度 φ 无关,即场量在波导横截面内是轴对称分布。

若 $m\neq 0$,则由边值关系式(4.4.28)可知 $A\neq 0$,$B\neq 0$,即 $e_z\neq 0$,$h_z\neq 0$。与式(4.4.31)中的"+"号对应着的一组解称为 EH 模,与"-"号对应着的一组解称为 HE 模,它们的特征方程是

$$\begin{cases}\dfrac{\mathrm{J}'_m(U)}{U\mathrm{J}_m(U)}+\dfrac{\mathrm{K}'_m(W)}{W\mathrm{K}_m(W)}=m\left(\dfrac{1}{U^2}+\dfrac{1}{W^2}\right) & \text{EH 模}\\ \dfrac{\mathrm{J}'_m(U)}{U\mathrm{J}_m(U)}+\dfrac{\mathrm{K}'_m(W)}{W\mathrm{K}_m(W)}=-m\left(\dfrac{1}{U^2}+\dfrac{1}{W^2}\right) & \text{HE 模}\end{cases} \tag{4.4.35}$$

利用贝塞尔函数递推公式

$$\mathrm{J}'_m(U)=\frac{m}{U}\mathrm{J}_m(U)-\mathrm{J}_{m+1}(U)=-\frac{m}{U}\mathrm{J}_m(U)+\mathrm{J}_{m-1}(U)$$

$$K'_m(W)=\frac{m}{W}K_m(W)-K_{m+1}(W)=-\frac{m}{W}K_m(W)+K_{m-1}(W)$$

可将式(4.4.35)化为

$$\begin{cases}\dfrac{J_{m+1}(U)}{UJ_m(U)}+\dfrac{K_{m+1}(W)}{WK_m(W)}=0 & \text{EH 模}\\[2ex] \dfrac{J_{m-1}(U)}{UJ_m(U)}+\dfrac{K_{m-1}(W)}{WK_m(W)}=0 & \text{HE 模}\end{cases} \tag{4.4.36}$$

在式(4.4.36)中,若令 $m=0$,利用递推公式

$$J_{-1}(U)=-J_1(U),\quad K_{-1}(W)=-K_1(W)$$

可将式(4.4.36)的两个式子都写成

$$\frac{J_1(U)}{UJ_0(U)}+\frac{K_1(W)}{WK_0(W)}=0$$

这就是弱导条件下 TE 模和 TM 模共同的特征方程(4.4.33)。所以,TE 模和 TM 模是 EH 模和 HE 在弱导条件下的特例。如前所说,TE 模和 TM 模都是偏振方向相互垂直的线偏振波,而 EH 模和 HE 模是偏振方向不相互垂直[见式(4.2.3)]的椭圆偏振波。可以证明,HE 模偏振旋转方向与波行进方向一致,符合右手法则;EH 模偏振旋转方向与波行进方向相反。从场强关系看,EH 模中电场较磁场强,HE 模中磁场较电场强。从相位关系看,EH 模中 h_z 分量超前于 e_z 分量90°,HE 模中 h_z 分量落后于 e_z 分量90°。从光线理论的意义上说,电场垂直于子午面的子午光线对应于 TE 模,如图 4.4.2(a)所示;磁场垂直于子午面的子午光线对应于 TM 模,如图 4.4.2(b)所示;偏斜光线只能对应于混合模。

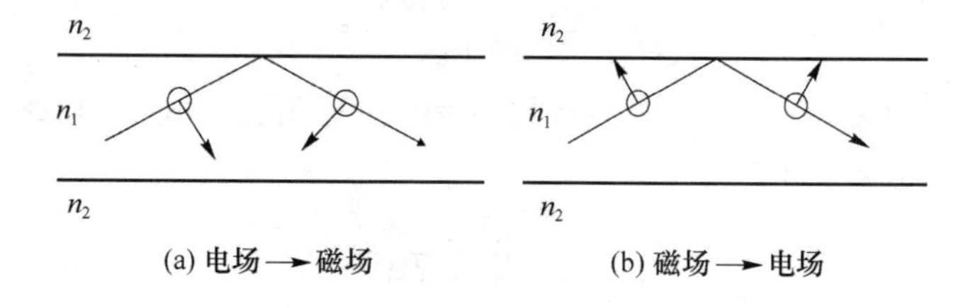

图 4.4.2 电场(或磁场)垂直于子午面的子午光线对应于 TE 模(或 TM 模)的示意图

4. 截止条件

如前所说,一个模式的纵向传播特性由纵向传播常数 β 描述,横向传播特性由参数 m,U,W 描述,其中 m 描述场量沿角度 φ 的分布,U 描述芯层内场量沿半径方向的分布,而 W 描述包层内场量沿半径方向的分布。β,U,W 之间的关系由定义式(4.2.14)给出。只要由特征方程求出这三个参数中的一个,其他两个就可由式(4.2.14)得到。

如果忽略波导中材料的吸收损耗,模式沿纵向传播无衰减,则 U 和 W 都应是正实数。W 是正实数时,如前所说,包层内场量沿半径方向按指数快速衰减,W 越大,衰减越快,电磁场能量就越集中在芯层内。反之,W 越小,就有越多的电磁场能量传播到包层内。如果 W 是虚数($W^2<0$),包层内的场量用汉克尔函数 I_m 描述,模式成为沿径向辐射的辐射模。所以,$W=0$ 是一个模式是导波模还是辐射模的临界点。将 $W=0$ 时的径向相位常数 U 记作 U_c,归一化频率 V 记作 V_c,U_c 和 V_c 就是导波的截止参数。于是,$W=0$

时有 $U_c=V_c$。

(1) TE 模和 TM 模

如前所说，弱导条件下 TE 模和 TM 模共同的特征方程是式(4.4.33)：

$$\frac{\mathrm{J}_1(U)}{U\mathrm{J}_0(U)}=-\frac{\mathrm{K}_1(W)}{W\mathrm{K}_0(W)}$$

由式(4.4.18)有

$$\mathrm{K}_0(W)=\ln\frac{2}{W},\quad \mathrm{K}_1(W)=\frac{1}{W}$$

于是得

$$\frac{\mathrm{J}_1(U_c)}{U\mathrm{J}_0(U_c)}=-\lim_{W\to 0}\frac{1}{W^2\ln(2/W)}=\infty \tag{4.4.37}$$

注意到 $\mathrm{J}_1(U)$ 总为有限值，则 TE 模和 TM 模在截止状态的特征方程是

$$U_c\mathrm{J}_0(U_c)=0$$

由式(4.4.13)可知，$\mathrm{J}_0(U)=1$，$\mathrm{J}_1=\dfrac{U}{2}$，因此，若 $U_c=0$，则

$$\lim_{U_c\to 0}\frac{\mathrm{J}_1(U_c)}{U_c\mathrm{J}_0(U_c)}=\frac{1}{2}$$

这与式(4.4.37)矛盾，所以，只能是

$$\mathrm{J}_0(U_c)=0 \tag{4.4.38}$$

这说明截止状态时的归一化频率 V_c 和径向传播常数 U_c 是零阶贝塞尔函数的零点(或根) μ_{0n}，即

$$V_c=U_c=\mu_{0n},\quad n=1,2,3,\cdots \tag{4.4.39}$$

前几个零点值是 $\mu_{0n}=2.405, 5.520, 8.654,\cdots$每一个零点值对应着一个 TE 模和 TM 模，记作 TE_{0n}模和 TM_{0n}模，其归一化截止频率 $V_c=\mu_{0n}$。

电磁波在结构参数 a, n_1, n_2 给定的波导中传播时，若波长 λ 给定，则其截止归一化频率 $V_c=kn_1a\sqrt{2\Delta}$也是确定的。若对某个模式，$V>V_c$，必有 $W^2>0$，该模式是导波模。反之，若 $V<V_c$，必有 $W^2<0$，该模式是辐射模。也就是说，模式在波导中传播的条件是

$$V>V_c=\frac{2\pi}{\lambda_c}a\sqrt{n_1^2-n_2^2} \tag{4.4.40}$$

其中，λ_c 称为该模式的截止波长。

序号 n 相同的 TE_{0n}模和 TM_{0n}模有相同的截止参数，称为一对简并模。在所有的 TE_{0n}模和 TM_{0n}模中，TE_{01}模和 TM_{01}模的截止归一化频率最小，等于 2.405，对应截止波长 λ_c 最大，其值是

$$\lambda_c(\mathrm{TE}_{01},\mathrm{TM}_{01})=\frac{2\pi a}{2.405}\sqrt{n_1^2-n_1^2}=2.613a\sqrt{n_1^2-n_2^2} \tag{4.4.41}$$

例如，某光纤的半径 $a=4.0\ \mu\mathrm{m}$，$\Delta\approx 0.003$，纤芯折射率 $n_1=1.48$，则截止波长 $\lambda_c\approx 1.20\ \mu\mathrm{m}$。所以，若光纤中传播的光的波长 $\lambda=1.31\ \mu\mathrm{m}$，则其模式必不是 TE_{01} 模和 TM_{01}模。

(2) EH 模

弱导条件下 EH 模的特征方程是式(4.4.36)中的第一式：

$$\frac{J_{m+1}(U)}{UJ_m(U)}=-\frac{K_{m+1}(W)}{WK_m(W)}$$

利用式(4.4.18)的最后一个式子，得

$$\frac{J_{m+1}(U_c)}{U_cJ_m(U)}=-\lim_{W\to 0}\frac{2m}{W^2}=\infty \tag{4.4.42}$$

于是，EH 模在截止状态的特征方程是

$$U_cJ_m(U_c)=0$$

由式(4.4.13)可知，$J_m(U_c)=\frac{1}{m!}\left(\frac{U_c}{2}\right)^m$，若 $U_c\to 0$，则有

$$\lim_{U_c\to 0}\frac{J_{m+1}(U_c)}{U_cJ_m(U_c)}=\frac{1}{2(m+1)}$$

这与式(4.4.42)矛盾，所以，只能是

$$J_m(U_c)=0 \tag{4.4.43}$$

这说明截止状态时的归一化频率 V_c 和径向传播常数 U_c 是 m 阶贝塞尔函数的零点 μ_{mn}，即

$$U_c=V_c=\mu_{mn},\quad m=1,2,3,\cdots,\quad n=0,1,2,3,\cdots \tag{4.4.44}$$

m 阶贝塞尔函数第 n 个零点对应的 EH 模记作 EH_{mn} 模。

表 4.4.1 中列出了贝塞尔函数的前几个零点。从表中可以看出，$n\neq 0$ 时，最小的零点值是 $\mu_{11}=3.832$，也就是说，在 EH_{mn} 模序列中，EH_{11} 模的归一化截止频率最小：$V_c=U_c=3.832$，而其截止波长最长：

$$\lambda_c=\frac{2\pi a}{3.832}\sqrt{n_1^2-n_2^2}=1.640a\ \sqrt{n_1^2-n_1^2}$$

对于前面所说的例子，$a=4.0\ \mu m$，$\Delta\approx 0.003$，$n_1=1.48$，则截止波长 $\lambda_c=0.75\ \mu m$。所以，波长为 1.31 μm 和 0.85 μm 的光都不能以 EH_{11} 模在光纤中传播。

表 4.4.1 $J_n(x)(n=0,1,2,3,4,5)$ 的前 9 个正零点 $\mu_m^{(n)}$ 的近似值

μ \ n / m	0	1	2	3	4	5
1	2.405	3.832	5.136	6.380	7.588	8.771
2	5.520	7.016	8417	9.761	11.065	12.339
3	8.654	10.173	11.620	13.015	14.373	15.700
4	11.792	13.324	14.796	16.223	17.616	18.980
5	14.931	16.471	17.960	19.409	20.827	22.218
6	18.071	19.616	21.117	22.583	24.019	25.430
7	21.212	22.760	24.270	25.748	27.199	28.627
8	24.352	25.904	27.421	28.908	30.371	31.812
9	27.493	29.047	30.569	32.065	33.537	34.989

(3) HE 模

弱导条件下 HE 模的特征方程是(4.4.36)中的第二式：

$$\frac{J_{m-1}(U)}{UJ_m(U)}=-\frac{K_{m-1}(W)}{WK_m(W)} \tag{4.4.45}$$

当 $m=1$ 时，利用式(4.4.18)的后两式得

$$\frac{J_0(U_c)}{U_cJ_1(U_c)}=-\lim_{W\to 0}\ln\frac{2}{W}=\infty$$

于是，$m=1$ 时 HE 模在截止状态的特征方程是

$$U_cJ_1(U_c)=0 \tag{4.4.46}$$

由式(4.4.13)可知：

$$\lim_{U_c\to 0}\frac{J_0(U_c)}{U_cJ_1(U_c)}=\lim_{U_c\to 0}\frac{2}{U_c^2}=\infty$$

所以，$U_c=0$ 和 $U_c=\mu_{1n}$ 都是方程(4.4.46)的解。以 $V_c=0$ 和 $V_c=\mu_{1n}$ 为归一化截止频率的 HE 模记作 HE_{1n}。为了将 $V_c=0$ 的模作为 HE_{1n} 序列模的第一模，而将其归一化截止频率记作

$$V_c=\mu_{1,n-1}=0,3.832,7.016,\cdots \tag{4.4.47}$$

比较式(4.4.47)和式(4.4.44)，可知 $HE_{1,n+1}$ 模和 EH_{1n} 模的归一化截止频率相同，即 $HE_{1,n+1}$ 模和 EH_{1n} 模是简并模。

注意 HE_{11} 模的归一化截止频率 $V_c=0$，截止波长 $\lambda_c=\infty$。这表明 HE_{11} 模不会截止，可以任意低的频率在光纤中传播，称为光纤中的主模(或基模)。不过，如果频率过低(即波长过长)，HE_{11} 模的能量将大量传向包层中，损耗加大，实际上是难以有效传输的。

当 $m\geqslant 2$ 时，利用式(4.4.18)的最后一式，由式(4.4.45)得

$$\frac{J_{m-1}(U_c)}{U_cJ_m(U_c)}=-\lim_{W\to 0}\frac{K_{m-1}(W)}{WK_m(W)}=-\frac{1}{2(m-1)}$$

即

$$J_{m-1}(U_c)=-\frac{U_cJ_m(U_c)}{2(m-1)} \tag{4.4.48}$$

由贝塞尔函数的递推公式 $2mJ_m(U)=UJ_{m-1}(U)+UJ_{m+1}(U)$ 得

$$2(m-1)J_{m-1}(U)=UJ_{m-2}(U)+UJ_m(U)$$

即

$$J_{m-1}(U_c)=\frac{U_c}{2(m-1)}[J_{m-2}(U_c)+J_m(U_c)]$$

由上式和式(4.4.48)得

$$J_{m-2}(U_c)=-2J_m(U_c) \tag{4.4.49}$$

由于 $J_{m-2}(U_c)$ 与 $J_m(U_c)$ 线性无关，上式只有在 $J_{m-2}(U_c)$ 与 $J_m(U_c)$ 都等于零时才成立，故得

$$J_{m-2}(U_c)=J_m(U_c)=0\quad(m\geqslant 2) \tag{4.4.50}$$

这表明，对于 $m\geqslant 2$ 的 HE 模，归一化截止频率是

$$V_c=U_c=\mu_{m-2},n \tag{4.4.51}$$

其中，$m=2,3,\cdots,\quad n=1,2,\cdots$

以上两式还表明，$m=2$ 时，HE_{2n} 模与 TE_{0n} 模、TM_{0n} 模有相同的归一化截止频率，它们是简并模。$m=3$ 时，HE_{3n} 模与 EH_{1n} 模、$HE_{1,n+1}$ 模有相同的归一化截止频率，它们是简并模。$m\geqslant 4$ 时，HE_{mn} 模与 $EH_{m-2,n}$ 模的归一化截止频率相同，它们也是简并模。总之，若将所有截止频率相同的模式归为一组，按照截止频率从低到高排列，前 34 个模式如表 4.4.2 所示。每组中的模式数的计算方法是，TE_{0n} 模和 TM_{0n} 模是轴对称模式，每个 TE_{0n} 模和 TM_{0n} 模只是一个模式；所有的混合模 EH_{mn} 模和 HE_{mn} 模在横截面上可以取因子 $\cos m\varphi$ 和 $\sin m\varphi$，故每个混合模是二重简并的。

(4) 单模条件

如前所说，HE_{11} 模的归一化截止频率 $V_c=0$，截止波长 $\lambda_c=\infty$，它是光纤中的主模。

表 4.4.2 模式组及其归一化截止频率

模式组	V_c	模式数
HE_{11}	0	2×1=2
TE_{01}，TM_{01}，HE_{21}	2.405	1+1+2×1=4
EH_{11}，HE_{31}，HE_{12}	3.832	2×1×3=6
EH_{21}，HE_{41}	5.136	2×1×2=4
TE_{02}，TM_{02}，HE_{22}	5.520	1+1+2×1=4
EH_{31}，HE_{51}	6.380	2×1×2=4
EH_{12}，HE_{32}，HE_{13}	7.016	2×1×3=6
EH_{41}，HE_{61}	7.588	2×1×2=4

从表 4.4.2 可以看出，次最低阶模是 TE_{01} 模、TM_{01} 模和 HE_{21} 模，它们的归一化截止频率为 2.405。如果适当设计光纤并选择工作波长 λ，使归一化工作频率满足条件

$$0<V<2.405 \tag{4.4.52}$$

或

$$\lambda>\lambda_c=2.613a\sqrt{n_1^2-n_2^2} \tag{4.4.53}$$

则 TE_{01} 模、TM_{01} 模和 HE_{21} 模及所有的高阶模都截止，只有 HE_{11} 模可以传输。式(4.4.53)称为光纤单模条件。

光纤通信的工作波长总是选 1.31 μm 和 1.55 μm 这两个低损耗波长。若以1.31 μm 为工作波长，并取 $\Delta\approx 0.003$，$n_1=1.46$，则光纤的纤芯半径应满足条件

$$a<\frac{0.383\lambda}{n_1\sqrt{2\Delta}}=4.38\ \mu\text{m} \tag{4.4.54}$$

因此，光纤的纤芯直径通常在 8～9 μm。

5. 远离截止状态时导模的性质

如果归一化频率 V 远大于截止频率 V_c，则导波模的能量几乎全部集中在芯层中，这种状态称为远离截止状态。多模光纤的归一化频率 V 很大，其中的低阶模可看作处于远离截止状态，并表示为 $V\to\infty$。由于 $V=\frac{2\pi a}{\lambda}n_1\sqrt{2\Delta}$，$V\to\infty$ 相当于 $\frac{a}{\lambda}\to\infty$，这时，电磁波近似于在无界介质中传播的平面波，其横向传播常数 γ 很小，纵向传播常数 β 趋于 kn_1。

因此，$W^2=a^2(\beta^2-k^2n_2^2)\to k^2a^2(n_1^2-n_2^2)=V^2$，也就是说，$V\to\infty$时$W\to\infty$，导波模的能量几乎全部集中在芯层中。$W\to\infty$时，第二类变型贝塞尔函数的渐进表示式是式(4.4.17)：

$$\mathrm{K}_m(W)=\sqrt{\frac{\pi}{2W}}\mathrm{e}^{-W} \tag{4.4.55}$$

这个表示式适用于所有的m。

(1) TE_{0n}模和TM_{0n}模

将式(4.4.55)代入TE模和TM模的特征方程式(4.4.33)，得

$$\frac{\mathrm{J}_1(U_f)}{U_f\mathrm{J}_0(U_f)}=-\lim_{W\to\infty}\frac{1}{W}=0$$

即

$$\mathrm{J}_1(U_f)=0$$

这表示远离截止状态时，TE_{0n}模和TM_{0n}模的径向传播常数是一阶贝塞尔函数的零点，记作：

$$U_f=\mu_{1n},\quad n=1,2,\cdots \tag{4.4.56}$$

考虑到截止状态，可知TE_{0n}模和TM_{0n}模径向传播常数U的取值范围是$\mu_{0n}\sim\mu_{1n}$。也就是说，接近于截止状态时，U接近于μ_{0n}，远离截止状态时，U接近于μ_{1n}。

(2) EH_{mn}模

将式(4.4.55)代入EH模的特征方程(4.4.36)的第一式，得

$$\frac{\mathrm{J}_{m+1}(U_f)}{U_f\mathrm{J}_m(U_f)}=-\lim_{W\to\infty}\frac{1}{W}=0$$

即

$$\mathrm{J}_{m+1}(U_f)=0$$

这表示远离截止状态时，EH_{mn}模的径向传播常数是$m+1$阶贝塞尔函数的零点，记作

$$U_f=\mu_{m+1,n},\quad n=1,2,\cdots \tag{4.4.57}$$

考虑到截止状态，可知EH_{mn}模的U值范围是$\mu_{mn}\sim\mu_{m+1,n}$。

(3) HE_{mn}模

同理，将式(4.4.55)代入HE模的特征方程(4.4.36)中的第二式，得

$$\mathrm{J}_{m-1}(U_f)=0$$

这表示远离截止状态时，HE_{mn}模的径向传播常数是$m-1$阶贝塞尔函数的零点，记作

$$U_f=\mu_{m-1,n},\quad n=1,2,\cdots \tag{4.4.58}$$

考虑到截止状态，可知HE_{1n}模的径向传播常数U的取值范围是$\mu_{1,n-1}\sim\mu_{0,n}$，也就是说，HE_{11}模的U值范围是$0\sim2.405$，HE_{12}模的U值范围是$3.832\sim5.520$，等等。$m\geqslant2$时，HE_{mn}模的U值范围是$\mu_{m-2,n}\sim\mu_{m-1,n}$。

6. 色散曲线

由式(4.2.14)得

$$\beta=\sqrt{k^2n_1^2-\frac{U^2}{a^2}} \tag{4.4.59}$$

在给定归一化频率V的条件下，将式子$V^2=U^2+W^2$与所考虑的模式的特征方程联立，即可解得径向传播常数U，然后由式(4.4.59)即可得到β。这样一来，就可做出一个模式

的 $\beta \sim V$ 函数曲线。知道了 $\beta \sim V$ 函数，就可得到电磁波的相速度

$$u_p = \frac{\omega}{\beta} = \frac{Vc}{\beta a n_1 \sqrt{2\Delta}} \tag{4.4.60}$$

和群速度

$$u_g = \frac{d\omega}{d\beta} = \frac{c}{a n_1 \sqrt{2\Delta}} \frac{dV}{d\beta} \tag{4.4.61}$$

也就是得到了导波模的色散特性。故而称 $\beta \sim V$ 函数曲线为波导的色散曲线。如果某模式的 $\beta \sim V$ 函数曲线是直线，则表明该模式无色散，但无色散模在介质波导中是不存在的。实际的导波模，不论是 TE 模、TM 模，还是 EH 模和 HE 模，都是有色散的，它们的纵向传播常数 β 都是参数 V 的复杂函数。

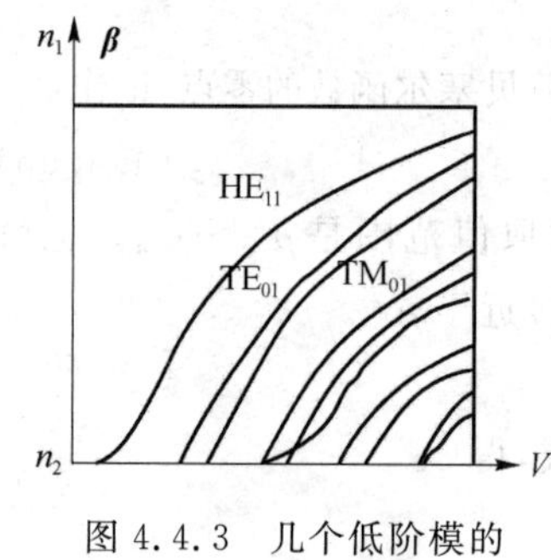

图 4.4.3 几个低阶模的色散曲线图

图 4.4.3 是几个低阶模的色散曲线。图中以归一化频率数 V 为横轴，以归一化常数 $\bar{\beta} = \beta/k$ 为纵轴。由图可见，所有模式的归一化常数 $\bar{\beta}$ 在截止时趋于包层折射率 n_2，远离截止时趋于芯层折射率 n_1，也就是说，所有模式的常数 β 的取值范围是

$$kn_2 < \beta < kn_1 \tag{4.4.62}$$

7. 导波模的场型图

根据电磁场分量的表示式(4.4.24)和式(4.4.25)，若得到了一个模式的参数 U，W 和 β，除了一个待定的振幅常数外，这个模式的各个电磁场分量就确定了。据此，采用矢量合成法，可以画出由电力线和磁感线组成的模式的电磁场分布图，称为场型图。图 4.4.4 是 TE_{01} 模和 HE_{11} 模在波导横截面内的场型图。

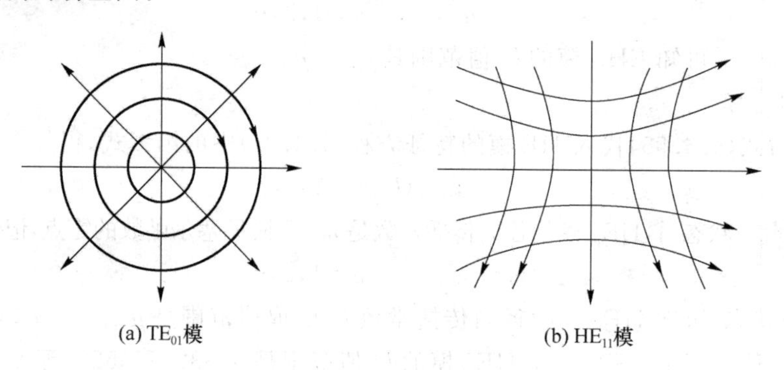

图 4.4.4 TE_{01} 模和 HE_{11} 模在波导横截面内的场型图

如前所说，TE_{01} 模和 TM_{01} 模只有三个分量，而且是轴对称的，它们的场型图最简单。TE_{01} 模的电力线是环绕芯层中心轴的同心圆，中心处电场为零，沿着半径 r 向外电场增强，在某处达到极大，再逐渐减弱。减弱的快慢由参数 V 决定，V 越大，减弱越快。将 TE_{01} 模的电力线和磁感线互换，即得 TM_{01} 模的场型图。TE_{01} 模和 TM_{01} 模的横向场量沿着半径 r 有一个极大点，TE_{02} 模和 TM_{02} 模有两个极大点，TE_{0n} 模和 TM_{0n} 模有 n 个极大点。这些极大点与零点相间分布。一般地说，模序号 m 和 n 分别是极大点与零点的个

数。注意，场分量沿圆周按 $\cos m\varphi$ 或 $\sin m\varphi$ 变化，合成量可能不按 $\cos m\varphi$ 或 $\sin m\varphi$ 变化，HE_{11} 就是一个例子。

4.5 二层圆均匀光波导的标量模解

如 4.4 节所说，求二层圆均匀光波导的标量模（线偏振模）归结为求解方程式（4.3.19）

$$[\nabla_t^2+(k^2n_i^2-\beta^2)]e_y=0 \tag{4.5.1}$$

求出横向分量 e_y 后，在弱导近似条件下，由式（4.3.20）可求出其余分量。

1. 标量模的电磁波解和特征方程

应用 4.4 节的分离变量法求解式（4.5.1），并利用 e_y 在芯层和包层界面上的连续条件，得

$$\begin{cases} e_{y1}(r,\varphi)=\dfrac{A}{J_m(U)}J_m\left(\dfrac{U}{a}r\right)\cos m\varphi, & r\leqslant a \\ e_{y2}(r,\varphi)=\dfrac{A}{K_m(W)}K_m\left(\dfrac{W}{a}r\right)\sin m\varphi, & r>a \end{cases} \tag{4.5.2}$$

其中，U,W,β 之间的关系服从式（4.2.14）和式（4.2.15）。为书写简便，将波阻抗记作

$$Z_c=\left|\frac{e_t}{h_t}\right|=\left|\frac{e_y}{h_x}\right|=\frac{\omega\mu_0}{\beta}=\sqrt{\frac{\mu_0}{\varepsilon}}=\frac{Z_0}{n} \tag{4.5.3}$$

其中，$Z_0=\sqrt{\mu_0/\varepsilon_0}$ 是真空中的波阻抗。将式（4.5.2）代入式（4.3.20），得

$$\begin{cases} h_{x1}(r,\varphi)=-\dfrac{An_1}{Z_0J_m(U)}J_m\left(\dfrac{U}{a}r\right)\cos m\varphi, & r\leqslant a \\ h_{x2}(r,\varphi)=-\dfrac{An_2}{Z_0J_m(U)}J_m\left(\dfrac{U}{a}r\right)\sin m\varphi, & r>a \end{cases} \tag{4.5.4}$$

将式（4.5.2）代入式（4.3.20），利用贝塞尔函数递推公式：

$$\frac{m}{x}J_m(x)=\frac{1}{2}[J_{m+1}(x)+J_{m-1}(x)],\quad J'_m(x)=\frac{1}{2}[J_{m-1}(x)-J_{m+1}(x)]$$

$$\frac{m}{x}K_m(x)=\frac{1}{2}[K_{m+1}(x)+K_{m-1}(x)],\quad K'_m(x)=\frac{1}{2}[K_{m-1}(x)-K_{m+1}(x)]$$

和

$$\frac{\partial r}{\partial y}=\sin\varphi,\quad \frac{\partial\varphi}{\partial x}=\frac{\cos\varphi}{r},\quad \frac{\partial r}{\partial x}=\cos\varphi,\quad \frac{\partial\varphi}{\partial x}=-\frac{\sin\varphi}{r}$$

得

$$\begin{cases} e_{z1}=-\dfrac{i}{\beta}\dfrac{\partial e_{y1}}{\partial y} \\ \quad=\dfrac{iAU}{2kn_1aJ_m(U)}\left[J_{m+1}\left(\dfrac{U}{a}r\right)\sin(m+1)\varphi+J_{m-1}\left(\dfrac{U}{a}r\right)\sin(m-1)\varphi\right] \\ e_{z2}=-\dfrac{i}{\beta}\dfrac{\partial e_{y2}}{\partial y} \\ \quad=\dfrac{iAW}{2kn_2aK_m(W)}\left[K_{m+1}\left(\dfrac{W}{a}r\right)\sin(m+1)\varphi+K_{m-1}\left(\dfrac{W}{a}r\right)\sin(m-1)\varphi\right] \end{cases} \tag{4.5.5}$$

$$\begin{cases} h_{z1}=\dfrac{\mathrm{i}}{\omega\mu_0}\dfrac{\partial e_{y1}}{\partial x} \\ \quad =\dfrac{-\mathrm{i}AU}{2kaZ_0\mathrm{J}_m(U)}\left[\mathrm{J}_{m+1}\left(\dfrac{U}{a}r\right)\cos(m+1)\varphi-\mathrm{J}_{m-1}\left(\dfrac{U}{a}r\right)\cos(m-1)\varphi\right] \\ h_{z2}=\dfrac{\mathrm{i}}{\omega\mu_0}\dfrac{\partial e_{y2}}{\partial x} \\ \quad =\dfrac{-\mathrm{i}AW}{2kaZ_0\mathrm{K}_m(W)}\left[\mathrm{K}_{m+1}\left(\dfrac{W}{a}r\right)\cos(m+1)\varphi-\mathrm{K}_{m-1}\left(\dfrac{W}{a}r\right)\cos(m-1)\varphi\right] \end{cases} \tag{4.5.6}$$

在芯层和包层界面上，由边值关系

$$e_{z1}(r=a)=e_{z2}(r=a)$$

得

$$\frac{U}{n_1}\left[\frac{\mathrm{J}_{m+1}(U)}{\mathrm{J}_m(U)}\sin(m+1)\varphi+\frac{\mathrm{J}_{m-1}(U)}{\mathrm{J}_m(U)}\sin(m-1)\varphi\right]$$
$$=\frac{W}{n_2}\left[\frac{\mathrm{K}_{m+1}(W)}{\mathrm{K}_m(W)}\sin(m+1)\varphi+\frac{\mathrm{K}_{m-1}(W)}{\mathrm{K}_m(W)}\sin(m-1)\varphi\right]$$

在弱导条件下，$n_1\approx n_2$。上式可写成两个方程：

$$\begin{cases} U\dfrac{\mathrm{J}_{m+1}(U)}{\mathrm{J}_m(U)}=W\dfrac{\mathrm{K}_{m+1}(W)}{\mathrm{K}_m(W)} \\ U\dfrac{\mathrm{J}_{m-1}(U)}{\mathrm{J}_m(U)}=W\dfrac{\mathrm{K}_{m-1}(W)}{\mathrm{K}_m(W)} \end{cases} \tag{4.5.7}$$

这就是弱导条件下线偏振模的特征方程。利用贝塞尔函数递推公式

$$\frac{2m}{x}\mathrm{J}_m(x)=\mathrm{J}_{m+1}(x)+\mathrm{J}_{m-1}(x)$$

不难证明式(4.5.7)的两式实际上是一个方程。因此，可取其中的任一个作为特征方程。

同理，利用边值关系 $h_{z1}(r=a)=h_{z2}(r=a)$ 也可以得到式(4.5.7)。

在下面的讨论中，我们取式(4.5.7)的第二式作为特征方程。

2. 线偏振模的截止和远离截止

(1) 线偏振模的截止

与4.4节一样，参数 $W\to 0$ 时导模趋于截止。利用式(4.4.18)中 $W\to 0$ 时 $\mathrm{K}_m(W)$ 的渐进表示式，不难证明，对于所有的 m 都有

$$U_c\frac{\mathrm{J}_{m-1}(U_c)}{\mathrm{J}_m(U_c)}=\lim_{W\to 0}W\frac{\mathrm{K}_{m-1}(W)}{\mathrm{K}_m(W)}=0$$

因此，截止状态的特征方程是

$$U_c\frac{\mathrm{J}_{m-1}(U_c)}{\mathrm{J}_m(U_c)}=0 \tag{4.5.8}$$

下面分 $m=0$ 和 $m\geqslant 1$ 两种情形来讨论。

当 $m=0$ 时，注意到 $\mathrm{J}_{-1}(x)=-\mathrm{J}_1(x)$，且当 $\mathrm{J}_1(x)=0$ 时总有 $\mathrm{J}_0(x)\neq 0$，于是，由上式得

$$U_c\mathrm{J}_1(U_c)=0$$

这就是说，线偏振模 LP_{0n} 的归一化截止参数为 $V_c=U_c=0$ 和一阶贝塞尔函数的根。若将零作为一阶贝塞尔函数的第零个根，则 LP_{0n} 的归一化截止参数可记作

$$V_c=U_c=\mu_{1,n-1}=0,\mu_{1n} \tag{4.5.9}$$

当 $m\geqslant1$ 时，由于 $J_m(0)=0$，故零不能作为方程(4.5.8)的根，于是有

$$J_{m-1}(U_c)=0$$

这表明线偏振模 $LP_{mn}(m\geqslant1)$ 的归一化截止参数为

$$V_c=U_c=\mu_{m-1},n \tag{4.5.10}$$

显而易见，在所有的线偏振模 LP_{mn} 中，只有 LP_{01} 的归一化截止频率 $V_c=0$，因此，它是主模。

(2) 线偏振模的远离截止

当 $W\to\infty$ 时，利用 $K_m(W)$ 渐进表示式 $K_m(W)=\sqrt{\frac{\pi}{2W}}e^{-W}$ 得特征方程：

$$U_f\frac{J_{m-1}(U_f)}{J_m(U_f)}=\lim_{W\to\infty}W=\infty$$

由于上式中的分子总是有限值，得 $J_m(U_f)=0$。

这表明，远离截止状态时，线偏振模 LP_{mn} 的归一化参数等于 m 阶贝塞尔函数的第 n 个根：

$$U_f=\mu_{mn} \tag{4.5.11}$$

由上述可知，LP_{01} 模的截止参数和远离截止的特征参数都与4.4节中所说的 HE_{11} 模的相同，其场分布也相同。次最低阶模 LP_{11} 的归一化截止频率 $V_c=2.045$，这与 TE_{01} 模、TM_{01} 模和 HE_{21} 模相同。

若归一化频率取在 0～2.045，则线偏振模中只有 LP_{01} 模可以在光纤中传输，这与4.4节中所说的 HE_{11} 模的单模传输条件相同。

线偏振模的电场强度 $\boldsymbol{E}$ 的方向可以选在 x 或 y 方向，因此，每个线偏振模 LP_{mn} 有两个在空间中正交的偏振态。由于 LP_{0n} 模的场量是轴对称的，每个 LP_{0n} 模有两个在空间中正交的简并模。而 $m\geqslant1$ 的线偏振模 LP_{mn} 不仅有正交的偏振简并模，由于沿角度 φ 的方向可以是 $\cos m\varphi$ 分布，也可以是 $\sin m\varphi$ 分布，因此，$m\geqslant1$ 的线偏振模 LP_{mn} 是四重简并的，即每个 LP_{mn} 模是四个传输特性相同的模式组成的模式组。

3. LP_{mn} 模的功率分布

一般地说，光波在光纤中传输时，芯层和包层中都有电磁场存在，即都有电磁功率存在。不过，在光纤正常工作状态下，包层中的电磁波很弱，携带的电磁能量很少，所以，应当研究光纤中电磁功率在芯层中的集中程度。

按照式(2.1.28)，光纤中电磁波的平均功率流密度是

$$\boldsymbol{S}=\frac{1}{2}(\boldsymbol{E}\times\boldsymbol{H}^*)$$

这里省略了 S 上面的“—”。由式(4.5.2)和式(4.5.4)可知，功率流密度 $\boldsymbol{S}$ 沿着 z 轴方向，其值是

$$S_z=-\frac{1}{2}E_yH_x^*=\frac{A^2}{2Z_0}\cos^2 m\varphi\begin{cases}\dfrac{n_1\mathrm{J}_m^2\left(\dfrac{U}{a}r\right)}{\mathrm{J}_m^2(U)}, & r\leqslant a\\ \dfrac{n_2\mathrm{K}_m^2\left(\dfrac{W}{a}r\right)}{\mathrm{K}_m^2(W)}, & r>a\end{cases} \tag{4.5.12}$$

这表明线偏振模 LP_{mn} 的电磁功率在光纤的圆周方向按$\cos^2\varphi$(或$\sin^2 m\varphi$)的规律分布，在半径方向，芯层内电磁功率按 $\mathrm{J}_m^2\left(\dfrac{U}{a}r\right)$ 的规律分布，包层内按 $\mathrm{K}_m^2\left(\dfrac{W}{a}r\right)$ 的规律分布。当 W 很大时，电磁功率主要分布在芯层内。

将上式在光纤芯层和包层的横截面上积分，得 LP_{mn} 模在芯层和包层内的传输功率：

$$\begin{aligned}P_i&=-\frac{1}{2}\int_0^a\int_0^{2\pi}E_yH_x^*r\,\mathrm{d}r\mathrm{d}\varphi=\frac{n_1A^2}{2Z_0\mathrm{J}_m(U)}\int_0^a\mathrm{J}_m^2\left(\frac{U}{a}r\right)\mathrm{d}r\int_0^{2\pi}\cos^2 m\varphi\,\mathrm{d}\varphi\\&=\frac{n_1\delta(m)\pi a^2-A^2}{4Z_0}\left[1-\frac{\mathrm{J}_{m+1}(U)\mathrm{J}_{m-1}(U)}{\mathrm{J}_m^2(U)}\right]\end{aligned} \tag{4.5.13}$$

$$\begin{aligned}P_o&=-\frac{1}{2}\int_a^\infty\int_0^{2\pi}E_yH_x^*r\,\mathrm{d}r\mathrm{d}\varphi=\frac{n_2A^2}{2Z_0\mathrm{K}_m^2(W)}\int_a^\infty\mathrm{K}_m^2\left(\frac{W}{a}r\right)\mathrm{d}r\int_0^{2\pi}\cos^2 m\varphi\,\mathrm{d}\varphi\\&=\frac{n_2\delta(m)\pi a^2-A^2}{4Z_0}\left[\frac{\mathrm{K}_{m+1}(W)\mathrm{K}_{m-1}(W)}{\mathrm{K}_m^2(W)}-1\right]\end{aligned} \tag{4.5.14}$$

其中，$\delta(m)=\begin{cases}2, & m=0\\1, & m\neq 0\end{cases}$。

线偏振模 LP_{mn} 在光纤中的总电磁传输功率是

$$P_t=P_i+P_o \tag{4.5.15}$$

芯层内的传输功率与总传输功率的比称为该模的功率因子：

$$\eta_{mn}=\frac{P_i}{P_t}=\frac{W^2}{V^2}\left[1+\frac{U^2\mathrm{K}_m^2(W)}{W^2\mathrm{K}_{m+1}(W)\mathrm{K}_{m-1}(W)}\right]=\frac{W^2}{V^2}\left[1+\frac{\mathrm{J}_m^2(U)}{\mathrm{J}_{m+1}(U)\mathrm{J}_{m-1}(U)}\right] \tag{4.5.16}$$

其中，最后一步利用了式(4.5.7)的第二式。

由上式容易得到截止状态和远离截止时的功率因子。在截止状态时，$W=0$，$U=V$，由式(4.5.16)得

$$\eta_{mn}=\frac{\mathrm{K}_m^2(W)}{\mathrm{K}_{m+1}(W)\mathrm{K}_{m-1}(W)}$$

将 $W\to 0$ 的 $\mathrm{K}_m(W)$的渐进表示式代入上式，得

$$\eta_{mn}=\begin{cases}0, & m=0,1\\1-\dfrac{1}{m}, & m\geqslant 2\end{cases} \tag{4.5.17}$$

这表明，对于 $m=0,1$ 的模式，接近截止状态时功率几乎全部在包层中，而对 $m\geqslant 2$ 的模式，接近截止状态时仍有相当一部分功率保持在芯层中，m 越大，在芯层中的功率越大。

远离截止时，$W\approx V$，$\mathrm{J}_m(U)=0$，$\eta_{mn}=W^2/V^2\approx 1$。这就是说，远离截止时，功率几乎全部保持在芯层中。由式(4.5.16)计算出的一些 LP_{mn} 模的功率因子的变化曲线如图4.5.1所示。

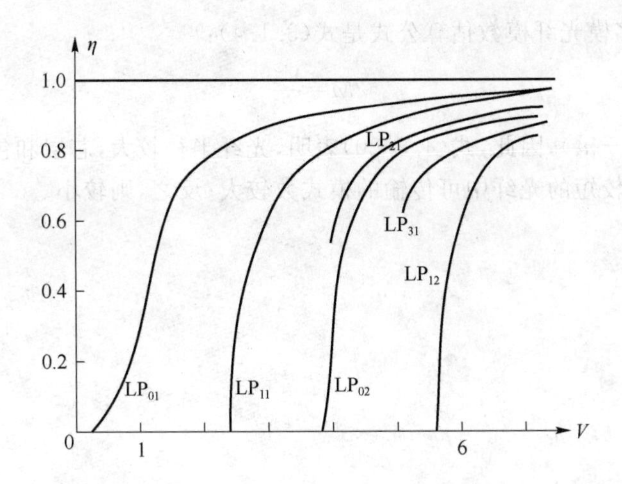

图 4.5.1　一些 LP_{mn} 模的功率因子的变化曲线图

4. 光纤中的模数

对于一个给定的 V，所有归一化截止频率 $V_c<V$ 的模式都可在光纤中传播。这些模式的数量可以通过下面的方法估算出来。

我们知道，在截止状态下，特征方程是 $J_{m-1}(U_c)=0$。当 U_c 较大时，利用贝塞尔函数渐进表示式

$$J_m(x)=\sqrt{\frac{2}{\pi x}}\cos\left(x-\frac{\pi}{4}-\frac{m\pi}{2}\right)$$

由特征方程得

$$U_c-\frac{\pi}{4}-\frac{(m-1)\pi}{2}=n\pi+\frac{\pi}{2}$$

由于 $V=U_c$ 较大，上式可近似写为

$$V=U_c\approx(m+2n)\frac{\pi}{2} \tag{4.5.18}$$

如图 4.5.2 所示，以 m 和 n 为横坐标轴和纵坐标轴建立一直角坐标系，做过点$(0,V/\pi)$和点$(2V/\pi-2,0)$的直线，此直线上具有整数坐标的点都满足式(4.5.18)，即这些点代表的模式都是截止的。在此直线与纵坐标轴和直线 $n=1$ 包围的三角形中，具有整数坐标的每一个点代表一个导波模，而所有的点数近似等于三角形的面积：

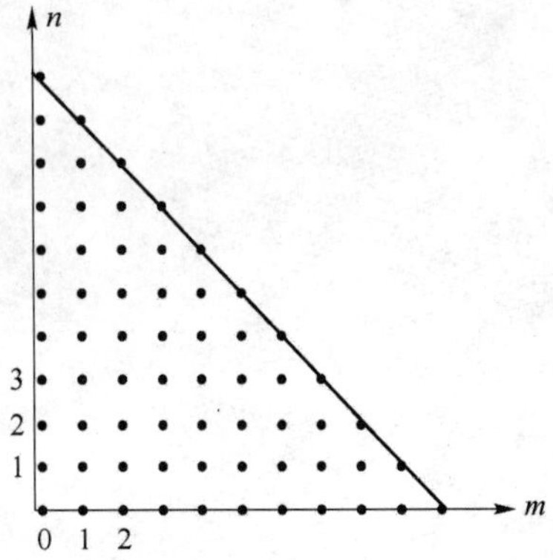

$$\frac{V}{2\pi}\left(\frac{2V}{\pi}-2\right)=\frac{V^2}{\pi^2}-\frac{V}{\pi}$$

图 4.5.2　模数估算示意图

如前所说，$m\geqslant1$ 的线偏振模 LP_{mn} 是四重简并的，因此，总的导波模数近似为

$$M=4\left(\frac{V^2}{\pi}-\frac{V}{\pi}\right) \tag{4.5.19}$$

一个常用的阶跃多模光纤模数估算公式是式(3.1.4)：

$$M=\frac{V^2}{2} \tag{4.5.20}$$

由于 $V^2=k^2a^2(n_1^2-n_2^2)$，因此，式(4.5.20)表明，光纤半径较大，芯层和包层介质折射率相差较大，工作波长较短的光纤中可传输的模式数较大；反之，则较小。

第 5 章　光纤的传输损耗

5.1　概　　述

光导纤维的传输损耗是光导纤维最重要的传输特性之一。前面各章对光波导的分析，全都假定光波导的损耗为零。实际光纤总是有损耗的，它是限制光纤通信的传输距离和传输速率的主要因素之一(另两个限制因素为色散和非线性)。因此，研究光纤损耗并努力设法降低损耗一直是人们长期奋斗的目标。

一段光纤的损耗用通过这段光纤的光功率损失来度量，通常定义为

$$\alpha = 10\lg \frac{P_{in}}{P_{out}} \tag{5.1.1}$$

其中，P_{in}为入射光的光功率，P_{out}为经过光纤传输后的输出光功率，α 的单位为 dB。在这个定义下的损耗与光纤的长度、入射光的情况等因素有关。为了更准确地描述光纤的损耗特性，通常使用"在稳态条件下单位长度的光纤损耗"的概念，即

$$\alpha = \frac{10}{L}\lg \frac{P_{in}}{P_{out}} \tag{5.1.2}$$

其中，α 的单位为 dB/km。注意，所谓稳态条件是指要避开空间过渡态，在光纤中既无包层模又无辐射模，而只传输导模的情形。

在计算光纤损耗时，经常用到一个称为绝对光平的单位，记为 dBm，它的定义是：以 1 mW的功率作为 0 dBm，并以

$$P(\text{dBm}) = 10\lg \frac{P(\text{mW})}{1\ \text{mW}} \tag{5.1.3}$$

来表示一个实际的功率。在这个定义下，0 dBm 相当于 1 mW，3 dBm 相当于 2 mW，10 dBm相当于 10 mW，−10 dBm 相当于 0.1 mW，−30 dBm 相当于 1 μW 等。这样，若一段光纤的损耗是 6 dB，而输入功率是 0 dBm，则输出功率可以由 dB 数简单相减得到，为 −6 dBm，相当于 250 μW。

光纤损耗随着使用的光波长不同而不同，称为损耗谱，早期的损耗谱(20 世纪 70 年代)如图 5.1.1(a)所示。

光纤在波长为 0.85 μm，1.3 μm，1.55 μm 附近有 3 个损耗的最低点，分别称为 3 个"窗口"。0.85 μm 称为短波长，1.3 μm 和 1.55 μm 称为长波长，而在 0.9 μm，1.39 μm 有

两个很强的吸收峰。在 0.85 μm 波长附近的光纤损耗约为 2.5 dB/km，在 1.3 μm 波长附近的光纤损耗为 0.35 dB/km，在 1.55 μm 波长附近的光纤损耗为 0.25 dB/km。随着工艺的不断完善，两个吸收峰被消除，当前最新光纤的损耗谱如图 5.1.1(b)所示。从图可见，在 1.2 μm 到 1.6 μm 波段内都有极低损耗，可容纳 20 亿个话路，是一个极丰富的频谱资源。

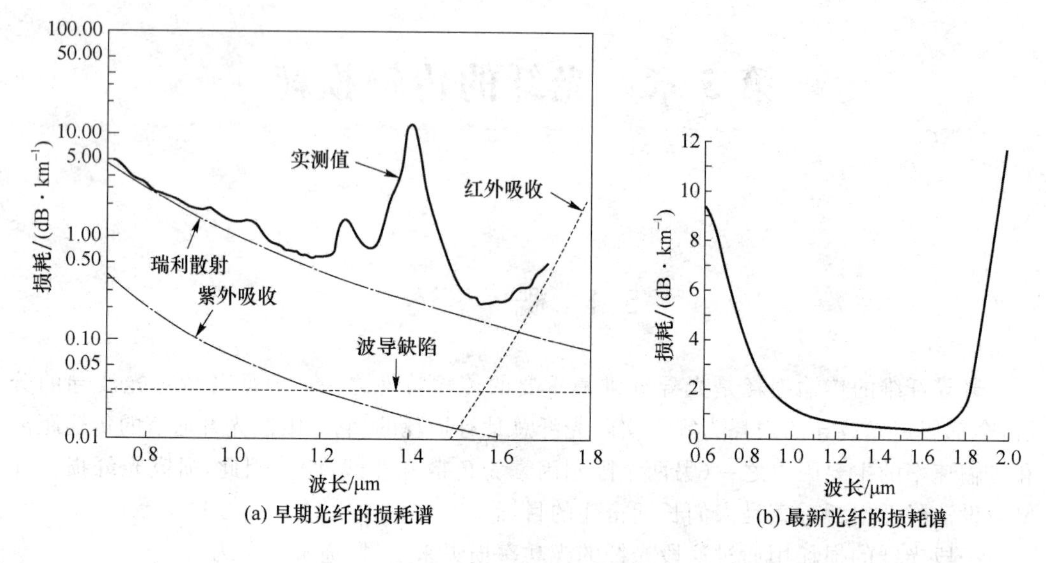

(a) 早期光纤的损耗谱

(b) 最新光纤的损耗谱

图 5.1.1 光纤的损耗谱

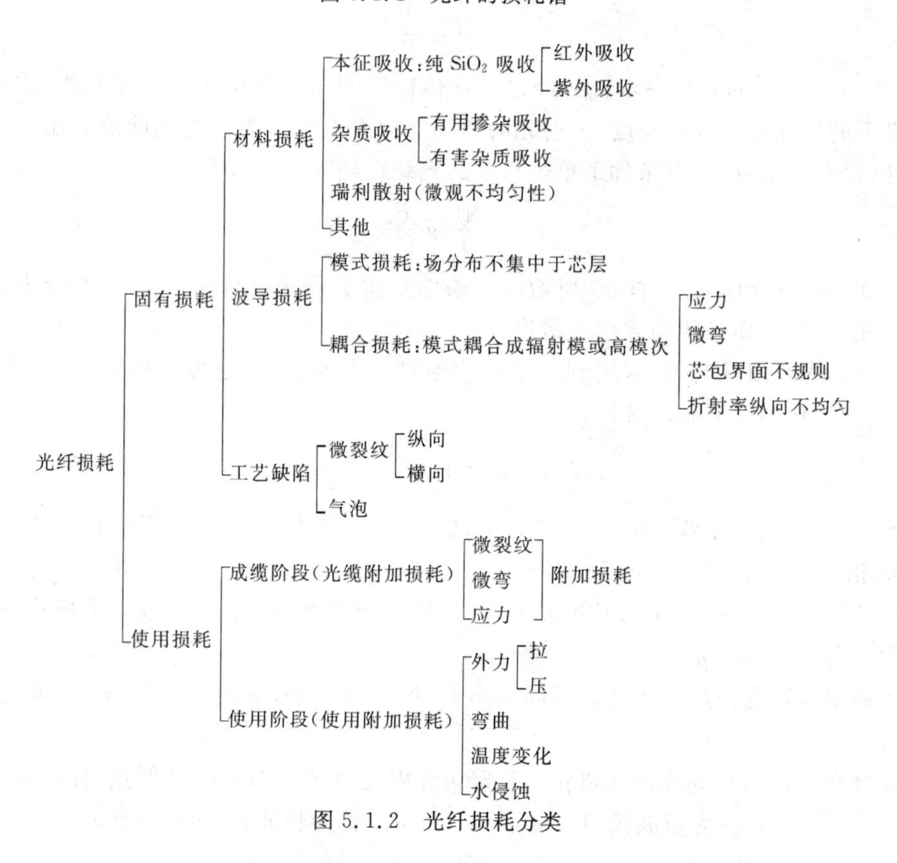

图 5.1.2 光纤损耗分类

影响损耗的因素很多，从原理上讲，光纤传输主要分吸收和辐射两大类。当光作用于物质时，一部分反射，另一部分透射，还有一部分被物质吸收。反射与透射不改变光能的形态，但只有一部分到达终端，其余部分仍以光的形式辐射掉。被物质吸收的那一部分光，能的形态发生变化，一般变为热能，当然也可能变为其他形式的能（如变成其他波长的光）。这两部分光都不能到达终端。因此，任何导致产生辐射与吸收的因素都可能产生损耗。

根据光纤生产与使用的不同阶段，可将光纤损耗分类如图 5.1.2 所示。由图 5.1.2 可看出，光纤损耗不仅取决于光纤的生产，而且取决于光纤的使用，若使用不当，也可导致损耗上升（通常称为附加损耗），这是每一个从事光纤通信的人切记的。这里我们主要介绍光纤的固有损耗。

5.2 材料损耗

材料损耗是指相对于波长而言可看成无限大的宏观均匀透光材料的损耗。如果是各向同性的线性材料，$D=\varepsilon E$，其中 $\varepsilon=\varepsilon_r+j\varepsilon_i$，它的虚部 ε_i 就对应于材料损耗。可以将某种材料制成很多的试样进行测定。

材料损耗包括纯石英的本征吸收、有用掺杂的本征吸收、瑞利散射、有害杂质的吸收，以及强光作用时的受激喇曼散射和布里渊散射等。纯石英的本征吸收与掺杂的本征吸收又称为光纤的本征吸收。在上述各种损耗因素中，除了瑞利散射外，都发生了光能形态的改变。

5.2.1 本征吸收

(1) 纯 SiO_2 的本征吸收

构成物质的分子、原子或电子受到某个特殊波长的光作用时，会产生共振，从而对这个特殊波长的光产生吸收，这就是本征吸收。本征吸收是物质的基本属性。纯 SiO_2 的吸收发生在红外与紫外两个波段，而在可见光波段，它是透明的。

紫外吸收 SiO_2 在紫外区的吸收是由于电子在紫外区的跃迁产生的，中心波长在 0.16 μm附近。在光纤通信的波段（0.8～1.6 μm），紫外吸收的影响可"拖尾"到波长 1 μm 附近，造成的影响在 0.3 dB/km 以下。通常，随波长的增加吸收损耗指数下降，可表示为 $\alpha=\alpha_0\exp\left(-\frac{k}{\lambda}\right)$，其典型值为：在 0.62 μm 时为 dB/km，在 1.24 μm 时为 0.02 dB/km。

红外吸收 SiO_2 在红外区的吸收是由 SiO_2 分子四面体的 Si—O 键的振动吸收。它有 3 个吸收峰，分别为 9.1 μm、12.5 μm 和 21 μm，强度差不多达到10^{10} dB/km。这些吸收峰的谐波和组合带的指数拖尾，将扩展到 1.3～1.7 μm 波长范围内。因此，实际的光纤通信系统，使用波长不会超过 1.7 μm。其典型值为：在 0.6～1.7 μm 间 $\alpha<1$ dB/km，而在 0.9～1.6 μm 间，$\alpha<0.1$ dB/km。

(2) 掺杂光纤的本征吸收

光纤要获得良好的传输特性（色散特性），必须要有一定的折射率分布，即具有一定的

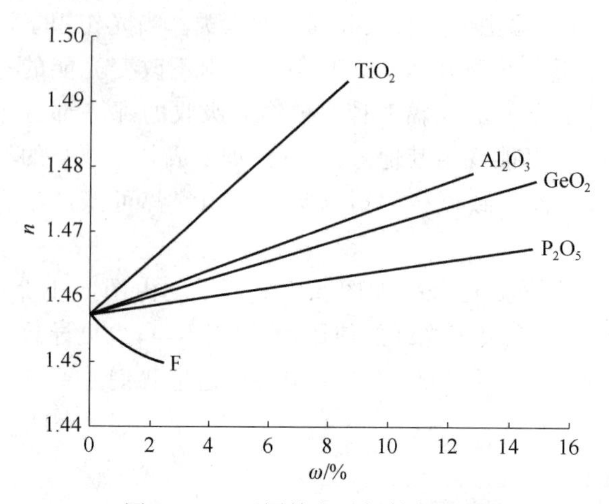

图 5.2.1　不同掺杂对折射率的影响

波导结构。掺杂是改变波导结构的主要方法(另一方法是改变应力)。各种不同掺杂对折射率 n 的影响如图 5.2.1 所示。掺 Ge_2O_3 与 P_2O_5 可使折射率增加,而掺 F 和 B_2O_3 可使折射率下降。掺杂除了改变折射率分布外,还与改善工艺条件有关。例如,掺 B_2O_3 可降低熔融温度。

掺杂的方式有两种:一种是芯层掺杂,另一种是包层掺杂。早期光纤的制造使用管内法(MCVD 法),包层是纯 SiO_2,因此采用芯层掺杂。现在已大量使用外部沉积法(OVD 和 VAD 法),由于掺杂总是带来杂质吸收损耗,而光功率又集中于芯层,所以改芯层为纯 SiO_2,包层为掺杂的材料。

掺杂以后的光纤的本征吸收,也分为紫外吸收与红外吸收两种。无论是紫外吸收还是红外吸收,都随掺杂浓度的增加而增加,通常可表示为

$$\alpha=\alpha_0\omega\exp\left(\frac{K_2}{\lambda}\right) \tag{5.2.1}$$

其中,ω 为掺杂浓度,K_2 为常数。例如,对于 MCVD 法制作的 Ge_2O_3-SiO_2 芯的单模光纤,其紫外吸收可以近似的表示为

$$\alpha\approx 8.5\times10^{-4}\omega\exp\left\{\frac{4.626}{\lambda}\right\} \tag{5.2.2}$$

这是针对 $\Delta<0.4\%$时的情况。而对于摩尔浓度为 7%的 P_2O_5,在 3.8 μm 处有10^6 dB/km 的强吸收峰。摩尔浓度为 5%的 B_2O_3 在 3.2 μm、3.7 μm 处有强度为10^5 dB/km 和 4×10^6 dB/km 的强吸收峰。因此,要获得 $\lambda>1.3$ μm 的超低损耗光纤,要求在径向距离小于直径 1/5 以内不出现 B_2O_3,P_2O_5 必须保持在纤芯之外。

5.2.2 瑞利散射

瑞利散射是材料在光纤制造的各种热过程(沉积、熔融、拉丝等)中,由于热骚动,出现微观的折射率不均匀性所引起。瑞利散射随波长的四次方下降

$$\alpha=A\lambda^{-4} \tag{5.2.3}$$

其中,A 与许多因素有关,如组分、相对折射率差等。

对于单分组的纯 SiO_2 试块,已经测得

$$\alpha\approx=k\left(\frac{n^2-1}{\lambda^4}\right) \tag{5.2.4}$$

其典型值(实验值)如表 5.2.1 所示。

表 5.2.1　纯 SiO_2 的瑞利散射

λ/μm	0.63	1	1.3
α/dB·km^{-1}	4.8	0.6～0.8	0.3

掺杂加剧了微观不均匀性，从而使瑞利散射损耗增加。例如，对于纤芯掺 Ge 的光纤，实测结果可近似表示为

$$\alpha \approx (0.75 + 66\Delta n_{Ge})\lambda^{-1} \tag{5.2.5}$$

其中，Δn_{Ge} 表示由 GeO_2 引起的折射率差。可见光纤的相对折射率差 Δn 越高，越容易形成微观不均匀性，从而增加瑞利散射损耗。

关于瑞利散射，理论上和实验结果的资料比较丰富，可参阅其他文献。

5.2.3 有害杂质吸收

有害杂质主要有过渡族金属，如铜、铁、镍、钒、铬、锰离子和 OH 根。这些杂质在生产过程中如果仍然残留于光纤中，就会造成很大的吸收损耗。

过渡族金属都是以离子态残留于光纤之中，各有各的吸收带。如果它们的吸收峰落入使用波段，即使浓度很小，也会造成很大损耗。表 5.2.2 给出了损耗降低到 1 dB/km 以下时，在吸收峰附近的离子浓度的限制。

表 5.2.2 过渡族金属离子的吸收峰

离子名称	Cu^{+2}	Fe^{+2}	Ni^{+2}	V^{+3}	Cr^{+3}	Mn^{+2}
吸收峰 λ/km	0.8	1.1	0.65	0.475	0.675	0.5
离子质量分数10^{-9}	0.45	0.4	0.2	0.9	0.4	0.9

OH 根是光纤损耗增大的重要来源。历史上为了降低光纤损耗主要是和 OH 根进行斗争。利用管内法(MCVD 法)制造光纤预制棒时，要尽量与空气中的水分隔离。利用管外法(OVD 法和 VAD 法)制造光纤预制棒时，在制造过程中都要通 Cl_2 气进行脱水处理。OH 根的吸收峰的基频对应于红外区的波长为 2.73 μm，它的二次、三次及组合谐波波长分别为 1.39 μm，0.95 μm 和 1.24 μm，它们均落入光纤通信的使用波段(实际上 3 个吸收峰受其他因素影响稍有偏离)，因此，常用 $\lambda=1.39$ μm 处的口值来反映脱水效果的优劣。比较好的脱水效果，可做到 $\alpha_{1.39} \leqslant 2$ dB/km 以下。损耗与 OH 根质量分数的关系一般可近似认为

$$\alpha_{1.39} = k_\alpha \omega_{OH} \tag{5.2.6}$$

其中，ω_{OH} 为 OH 根质量分数，$k_\alpha=(50\sim55)\times10^{-5}$ dB/km。当今的光纤，已经可以将 OH 根的质量分数控制在10^{-9}以下，其 $\alpha_{1.39}<0.05$ dB/km。这时 1.3 μm 和 1.55 μm 两个窗口互相连通，形成了 1.2 μm 到 1.6 μm 的很宽的低损耗带。

由于很好地控制了以上 3 种损耗，目前世界上最好的日本 *Z* 光纤，在 $\lambda=1.55$ μm 处损耗已达 0.154 dB/km。

5.3 波导损耗

由于折射率分布的不均匀性(无论纵向与横向)，会引起光的折射与反射，产生波导损耗。波导损耗本质上属于辐射损耗。

5.3.1 模式损耗

对于给定的模式，其场分布于芯层和包层，但芯层和包层的材料不同，故损耗不同，通

常为

$$\alpha=\alpha_0\frac{P_0}{\sum P}+\alpha_a\frac{P_a}{\sum P} \tag{5.3.1}$$

其中，P_0、P_a 和$\sum P$ 分别为芯层、包层的功率和总的功率；α_0 为芯层的吸收损耗；α_a 为包层的吸收损耗。所以一个模式的总损耗为芯层材料与包层材料按场分布(功率分布)的加权和。

对于圆对称光纤，其场具有圆对称性，功率分布是在环状域变化的，虽然在芯层的场比较强，包层的场比较弱，但包层的环状域比较大，故包层的功率占的份额也是不可忽略的。而且，一般来说，芯层的 α_0 小，包层的 α_a 大。故应设法使光功率集中于芯层，也就是要尽可能远离截止频率。值得一提的是，折射率中心下降将引起场分布向包层扩散，从而模式损耗增加，因此，应该尽力避免。有的文献上将此称为“功率漏泄”，并解释为“隧道效应”，其实任何模式均存在这种现象，只不过程度不同而已。显然，由于高阶模、辐射模的场分布更趋向包层，因此，它们的模式损耗要大得多。

5.3.2 模耦合损耗

当光波导出现纵向非均匀性时，就将出现模式耦合现象。理论上，对于一个无损耗的光波导，模式耦合是可逆的，既可以从低次模向高次模或辐射模耦合，也可从高次模向低次模耦合，三者可达平衡。但光波导不可能是无损的，低次模与高次模的模损耗也是不一样的，从而导致模式总体上是从低次模向高次模转换，进而再转换成辐射模，于是整个光波导的损耗增加。这个附加的损耗称为模耦合损耗。

如前所述，引起模式耦合的原因很多，因此模耦合损耗也有多种表现。

(1) 弯曲损耗

当光纤弯曲时引起的模式耦合，强烈地依赖于弯曲半径、折射率差和使用的 y 值。一般，弯曲半径越小，弯曲损耗越大；而 V 值越大，(注意不要超过单模条件)，受弯曲的影响越大。所以有一个临界的弯曲半径，当弯曲半径小于这一半径时，损耗就急剧增加。

弯曲光纤可看成折射率有畸变的直光纤，根据这个观点可得到弯曲损耗的定量解释。弯曲损耗又可细分为过渡弯曲损耗和固定弯曲损耗，过渡弯曲损耗是光纤从直光纤转变成某个曲率半径的光纤，这时发生了曲率半径的突变，导致 LP_{01} 模的功率转换成高阶模或辐射模。这时的弯曲损耗的平均值为

$$\bar{\alpha}=-10\lg\left(1-k^4n_1^4\frac{s_0^6}{8R^2}\right)\approx-10\lg\left(1-890\frac{s_0^6}{\lambda^4R^2}\right) \tag{5.3.2}$$

其中，s_0 为光纤的模斑半径；n_1 为芯层折射率；R 为曲率半径。真实的光纤损耗是随光纤长度变化的，并在这个平均值两边摆动，但长光纤的弯曲损耗趋于这个极限。在极端情况下(小折射率差的光纤，并使用在超过截止频率时)，过渡弯曲损耗很强可达几 dB，但在大多数情况，过渡弯曲损耗均在 0.5 dB 以下。

当光纤绕成一个有固定曲率半径的光纤圈时，会产生固定弯曲损耗，它与固定的曲率半径 R 有关。每单位长度的 LP_{01} 模式的损耗为

$$\alpha_R=A_cR^{-1/2}\exp(-XR) \tag{5.3.3}$$

其中，

$$A_c=\frac{1}{2}\left(\frac{\pi}{aV^3}\right)^{1/2}\left[\frac{U}{VK_1(V)}\right]^2 \tag{5.3.4}$$

以及

$$X=\frac{4\Delta nV^3}{3aV^2n_2} \tag{5.3.5}$$

其中，V 和 U 是归一化频率和芯层的模式参量；a 是光纤的芯半径；$K_1(V)$是虚变量的贝塞尔函数；n_2 和 Δn 是包层折射率和相对折射率差。将 3.4 节的式(3.4.74)代入式(5.3.5)，可得

$$A_c\approx 30\sqrt{\lambda\Delta n}\left(\frac{\lambda_c}{\lambda}\right)^{2/3} \quad (\mathrm{dB/m^{1/2}}) \tag{5.3.6}$$

当 $1\leqslant\lambda/\lambda_c\leqslant 2$ 时，A_c 准确度优于 10%，因 A_c 在指数项外面，所以结果是很好的。

(2) 微弯损耗

光纤的微弯可看作光纤在其理想的直的位置附近的微小振荡偏移，它是随机发生的，而且其曲率半径都很小，振荡周期也很小，因而可能发生局部的急剧的弯曲，导致严重的模式耦合，引起微弯损耗。比如，在早期，在低温条件下，因光纤的塑料套层与光纤的温度系数不一致，形变有差异，从而使光纤的微弯变得很剧烈，微弯损耗明显增加。当时微弯损耗曾是光纤的一种重要损耗。

为了计算微弯损耗，需要(或至少按统计观点)对实际光纤的微弯畸变进行描述，这通常是十分困难的。由于微弯是因护套和成缆所引起，一个实际的方法是，假定一个数值孔径为 NA 和芯半径为 a_m 的多模阶跃光纤，它与被测的单模光纤有相同的外径，并处于相同的机械环境，如果它的微弯损耗为 α_m，那么对应的单模光纤的微弯损耗 α_s 为

$$\alpha_s=0.05\alpha_m\frac{k^4s_0^6(\mathrm{NA})^4}{a_m^2} \tag{5.3.7}$$

其中，k 为真空中的波数，s_0 为单模光纤的模斑半径。不过这里的模斑半径和 5.3 节高斯近似法定义的模斑半径略有不同，它为

$$s_0^2=2\frac{\int_0^\infty r^3e_t^2(r)\mathrm{d}r}{\int_0^\infty re_t^2(r)\mathrm{d}r} \tag{5.3.8}$$

其中，e_t 为模式场的表达式。由式(5.3.7)可以看出，微弯损耗并不与折射率分布直接有关，但考虑到数值孔径 NA 是与折射率差 Δn、波长 λ 以及截止波长 λ_c 都有关，所以式(5.3.7)又可改写为

$$\alpha_s=2.53\times10^4\alpha_m\left(\frac{s_0}{a_m}\right)^6\left(\frac{\lambda_c}{\lambda}\right)^4\frac{\lambda_c^4}{(\Delta n)^3} \tag{5.3.9}$$

(3) 其他模耦合损耗

除了上两种重要的模耦合损耗外，还有芯包界面不规则和应力等因素引起的耦合损耗。由于制造过程中引起的芯包界面的随机起伏，也使模式耦合加剧，故也使耦合损耗增加。光纤在使用过程中受拉、受压，都将因光弹效应产生折射率的纵向不均匀性，产生模耦合损耗。

关于各类模耦合损耗更详细的理论计算，可参阅有关文献，通常必须首先解模式耦合

方程，然后将模式耦合方程转化为功率流方程，其过程是很烦琐的。

5.3.3 工艺缺陷

工艺缺陷也是一种波导结构的不规则性，应该算作波导损耗。但它不同于模损耗与模耦合损耗，主要如下。

(1) 微裂纹

石英玻璃的理论抗拉强度是很高的，约为 20 GPa，但它的实际断裂强度要比理论强度低两个数量级，这说明有大量的微裂纹。微裂纹主要是由于光纤在拉丝过程中，不可避免有十分微小的损伤，而且温度的变化、水汽的侵蚀都将增加裂痕。每微裂纹形成局部散射个微裂可以想象成一个圆的局部损伤。在裂纹处光有反射与折射，出现新的辐射，引起损耗。早期有些光纤，拉丝时测量损耗还很小，放置一段时间之后损耗变大，估计与微裂的自然增长有关。微裂纹的生长还是影响光纤强度和寿命的关键因素之一。由于微裂对于温度、湿度以及外界应力都十分敏感，所以要加强对光缆线路的充气维护。

(2) 气泡

气泡是由于光纤在玻璃化过程中排气不完全而残留的，直径一般很小。在光纤的制造过程中，首先使 $SiCl_4$ 与 O_2 化学反应生成 SiO_2 的粉末，直径为 0.05～0.2 μm。然后使这些粉末聚集在一起，经历从开放多孔态→密封多孔态→球孔态→无孔态等一系列的熔融过程，形成光纤预制棒。在这个熔融过程中，应将球孔态内的气体排出，排不净就会残留气泡，发生损伤，增加损耗。表 5.3.1 是某个公司的光纤参数。

表 5.3.1 某个公司的光纤参数

光纤类别	单模凹陷包层光纤	单模匹配包层光纤	单模真波光纤
包层直径/μm	125.0±1.0		
包层不圆度	<1.0%		
着色光纤直径/μm	250±15		
芯一包同心度差/μm	<0.8		
模场直径(在 1 310 nm 处)/μm	8.8±0.5	8.3±0.5	8.4±0.5
筛选张力/GPa	0.7		
零色散波长/μm	1 310±10	1 310+12/−10	1 530～1620
零色散斜率/(ps · nm^{-2} · km^{-1})	<0.092	<0.092	<0.045
截止波长/nm	1 130～1 390	1 150～1 350	<1 450
翘曲度/m	>4		

第6章　光纤的色散

光纤的色散和损耗是影响光信号在早期光纤中传输距离的两个主要不利因素。色散导致光脉冲展宽,使信号发生畸变。损耗导致光信号强度减弱,使信号不能长距离传输。20世纪90年代初以后,由于掺铒光纤放大器(EDFA)的应用,光功率的损耗得到了有效地补偿,损耗不再是影响光信号在光纤中传输距离的主要不利因素。因此,这一章只介绍光纤的色散,主要是单模光纤的色散。

6.1　色散的种类

如前所说,色散就是不同频率的电磁波在介质中以不同的相速度和群速度传播的现象。这种色散称为波长色散。另外,在多模光纤中,不同的模式由于纵向传播常数不同,具有不同的相速度和群速度。这种色散称为模式色散或模间色散。不论波长色散或模间色散,都导致光脉冲展宽,使信号发生畸变。

1. 波长色散

在光纤通信系统中,光源(激光器)发出的等幅连续光波或等间隔光脉冲串不携带信息,称为光载波。通过调制装置将要传输的信号叠加在光载波上,形成一个个光信号,称为信号调制。因此,光信号是多种频率光波叠加成的波包。光信号的频谱宽度取决于光载波的谱线宽度和调制信号的频谱宽度。确切地说,取决于二者之中频谱宽度较宽的那一个。目前,光纤通信系统中使用的光源主要是半导体发光二极管(LED)和半导体激光器(LD),前者的线宽为数百埃(Å),后者的在10 Å数量级。如果调制信号的频谱宽度约为0.5 Å,则光载波的谱线宽度在光信号频谱宽度的形成中起主要作用。

由1.1节可知,光信号以群速度传播:

$$v_g=\frac{\mathrm{d}\omega}{\mathrm{d}\beta} \tag{6.1.1}$$

其中,ω是光载波频率,β是纵向传播相位常数。

光信号在光纤中走过单位长距离的时间称为群时延,记作τ,于是有

$$\tau=\frac{1}{v_g}=\frac{\mathrm{d}\beta}{\mathrm{d}\omega} \tag{6.1.2}$$

注意到 $\omega=kc=\frac{2\pi c}{\lambda}$，$k=\frac{2\pi}{\lambda}$是真空中的纵向传播相位常数，可将式(6.1.2)写成

$$\tau=\frac{\mathrm{d}\beta}{\mathrm{d}k}\frac{\mathrm{d}k}{\mathrm{d}\omega}=\frac{1}{c}\frac{\mathrm{d}\beta}{\mathrm{d}k}=-\frac{\lambda^2}{2\pi c}\frac{\mathrm{d}\beta}{\mathrm{d}\lambda} \tag{6.1.3}$$

由式(6.1.3)可知，一般地说，群时延 τ 是波长的函数。所以，光信号中不同频率的成分以不同的速度在光纤中传播。在光纤的输入端，这些不同频率的成分同时出发，而到达终端的时间不同，使得光信号的波形发生畸变，对于数字信号，导致光脉冲展宽。光信号中速度最慢的频率成分与速度最快的频率成分的传输时间的差称为时延差，记作 $\Delta\tau$。光脉冲的展宽用时延差描述。忽略高阶项，时延差可表示为

$$\Delta\tau=\frac{\mathrm{d}\tau}{\mathrm{d}\lambda}\Delta\lambda=-\frac{1}{2\pi c}\left(2\lambda\frac{\mathrm{d}\beta}{\mathrm{d}\lambda}+\lambda^2\frac{\mathrm{d}^2\beta}{\mathrm{d}\lambda^2}\right)\Delta\lambda \tag{6.1.4}$$

或

$$\Delta\tau=\frac{\mathrm{d}\tau}{\mathrm{d}\omega}\Delta\omega=\frac{2\pi}{c^2}\frac{\mathrm{d}^2\beta}{\mathrm{d}k^2}\Delta\nu \tag{6.1.5}$$

这说明由于光信号是非单色波而引起的时延差，即色散效应与光信号的频谱宽度 $\Delta\lambda$ 或 $\Delta\nu$ 成正比。这种与光信号的频谱宽度成正比的色散称为波长色散或色度色散。由于波长色散与光信号的频谱宽度成正比，因此，在光载波谱线宽度在光信号频谱宽度的形成中起主要作用的情况下，减小波长色散的有效措施是采用线宽窄的光源。

根据波长色散的产生机制，波长色散可分为材料色散、波导色散和折射率剖面色散。

由于纤芯和包层材料的折射率是频率的函数而引起的色散称为材料色散。材料的折射率 $n=\sqrt{\mu_r\varepsilon_r}$，对于大多数材料，$\mu_r\approx1$，但 $\varepsilon_r=\varepsilon_r(\omega)$是频率的函数，即折射率是频率的函数，从而使传播速度是频率的函数。

与真空中的电磁波速度是一个常数不同的是，光纤中模式的纵向传播相位常数 β 是频率的函数，即模式的群速度及相速度是频率的函数。这种色散称为波导色散。所以，光纤中的导波模实质上都是色散模。

由于纤芯和包层材料的折射率差 $\Delta=\frac{n_1^2-n_2^2}{2n_1^2}\approx\frac{n_1-n_2}{n_1}$是频率的函数，即

$$\frac{\mathrm{d}\Delta}{\mathrm{d}\omega}=\frac{1}{c}\frac{\mathrm{d}\Delta}{\mathrm{d}k}\neq0$$

说明纤芯和包层材料的折射率随频率的变化不相同。由此引起的色散称为折射率剖面色散。不过，在纤芯和包层材料的折射率相差很小的情况下，折射率剖面色散可忽略不计。

2. 模间色散

光信号输进多模光纤后，在光纤中激励起多个模式，每个模式有各自不同的纵向传播常数，即有各自不同的传播速度，从而导致光脉冲的展宽。这种由于模式纵向传播常数不同引起的色散称为模间色散。模间色散与波长色散的区别在于，模间色散与光信号的频谱宽度无关。若将不同的模式看成电磁波的不同传播路径，则模间色散也可称为多径色散。

在多模光纤中，模间色散在限制传输容量方面起着主要的作用。不过，长距离光通信网中主要用的是单模光纤。

6.2　单模光纤的色散

在单模光纤中，只有主模 LP_{01} 传输，总色散包括材料色散、波导色散、折射率剖面色散和偏振模色散（见 2.1 节），前三项属于波长色散，第四项属于模间色散。如果两个偏振模的等效折射率相差很小，偏振模色散可忽略不计。

1. 波长色散

单模光纤的波长色散用色散系数 $D(\lambda)$ 描述，其定义是

$$D(\lambda)=\lim_{\Delta\lambda\to 0}\frac{\Delta\tau}{\Delta\lambda}=\frac{d\tau}{d\lambda}=\frac{d}{d\lambda}\left(\frac{d\beta}{d\omega}\right)=-\frac{k}{c\lambda}\frac{d^2\beta}{dk^2} \tag{6.2.1}$$

单位是 ps/nm·km，即单位波长（1 nm）间隔的两个频率成分在光纤中传播 1 km 的时延差。

不言而喻，要求得色散系数 $D(\lambda)$，先要得到相位常数 β 的解析式。为此，引入归一化参数 b：

$$b=\frac{W^2}{V^2}=1-\frac{U^2}{V^2} \tag{6.2.2}$$

模式趋于截止时，$W\to 0, b\to 0$；远离截止时，$W\to\infty, V\to\infty, b\to 1$。将式（3.2.14）和式（3.2.15）代入式（6.2.2），有

$$b=\frac{\beta^2-kn_1^2}{k^2(n_1^2-n_2^2)}$$

于是得

$$\beta=k\sqrt{(n_1^2-n_2^2)b+n_2^2}$$
$$=kn_1\sqrt{\frac{2(n_1^2-n_2^2)b}{2n_1^2}+\frac{n_2^2}{n_1^2}}\approx kn_1(1+2\Delta b)^{\frac{1}{2}}\approx kn_1(1+\Delta b)$$

其中，Δ 是折射率差，并利用了弱导条件 $n_1\approx n_2$。令

$$N_1=\frac{d(kn_1)}{dk},\quad N_2=\frac{d(kn_2)}{dk}$$

得

$$\frac{d\beta}{dk}=N_1(1+\Delta b)+kn_1\frac{d(\Delta b)}{dk}$$

忽略折射率剖面色散项的因子 $\frac{d\Delta}{dk}$，并利用关系式：

$$N_1\Delta=N_1\frac{n_1-n_2}{n_1}\approx n_1-n_2\approx N_1-N_2,\quad n_1\Delta=n_1-n_2$$

得

$$\frac{d\beta}{dk}=N_1+(N_1-N_2)b+k(n_1-n_2)\frac{db}{dk}$$

由于

$$\frac{dV}{dk}=\frac{d}{dk}\left(ka\sqrt{n_1^2-n_2^2}\right)\approx\frac{V}{k}$$

有

$$\frac{d\beta}{dk}=N_1-(N_1-N_2)b+(N_1-N_2)V\frac{db}{dV}=N_1+(N_1-N_2)\frac{d(bV)}{dV}$$

所以

$$\frac{d^2\beta}{dk^2}=\frac{dN_1}{dk}+\frac{d(N_1-N_2)}{dk}\frac{d(bV)}{dV}+(N_1-N_2)\frac{V}{k}\frac{d^2(bV)}{dV^2}$$

忽略上式中与折射率剖面色散成比例的第二项，然后代入式(6.2.1)，得

$$\begin{aligned}D(\lambda)&=-\frac{2\pi}{c\lambda^2}\frac{dN_1}{dk}-\frac{N_1-N_2}{c\lambda^2}V\frac{d^2(bV)}{dV^2}\\&=\frac{1}{c}\frac{dN_1}{d\lambda}-\frac{N_1-N_2}{c\lambda}V\frac{d^2(bV)}{dV^2}=D_m(\lambda)+D_W(\lambda)\end{aligned}\tag{6.2.3}$$

其中，

$$D_m(\lambda)=\frac{1}{c}\frac{dN_1}{d\lambda}\tag{6.2.4}$$

只与纤芯有关，称为纤芯材料色散系数。而

$$D_W(\lambda)=-\frac{N_1-N_2}{c\lambda}V\frac{d^2(bV)}{dV^2}\tag{6.2.5}$$

与纤芯和包层都有关称为波导色散系数。在通信波长范围内，总有 $V\frac{d^2(bV)}{dV^2}>0$，即总有 $D_W<0$。波导色散系数的绝对值与纤芯半径 a、相对折射率差 Δ 及折射率分布有关。一般地说，半径 a 较小、相对折射率差 Δ 较大，波导色散系数的绝对值就较大。

研究发现，在通信波长范围内，对于给定的纤芯材料，存在一个特定的波长 λ_0，$D(\lambda_0)=0$。当 $\lambda<\lambda_0$ 时，$D(\lambda)<0$；当 $\lambda>\lambda_0$ 时，$D(\lambda)>0$。例如，对于纯石英纤芯 $\lambda_0=1.28\ \mu m$，如图 6.2.1 所示。图中的 Y_m 与 $D(\lambda)$ 的关系是 $D(\lambda)=-\frac{1}{c\lambda}Y_m$。

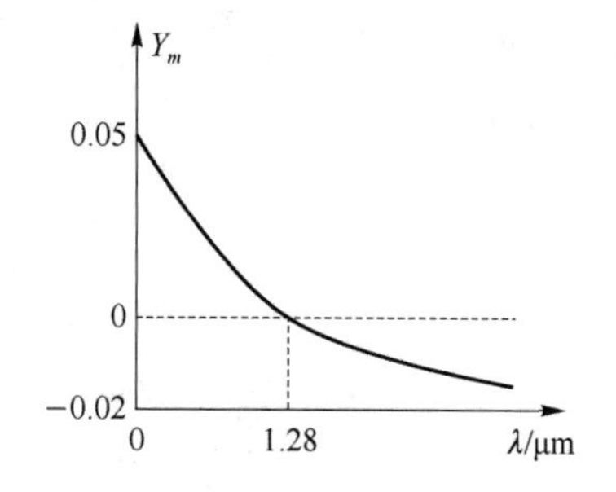

图 6.2.1 Y_m 随波长的变化曲线图

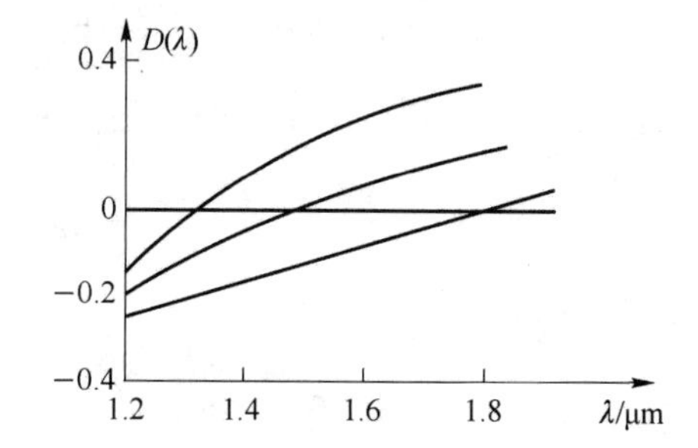

图 6.2.2 单模光纤总色散系数随波长的变化曲线图

所以，在忽略折射率剖面色散和偏振模色散条件下，单模光纤的总色散

$$D(\lambda)=D_m(\lambda)+D_W(\lambda)$$

的绝对值在短波长范围内大于材料色散，在长波长范围内小于材料色散。单模光纤的总色散系数随波长的变化曲线如图 6.2.2 所示。图中从上到下的 3 条曲线分别是当 $2a=11\ \mu m$，$4.5\ \mu m$ 和 $3.5\ \mu m$ 时总色散系数随波长的变化曲线，其零色散波长 λ_0 分别为 $1.31\ \mu m$，$1.5\ \mu m$ 和 $1.8\ \mu m$。由图可见，零色散波长随着纤芯半径 a 减小向长波长移动。

零色散波长 λ_0 附近的波长区域称为零色散区。考虑到折射率剖面色散和偏振模色

散以及高阶色散,在零色散波长 λ_0 处总色散系数并不等于零。工程上规定在零色散区,最大色散系数不大于某一确定值。此外,在零色散区还定义了色散斜率:

$$S_0=\lim_{\lambda\to\lambda_0}\frac{D(\lambda)-D(\lambda_0)}{\lambda-\lambda_0}=\frac{\mathrm{d}D(\lambda)}{\mathrm{d}\lambda} \tag{6.2.6}$$

也就是总色散系数曲线在零色散波长 λ_0 处的斜率,单位是 ps/(nm)^2 · km。这样,在零色散区内,总色散系数可表示为

$$D(\lambda)=S_0(\lambda-\lambda_0)=S_0\Delta\lambda \tag{6.2.7}$$

2. 偏振模色散

由第 5 章可知,单模光纤的主模 LP_{01} 有两个正交方向,其电场强度分别沿着 x 轴和 y 轴,记作 LP_{01}^x 模和 LP_{01}^y 模。设这两个正交偏振模的相位常数分别为 β_x 和 β_y,群时延分别为

$$\tau_x=\frac{\mathrm{d}\beta_x}{\mathrm{d}\omega},\quad \tau_y=\frac{\mathrm{d}\beta_y}{\mathrm{d}\omega}$$

于是,时延差为

$$\Delta\tau_{\mathrm{p}}=\frac{\mathrm{d}(\beta_x-\beta_y)}{\mathrm{d}\omega}=\frac{\mathrm{d}\Delta\beta}{\mathrm{d}\omega} \tag{6.2.8}$$

引入归一化双折射参数:

$$B=\frac{\beta_x-\beta_y}{k}=c\left(\frac{1}{v_x}-\frac{1}{v_y}\right)=n_x-n_y \tag{6.2.9}$$

其中,c 是真空光速,v_x,v_y 是 LP_{01}^x 模和 LP_{01}^y 模的相速度,n_x,n_y 是 LP_{01}^x 模和 LP_{01}^y 模的等效折射率,而 B 就是等效折射率差。将式(6.2.9)代入式(6.2.8),得

$$\Delta\tau_{\mathrm{p}}=\frac{\mathrm{d}(kB)}{\mathrm{d}\omega}=\frac{B}{c}+\frac{\omega}{c}\frac{\mathrm{d}B}{\mathrm{d}\omega}$$

对于石英光纤,上式右边第二项远小于第一项,因此,偏振模色散导致的脉冲展宽为

$$\Delta\tau_{\mathrm{p}}=\frac{B}{c}=\frac{\Delta\beta}{\omega}=\frac{1}{L_B\nu} \tag{6.2.10}$$

其中,L_B 称为拍长,ν 是频率。例如,对于一般的单模光纤,双折射参数 B 为10^{-6}数量级,工作波长为 1.5 μm 时,拍长 $L_B=1.5$ m,偏振模色散导致的脉冲展宽 $\Delta\tau_{\mathrm{p}}=3.3$ ps/km。这与采用谱线宽度约为 1 nm 的单模光纤在零色散波长附近因波长色散导致的脉冲展宽 3 ps/km 相当。不过,由于在长距离传输中,两个偏振模的色散导致的脉冲展宽并不与距离成正比,与波长色散相比,偏振模色散是次要的。如果是采用旋光技术制造的低双折射光纤,双折射参数 B 为10^{-9}数量级,偏振模色散可以不予考虑。

由于在制造过程中难以避免的光纤非圆对称和内应力不均匀的影响,光纤的双折射参量 $\Delta\beta$ 或拍长 L_B 并非是常数,而是光纤上位置的随机变量。根据对光纤双折射性质的大量实验研究,双折射参量 $\Delta\beta$ 可以写成

$$\Delta\beta(\omega,l)=\Delta\beta_0(\omega)+\gamma(l) \tag{6.2.11}$$

其中,$\Delta\beta_0(\omega)$是只与频率有关的双折射参量的平均值,而 $\gamma(l)$是一个只与位置有关的微扰,它的平均值等于零,方差为 σ^2 的高斯白噪声。由此,长为 L 的光纤链路总偏振模色散的统计平均值是

$$\overline{\tau(L)}=\sqrt{2}\left(\frac{\Delta\tau_p}{\sigma^2}\right)\sqrt{\sigma^2 L+e^{-\sigma^2 L}-1} \tag{6.2.12}$$

如果 $\sigma^2 L\gg 1$，上式可化简为

$$\overline{\tau(L)}=\sqrt{2}\frac{\Delta\tau_P}{\sigma}\sqrt{L}$$

即偏振模色散的统计平均值与光纤长度的平方根成正比，这与测量结果相符合。如果 $\sigma^2 L\ll 1$，则有 $\overline{\tau(L)}=\Delta\tau_p\cdot L$。

6.3 多模光纤的模式色散

如前所说，多模光纤中传播的模式数很多，不同的模式有不同的纵向相位常数，因而有不同的相速度和群速度，引起模式色散。一般地说，多模光纤中模式色散是主要的色散。

1. 群时延差

2.1 节中说过，多模光纤的折射率分布可表示为

$$n(r)=\begin{cases} n_1\left[1-2\Delta\,(r/a)^g\right]^{\frac{1}{2}}, & 0\leqslant r\leqslant a \\ n_2, & r>a \end{cases} \tag{6.3.1}$$

其中，$\Delta=\frac{n_1^2-n_2^2}{2n_1^2}\approx\frac{n_1-n_2}{n_1}$ 称为折射率相对差，g 是折射率分布参数，它决定折射率分布曲线的形状。当 $g\to\infty$ 时，为 SIOF 光纤；当 $g=2$ 时为抛物线光纤，亦称自聚焦光纤；当 $g=1$ 时为三角分布光纤。于是，第 p 个模式群的相位常数是

$$\beta_p=kn_1\left[1-2\Delta\left(\frac{p}{p_{\max}}\right)^{\frac{2g}{g+2}}\right]^{\frac{1}{2}} \tag{6.3.2}$$

其中，$p_{\max}$ 为最大的模式群序号。所谓模式群，意指每个模式都是简并的。令

$$\zeta=\left(\frac{p}{p_{\max}}\right)^{\frac{2g}{g+2}}$$

则式(6.3.2)可写成

$$\beta_p=kn_1\,(1-2\Delta\zeta)^{\frac{1}{2}} \tag{6.3.3}$$

第 p 个模式群在光纤中传播单位长度的群时延是

$$\tau_p=\frac{d\beta_p}{d\omega}=\frac{1}{c}\frac{d\beta_p}{dk} \tag{6.3.4}$$

由式(6.3.3)得

$$\frac{d\beta_p}{dk}=\left[N_1\,(1-2\Delta\zeta)^{\frac{1}{2}}-kn_1\,(1-2\Delta\zeta)^{-\frac{1}{2}}\left(\zeta\frac{d\Delta}{dk}+\Delta\frac{d\zeta}{dk}\right)\right]$$

其中，$N_1=\frac{d(kn_1)}{dk}$ 是纤芯轴线上的群折射率，$\frac{d\Delta}{dk}$ 是与折射率剖面色散相联系的项，可以忽略。由模式数式(2.1.3) $M=\frac{1}{2}\frac{g}{g+2}V^2$，得

$$\frac{d\zeta}{dk}=-\frac{2g}{g+2}p^{\frac{2g}{g+2}}p_{\max}^{(1-\frac{2g}{g+2})}\frac{dp_{\max}}{dk} \tag{6.3.5}$$

其中，$p_{\max}=\sqrt{M}=kn_1a\sqrt{\frac{g\Delta}{g+2}}$。于是，得

$$\frac{\mathrm{d}p_{\max}}{\mathrm{d}k}=N_1a\sqrt{\frac{g}{g+2}}\sqrt{\Delta}+kn_1a\sqrt{\frac{g}{g+2}}\frac{1}{2\sqrt{\Delta}}\frac{\mathrm{d}\Delta}{\mathrm{d}k}=\frac{N_1}{kn_1}p_{\max}+\frac{p_{\max}}{2\Delta}\frac{\mathrm{d}\Delta}{\mathrm{d}k}$$

将上式代入式(6.3.5)，得

$$\frac{\mathrm{d}\zeta}{\mathrm{d}k}=-\frac{N_1}{kn_1}\frac{2g}{g+2}-\frac{g}{g+2}\frac{\zeta}{\Delta}\frac{\mathrm{d}\Delta}{\mathrm{d}k}$$

再将上式代入式(6.3.4)，得群延时

$$\begin{aligned}\tau_{\mathrm{p}}&=\frac{N_1}{c}(1-2\Delta\zeta)^{\frac{1}{2}}-\frac{1}{c}kn_1(1-2\Delta\zeta)^{-\frac{1}{2}}\Delta\zeta\frac{\mathrm{d}\Delta}{\mathrm{d}k}\\&\quad+\frac{1}{c}kn_1(1-2\Delta\zeta)^{-\frac{1}{2}}\frac{g}{g+2}\frac{\mathrm{d}\Delta}{\mathrm{d}k}+\frac{N_1}{c}(1-2\Delta\zeta)^{-\frac{1}{2}}\frac{2g}{g+2}\Delta\zeta\\&=\frac{N_1}{c}(1-2\Delta\zeta)^{-\frac{1}{2}}\left[1-2\Delta\zeta+\frac{2g}{g+2}\Delta\zeta-\frac{kn_1}{N_1}\frac{2}{g+2}\zeta\frac{\mathrm{d}\Delta}{\mathrm{d}k}\right]\end{aligned}$$

令 $\varepsilon=\frac{2kn_1}{N_1\Delta}\frac{\mathrm{d}\Delta}{\mathrm{d}k}\ll1$，代入上式，得

$$\begin{aligned}\tau_{\mathrm{p}}&=\frac{N_1}{c}(1-2\Delta\zeta)^{-\frac{1}{2}}\left[1-2\Delta\zeta+\frac{2g}{g+2}\Delta\zeta-\frac{\varepsilon}{g+2}\Delta\zeta\right]\\&=\frac{N_1}{c}(1-2\Delta\zeta)^{-\frac{1}{2}}\left[1-\frac{\varepsilon+\Delta}{g+2}\Delta\zeta\right]\end{aligned}\tag{6.3.6}$$

对于弱导光纤，$\Delta\zeta\ll1$，将$(1-2\Delta\zeta)^{-\frac{1}{2}}$展开，取前三项，即令

$$(1-2\Delta\zeta)^{-\frac{1}{2}}=1+\Delta\zeta+3\,(\Delta\zeta)^2$$

将上式代入式(6.3.6)，并忽略$(\Delta\zeta)^3$ 项，得

$$\tau_{\mathrm{p}}=\frac{N_1}{c}\left[1+\frac{g-2-\varepsilon}{g+2}\Delta\zeta+\frac{3g-2-2\varepsilon}{2(g+2)}(\Delta\zeta)^3\right]\tag{6.3.7}$$

对于主模式，$p=0$，$\zeta=0$，传播时延为

$$\tau_0=\frac{N_1}{c}\tag{6.3.8}$$

而第 p 模式群与主模的群时延差是

$$\Delta\tau_{\mathrm{p}}=\tau_{\mathrm{p}}-\tau_0=\frac{N_1}{c}\left[\frac{g-2-\varepsilon}{g+2}\Delta\zeta+\frac{3g-2-2\varepsilon}{2(g+2)}(\Delta\zeta)^2\right]\tag{6.3.9}$$

对于最高阶模，$\zeta=1$，最高阶模与主模的群时延差是

$$\Delta\tau_{\max}=\frac{N_1}{c}\left[\frac{g-2-\varepsilon}{g+2}\Delta+\frac{3g-2-2\varepsilon}{2(g+2)}\Delta^2\right]\tag{6.3.10}$$

对于阶跃多模光纤，$g=\infty$，由上式得 $\Delta\tau_{\max}=\frac{N_1}{c}\Delta$ 对于抛物线型光纤，$g=2$，取 $\varepsilon\approx0$，则有 $\Delta\tau_{\max}=\frac{N_1}{2c}\Delta$。以上两种特殊情况的群时延差表示式也可以由几何光学得到。几种典型的 g 值的归一化群时延差 $\Delta\tau/N_1$ 与参量 ζ 的关系如图 6.3.1 所示。

2. 最佳折射率指数

若在式(6.3.10)中令

$$\frac{g-2-\varepsilon}{g+2}+\frac{3g-2-2\varepsilon}{2(g+2)}\Delta=0 \tag{6.3.11}$$

则最高阶模与主模的群时延差与 Δ^3 同数量级，这意味着梯度光纤的最小模间色散。因此，称满足上式的光纤折射率分布指数为最佳折射率指数，记作 g_{opt}。由上式可解得

$$g_{opt}=\frac{4+2\varepsilon+2\Delta}{2+3\Delta}=2-2\Delta+\varepsilon \tag{6.3.12}$$

若取 $\varepsilon\approx0$，则有

$$g_{opt}=2-2\Delta \tag{6.3.13}$$

当 $g_{opt}g=g_{opt}$时，有 $\Delta\tau_{max}=0$，这意味着最高阶模与主模的群时延差在 Δ^2 数量级为零。但这并不意味着所有的导波模的传输时延相同。将 $g=g_{opt}$代入式(6.3.9)，可以知道当 $\zeta=1/2$ 时，$\Delta\zeta$ 为最大值$\frac{N_1}{c}\frac{\Delta^2}{8}$。如果 g 偏离 g_{opt}，则传输时延差将迅速增大，在 g_{opt}附近 g 大于和小于 g_{opt}时的归一化时延差的情况如图 6.3.2 所示。

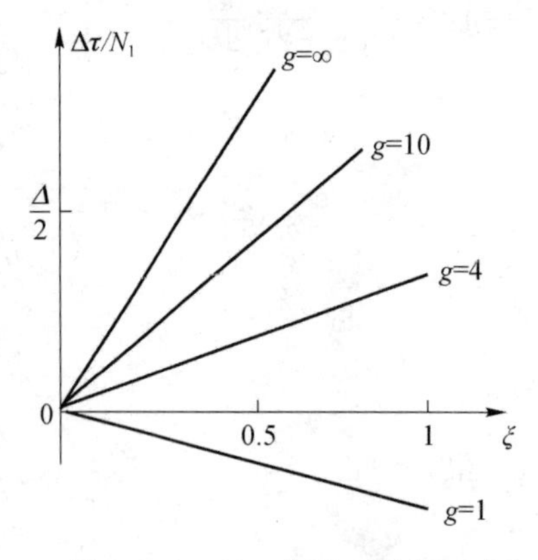

图 6.3.1　归一化群时延差 $\Delta\tau/N_1$ 与参量 ζ 的关系图

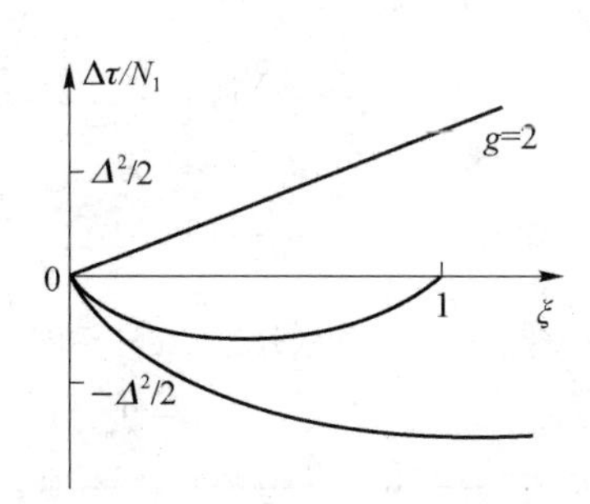

图 6.3.2　在 g_{opt}附近时归一化时延差的情况示意图

由于相对折射率差 Δ 是波长的函数，即 ε 是波长的函数，由式(6.3.12)和式(6.3.13)可知，最佳折射率指数 g_{opt}也是波长的函数。若掺入 SiO_2 中的杂质不同，则 Δ 和 ε 与波长有不同的函数关系，从而使 g_{opt}与波长有不同的函数关系。例如，给 SiO_2 掺入 GeO_2 或 P_2O_5 时，g_{opt}与波长的函数关系如图 6.3.3 所示注意，由于 g_{opt}随波长变化，在 0.85 μm 窗口的最佳折射率分布光纤在 1.31 μm 窗口则可能离最佳折射率分布相去甚远。

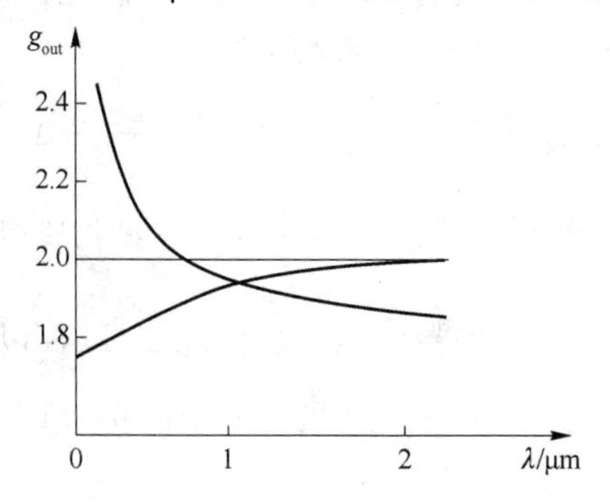

图 6.3.3　g_{opt}与波长的函数关系图

6.4 色散对光通信的影响

1. 光脉冲传播方程

设光纤中的光信号由单色波或准单色波经信号调制得到。对于强度调制，光信号可表示为

$$\boldsymbol{E}(x,y,z,t)=\boldsymbol{e}_x E(x,y,z,t)=\boldsymbol{e}_x A(z,t)\varphi(x,y)\mathrm{e}^{\mathrm{i}(\omega_0 t-\beta_0 z)} \tag{6.4.1}$$

其中，$\boldsymbol{e}_x$ 是 x 轴的单位矢量，即设光波是线偏振波。$A(z,t)$是信号的包络，是光载波中心频率 ω_0 的慢变函数。$\varphi(x,y)$是光场的横向分布函数，β_0 是光载波的纵向相位常数。将式(6.4.1)的光信号在光载波中心频率 ω_0 附近做傅里叶变换：

$$\begin{aligned}E(x,y,z,t)&=\int_{-\infty}^{\infty}E(x,y,z,\omega)\mathrm{e}^{\mathrm{i}\omega t}\,\mathrm{d}\omega\\ E(x,y,z,\omega)&=\frac{1}{2\pi}\int_{-\infty}^{\infty}E(x,y,z,t)\mathrm{e}^{-\mathrm{i}\omega t}\,\mathrm{d}t=A(z,\omega-\omega_0)\varphi(x,y)\mathrm{e}^{-\mathrm{i}\beta_0 z}\end{aligned} \tag{6.4.2}$$

即信号包络函数 $A(z,t)$的傅里叶变换是：

$$\begin{cases}A(z,t)=\displaystyle\int_{-\infty}^{\infty}A(z,\Delta\omega)\mathrm{e}^{\mathrm{i}\Delta\omega t}\,\mathrm{d}\Delta\omega\\ A(z,\Delta\omega)=\displaystyle\frac{1}{2\pi}\int_{-\infty}^{\infty}A(z,t)\mathrm{e}^{-\mathrm{i}\Delta\omega t}\,\mathrm{d}t\end{cases} \tag{6.4.3}$$

其中，$\Delta\omega=\omega-\omega_0$。由式(1.1.15)，介质中的频域波动方程是

$$\nabla^2 E(x,y,z,\omega)+k^2 n^2(\omega)E(x,y,z,\omega)=0 \tag{6.4.4}$$

其中，$k=2\pi/\lambda$ 是真空中的波矢。将式(6.4.2)第二式代入式(6.4.4)，得

$$[\nabla_t^2+k^2n^2(\omega)-\beta_0^2]A(z,\Delta\omega)\varphi(x,y)+\left[-\mathrm{i}2\beta_0\frac{\partial A(z,\Delta\omega)}{\partial z}+\frac{\partial^2 A(z,\Delta\omega)}{\partial z^2}\right]\varphi(x,y)=0$$

由于 $A(z,t)$是 z 的慢变函数，且 β_0 很大，上式中的$\frac{\partial^2 A}{\partial z^2}$项可以忽略。显而易见，上式可分为横向和纵向两个方程：

$$[\nabla_t^2+k^2n^2(\omega)-\beta^2]\varphi(x,y)=0 \tag{6.4.5}$$

$$-\mathrm{i}2\beta_0\frac{\partial A(z,\Delta\omega)}{\partial z}+(\beta^2-\beta_0^2)A(z,\Delta\omega)=0 \tag{6.4.6}$$

其中，式(6.4.5)就是前两章研究过的光纤中模式场的波动方程，第二式是光信号的包络函数 $A(z,t)$沿纵向的变化方程。满足条件 $\Delta\omega=\omega-\omega_0\ll\omega_0$ 的信号称为窄带信号。对于窄带信号，$\Delta\beta=\beta-\beta_0\ll\beta_0$，即有$(\beta^2-\beta_0^2)\approx2\beta_0\Delta\beta$，于是，可将式(6.4.6)写成

$$-\mathrm{i}\frac{\partial A(z,\Delta\omega)}{\partial z}+\Delta\beta A(z,\Delta\omega)=0 \tag{6.4.7}$$

将相位常数 $\beta(\omega)$在光载波中心频率 ω_0 附近展开成泰勒级数：

$$\beta(\omega)=\beta_0+\beta_1\Delta\omega+\frac{1}{2}\beta_2(\Delta\omega)^2+\frac{1}{6}\beta_3(\Delta\omega)^3+\cdots \tag{6.4.8}$$

其中，$\beta_n=\frac{\mathrm{d}^n\beta(\omega)}{\mathrm{d}\omega^n}\Big|_{\omega=\omega_0}$。将式(6.4.8)代入式(6.4.7)，得

$$-\mathrm{i}\frac{\partial A(z,\Delta\omega)}{\partial z}+\left(\beta_1\Delta\omega+\frac{1}{2}\beta_2(\Delta\omega)^2+\cdots\right)A(z,\Delta\omega)=0$$

将上式做傅里叶逆变换，并忽略 β_3 以上的高次项，得

$$\frac{\partial A(z,t)}{\partial z}+\beta_1\frac{\partial A(z,t)}{\partial t}-\frac{\mathrm{i}}{2}\beta_2\frac{\partial^2 A(z,t)}{\partial t^2}=0 \tag{6.4.9}$$

这就是色散介质中光信号的传播方程，也就是光信号包络的传播方程其中，

$$\beta_1=\frac{\mathrm{d}\beta}{\mathrm{d}\omega}\Big|_{\omega=\omega_0}=\tau_g=\frac{1}{v_g},\quad \beta_2=\frac{\mathrm{d}^2\beta}{\mathrm{d}\omega^2}\Big|_{\omega=\omega_0}=\frac{\mathrm{d}\tau_g}{\mathrm{d}\omega}$$

可见，β_1 是光载波的群时延，即群速度的倒数，而 β_2 是群时延对频率的导数，称为群速度色散(GVD)，其物理意义是单位频率间隔的两个光波走过单位距离的时间差，单位是 $\mathrm{ps^2/km}$。若 $\beta_2>0$，则频率增大时群时延 τ_g 增大，群速度 v_g 减小，这称为正常色散。若 $\beta_2<0$，则频率增大时群时延 τ_g 减小，群速度 v_g 增大，这称为反常色散。群速度色散 β_2 与单模光纤的色散系数 $D(\lambda)$〔见式(6.2.1)〕的关系是

$$\beta_2=\frac{\mathrm{d}\tau_g}{\mathrm{d}\omega}=-\frac{\lambda^2}{2\pi c}D(\lambda) \tag{6.4.10}$$

为了便于计算，引入所谓本地坐标系，它以群速度 v_g 相对于实验室坐标系运动，其时间坐标为

$$T=t-\frac{z}{v_g}=t-\beta_1 z \tag{6.4.11}$$

称为本地时间。显然，脉冲信号的中心位置为 $z_0=tv_g$，脉冲信号中心位置的本地时间总是 $T=0$。对于脉冲前沿，$T<0$，对于脉冲后沿，$T>0$。

注意到

$$\frac{\partial A(z,t)}{\partial z}=\frac{\partial A(z,T)}{\partial z}+\frac{\partial A(z,T)}{\partial T}\frac{\partial T}{\partial z}=\frac{\partial A(z,T)}{\partial z}-\beta_1\frac{\partial A(z,T)}{\partial z}$$

$$\beta_1\frac{\partial A(z,t)}{\partial t}=\beta_1\frac{\partial A(z,T)}{\partial T}$$

在本地坐标系中，光信号传播方程(6.4.9)是

$$\frac{\partial A(z,T)}{\partial z}-\frac{\mathrm{i}}{2}\beta_2\frac{\partial^2 A(z,T)}{\partial T^2}=0 \tag{6.4.12}$$

2. 传播方程的形式解

为用傅里叶变换求式(6.4.12)的解，先利用脉冲峰值 P_0 将光信号包络 $A(z,T)$ 归一化：

$$U(z,T)=\frac{A(z,T)}{\sqrt{P_0}}$$

将上式代入式(6.4.12)，则归一化包络 $U(z,T)$ 满足方程

$$\frac{\partial U(z,T)}{\partial z}-\frac{\mathrm{i}}{2}\beta_2\frac{\partial^2 U(z,T)}{\partial T^2}=0 \tag{6.4.13}$$

对包络 $U(z,T)$ 做傅里叶变换：

$$U(z,T)=\int_{-\infty}^{\infty}U(z,\omega)\mathrm{e}^{\mathrm{i}\omega T}\mathrm{d}\omega \tag{6.4.14}$$

则上式变为

$$\frac{\partial U(z,\omega)}{\partial z}+\frac{\mathrm{i}}{2}\beta_2\omega^2U(z,\omega)=0$$

这个方程的解是

$$U(z,\omega)=U(0,\omega)\mathrm{e}^{-\frac{\mathrm{i}}{2}\beta_2\omega^2 z} \tag{6.4.15}$$

其中,$U(0,\omega)$是输入端信号$U(0,T)$的频谱函数,即

$$U(0,\omega)=\frac{1}{2\pi}\int_{-\infty}^{\infty}U(0,T)\mathrm{e}^{-\mathrm{i}\omega T}\mathrm{d}T \tag{6.4.16}$$

而$U(z,\omega)$是信号传到z点的频谱函数。式(6.4.15)表明,由于存在群速度色散β_2,信号中的不同频率的分量在走过相同距离后有不同的相移,从而导致信号的畸变。将式(6.4.15)代入式(6.4.14),得本地坐标系中的归一化包络:

$$U(z,T)=\int_{-\infty}^{\infty}U(0,\omega)\mathrm{e}^{\mathrm{i}\left(\omega T-\frac{1}{2}\beta_2\omega^2 z\right)}\mathrm{d}\omega \tag{6.4.17}$$

3. 高斯光脉冲在色散介质中的展宽

作为一个例子,下面来讨论高斯光脉冲在色散介质中的展宽。

设输入的光信号为下面的高斯光脉冲

$$U(0,T)=\mathrm{e}^{-\frac{T^2}{2T_0^2}} \tag{6.4.18}$$

其中,T_0是脉冲的半宽度(即脉冲功率降为$1/e$的T值)。将式(6.4.18)代入式(6.4.16)得

$$U(0,\omega)=\frac{1}{2\pi}\int_{-\infty}^{\infty}\mathrm{e}^{-\frac{T^2}{2T_0^2}}e^{-\mathrm{i}\omega T}\mathrm{d}T=\frac{T_0}{\sqrt{2\pi}}\mathrm{e}^{-\frac{T_0^2\omega^2}{2}}$$

再将上式代入式(6.4.17),得

$$U(z,T)=\frac{T_0}{\sqrt{T_0^2+\mathrm{i}\beta_2 z}}\mathrm{e}^{-\frac{T^2}{2(T_0^2+\mathrm{i}\beta_2 z)}}$$

由于

$$T_0^2+\mathrm{i}\beta_2 z=T_0^2\left(1+\frac{\beta_2^2z^2}{T_0^4}\right)^{\frac{1}{2}}\mathrm{e}^{\mathrm{i}\varphi},\quad \varphi=\tan^{-1}\frac{\beta_2 z}{T_0^2}=\pm\tan^{-1}\frac{z}{L_D}$$

其中,$L_D=\frac{T_0^2}{|\beta_2|}$称为光纤的色散长度,得

$$U(z,T)=\left(1+\frac{z^2}{L_D^2}\right)^{-\frac{1}{4}}\mathrm{e}^{-\mathrm{i}\frac{\varphi}{2}}\cdot\mathrm{e}^{-\frac{T^2}{2(T_0^4+\beta_2^2z^2)}(T_0^2-\mathrm{i}\beta_2 z)}=\left(1+\frac{z^2}{L_D^2}\right)^{-\frac{1}{4}}\mathrm{e}^{-\mathrm{i}\frac{\varphi}{2}}\cdot\mathrm{e}^{-\frac{T^2}{2T_0^2(1+z^2/L_D^2)}(1-\mathrm{i}\tan\varphi)}$$

令

$$T_1=T_0\left(1+\frac{z^2}{L_D^2}\right)^{\frac{1}{2}} \tag{6.4.19}$$

并设$\tan\varphi\approx\varphi$,得

$$U(z,T)=\left(1+\frac{z^2}{L_D^2}\right)^{-\frac{1}{4}}\mathrm{e}^{\mathrm{i}\varphi(z,T)}\cdot\mathrm{e}^{-\frac{T^2}{2T_1^2}} \tag{6.4.20}$$

其中,相位

$$\varphi(z,T)=\mp\frac{1}{2}\tan^{-1}\left(\frac{z}{L_D}\right)\pm\frac{z/L_D}{2\left(1+\frac{z^2}{L_D^2}\right)}\frac{T^2}{T_0^2} \tag{6.4.21}$$

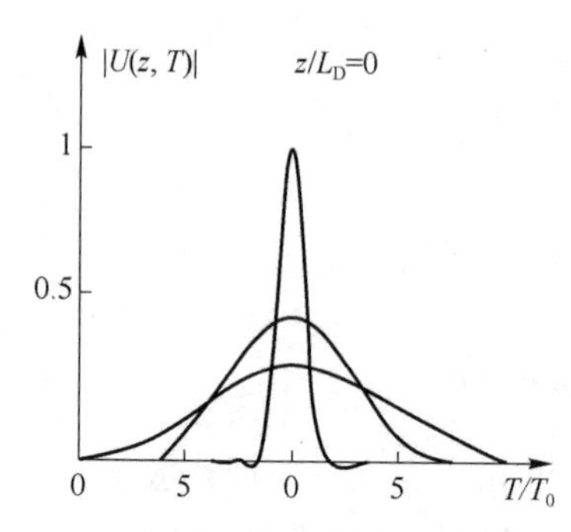

图 6.4.1 高斯脉冲的展宽情况示意图

在推导式(6.4.21)的过程中应用了关系式 $\tan^{-1}x\approx x$。式(6.4.21)中的"∓"号在 $\beta_2>0$ 时取负号，$\beta_2<0$ 时取正号。

式(6.4.20)表明，高斯脉冲在传播一段距离 z 后仍是高斯脉冲，其半宽度如式(6.4.19)所示。显然，当 $z=L_D$ 时，$T_1=\sqrt{2}T_0$。

高斯脉冲的展宽情况如图 6.4.1 所示。图中从上到下分别是 $z/L_D=0,2,4$ 时的脉冲包络曲线。由式(6.4.20)式可知，高斯脉冲在展宽的同时还产生了如式(6.4.21)所示的相位。由式(6.4.21)得

$$\delta\omega=\frac{\partial\varphi(z,T)}{\partial T}=\pm\frac{z/L_D}{1+z^2/L_D^2}\frac{T}{T_0^2} \tag{6.4.22}$$

这种由于光源(如激光器)温度变化或介质色散引起的光信号相位随时间的变化称为瞬时频偏或频率啁啾。式(6.4.22)的 $\delta\omega$ 是时间 T 的一次函数，故称线性啁啾。在正常色散区，脉冲前沿($T<0$)频率向下啁啾，脉冲后沿($T>0$)频率向上啁啾。反常色散区的啁啾与正常色散区相反。所以，式(6.4.19)描述的高斯脉冲展宽的物理原因是：在介质正常色散区，电磁波的高频成分群速度较慢，低频成分群速度较快，脉冲前沿因频率向下啁啾低于后沿，因而传播速度快于后沿，故脉冲展宽。反之，在反常色散区，电磁波的高频成分群速度较快，低频成分群速度较慢，脉冲后沿频率因向下啁啾低于前沿，因而传播速度慢于前沿，故脉冲展宽。

如果输入的高斯脉冲带有(激光器温度变化引起的)初始啁啾，即

$$U(0,T)=\mathrm{e}^{\mathrm{i}\frac{C}{2}\frac{T^2}{T_0^2}}\mathrm{e}^{-\frac{T^2}{2T_0^2}} \tag{6.4.23}$$

其中，C 称为初始啁啾参数，而

$$\varphi=\frac{CT^2}{2T_0^2} \tag{6.4.24}$$

是输入相位因子。显然，式(6.4.18)是上式在 $C=0$ 时的特例，故称为无啁啾高斯脉冲。由式(6.4.24)可知，当 $C>0$ 时，$\delta\omega=CT/T_0^2$，脉冲后沿($T>0$)频率向上啁啾，$\delta\omega>0$；脉冲前沿($T<0$)频率向下啁啾，$\delta\omega<0$。$C<0$ 时的情况与 $C>0$ 时相反。$C>0$ 时的啁啾称为正啁啾，$C<0$ 时的啁啾称为负啁啾。

将式(6.4.23)代入式(6.4.16)，得

$$U(0,\omega)=\frac{1}{2\pi}\left(\frac{2\pi T_0^2}{1-\mathrm{i}C}\right)^{\frac{1}{2}}\mathrm{e}^{-\frac{\omega^2T_0^2}{2(1-\mathrm{i}c)}} \tag{6.4.25}$$

此信号强度降为中心处的 1/e 的谱宽为

$$\Delta\omega=\frac{\sqrt{1+C^2}}{T_0} \tag{6.4.26}$$

显然，无初始啁啾时，$\Delta\omega T_0=1$。由于有了初始啁啾，频谱被展宽为原来的$\sqrt{1+C^2}$倍。若测量出 T_0 和 $\Delta\omega$，则可由式(6.4.26)得到啁啾参数 C。将式(6.4.25)代入式(6.4.17)，得

$$U(z,T)=\frac{T_0}{\sqrt{T_0^2+\mathrm{i}\beta_2 z(1-\mathrm{i}C)}}\mathrm{e}^{-\frac{(1-\mathrm{i}C)CT^2}{2[T_0^2+\mathrm{i}\beta_2 z(1-\mathrm{i}C)]}} \tag{6.4.27}$$

可见，有初始啁啾的高斯脉冲在传播过程中仍保持为高斯脉冲，但脉宽被展宽，展宽因子为

$$\frac{T_1}{T_0}=\left[\left(1+\frac{C\beta_2 z}{T_0^2}\right)^2+\left(\frac{\beta_2 z}{T_0^2}\right)^2\right]^{\frac{1}{2}} \tag{6.4.28}$$

显然，当 $C=0$ 时式(6.4.28)就是式(6.4.19)。由式(6.4.28)可知，初始啁啾对脉冲展宽速度的影响取决于 $C\beta_2$ 的符号。若 $C\beta_2>0$，展宽将因初始啁啾的存在而加快，这相当于正常色散与正啁啾相结合或反常色散与负啁啾相结合。若 $C\beta_2<0$，则在初始阶段脉冲被压缩然后再被展宽。将式(6.4.28)对 z 求导，并令其等于零，得到一个方程，解此方程，得到一个长度值：

$$z_{\min}=\frac{C}{1+C^2}L_D,(C>0,\beta_2<0)$$

在此位置处脉冲最窄，其宽度为 $T_1^{\min}=\frac{\sqrt{2}T_0}{\sqrt{1+C^2}}$在 $\beta_2>0$ 条件下，脉冲宽度与传输距离的变化关系如图 6.4.2 所示。在 $C\beta_2<0$ 条件下，脉冲的初始窄化是因为：由式(6.4.22)可知，色散引起的啁啾与传播距离成正比。在脉冲传播的初始阶段，初始啁啾与由色散引起的啁啾相互抵消，在脉冲最窄处恰好完全抵消。过了 $z_{\min}$ 处以后，色散引起的啁啾大于初始啁啾，导致脉冲展宽。

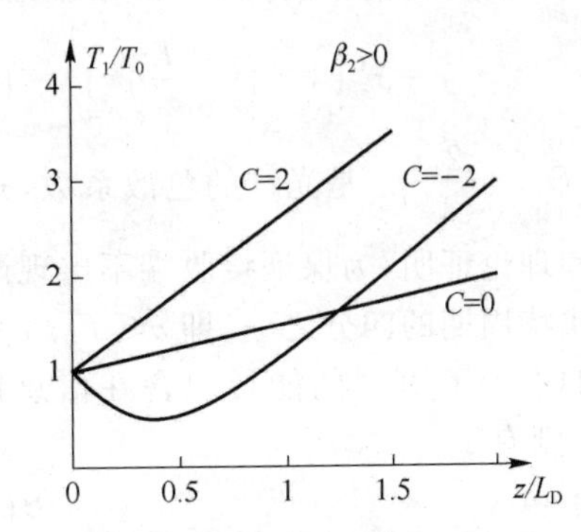

图 6.4.2 脉冲宽度与传输距离的变化关系图

4. 色散对通信容量的限制

色散使光脉冲在传播过程中展宽，这已成为对数字光纤通信容量的基本限制。

如前所说，虽然在传播过程中高斯脉冲被展宽，但即使是有初始啁啾的高斯脉冲在传播过程中仍保持为高斯脉冲，而其他形状的脉冲在传播过程中将不再保持最初的形状。任意形状脉冲的宽度用方均根脉宽 σ 表示，其定义是

$$\sigma=\sqrt{\overline{T^2}-\overline{T}^2} \tag{6.4.29}$$

其中，

$$\overline{T^k}=\frac{\int_{-\infty}^{\infty}T^k\ |U(z,T)|^2\mathrm{d}T}{\int_{-\infty}^{\infty}|U(z,T)|^2\mathrm{d}T}$$

对于高斯脉冲，初始方均根脉宽与 T_0 之间的关系是 $\sigma_0=T_0/\sqrt{2}$。对于任意形状的脉冲，经过冗长的推导，可得到方均根脉宽的展宽因子

$$\frac{\sigma}{\sigma_0}=\left[\left(1+\frac{C\beta_2 z}{2\sigma_0^2}\right)^2+\left(\frac{\beta_2 z}{2\sigma_0^2}\right)^2+\frac{1}{8}(1+C^2)^2\left(\frac{\beta_3 z}{2\sigma_0^3}\right)^2\right]^{\frac{1}{2}} \tag{6.4.30}$$

如果忽略三阶色散 β_3，式(6.4.30)即为式(6.4.28)。

如果考虑到光源的非单色性，设光源的光谱为高斯光谱，谱宽为 $\Delta\omega_s=\frac{2\pi c}{\lambda^2}\Delta\lambda_s$，其中 $\Delta\lambda_s$ 是以波长表示的光源谱宽，则高斯光脉冲的展宽因子是

$$\frac{\sigma}{\sigma_0}=\left[\left(1+\frac{C\beta_2 z}{2\sigma_0^2}\right)^2+(1+V^2)\left(\frac{\beta_2 z}{2\sigma_0^2}\right)^2+\frac{1}{8}(1+C^2+V^2)^2\left(\frac{\beta_3 z}{2\sigma_0^3}\right)^2\right]^{\frac{1}{2}} \tag{6.4.31}$$

其中，$V=2\sigma_s\sigma_0$，σ_s 是高斯光源的方均根谱宽，单位是 Hz。

设光纤系统的比特传输速率为 B，传输距离为 L，则乘积 BL 称为传输容量。下面，根据式(6.4.31)来考虑色散对通信容量的限制。

(1) 光源谱宽的限制

设光源谱宽远大于信号的谱宽，即 $V=2\sigma_s\sigma_0\gg1$。忽略三阶色散，那么，输入的无初始啁啾的光脉冲传播距离为 L 时，脉冲宽度是

$$\sigma=\sigma_0\left[1+\left(\frac{\sigma_s\beta_2 L}{\sigma_0}\right)^2\right]^{\frac{1}{2}}=[\sigma_0^2+(\sigma_s\beta_2 L)^2]^{\frac{1}{2}}=[\sigma_0^2+(DL\sigma_\lambda)^2]^{\frac{1}{2}} \tag{6.4.32}$$

其中，$D=-\frac{2\pi c}{\lambda^2}\beta_2$ 是光纤的色散系数，$\sigma_\lambda=-\frac{\lambda^2}{2\pi c}\sigma_s$ 是以波长表示的光源的方均根谱宽。实验和理论证明，为保证接收端不出现严重的误码，接收端光脉冲的方均根谱宽不能大于信息比特周期的四分之一，即 $\sigma\leqslant T_B/4=1/4B$，或者说，$4B\sigma\leqslant1$。此条件可保证接收端光脉冲的不少于95%的能量包含在信息比特时隙以内。设输入脉冲的谱宽可以忽略，即 $\sigma_0\ll\sigma$，则有

$$BL|D|\sigma_\lambda<1/4 \tag{6.4.33}$$

这就是估算色散对宽谱光源系统传输容量影响的基本公式。

零色散波长在 $\lambda_0=1.31\ \mu$m 附近，在 1.55 μm 处有较高正色散值的光纤称为常规光纤。常规单模光纤在 1.55 μm 处的色散系数 $D(\lambda)=16$ ps/km·nm。如果光源谱宽 $\sigma_\lambda=1$ nm，则 $BL<15.6$ Gbit/s·km。为提高传输容量，可采取两条措施：一是采用窄线宽光源，二是采用色散位移光纤，其零色散波长在 1.55 μm 附近。当然，若光源谱宽可与信号谱宽相比拟时，条件 $V\gg1$ 已不满足，式(6.4.33)也就不成立。在零色散波长附近，二阶色散可以忽略，即可令 $\beta_2\approx0$，而三阶色散成为主要限制因素。设 $\beta_2=0$，$C=0$，$V\gg1$，由式(6.4.31)得

$$\sigma=\sigma_0\left[1+\frac{V^4}{8}\left(\frac{\beta_3 L}{2\sigma_0^3}\right)^2\right]^{\frac{1}{2}}=\left[\sigma_0^2+\frac{1}{2}(\beta_3 L\sigma_s^2)^2\right]^{\frac{1}{2}}=\left[\sigma_0^2+\frac{1}{2}(SL\sigma_\lambda^2)^2\right]^{\frac{1}{2}}$$

其中，$S=\left(\frac{2\pi c}{\lambda^2}\right)^2\beta_3=\frac{dD(\lambda)}{d\lambda}$是零色散波长附近光纤的色散斜率，推导如下：

由于

$$D(\lambda)=\frac{d\tau}{d\lambda}=\frac{d}{d\lambda}\left(\frac{d\beta}{d\omega}\right)$$

$$\frac{dD(\lambda)}{d\lambda}=\frac{d}{d\lambda}\left(\frac{d\omega}{d\lambda}\frac{d^2\beta}{d\omega^2}\right)=\frac{d}{d\lambda}\left(\frac{d\omega}{d\lambda}\right)\frac{d^2\beta}{d\omega^2}+\frac{d\omega}{d\lambda}\frac{d}{d\lambda}\left(\frac{d^2\beta}{d\omega^2}\right)$$

$$=\frac{4\pi c}{\lambda^3}\beta_2+\left(\frac{d\omega}{d\lambda}\right)^2\frac{d^3\beta}{d\omega^3}$$

令 $\beta_2=0$，有

$$\frac{\mathrm{d}D(\lambda)}{\mathrm{d}\lambda}=\left(\frac{2\pi c}{\lambda^2}\right)^2\beta_3=S$$

由条件 $4B\sigma\leqslant1$，得

$$BL\,|S|\,\sigma_\lambda^2\leqslant\frac{1}{2\sqrt{2}}$$

设 $\sigma_\lambda=1\ \mathrm{nm}$，$S=0.1\ \mathrm{ps/nm^2\cdot km}$，则得 $BL\leqslant3.5\ \mathrm{Tbit/s\cdot km}$。

(2) 信号谱宽的限制

设系统光源线宽足够窄，使 $V\ll1$，在忽略高阶色散和无初始啁啾条件下，由式(6.4.31)得

$$\sigma=\left[\sigma_0^2+\left(\frac{\beta_2 L}{2\sigma_0^2}\right)^2\right]^{\frac{1}{2}} \tag{6.4.34}$$

显然，若采用条件 $4B\sigma\leqslant1$ 时，不能取 $\sigma_0=0$。在信号谱宽远大于光源线宽时，脉冲的初始宽度应有一个最佳值，它使在给定条件下输出的脉冲最窄。将式(6.4.34)对 σ_0 求导，并令其等于零，得此最佳值为 $\sigma_0=\sqrt{\frac{|\beta_2|L}{2}}$。此时，输出脉宽为 $\sigma=\sqrt{|\beta_2|L}$。根据条件 $4B\sigma\leqslant1$，得

$$B\sqrt{|\beta_2|L}\leqslant\frac{1}{4}\ \text{或}\ B^2L<\frac{2\pi c}{16\lambda^2|D(\lambda)|} \tag{6.4.35}$$

这就是估算色散对窄线宽光源系统传输容量影响的基本公式。

若系统工作在光纤的零色散波长附近，可令 $\beta_2=0$，则在 $V\ll1$，$C=0$ 条件下，由式(6.4.31)得

$$\sigma=\left[\sigma_0^2+\frac{1}{2}\left(\frac{\beta_3 L}{4\sigma_0^2}\right)^2\right]^{\frac{1}{2}} \tag{6.4.36}$$

式(6.4.36)在 $\sigma_0=(\beta_3 L/4)^{\frac{1}{3}}$ 时有极小值。利用条件 $4B\sigma\leqslant1$，得到

$$B\,(|\beta_3|L)^{\frac{1}{3}}\leqslant0.324\ \text{或}\ B^2L\leqslant3.4\times10^{-2}/|\beta_3| \tag{6.4.37}$$

若 $\beta_3=0.1\ \mathrm{ps^3/km}$，当传输距离为 100 km 时，比特率达 150 Tbit/s。

(3) 脉冲初始啁啾的影响

在以上讨论的光源谱宽和信号谱宽占主导作用的两种情形中，都没有考虑脉冲初始啁啾的影响。但在实际的传输系统中，若采用对半导体激光器直接调制的信号输入法，脉冲的初始啁啾是不可避免的。一般地说，脉冲的初始啁啾使传输容量 BL 下降，但如前所说，当 $\beta_2 C<0$ 时，在一定距离内脉冲被压缩。因此，有可能存在初始啾时传输容量反而上升。在存在初始啁啾时，设高斯脉冲的初始脉宽 $T_0=125\ \mathrm{ps}$，脉冲展宽因子为 1.2，即 $T_1=1.2T_0$，则传输容量 BL 随啁啾因子 C 的变化曲线如图 6.4.3 所示。

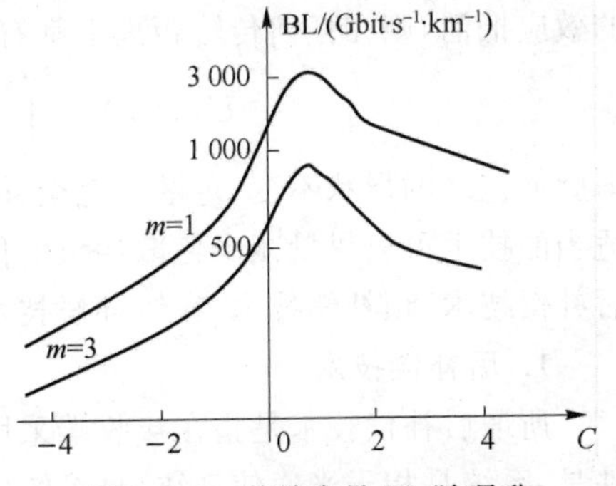

图 6.4.3　传输容量 BL 随啁啾因子 C 的变化曲线图

图中的 m 是高斯脉冲或超高斯脉冲的阶数，$\beta_2=-20\ \mathrm{ps^2/km}$ 是常规单模光纤在1.55 μm处的色散值。由图可见，啁啾因子 $C\approx1$ 时 BL 达到极大值，约为 3 000 Gbit/(s・km)，而当 $C\approx-6$ 时(图中未画出)BL 仅为 100 Gbit/(s・km)。对半导体激光器直接调制时，其啁啾因子 C 在 $-6\sim-5$ 范围内。所以，直接调制的频率啁啾使常规单模光纤在 1.55 μm 处传输容量比无啁啾时几乎低一个数量级。为克服啁啾对传输容量的限制，可采取的措施有两个：一是减少光纤的色散值，最好将光纤零色散波长移到 1.55 μm 附近；二是采用外调制技术将啁啾因子 C 减到最小。

6.5 色散的补偿

如前所说，光纤的色散和损耗是影响光信号在早期光纤中传输距离的两个主要不利因素。色散导致光脉冲展宽，使信号发生畸变。损耗导致光信号强度减弱，使信号不能长距离传输。20 世纪 90 年代初以后，由于掺铒光纤放大器(EDFA)的应用，光功率的损耗得到了有效地补偿，损耗不再是影响光信号在光纤中传输的主要不利因素，色散成了影响光信号在高速光纤中传输的主要不利因素。尤其是已大量铺设的常规单模光纤，如 ITU-TG.652 光纤，其零色散波长在 1.31 μm 附近，而在其最低损耗波长 1.55 μm 处，色散系数可达 10～20 ps/(nm・km)。对于宽谱光源，按照 6.4 节的式(6.4.33)，传输距离 $L<1/4B|D|\sigma_\lambda$。例如，对于比特率 $B=2.5$ Gbit/s，光源方均根谱宽 $\sigma_\lambda=1$ nm 的光纤传输系统，即使色散系数 $D=10$ ps/(nm・km)，传输距离 $L<10$ km。对相干性极好的动态单模激光器(窄线宽光源)，按照式(6.4.35)，传输距离 $L<2\pi c/16\lambda^2|D|B^2$。同样取 $B=2.5$ Gbit/s，$D=10$ ps/(nm・km)，则传输距离 $L<7.85\times10^2$ km。如果比特率增加为 10 Gbit/s，则 $L<50$ km。所以，对用常规单模光纤在 1.55 μm 处传输高速数据流，光纤的色散是最主要的制约因素，而且这种制约不能通过采用窄线宽光源来解决。

由式(6.4.17)

$$U(z,T)=\int_{-\infty}^{\infty}U(0,\omega)\mathrm{e}^{\mathrm{i}(\omega T-\frac{1}{2}\beta_2\omega^2 z)}\mathrm{d}\omega \tag{6.5.1}$$

可知，脉冲包络的畸变是由色散项 $\frac{1}{2}\beta_2\omega^2 z$ 产生的。若能采用适当的技术将这个色散项的效应抵消，则在任何传输距离上都有

$$U(z,T)=\int_{-\infty}^{\infty}U(0,\omega)\mathrm{e}^{\mathrm{i}\omega T}\mathrm{d}\omega=U(0,T) \tag{6.5.2}$$

即脉冲包络的形状不变，色散被完全补偿。虽然这种完全的补偿实际上难以实现，但采用适当的技术可以尽量减少色散导致的信号畸变。目前，比较成熟的色散补偿技术主要有：后补偿技术、预补偿技术、在线补偿技术和滤波技术。下面分别做简要的介绍。

1. 后补偿技术

所谓后补偿技术是指在接收端采用适当的电子技术补偿因色散导致的信号畸变，条件是：系统是相干光通信系统，且系统中的非线性效应(什么是非线性效应将在下一章介绍)可以忽略，即该系统可以被看成一个线性相干光通信系统。

设一个线性相干光通信系统采用外差式检测技术，经外差检测后得到其频率范围在

微波频段的中频光电流。由于是相干接收,信号的幅度和相位信息都得以保持。若在接收机之后接一个微波带通滤波器,其传输函数是

$$H(\omega)=e^{\frac{i}{2}(\omega-\omega_f)^2\beta_2 L} \tag{6.5.3}$$

则经此滤波器输出的信号将补偿因 GVD 导致的信号畸变,其中 L 是光纤的长度,$\omega_f=\omega_L-\omega_S$ 是由接收端本振激光器频率 ω_L 和光载波频率 ω_S 混频产生的中频。按照线性系统理论,对一个因色散导致畸变的信号,经此滤波器以后将会得到不失真的信号脉冲。式(6.5.3)所示的滤波器传输特性也可以用微带线滤波器实现。不过,这种技术尚不成熟,这里不做进一步的介绍。

2. 预补偿技术

由式(6.5.1)可知,如果在信号进入光纤线路之前采用适当的技术改变输入信号的频谱,使输入信号的频谱函数完成下面的转换:

$$U(0,\omega)\rightarrow U(0,\omega)e^{\frac{i}{2}\beta_2\omega^2 L} \tag{6.5.4}$$

则光纤色散导致的信号畸变在接收端将被完全补偿,信号脉冲将保持形状不变。这种在发送端采用的补偿技术称为预补偿技术。对于实际的传输系统,要完全实现式(6.5.4)表示的补偿是很困难的。下面介绍几种实际可行的预补偿技术,可将色散导致的信号畸变减少到容许的范围内。

(1) 预啁啾

由式(6.4.28)可知,对于有初始啁啾的高斯光脉冲,若啁啾参数 C 与群色散 β_2 的乘积 $\beta_2 C<0$,则可使光脉冲的展宽大为减缓。由此可以想到,可以采用预啁啾方式,使输入的光脉冲的包络满足式(6.4.23),且 $\beta_2 C<0$。设允许光脉冲有一个$\sqrt{2}$的展宽因子,则其传播距离为

$$L=\frac{\tau+\sqrt{1+2C^2}}{1+C^2}L_D \tag{6.5.5}$$

其中,$L_D=T_0^2/|\beta_2|$是光纤的色散长度。无啁啾时 $L=L_D$。若 $C=1$,则 $L=1.36L_D$,但当 C 很大时,L 反而减小。当 $C=1/\sqrt{2}$时,$L=\sqrt{2}L_D$,达到最大值。显然,为了增大传输距离,必须仔细地调整信号的初始啁啾参数。

半导体激光器在直接调制条件下,其输出脉冲是带初始啁啾的,但其啁啾参数 $C<0$。对于常规单模光纤,在 1.55 μm 处为反常色散,$\beta_2<0$,故 $\beta_2 C>0$。因此,半导体激光器的初始啁啾对反常色散区的传输是有害的。为了实现 $\beta_2 C<0$ 的预啁啾,对半导体激光器采用外调制是必要的。利用 M-Z 型外调制器对半导体光源进行 OOK 调制之前,先对光源发出的相干连续载波进行频率调制就可实现啁啾参数 $C>0$ 的预啁啾。外调制器的输出端输出的光信号是

$$E(0,T)==A_0 e^{-\frac{T^2}{T_0^2}}e^{i\omega_0(1+\delta\sin\omega_m T)T} \tag{6.5.6}$$

光载波频率 ω_0 受到频率为 ω_m 的正弦调制,调制深度为 δ。这种调制是由控制 DFB 激光器的电流实现的。当电流改变时,半导体 PN 结中的载流子浓度改变,使有源区的电长度发生周期性改变,从而实现对载波频率的调制。假设外调制器对载波频率的调制是高斯型的。在脉冲中心附近,$\omega_m T\ll1$,也就是说,调制频率 ω_m 远小于信息数据速率,从而有

$\sin\omega_m T\approx\omega_m T$，于是，式(6.5.6)可以写成

$$E(0,T)=A_0 e^{-\frac{1-iC}{2}\left(\frac{T}{T_0}\right)^2}e^{i\omega_0 T} \tag{6.5.7}$$

其中，啁啾参数为

$$C=2\delta\omega_m\omega_0 T_0^2 \tag{6.5.8}$$

啁啾参数可通过调整调制深度 δ 和调制频率 ω_m 来控制。

(2) FSK 调制

在一般的光纤通信系统中，采用的是强度(幅度)调制，常称为 OOK(On-Off Keying)。

当在发送端采用 FSK 调制时，设对于“0”码和“1”码，光载波频率分别是 ω_0 和 ω_1，对应的波长为 λ_0 和 λ_1，波长差为 $\Delta\lambda=\lambda_0-\lambda_1$，功率密度相等。如果光纤线路长度为 L，光纤色散系数为 D，则两种频率的光载波的时延差是 $\Delta t=DL\Delta\lambda$。若此时延差等于一个信息比特周期，即 $\Delta t=1/B$，则在接收端将产生一个三电平的光信号，其中的高电平是由色散导致的“0”码和“1”码重叠形成的，而最低的接收光功率则是由于色散导致码元交替使整个比特周期内无光到达形成的，中间的光功率则是由持续的“0”码和“1”码形成的。经光检测和积分电路输出一个幅度受到调制的电信号，再经判决电路即可恢复原数据信号。

3. 在线补偿技术

在线补偿可以通过线路放大器引入啁啾、光纤非线性效应引入啁啾或引入色散补偿来实现。

(1) 线路放大器引入的啁啾

如果在光纤线路中引入半导体光放大器(SOA)，使其工作在增益饱和状态，则半导体光放大器注入电流的变化对其增益的影响几乎可以忽略，但有源区载流子浓度的变化导致其折射率随时间变化，从而使其输出光信号发生啁啾。啁啾参数可通过调整光信号脉冲波形及输入功率来控制。对于高斯脉冲，啁啾几乎是线性的，且啁啾参数 $C>0$。在反常色散光纤中，采用工作在增益饱和状态的半导体光放大器作为线路放大器，不仅可以补偿光功率损耗，而且可以补偿色散的影响。采用这一技术补偿光纤线路的色散早在1989年就已为实验所证实。

(2) 光纤非线性效应引入的啁啾

如果光功率足够大，则光纤的非线性效应将对光信号的传输产生显著的影响。关于光纤的非线性效应，将在第7章介绍，这里只简单说明自相位调制引起的频率啁啾对色散的补偿作用。由于克尔效应，光纤的折射率是

$$n=n_1+n_2E^2 \tag{6.5.9}$$

其中，n_1 是折射率的线性部分，n_2E^2 是折射率的非线性部分，它正比于光功率。设光纤中的信号是高斯脉冲：$U(0,T)e^{-\frac{T^2}{2T_0^2}}$，则经过传输距离 z 后，脉冲包络为

$$U(z,T)=U(0,T)e^{-i\varphi_{NL}} \tag{6.5.10}$$

其中，φ_{NL} 是非线性相位因子，其值为

$$\varphi_{NL}(z,T)=|U(0,T)|^2 z_{eff}\gamma P_0 \tag{6.5.11}$$

其中，$z_{eff}=[1-e^{-\alpha z}]/\alpha$ 是光纤的有限长度，在忽略光纤损耗时，$z_{eff}=z$；γ 称为非线性参

数，P_0 是脉冲峰值功率。以上两式的推导在第7章给出。于是有

$$U(0,T)=\mathrm{e}^{-\frac{T^2}{2T_0^2}+\mathrm{i}\varphi_{NL}}\cdot\mathrm{e}^{-\mathrm{i}\varphi_{NL}}=\mathrm{e}^{-\frac{T^2}{2T_0^2}(1-\mathrm{i}C)}\mathrm{e}^{-\mathrm{i}\varphi_{NL}} \tag{6.5.12}$$

其中，$C=2\gamma P_0 L_{eff}$。这说明可将光纤的非线性等效地看成一个初始啁啾，啁啾参数等于 $C=2\gamma P_0 L_{eff}$。非线性参数 $\gamma=\frac{n_2\omega}{cA_{eff}}>0$，$A_{eff}$ 是光纤的有效面积，因此，$C>0$。在反常色散光纤中，$\beta_2 C<0$。在光纤长度确定的条件下，只要光脉冲功率选择得合适，可以达到最佳的补偿效果。

(3) 色散补偿光纤

最简单的在线补偿方案是在光纤线路中将色散特性相反的两种光纤串联起来，使线路中的总色散等于零。设光纤线路由长度为 L_1 和 L_2 的两段串联二成，其色散系数分别为 β_{21} 和 β_{22}，由式(6.5.1)，输出端信号脉冲包络为

$$U(L,T)=\int_{-\infty}^{\infty}U(0,\omega)\mathrm{e}^{-\frac{\mathrm{i}}{2}\omega^2(\beta_{21}L_1+\beta_{22}L_2)+\mathrm{i}\omega T}\mathrm{d}\omega \tag{6.5.13}$$

如果 $\beta_{21}L_1+\beta_{22}L_2=0$，则色散得到完全补偿，$U(L,T)=U(0,T)$，即输出的脉冲将保持形状不变。

如果长度为 L_1 的光纤是常规单模光纤，在 1.55 μm 频段上 $\beta_{21}<0, D_1>0$，为反常色散；长度为 L_2 的光纤是色散补偿光纤(DCF)，$\beta_{22}>0, D_2<0$，为正常色散。为使色散得到完全补偿，线路中色散补偿光纤的长度应为

$$L_2=-\frac{D_1}{D_2}L_1 \tag{6.5.14}$$

为了减少线路的总损耗，L_2 应尽可能小，故色散补偿光纤的色散系数应尽可能大。实际上，色散补偿光纤就是高色散系数的光纤。

色散补偿光纤的高色散系数可以通过减小光纤的归一化频率 V 得到，通常，V 的值在1.0左右。在 V 值相对较小的光纤中，主模式能量有相当一部分在包层中传播，这使光纤的损耗增加。通常用一个参数 $M=\frac{|D|}{\alpha}$ 作为色散补偿光纤的性能指标，这里的 α 是光纤的损耗系数。目前，色散补偿光纤的色散系数在 1.55 μm 频段已超过 −200 ps/(nm·km)，损耗在 0.5 dB/km 左右，故 $M\approx400$ ps/nm·dB。这种 V 值相对较小的色散补偿光纤的主要缺点是损耗较大，M 值较低，每千米的这种色散补偿光纤只能补偿 10～12 km 的常规单模光纤的色散。对于长距离传输系统，需要色散补偿光纤的长度 L_2 较大，但这会带来大损耗。解决这个矛盾的方法是将色散补偿光纤做成双模光纤。双模色散补偿光纤的归一化频率 V 的值在 2.5 左右。这样，高阶模 LP_{11} 模处在传输与截止状态之间，从而具有很高的色散系数。据文献报道，若将光纤的纤芯做成椭圆截面的，其色散系数可达 −800 ps/(nm·km)以上。1 km 的这种双模色散补偿光纤可以补偿 40 km 左右的的常规单模光纤在 1.55 μm 频段的色散，且不显著增加线路损耗。

4. 光均衡滤波

若在光接收机前面联接一个传输函数为 $H(\omega)$ 的光滤波器，则此光滤波器输出的光信号脉冲包络是

$$U(z,T)=\int_{-\infty}^{\infty}U(0,\omega)H(\omega)\mathrm{e}^{-\mathrm{i}(\frac{\beta_2}{2}L\omega^2-\omega T)}\mathrm{d}\omega \tag{6.5.15}$$

如果 $H(\omega)=\mathrm{e}^{\mathrm{i}\frac{\beta_2}{2}L\omega^2}$，则色散引起的信号畸变将被完全补偿。这种理想的补偿是难以实现的，只能采用适当的设计使 $H(\omega)$尽量接近理想情形。为此，将 $H(\omega)$展开为泰勒级数：

$$H(\omega)=|H(\omega)|\mathrm{e}^{\mathrm{i}\varphi(\omega)}=|H(\omega)|\mathrm{e}^{\mathrm{i}(\varphi_0+\varphi_1\omega+\frac{1}{2}\varphi_2\omega^2+\cdots)} \tag{6.5.16}$$

其中，$\varphi_m=\frac{\mathrm{d}^m\varphi}{\mathrm{d}\omega^m}|_{\omega=\omega_0}$，$\varphi_0$ 和 $\varphi_1=\frac{\mathrm{d}\varphi}{\mathrm{d}\omega}$不会影响信号脉冲的形状，而更高阶的项可以忽略。所以，如果滤波器设计得使 $\varphi_2=\frac{\mathrm{d}^2\varphi}{\mathrm{d}\omega^2}=-\beta_2 L$，且 $|H(\omega)|=1$，则光纤的群速度色散将被抵消。事实上，$|H(\omega)|=1$ 在整个通频带中是难以满足的，所以补偿是近似的。

第7章　单模光纤的非线性传输特性

随着科学技术的发展,人们发现,非线性项普遍存在于各种现象中。许多原来被看成线性变化的现象其实是非线性的。激光的发现,为光学研究进入非线性领域提供了条件,使现代光学在近四十年来有了长足的发展,形成了一门新的光学分支——非线性光学。

在早期的光纤研究中,谐波失真、交叉调制、四波混频等非线性现象是要极力避免的,因为这些非线性现象会导致电磁信号的失真。但是,随着光纤通信技术的发展,人们的认识也在发展。例如,在多波长光通信系统中应克服四波混频引起的串扰,但通过四波混频可以实现波长变换,而波长变换是光网络的核心技术之一。自相位调制会导致信号传输的失真,但在特定条件下,自相位调制与光纤色散相互作用可以形成光孤子,使光孤子通信成为可能。受激非弹性散射会导致光信号功率的损失和引起串扰,但却可被利用来做成光放大器和光纤激光器。所有这些非线性光学现象都属于非线性光纤光学的研究范围。作为研究非线性光纤光学传输理论的基础,本章介绍非线性光纤光学的基本理论和单模光纤的非线性传输特性,主要是自相位调制、光孤子传输、四波混频、受激拉曼散射和受激布里渊散射。

7.1　光波与介质的非线性相互作用

1. 介质的电极化

我们知道,电介质受到电场作用时发生电极化,电极化的方向和强弱用电极化强度矢量 $\boldsymbol{P}$ 描述。当入射的电场足够强时,电极化强度矢量是电场强度 $\boldsymbol{E}$ 的级数,即

$$\boldsymbol{P}=\varepsilon_0\chi^{(1)}\cdot\boldsymbol{E}+\varepsilon_0\chi^{(2)}:\boldsymbol{EE}+\varepsilon_0\chi^{(3)}\vdots\boldsymbol{EEE}+\cdots \tag{7.1.1}$$

其中,$\chi^{(i)}$ 称为介质的第 i 阶电极化率,是一个 $i+1$ 张量。例如,$\chi^{(1)}$ 称为1阶电极化率或线性电极化率,它是一个2阶张量,有9个分量。如果 $\chi^{(2)}$ 等高阶项足够小,可以忽略,则介质是线性的,否则,是非线性的。若 $\chi^{(1)}$ 中的非对角元素都为零,对角元素都相等,则介质称为各向同性介质。如果这些相等的对角元素不随位置变化,则介质称为各向同性均匀介质。式(7.1.1)每一项中电极化率与电场强度之间的运算是张量乘法。

显而易见,当式(7.1.1)中的高阶项不可忽略时,电极化强度总可以写成:

$$\boldsymbol{P}(t)=\boldsymbol{P}_L(t)+\boldsymbol{P}_{\mathrm{NL}}(t)=\boldsymbol{P}_L(t)+\boldsymbol{P}_{\mathrm{NL}}^{(2)}(t)+\boldsymbol{P}_{\mathrm{NL}}^{(3)}(t)+\cdots \tag{7.1.2}$$

其中,$\boldsymbol{P}_L(t)$ 称为线性电极化强度,$\boldsymbol{P}_{\mathrm{NL}}^{(2)}(t)$,$\boldsymbol{P}_{\mathrm{NL}}^{(3)}(t)$ 称为二阶、三阶电极化强度,等等。经过

大量分析，一般认为，当外加电场强度可与原子内库仑场比拟时，二阶电极化强度可与线性电极化强度相比拟。原子内库仑场的数量级在10^{10} V/m 以上，是一个强电场，所以，在通常情况下，电介质可以被看成线性介质。不难理解，光波与介质的非线性相互作用由非线性电极化强度项决定，因此，在研究光波与介质的非线性相互作用时，电磁波方程是

$$\nabla^2 \boldsymbol{E} - \frac{1}{c^2}\frac{\partial^2 \boldsymbol{E}}{\partial t^2} = \frac{1}{c^2}\frac{\partial^2 \boldsymbol{P}}{\partial t^2} \tag{7.1.3}$$

$$\nabla^2 \boldsymbol{E} - \frac{n^2}{c^2}\frac{\partial^2 \boldsymbol{E}}{\partial t^2} = \frac{1}{c^2}\frac{\partial^2 \boldsymbol{P}_{\rm NL}}{\partial t^2} \tag{7.1.4}$$

其中，$c=1/\sqrt{\mu_0\varepsilon_0}$是真空中的光速，$n=\sqrt{1+\chi^{(1)}}$是介质折射率的线性部分。

2. 介质的非线性响应

(1) 二阶非线性响应

介质的电极化强度也称为介质对入射电场的响应，其非线性项称为介质的非线性响应。设入射的电场是单一频率的余弦场，即

$$E(t) = E_0 \cos \omega t \tag{7.1.5}$$

若介质是各向同性的，且只考虑到二阶非线性，则介质中的电极化强度是

$$\begin{aligned} P(t) &= \varepsilon_0 \chi^{(1)} E_0 \cos \omega t + \varepsilon_0 \chi^{(2)} E_0^2 \cos^2 \omega t \\ &= \varepsilon_0 \chi^{(1)} E_0 \cos \omega t + \frac{\varepsilon_0}{2}\chi^{(2)} E_0^2 + \frac{\varepsilon_0}{2}\chi^2 E_0^2 \cos 2\omega t \end{aligned} \tag{7.1.6}$$

式(7.1.6)表明，当考虑到二阶非线性时，一个频率为 ω 的入射电场的响应包括一个直流项、一个频率为 ω 的线性项和一个频率为 2ω 的倍频谐波项，即二阶非线性响应包括光学整流项和倍频谐波项。

如果入射到各向同性介质中的电场是多个不同频率同向偏振余弦场的叠加。例如，是两个不同频率同向偏振余弦场的叠加：

$$E(t) = E_1 \cos \omega_1 t + E_2 \cos \omega_2 t$$

则

$$\begin{aligned} P_L(t) &= \varepsilon_0 \chi^{(1)} E(t) \\ P_{\rm NL}^2(t) &= \varepsilon_0 \chi^{(2)} (E_1 \cos \omega_1 t + E_2 \cos \omega_2 t)^2 \\ &= \varepsilon_0 \chi^{(2)} E_1^2 \cos^2 \omega_1 t + \varepsilon_0 \chi^{(2)} E_2^2 \cos^2 \omega_2 t + 2\varepsilon_0 \chi^{(2)} E_1 E_2 \cos \omega_1 t \cos \omega_2 t \\ &= \frac{1}{2}\varepsilon_0 \chi^{(2)} \{E_1^2(1+\cos 2\omega_1 t) + E_2^2(1+\cos 2\omega_2 t) + 2E_1 E_2[\cos(\omega_1+\omega_2)t + \cos(\omega_1-\omega_2)t]\} \end{aligned} \tag{7.1.7}$$

上式表明，二阶非线性响应包括两个光学整流项、两个倍频谐波项、一个和频项和一个差频项。对于更多个不同频率的情形，都可以按照不同频率的两两组合，得到的不外乎直流项、倍频项、和频项和差频项。

(2) 三阶非线性响应

上面讨论二阶非线性响应的方法也可以用来讨论三阶非线性响应。如果入射电场是式(7.1.5)的单一频率的余弦场，则介质的三阶非线性响应是：

$$P_{\rm NL}^{(3)}(t) = \varepsilon_0 \chi^{(3)} E_0^3 \cos^3 \omega t = \frac{1}{4}\varepsilon_0 \chi^{(3)} E_0^3 \cos 3\omega t + \frac{3}{4}\varepsilon_0 \chi^{(3)} E_0^3 \cos \omega t \tag{7.1.8}$$

式(7.1.8)表明，三阶非线性响应包括三倍谐波项和原频率项。如果入射电场是多个不同

频率同向偏振余弦场的叠加。例如,是三个不同频率同向偏振余弦场的叠加:

$$E(t)=E_1\cos\omega_1 t+E_2\cos\omega_2 t+E_3\cos\omega_3 t$$

则介质的三阶非线性响应是

$$P_{NL}^{(3)}(t)=\varepsilon_0\chi^{(3)}E^3(t) \tag{7.1.9}$$

将式(7.1.9)展开,不考虑负频率项,得到22个不同的频率分量,它们分别是

$$\omega_1,\omega_2,\omega_3;\quad 3\omega_1,3\omega_2,3\omega_3 \tag{7.1.10}$$

$$\omega_i\pm\omega_j\pm\omega_k;\quad 2\omega_i\pm\omega_j \tag{7.1.11}$$

其中,式(7.1.10)是原频率和三倍频率,而式(7.1.11)是三阶非线性响应特有的混频现象,称为四波混频(FWM),$\omega_i\pm\omega_j\pm\omega_k$ 称为非简并四波混频,$2\omega_i\pm\omega_j$ 称为简并四波混频。四波混频的物理意义可以解释如下:例如,$\omega_1+\omega_2+\omega_3=\omega_4$ 表示三个能量为 $\hbar\omega_1$,$\hbar\omega_2$,$\hbar\omega_3$ 的光子碰撞湮灭,产生一个能量为 $\hbar\omega_4$ 的光子。而 $\omega_1+\omega_2-\omega_3=\omega_4$,即 $\omega_1+\omega_2=\omega_3+\omega_4$ 表示两个能量为 $\hbar\omega_1$,$\hbar\omega_2$ 的光子碰撞湮灭,产生两个能量为 $\hbar\omega_3$,$\hbar\omega_4$ 的光子,故四波混频也称为四光子混合。

上述各项非线性极化强度的大小是

$$\begin{cases} P_{NL}^{(3)}(\omega_j)=\dfrac{1}{4}\varepsilon_0\chi^{(3)}(3E_i^2+6E_j^2+6E_k^2)E_i \\ P_{NL}^{(3)}(3\omega_j)=\dfrac{1}{4}\varepsilon_0\chi^{(3)}E_i^3 \\ P_{NL}^{(3)}(\omega_i\pm\omega_j\pm\omega_k)=\dfrac{6}{4}\varepsilon_0\chi^{(3)}E_1E_2E_3 \\ P_{NL}^{(3)}(2\omega_i\pm\omega_j)=\dfrac{3}{4}\varepsilon_0\chi^{(3)}E_i^2E_j \end{cases} \tag{7.1.12}$$

(3) 非参量过程

在上述二阶和三阶非线性过程中,光子的总能量守恒,即光能量没有转化为其他形式的能量,这样的过程称为参量过程。如果在光与介质的相互作用过程中,光能量转化为其他形式的能量,则称为非参量过程。描述参量过程的电极化参数是正实数,描述非参量过程的电极化参数是复数。在光纤的非线性传输中,受激拉曼散射(Stimulated Raman Scattering,SRS)和受激布里渊散射(Stimulated Brillouin Scattering,SBS)都是非参量过程。这两种过程将在本章最后两节具体讨论。

3. 光纤的非线性折射率

对于实际介质,如光波导,二阶和三阶非线性响应不需要同时考虑。一般地说,当存在二阶非线性响应时三阶以上非线性响应可以忽略。而对于分子结构具有反演对称性的介质,二阶非线性响应等于零。这是因为,如果介质具有反演对称性,当外电场方向反向时各阶电极化强度都随之反向。设二阶非线性响应为

$$P_{NL}^{(2)}(t)=\varepsilon_0\chi^{(2)}E^2(t)$$

当外电场 $E(t)=E_0\cos\omega t$ 反向,即 $E(t)=-E_0\cos\omega t$ 时,有

$$P_{NL}^{(2)}(t)=\varepsilon_0\chi^{(2)}(-E_0\cos\omega t)^2=-P_{NL}^{(2)}(t)$$

故 $\chi^{(2)}=-\chi^{(2)}$,即 $\chi^{(2)}=0$。石英光纤的主要成分是 SiO_2,其分子结构就具有反演对称性。因此,在光纤中可以不考虑二阶非线性响应,只考虑三阶非线性响应。据此,若设光

纤为各向同性介质，则光纤中的电极化强度是

$$P(t)=\varepsilon_0\chi^{(1)}E(t)+\varepsilon_0\chi^{(3)}E^3(t)$$

电位移

$$D(t)=\varepsilon_0 E(t)+P(t)=\varepsilon_0(1+\chi^{(1)}+\chi^{(3)}E^2)E(t)=\varepsilon_0 n^2 E(t)$$

其中，

$$n^2=1+\chi^{(1)}+\chi^{(3)}E^2$$

在式(7.1.8)中，若只考虑频率为 ω 的谐波，有

$$D(t)=\varepsilon_0\left(1+\chi^{(1)}+\frac{3}{4}\chi^{(3)}E_0^2\right)E_0\cos\omega t$$

即

$$n^2=\left[1+\chi^{(1)}+\frac{3}{4}\chi^{(3)}_{xxxx}E_0^2\right]$$

其中，$\chi^{(3)}_{xxxx}$是三阶极化率张量的第一行第一列的元素。事实上，如前所说，对于各向同性介质，各非对角元素都为零，对角元素都相等。由上式得折射率

$$n=n_1+n_2E_0^2 \tag{7.1.13}$$

其中，$n_1=\sqrt{1+\chi^{(1)}}$，$n_2=3\chi^{(3)}_{xxxx}/8n_1$，$n_1$ 是折射率的线性部分，$n_2E_0^2$ 是折射率的非线性部分。由于非线性部分与入射光电场振幅平方即能量密度成正比，因此，如前所说，只有当入射光电场足够强时，才会有显著的介质非线性效应。这种非线性部分与入射光电场能量密度成正比的非线性效应称为光克尔效应。

当光纤具有非线性折射率时，相位与传输距离的关系是

$$\varphi(L)=knL=k(n_1+n_2E_0^2)L \tag{7.1.14}$$

这表明相位与入射光强度有关。这种现象称为自相位调制(Self-phase modulation，SPM)。若入射光为多个频率光波的叠加，则其中某个频率光波的相位还将受到其他频率光波光强度的影响，这种现象称为交叉相位调制(Gross phase modulation，GPM)。包含自相位调制和交叉相位调制的频率为 ω_i 的光波的非线性相位因子是

$$\varphi_{NL}(L)=kn_2(2E_1^2+2E_2^2+\cdots+2E_i^2+\cdots)L \tag{7.1.15}$$

有关光波在光纤中的自相位调制和交叉相位调制的问题，将在7.3节和7.4节具体讨论。

7.2 光信号的非线性传播方程

在第6章中，我们讨论了光纤色散对光信号传播的影响。不过，那只是在线性光纤中进行的讨论。在本章以后的几节里，将同时考虑光纤的非线性和色散对光信号传播的影响。

1. 光信号传播方程

由式(7.1.2)，可将波动方程写成

$$\nabla^2\boldsymbol{E}-\frac{1}{c^2}\frac{\partial^2\boldsymbol{E}}{\partial t^2}=-\mu_0\frac{\partial^2}{\partial t^2}(\boldsymbol{P}_L+\boldsymbol{P}_{NL}) \tag{7.2.1}$$

式(7.2.1)是光信号在非线性介质中传播的基本方程。为便于求解这个方程，做如下几点

假设:(1) 设光纤是弱非线性的,即设$|\boldsymbol{P}_L| \gg |\boldsymbol{P}_{\mathrm{NL}}|$,也就是说,方程中的非线性项被看成了一个微扰。这与实际相符合。(2) 光电场偏振方向在传播过程中保持不变,这称为线偏振假设。虽然这个假设与光纤中光电场的实际情况并不完全符合,但以此假设为基础的标量模分析方法的结果是成功的。(3) 设光信号是准单色的,即光信号的谱宽 $\Delta\omega$ 远小于载波中心频率 ω_0。这也与实际相符合。例如,在 1.55 μm 波段,$\omega_0 \approx 1.2\times10^{15}$ rad/s,而谱宽对于 ps 级脉冲也只有10^{12} rad/s 的数量级。

按照以上假设,可将方程(7.2.1)中的光信号 $\boldsymbol{E}$ 看成一个缓变的脉冲包络与一个快速振荡的光载波的乘积:

$$\boldsymbol{E}(x,y,z,t)=\boldsymbol{e}_x E(x,y,z,t)\cdot \mathrm{e}^{\mathrm{i}(\omega_0 t-\beta_0 z)} \tag{7.2.2}$$

其中,$E(x,y,z,t)$是缓变的脉冲包络函数,ω_0 是载波中心频率,β_0 是相应的相位常数。与式(7.2.2)相似,方程(7.2.1)中的电极化强度也都分别看成一个缓变的脉冲包络与一个快速振荡的光载波的乘积:

$$\boldsymbol{P}_L(x,y,z,t)=\boldsymbol{e}_x P_L(x,y,z,t)\cdot \mathrm{e}^{\mathrm{i}(\omega_0 t-\beta_0 z)} \tag{7.2.3}$$

$$\boldsymbol{P}_{\mathrm{NL}}(x,y,z,t)=\boldsymbol{e}_x P_{\mathrm{NL}}(x,y,z,t)\cdot \mathrm{e}^{\mathrm{i}(\omega_0 t-\beta_0 z)} \tag{7.2.4}$$

对于非线性电极化强度$\boldsymbol{P}_{\mathrm{NL}}$,这里只考虑中心频率 ω_0 的贡献。

若考虑到电极化的时间滞后效应,应有

$$\begin{aligned} P_L(x,y.z,t) &= \varepsilon_0\int_{-\infty}^{t}\chi_{xx}^{(1)}(\tau-t)E(x,y,z,t)\mathrm{e}^{\mathrm{i}\omega_0 t}\mathrm{d}\tau \\ &= \varepsilon_0\int_{-\infty}^{\infty}\chi_{xx}^{(1)}(\omega)E(x,y,z,\omega-\omega_0)\mathrm{e}^{\mathrm{i}(\omega-\omega_0)t}\mathrm{d}\omega \end{aligned} \tag{7.2.5}$$

其中,$\chi_{xx}^{(1)}(\omega)$是 $\chi_{xx}^{(1)}(t)$的傅里叶变换,$E(x,y,z,\omega-\omega_0)$是脉冲包络函数 $E(x,y,z,t)$的傅里叶变换:

$$E(x,y,z,\omega-\omega_0) = \frac{1}{2\pi}\int_{-\infty}^{\infty}E(x,y,z,t)\mathrm{e}^{-\mathrm{i}(\omega-\omega_0)t}\mathrm{d}t$$

非线性电极化强度为

$$\begin{aligned} \boldsymbol{P}_{\mathrm{NL}}(x,y,z,t) = \varepsilon_0\iiint_{-\infty}^{t}\chi^{(3)}(t_1-t,t_2-t,t_3-t) \vdots \boldsymbol{E}(x,y,z,t)\boldsymbol{E}(x,y,z,t) \\ \boldsymbol{E}(x,y,z,t)\mathrm{d}t_1\mathrm{d}t_2\mathrm{d}t_3 \end{aligned} \tag{7.2.6}$$

为简单起见,设三阶非线性极化是瞬时的:

$$\boldsymbol{P}_{\mathrm{NL}}(x,y,z,t)=\varepsilon_0\chi^{(3)} \vdots \boldsymbol{E}(x,y,z,t)\boldsymbol{E}(x,y,z,t)\boldsymbol{E}(x,y,z,t) \tag{7.2.7}$$

将式(7.2.2)代入式(7.2.7),可以发现,三阶非线性极化项中不仅含有原来的中心频率 ω_0 项,还含有 $3\omega_0$ 项。这个 $3\omega_0$ 项的频率已不在光纤的低损耗波段,可以不予考虑。在只考虑中心频率 ω_0 项时,非线性极化项可写成

$$P_{\mathrm{NL}}(x,y,z,t)=\varepsilon_0\varepsilon_{\mathrm{NL}}E(x,y,z,t) \tag{7.2.8}$$

其中,$\varepsilon_{\mathrm{NL}}=\frac{3}{4}\chi_{xxxx}^{(3)}|E(x,y,z,t)|^2$ 是介电常数的非线性修正。

在频域中,传播方程(7.2.1)可写成

$$\nabla^2 E(x,y,z)+k^2n^2(\omega)E(x,y,z)=0 \tag{7.2.9}$$

其中,$k^2=\omega^2\mu_0\varepsilon_0$,$n(\omega)=\sqrt{1+\chi_{xx}^{(1)}+\varepsilon_{\mathrm{NL}}}$。令

$$E(x,y,z)=A(z,\omega-\omega_0)\Psi(x,y)e^{-i\beta_0 z} \tag{7.2.10}$$

这里的 $A(z,\omega-\omega_0)$是 z 的缓变函数。将式(7.2.10)代入式(7.2.9)，得

$$[\nabla_t^2+k^2n^2-\beta_0^2]\Psi(x,y)A(z,\omega-\omega_0)$$
$$+\left[-i2\beta_0\frac{\partial A(z,\omega-\omega_0)}{\partial z}+\frac{\partial^2 A(z,\omega-\omega_0)}{\partial z^2}\right]\Psi(x,y)=0$$

注意到 $A(z,\omega-\omega_0)$是 z 的缓变函数，可忽略其二阶导数，得

$$[\nabla_t^2+(k^2n^2-\bar{\beta}^2)]\Psi(x,y)=0 \tag{7.2.11}$$

$$-i2\beta_0\frac{\partial A(z,\omega-\omega_0)}{\partial z}+(\bar{\beta}^2-\beta_0^2)A(z,\omega-\omega_0)=0 \tag{7.2.12}$$

式(7.2.11)就是非线性单模光纤中的模式横向场方程，$\bar{\beta}$ 是待求的相对于频率 ω 的纵向相位常数。式(7.2.11)与式(4.4.5)中的 n 的不同在于有一个非线性修正项 Δn：

$$n=n_1+\Delta n \tag{7.2.13}$$

即

$$n^2=(n_1+\Delta n)^2=n_1^2+2n_1\Delta n \tag{7.2.14}$$

将式(7.2.13)与式(7.1.13)比较，可知

$$\Delta n=n_2\ |E|^2 \tag{7.2.15}$$

其中，n_2 的单位是 m^2/V^2。

由于式(7.2.11)中的 n^2 含有非线性修正项，通常用微扰法求解。

首先，忽略 n^2 中的非线性修正项，令 $n(\omega)=n_1$，这样，式(7.2.11)就与用线偏振模方法求解的传播模完全相同，并解得相位常数 $\beta(\omega)$。对于单模光纤，$\Psi(x,y)$就是 LP_{01} 模，但由于非线性效应，相位常数应 $\beta(\omega)$应有一个修正量，即

$$\bar{\beta}=\beta(\omega)+\Delta\beta \tag{7.2.16}$$

按照微扰论，可以证明

$$\Delta\beta=\frac{k\int_s \Delta n\ |\Psi(x,y)|^2 ds}{\int_s |\Psi(x,y)|^2 ds} \tag{7.2.17}$$

积分在光纤横截面上进行。将式(7.2.16)代入式(7.2.12)，注意到 $\bar{\beta}+\beta_0\approx 2\beta_0$，得信号包络函数在时域的传播方程：

$$\frac{\partial A(z,\omega-\omega_0)}{\partial z}+i[\beta(\omega)+\Delta\beta-\beta_0]A(z,\omega-\omega_0)=0 \tag{7.2.18}$$

在 ω_0 附近将 $\beta(\omega)$展开为泰勒级数：

$$\beta(\omega)=\beta_0+\beta_1\Delta\omega+\frac{1}{2}\beta_2\ (\Delta\omega)^2+\frac{1}{6}\beta_3\ (\Delta\omega)^3+\cdots \tag{7.2.19}$$

其中，$\beta_i=\frac{\partial\beta}{\partial\omega}\big|_{\omega=\omega_0}$，$\Delta\omega=\omega-\omega_0$。略去式(7.2.19)中高于三阶的项，代入式(7.2.18)，得

$$\frac{\partial A(z,\Delta\omega)}{\partial z}+i\left[\beta_1\Delta\omega+\frac{1}{2}\beta_2\ (\Delta\omega)^2+\frac{1}{6}\beta_3\ (\Delta\omega)^3\right]A(z,\Delta\omega)+i\Delta\beta A(z,\Delta\omega)=0$$

对上式做逆傅里叶变换，也就是等价于用$\frac{\partial}{\partial t}$代替上式中的 $i\Delta\omega$，略去 β_3 项，得

$$\frac{\partial A(z,t)}{\partial z}+\beta_1\frac{\partial A(z,t)}{\partial z}-\frac{\mathrm{i}}{2}\beta_2\frac{\partial^2 A(z,t)}{\partial t^2}+\mathrm{i}\Delta\beta A(z,t)=0 \tag{7.2.20}$$

为方便起见，引入非线性参数：

$$\gamma=\frac{n_2\omega_0}{cS_{\mathrm{eff}}} \tag{7.2.21}$$

其中，n_2 的单位不再采用 $\mathrm{m}^2/\mathrm{V}^2$，而采用 m^2/W，以便于测量。对于石英光纤，测量结果是 $n_2\approx 2.6\times 10^{-20}\ \mathrm{m}^2/\mathrm{W}$，而 S_{eff}是光纤的有效横截面积，其定义是

$$S_{\mathrm{eff}}=\frac{\left[\int_s|\Psi(x,y)|^2\mathrm{d}s\right]^2}{\int_s|\Psi(x,y)|^2\mathrm{d}s} \tag{7.2.22}$$

在 1.55 μm 波段，常规单模光纤的 S_{eff}约在 50～80 $\mu\mathrm{m}^2$ 范围，大有效面积光纤的 S_{eff}可达 120 $\mu\mathrm{m}^2$ 以上。

将式(7.2.15)代入式(7.2.17)，可将式(7.2.18)写成

$$\frac{\partial A(z,t)}{\partial z}+\beta_1\frac{\partial A(z,t)}{\partial z}-\frac{\mathrm{i}}{2}\beta_2\frac{\partial^2 A(z,t)}{\partial t^2}\beta=-\mathrm{i}\gamma|A(z,t)|^2A(z,t) \tag{7.2.23}$$

这就是考虑到二阶色散的光信号非线性传播方程。如果考虑到三阶色散和光纤损耗，式(7.2.23)应改写为

$$\begin{aligned}&\frac{\partial A(z,t)}{\partial z}+\beta_1\frac{\partial A(z,t)}{\partial z}-\frac{\mathrm{i}}{2}\beta_2\frac{\partial^2 A(z,t)}{\partial t^2}+\frac{\alpha}{2}A(z,t)-\frac{1}{6}\beta_3\frac{\partial^3 A(z,t)}{\partial t^3}\\&=-\mathrm{i}\gamma|A(z,t)|^2A(z,t)\end{aligned} \tag{7.2.24}$$

式(7.2.24)是研究光信号在非线性光纤中传播畸变的基础，其中的 α 是由折射率虚部决定的光纤衰减常数。

由于色散和损耗都与传输距离有关，为便于求解，与前一样，引入本地时间

$$T=t-\frac{z}{v_g}=t-\beta_1 z \tag{7.2.25}$$

传播方程式(7.2.24)变换为

$$\frac{\partial A}{\partial z}+\frac{\alpha}{2}A-\frac{\mathrm{i}}{2}\beta_2\frac{\partial^2 A}{\partial T^2}+\frac{1}{6}\beta_3\frac{\partial^3 A}{\partial T^3}=-\mathrm{i}\gamma|A|^2A \tag{7.2.26}$$

2. 传播方程的数值解

传播方程(7.2.26)是一个非线性偏微分方程。除了一些特殊情形外，一般很难求得解析解，只能求得数值解。为简便起见，将方程(7.2.26)写成

$$\frac{\partial A}{\partial z}=(D+N)A \tag{7.2.27}$$

其中，

$$D=\frac{\mathrm{i}}{2}\beta_2\frac{\partial^2}{\partial T^2}-\frac{\alpha}{2} \tag{7.2.28}$$

称为微分算子，表征介质中的色散和损耗，而

$$N=-\mathrm{i}\gamma|A|^2 \tag{7.2.29}$$

称为非线性算子，表征传播方程中的所有非线性项。

现将光纤分成若干足够短的小段，考虑长为 l 的一小段。在 $z\rightarrow z+l$ 区间积分式

(7.2.27)，得到其形式解：

$$A(z+l,T)=A(z,T)\mathrm{e}^{(D+N)l}=A(z,T)\mathrm{e}^{Dl}\mathrm{e}^{Nl} \tag{7.2.30}$$

其中，$Nl=-\mathrm{i}\gamma|A|^2l$ 是非线性相位。由于式(7.2.30)的中的 D 是关于 T 的微分算子，要求出长度为 l 的一小段光纤的输出信号，需要先对 D 做 $T\to\omega$ 的傅里叶变换，即用 $\mathrm{i}\omega$ 代替 $\frac{\partial}{\partial T}$，得其在频域的表示式

$$D(\mathrm{i}\omega)=-\frac{\mathrm{i}}{2}\beta_2\omega^2-\frac{\alpha}{2} \tag{7.2.31}$$

于是，长度为 l 的一小段光纤的输出信号可以用下式得到：

$$A(z,T)\mathrm{e}^{Nl}\mathrm{e}^{Dl}=F^{-1}\{F[A(z,T)\mathrm{e}^{Nl}]\mathrm{e}^{D(\mathrm{i}\omega)l}\} \tag{7.2.32}$$

这就是说，先对非线性因子 $A(z,T)\mathrm{e}^{Nl}$ 做 $T\to\omega$ 的傅里叶变换，得到其在频域的表示式，乘以因子 $\mathrm{e}^{D(\mathrm{i}\omega)l}$ 后再做逆傅里叶变换，就得到这一小段光纤的输出信号。再以此信号为输入信号，用同样的方法计算下一段光纤的输出信号。如此下去，直到算出整条光纤的输出信号。这种方法称为分段傅里叶法。

需要指出的是，分段傅里叶法存在误差，误差的大小与分段的长短有关，其数量级是 l^2/L，L 是整条光纤的长度。

7.3 自相位调制

由于传输介质在强光入射时的非线性效应，一定频率入射光波的相位受到一个与自身光强度成正比的调制，这种现象称为自相位调制(Self-phase modulation，SPM)。这一节将说明，自相位调制导致信号频谱的展宽，与群速度色散相结合将对光信号的传输产生重要影响。

1. 非线性相移及频率啁啾

在非线性传播方程(7.2.26)中，忽略三阶色散项，引入归一化包络函数：

$$A(z,T)=\sqrt{P_0}U(z,T)\mathrm{e}^{-\frac{\alpha}{2}Z} \tag{7.3.1}$$

和归一化时间

$$\tau=\frac{T}{T_0}=\frac{t-\beta_1 z}{T_0} \tag{7.3.2}$$

其中，P_0 是脉冲峰值功率，T_0 是脉冲初始宽度，于是，可将式(7.2.26)写成

$$\mathrm{i}\frac{\partial U}{\partial z}\pm\frac{1}{2L_D}\frac{\partial^2 U}{\partial\tau^2}-\frac{|U|^2}{L_{\mathrm{NL}}}U\mathrm{e}^{-\alpha z}=0 \tag{7.3.3}$$

其中，“±”号当 $\beta_2>0$ 时取“+”号，当 $\beta_2<0$ 时取“−”号，而

$$L_D=\frac{T_0^2}{|\beta_2|},\quad L_{\mathrm{NL}}=\frac{1}{\gamma P_0} \tag{7.3.4}$$

分别称为色散长度和非线性长度。若色散长度 $L_D\ll L_{\mathrm{NL}}$，则式(7.3.3)中的非线性项可以忽略，于是式(7.3.3)就回到只考虑色散的传播方程(4.4.13)。若 $L_D\gg L_{\mathrm{NL}}$，则色散项可以忽略，式(7.3.3)就化简为

$$\frac{\partial U}{\partial z}+\mathrm{i}\,\frac{|U|^2}{L_{\mathrm{NL}}}U\mathrm{e}^{-\alpha z}=0 \tag{7.3.5}$$

式(7.3.5)的形式解是

$$U(z,T)=U(0,T)\mathrm{e}^{\mathrm{i}\varphi_{\mathrm{NL}}(z,T)} \tag{7.3.6}$$

其中,$U(0,T)$是归一化的脉冲包络,即其最大值为$U(0,0)=1$,而

$$\varphi_{\mathrm{NL}}=-|U(0,T)|^2\frac{z_{\mathrm{eff}}}{L_{\mathrm{NL}}} \tag{7.3.7}$$

是非线性相位,变量

$$z_{\mathrm{eff}}=\frac{1}{\alpha}(1-\mathrm{e}^{-\alpha z}) \tag{7.3.8}$$

称为有效长度。若忽略光纤的损耗,则 $z_{\mathrm{eff}}=z$。由于$U(0,T)$的最大值是$U(0,0)=1$;当光脉冲在光纤中传播距离 z 时,其最大非线性相位值是

$$\varphi_{\max}=-\frac{z_{\mathrm{eff}}}{L_{\mathrm{NL}}}=-\gamma P_0 z_{\mathrm{eff}} \tag{7.3.9}$$

由于非线性相位与信号自身有关,是本地时间 T 的函数,因而,其对时间的导数就是自相位调制导致的频率偏差:

$$\delta\omega=\frac{\partial\varphi_{\mathrm{NL}}}{\partial T}=-\frac{\partial|U(0,T)|^2}{\partial T}\frac{z_{\mathrm{eff}}}{L_{\mathrm{NL}}} \tag{7.3.10}$$

引入超高斯脉冲

$$U(0,T)=\mathrm{e}^{-\frac{1}{2}\left(\frac{T}{T_0}\right)^{2m}} \tag{7.3.11}$$

$m=1$ 时,式(7.3.11)就是高斯脉冲。m 越大,脉冲前后沿越陡,越接近矩形脉冲。将式(7.3.11)代入式(7.3.10),得

$$\delta\omega(T)=\frac{2m}{T_0}\frac{z_{\mathrm{eff}}}{L_{\mathrm{NL}}}\left(\frac{T}{T_0}\right)^{2m-1}\mathrm{e}^{-\left(\frac{T}{T_0}\right)^{2m}} \tag{7.3.12}$$

可见,对于脉冲前沿($T<0$),$\delta\omega<0$,频率向下啁啾;对于脉冲后沿($T>0$),$\delta\omega>0$,频率向上啁啾。图 7.3.1 是高斯脉冲和 $m=3$ 的超高斯脉冲在 $z_{\mathrm{eff}}=L_{\mathrm{NL}}$ 条件下的频率偏差示意图。由图可见,超高斯脉冲由于前后沿较陡,顶部较平,前后沿产生了较大的频偏,而顶部在相当宽的范围内几乎无频偏。

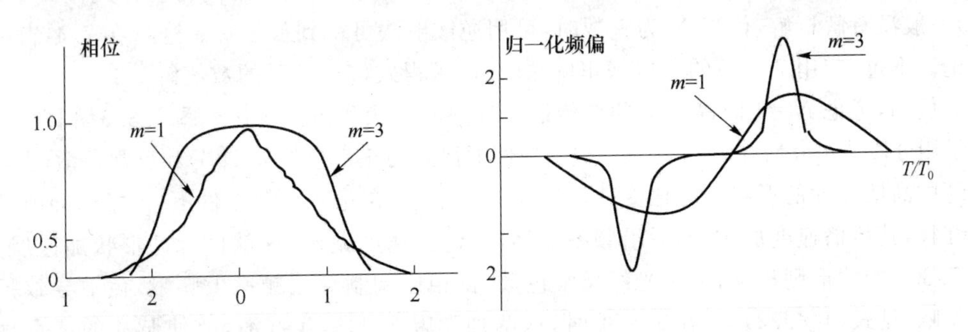

图 7.3.1 SPM 导致的频偏示意图

自相位调制导致的频率啁啾使信号的频谱展宽。对于高斯脉冲,最大频偏近似为

$$\delta\omega_{\max}=0.86\frac{\varphi_{\max}}{T_0}=0.86\Delta\omega\varphi_{\max} \quad (7.3.13)$$

其中，$\Delta\omega=1/T_0$ 是脉冲的初始谱宽。在传播距离较长，初始脉冲功率较大时，频偏 $\delta\omega$ 可以显著大于脉冲的初始谱宽，使信号的频谱展宽，对通信发生重要影响。

若对式(7.3.6)做傅里叶变换，可得到信号的功率谱密度：

$$S(\omega)=\left|\frac{1}{2\pi}\int_{-\infty}^{\infty}U(0,T)\mathrm{e}^{\mathrm{i}[\varphi_{\mathrm{NL}}(z,T)-(\omega-\omega_0)T]}\mathrm{d}T\right|^2 \quad (7.3.14)$$

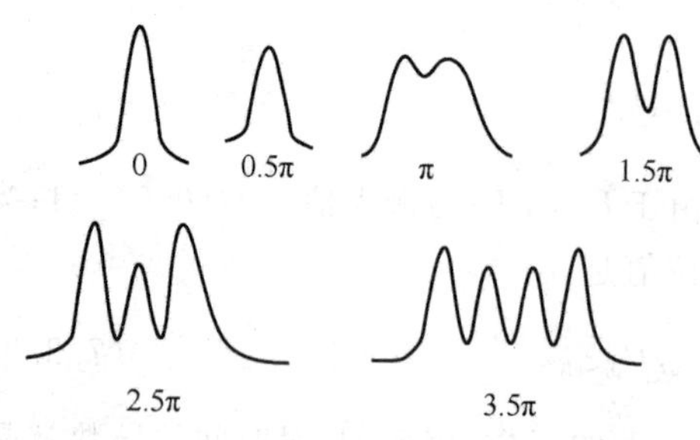

图 7.3.2　SPM 导致的高斯脉冲的频谱展宽

图 7.3.2 是高斯脉冲在 $\varphi_{\max}$ 取不同值时的频谱展宽图，图下的数字是 $\varphi_{\max}$ 的值。由图可见，当 $\varphi_{\max}>\pi$ 时，功率谱密度发生分瓣。这种现象已通过对一定长度的光纤增加脉冲峰值功率的实验证实。

2. 群速度色散的影响

上面的讨论忽略了光纤的色散。这对于较宽的脉冲(如 $T_0>100$ ps)是相当精确的，但对于超短脉冲，如 ps 级脉冲，其色散长度 L_D 与非线性长度 L_{NL} 已可以比拟，色散的影响已不可忽略。为了一并考虑色散和非线性的影响，引入如下参量：

$$\xi=\frac{Z}{L_D},\quad \tau=\frac{T}{T_0} \quad (7.3.15)$$

和

$$N^2=\frac{L_D}{L_{\mathrm{NL}}}=\gamma P_0\frac{T_0^2}{|\beta_2|} \quad (7.3.16)$$

于是，可将式(7.3.3)写成

$$\mathrm{i}\frac{\partial U}{\partial\xi}\pm\frac{1}{2}\frac{\partial^2 U}{\partial\tau^2}-N^2\mathrm{e}^{-\alpha z}|U|^2U=0 \quad (7.3.17)$$

式(7.3.17)称为非线性薛定谔方程。在式(7.3.17)中，若 $N^2\gg1$，自相位调制是主要的，第二项可略去，式(7.3.17)变成式(7.3.5)。若 $N^2\ll1$，色散是主要的，第三项可略去，式(7.3.17)变成式(4.4.13)。若 N^2 接近于 1，色散和自相位调制同时起作用。式(7.3.17)一般没有解析解，仅当 N 为整数时，可用逆散射法可得到孤子解。这将在 7.4 节具体讨论。不过，应用 7.2 节的分段傅里叶法，可以求得式(7.3.17)的数值解。

例如，考虑 $N=1$ 时高斯脉冲在传播过程中的形状和频谱变化。图 7.3.3 和图 7.3.4 就是用分段傅里叶法在 $\varphi_{\max}=5$，$z=5L_D$ 条件下得到的正常色散($\beta_2>0$)和反常色散($\beta_2<0$)光纤中高斯脉冲的形状和频谱变化。图 7.3.3 表明，在正常色散条件下，由于脉冲前沿频率红移，其传播速度加快，而后沿频率蓝移，其传播速度减慢，这就使脉冲形状加速展宽。图 7.3.4 的情形则相反，由于光纤反常色散，自相位调制导致频率上啁啾，色散导致频率下啁啾〔见式(4.4.22)〕。在 $N=1$ 时，这两种啁啾几乎相互抵消，故使脉冲的展宽显著变慢。

如果输入的脉冲是无初始啁啾的双曲正割脉冲，则脉冲在传播过程中的形状和频谱保持不变。这就是一阶光孤子。

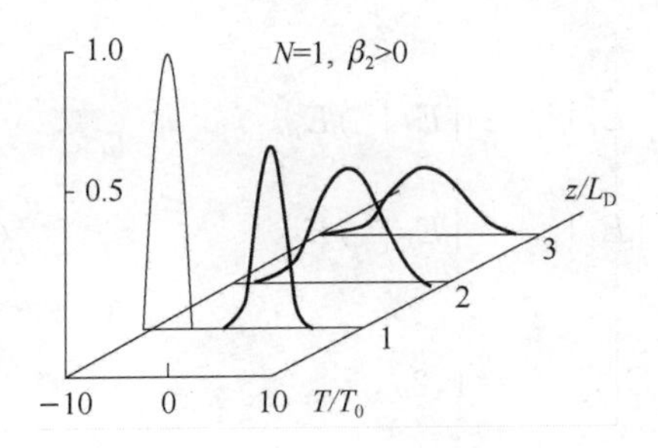

图 7.3.3 正常色散,脉冲加速展宽

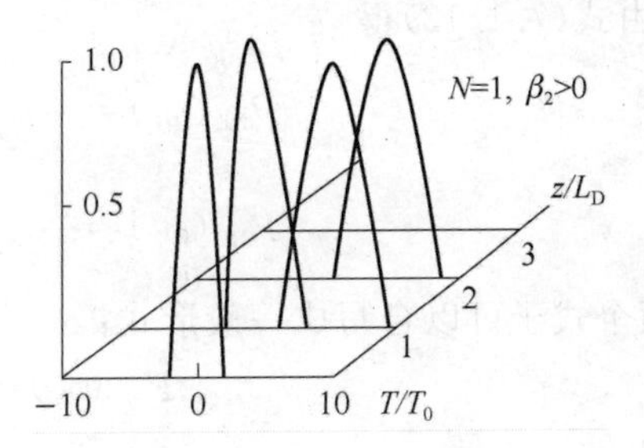

图 7.3.4 反常色散,脉冲展宽变慢

3. 自相位调制对通信的影响

如上所述,自相位调制导致光信号在传输中产生附加的非线性相移,在正常色散条件下,使脉冲形状加速展宽。这对提高高速光纤通信系统的比特速率距离积是很不利的。但在反常色散条件下,脉冲的展宽显著变慢,特别是在特殊情况下会形成光孤子,有利于提高高速光纤通信系统的比特速率距离积。

在光纤的反常色散区,若 N 值较大,光信号在不长距离内可以产生很大的非线性相移,导致光信号频谱大幅展宽,相当于脉冲在时域内被压缩。采用这种方法可以获得 fs(10^{-15})级的超短脉冲。

利用光纤中大功率脉冲引起的非线性相移,可以做成非线性光开关。非线性光开关主要有 Fabry-Perot 型和非线性光纤环镜两种结构。非线性光纤环镜的反应速度可高达 fs 级,这是其他光开关难以达到的。非线性光纤环镜还可能被应用于光波多路复用系统的波长解复用和光时分解复用。不过,由于所需功率太大,非线性光开关目前在通信系统中尚未达到实用阶段。

7.4 交叉相位调制

在 7.1 节中说过,由于光纤的非线性,其折射率有一个非线性项。当光纤中有多个不同频率的光波传播时,对某个频率的光波相位的调制不仅来自它自身,还来自其他频率的光波或偏振方向与它正交的光波。这后一种调制就是交叉相位调制。交叉相位调制对多波长光纤传输会产生重要影响。

1. 不同频率光波的耦合

为简便起见,设光纤中的光波是两个偏振方向相同但频率不同的光波的叠加:

$$\boldsymbol{E}=\boldsymbol{e}_x(E_1\mathrm{e}^{\mathrm{i}\omega_1 t}+E_2\mathrm{e}^{\mathrm{i}\omega_2 t}) \tag{7.4.1}$$

其中,ω_1,ω_2 是两个光波的载波中心频率;振幅 E_1,E_2 是时间的缓变函数,即 $\Delta\omega_{1,2}\ll\omega_{1,2}$,这个假设在光信号脉宽不小于 0.1 ps 时都成立。

将式(7.4.1)代入式(7.1.1),可得非线性极化强度为

$$\begin{aligned}\boldsymbol{P}_{\mathrm{NL}}=\boldsymbol{e}_x\{&P_{\mathrm{NL}}(\omega_1)\mathrm{e}^{\mathrm{i}\omega_1 t}+P_{\mathrm{NL}}(\omega_2)\mathrm{e}^{\mathrm{i}\omega_2 t}\\&+P_{\mathrm{NL}}(2\omega_1-\omega_2)\mathrm{e}^{\mathrm{i}(2\omega_1-\omega_2)}+P_{\mathrm{NL}}(2\omega_2-\omega_1)\mathrm{e}^{\mathrm{i}(2\omega_2-\omega_1)}\}\end{aligned} \tag{7.4.2}$$

这里没有考虑三倍谐波项,而 $2\omega_1-\omega_2$ 项和 $2\omega_2-\omega_1$ 项属于四波混频,这里也不考虑,于

是，由式(7.1.12)得

$$P_{\mathrm{NL}}(\omega_1)=\frac{3}{4}\varepsilon_0\chi^{(3)}_{xxxx}(|E_1|^2+2|E_2|^2)E_1 \tag{7.4.3}$$

$$P_{\mathrm{NL}}(\omega_2)=\frac{3}{4}\varepsilon_0\chi^{(3)}_{xxxx}(|E_2|^2+2|E_1|^2)E_2 \tag{7.4.4}$$

这两个式子可以合写成一般形式：

$$P_{\mathrm{NL}}(\omega_i)=\varepsilon_0\varepsilon_i^{\mathrm{NL}}E_i,\quad (i=1,2)$$

其中，

$$\varepsilon_i^{\mathrm{NL}}=\frac{3}{4}\varepsilon_0\chi^{(3)}_{xxxx}(|E_i|^2+2|E_{3-\mathrm{i}}|^2) \tag{7.4.5}$$

第 i 个光频信号的总极化强度为 $P(\omega_i)=P_L+P_{\mathrm{NL}}=\varepsilon_0\varepsilon_iE_i$

其中，

$$\varepsilon_i=1+\chi^{(1)}_{xx}+\varepsilon_i^{(\mathrm{NL})}=(n_i+\Delta n_i)^2$$

于是，折射率的非线性修正项为

$$\Delta n_i=\frac{1}{2n_i}\varepsilon_i^{\mathrm{NL}}=\frac{3}{8n_i}\chi^{(3)}_{xxxx}(|E_i|^2+2|E_{3-i}|^2) \tag{7.4.6}$$

如果忽略光纤损耗，第 i 个光频信号的非线性相位因子是

$$\varphi_i^{\mathrm{NL}}=\frac{\omega_i z}{c}\Delta n_i=\frac{\omega_i n_2 z}{c}(|E_i|^2+2|E_{3-i}|^2) \tag{7.4.7}$$

其中，第一项为 SPM 项，第二项为 XPM 项，$n_2=3\chi^{(3)}_{xxxx}/8n_i$ 称为非线性折射率系数。式(7.4.7)表明，对于相同的光强，XPM 的贡献是 SPM 的两倍。

若将两个光波的场函数分别写成

$$E_i=\Psi_i(x,y)A_i(z,t)\mathrm{e}^{\mathrm{i}(\omega_{0i}t-\beta_{0i}z)}\quad (i=1,2) \tag{7.4.8}$$

应用 7.2 节中的方法，可得两个光信号的包络 $A_1(z,t)$ 和 $A_2(z,t)$ 满足的方程：

$$\frac{\partial A_1}{\partial z}+\frac{1}{v_{g1}}\frac{\partial A_1}{\partial t}-\frac{\mathrm{i}}{2}\beta_{21}\frac{\partial^2 A_1}{\partial t^2}+\frac{\alpha_1}{2}A_1=-\mathrm{i}\gamma_1(|A_1|^2+2|A_2|^2)A_1 \tag{7.4.9}$$

$$\frac{\partial A_2}{\partial z}+\frac{1}{v_{g2}}\frac{\partial A_2}{\partial t}-\frac{\mathrm{i}}{2}\beta_{22}\frac{\partial^2 A_2}{\partial t^2}+\frac{\alpha_2}{2}A_2=-\mathrm{i}\gamma_2(|A_2|^2+2|A_1|^2)A_2 \tag{7.4.10}$$

其中，v_{g1}，v_{g2} 是两个光信号的群速度；β_{21}，β_{22} 是两个光信号的群速度色散；γ_1，γ_2 是相应的非线性常数：

$$\gamma_i=\frac{n_2\omega_i}{cA_{\mathrm{eff}}}$$

A_{eff} 是光纤的有效截面积，并设两个光信号的 A_{eff} 相同。方程(7.4.9)和方程(7.4.10)是两个耦合方程，必须联立求解。由于两个光信号的群速度 v_{g1}，v_{g2} 不相同，会发生所谓脉冲走离。为此，定义走离长度：

$$L_W=\left|\frac{T_0v_{g1}v_{g2}}{v_{g1}-v_{g2}}\right| \tag{7.4.11}$$

这就是说，非线性相互作用主要发生在两个脉冲相互重叠的距离内。在走离长度内，每个光信号的波形传播受到另一个的影响。对于多波长传输系统，这种影响在光功率较大时是必须考虑的。

2. 正交偏振模之间的耦合

一个光波，不论是线偏振，圆偏振还是椭圆偏振，总可以写成

$$\boldsymbol{E}=(\boldsymbol{e}_x E_x+\boldsymbol{e}_y E_y)\mathrm{e}^{\mathrm{i}\omega_0 t} \tag{7.4.12}$$

其中，E_x，E_y 是复振幅，波的偏振状态取决于两个复振幅的相位差和幅值的比。

石英光纤的三阶电极化率张量的元素 $\chi^{(3)}_{xxyy}$，$\chi^{(3)}_{xyxy}$，$\chi^{(3)}_{xyyx}$ 不等于零，这使非线性极化强度$\boldsymbol{P}_{\mathrm{NL}}$在 x，y 方向的两个分量相互影响。若不考虑其他频率成分，则有

$$P_i^{\mathrm{NL}}=\frac{3}{4}\varepsilon_0\sum_j(\chi^{(3)}_{xyxy}E_iE_jE_j^*+\chi^{(3)}_{xyxy}E_jE_iE_j^*+\chi^{(3)}_{xyyx}E_jE_jE_i^*) \tag{7.4.13}$$

按照非线性光学理论，$\chi^{(3)}$ 的各个元素并不独立，元素 $\chi^{(3)}_{xxxx}$ 与式(7.4.13)中的三个元素 $\chi^{(3)}_{xxyy}$，$\chi^{(3)}_{xyxy}$，$\chi^{(3)}_{xyyx}$ 的关系是

$$\chi^{(3)}_{xxxx}=\chi^{(3)}_{xxyy}+\chi^{(3)}_{xyxy}+\chi^{(3)}_{xyyx}$$

对于石英光纤，上式右边的三个元素相等，于是有

$$P_x^{\mathrm{NL}}=\frac{3}{4}\varepsilon_0\chi^{(3)}_{xxxx}\left[\left(|E_x|^2+\frac{2}{3}|E_y|^2\right)E_x+\frac{1}{3}(E_x^*E)E_y\right]$$

$$P_y^{\mathrm{NL}}=\frac{3}{4}\varepsilon_0\chi^{(3)}_{xxxx}\left[\left(|E_y|^2+\frac{2}{3}|E_x|^2\right)E_y+\frac{1}{3}(E_y^*E)E_x\right]$$

进一步的研究表明，当光纤长度 L 远大于双折射拍长 L_B 时，上面两式中最后一项可以忽略。于是得到两个偏振方向上的折射率的非线性修正项是

$$\Delta n_x=n_2\left(|E_x|^2+\frac{2}{3}|E_y|^2\right),\quad \Delta n_y=n_2\left(|E_y|^2+\frac{2}{3}|E_x|^2\right) \tag{7.4.14}$$

与两个不同频率光信号一样，设两个偏振光信号的包络函数为 $A_x(z,t)$，$A_y(z,t)$，则它们满足下面的耦合方程：

$$\begin{cases}\dfrac{\partial A_x}{\partial z}+\beta_{1x}\dfrac{\partial A_x}{\partial t}-\dfrac{\mathrm{i}}{2}\beta_2\dfrac{\partial^2 A_x}{\partial t^2}+\dfrac{\alpha}{2}A_x=-\mathrm{i}\gamma\left(|A_x|^2+\dfrac{2}{3}|A_y|^2\right)A_x\\[2ex]\dfrac{\partial A_y}{\partial z}+\beta_{1y}\dfrac{\partial A_y}{\partial t}-\dfrac{\mathrm{i}}{2}\beta_2\dfrac{\partial^2 A_y}{\partial t^2}+\dfrac{\alpha}{2}A_y=-\mathrm{i}\gamma\left(|A_y|^2+\dfrac{2}{3}|A_x|^2\right)A_y\end{cases} \tag{7.4.15}$$

在上面两式中，两个偏振光信号的群时延 β_{1x}，β_{1y} 由于单模光纤的双折射有微小的差异，而群速度色散，非线性常数和衰减系数相同。与两个不同频率光信号的情形相似，两个偏振光信号之间的非线性相互作用主要发生在走离长度内。不过，这里的走离长度是

$$L_W=\frac{T_0}{|\beta_{1x}-\beta_{1y}|} \tag{7.4.16}$$

3. XPM 对通信系统的影响

XPM 对通信系统的影响主要是对多波长系统的影响。在目前的密集波分复用系统(DWDM)中，光纤低损耗波段的波长数已超过 100 个。每个载波的相位不仅受 SPM 的影响，更多地受到 XPM 的影响。如果不考虑色散导致的信号畸变，则这种非线性的相位变化对非相干的直接检测通信系统的影响可以不考虑。但是，由于相干通信系统必须保持光信号与载波光的相位匹配，而 XPM 的非线性相移使光信号的相位发生波动，从而产生相位噪声，降低了系统的信噪比，因此，对于相干通信系统，特别是零差检测通信系统，这种非线性相位变化的影响必须考虑。

现在来近似分析一下 XPM 对多波长相干通信系统的影响。设密集波分复用系统(DWDM)中一共有 M 个波长信道,每个波长信道的信号包络传播方程是

$$\frac{\partial A_i}{\partial z}+\frac{\alpha}{z}A_i=-\mathrm{i}\gamma\left(|A_i|^2+2\sum_{m=1,m\neq i}^{M}|A_m|^2\right)A_i,\quad (i=1,2,3,\cdots,M) \tag{7.4.17}$$

这是由 M 个方程组成的方程组,其中忽略了群速度色散项。式(7.4.17)有形如下面的解:

$$A_i=\sqrt{P_i}\,\mathrm{e}^{-\mathrm{i}\varphi_i} \tag{7.4.18}$$

其中,

$$\varphi_i=\gamma L_{\mathrm{eff}}\left(P_i+2\sum_{m\neq i}^{M}P_m\right)$$

L_{eff}是光纤的有效长度,当 $\alpha L\gg 1$ 时,$L_{\mathrm{eff}}=1/\alpha$。对于相干检测通信系统,影响系统性能的不是非线性相移本身,而是相移的起伏(或称相位噪声)。对多波长相干通信系统,调制方式不同,式(7.4.18)产生的相位噪声不同。通常有两种调制方式:一种是相移键控(PSK);在这种调制方式中,不论"0"码和"1"码,发射功率是一样的;另一种调制方式是幅度键控(ASK)。在这种调制方式中,"0"码光功率几乎为零,只有"1"码才发出一个光脉冲。显然,在这两种调制方式中,交叉相位调制引起的相位起伏是不一样的,后者要严重得多。

对于采用相移键控调制的相干通信系统,若每个波长信道的功率 P_m 有起伏,则相位有起伏。假设每个波长信道有相同的功率和相同的方均根功率涨落 σ_p,则每个波长信道相位涨落的最大值是

$$\Delta\varphi=\frac{\gamma\sigma_p}{\alpha}\left(1+2\sqrt{M-1}\right) \tag{7.4.19}$$

其中,第一项是 SPM 对相位起伏的贡献,第二项是 XPM 对相位起伏的贡献。式(7.4.19)表明,当 M 很大时,SPM 对相位起伏的贡献几乎可以忽略。至于 XPM 对相位起伏的贡献可以分析如下。设常规单模光纤工作于 1.55 μm 波段,将其典型参数值 $\gamma=1/\mathrm{Wkm}$,$\alpha=0.046/\mathrm{km}$(0.2 dB/km),$\sigma_p=10\ \mu\mathrm{W}$ 代入上式,当 $\Delta\varphi=0.15$ 时,相当于 0.5 dB的系统功率代价,而 $M>200$。这种情况并不多见,故可不考虑 XPM 的影响。但是,对于采用幅度键控调制的相干通信系统,由于每个比特间隙的光强度不同,不同的比特周期的相位起伏不同。在最坏的情形下,相位起伏是

$$\Delta\varphi=\frac{\gamma}{\alpha}(2M-1)P \tag{7.4.20}$$

这种最坏的相位起伏出现在某一信道是"1"码到达,所有其他信道全是"0"码到达或全是"1"码到达这两种极端情形。若要求 $\Delta\varphi<0.1$,则每个信道的光功率受到如下限制:

$$P<\frac{0.1\alpha}{\gamma(2M-1)} \tag{7.4.21}$$

如果一个 8 信道系统的典型参数值与前述各值一样,则可得 $P<0.3$ mW。可见,虽然上述两种极端情形出现的概率不大,每个信道的光功率值因此可适当放宽,但对于采用幅度键控调制的相干通信系统,每个信道的输入光功率值仍然受到 XPM 的严重制约。

7.5 光孤子传输

所谓孤子，从数学意义上说，就是非线性场方程的局域不弥散解。从物理意义上说，就是在传播过程中保持其形状不变的孤立波包。如 7.3 节所说，非线性光纤中可以产生光孤子，它就是非线性薛定谔方程(7.3.17)的一个不弥散解，或者说是形状不变的脉冲。由于光孤子在传播过程中形状不变，若用之作为信息载体，有望从根本上克服色散对光纤通信容量的制约，所以，对光孤子传输的研究一直是光纤光学的热点。

1. 孤子方程和孤子解

如 7.3 节所述，光信号脉冲包络的传播方程(7.3.17)是一个非线性薛定谔方程。若忽略光纤损耗，式(7.3.17)可写成

$$\frac{\partial U}{\partial \xi}=\pm\frac{\mathrm{i}}{2}\frac{\partial^2 U}{\partial \tau^2}-\mathrm{i}N^2\ |U|^2U \tag{7.5.1}$$

其中，“±”号在 $\beta_2>0$ 时取“+”，在 $\beta_2<0$ 时取“−”，而

$$N^2=\frac{L_D}{L_{\mathrm{NL}}}=\frac{\gamma P_0 T_0^2}{|\beta_2|} \tag{7.5.2}$$

L_D 和 L_{NL} 分别是单模光纤的色散长度和非线性长度。设 $\beta_2<0$，即在反常色散区考虑光脉冲的传播，并做变换

$$u=NU=A\sqrt{\frac{\gamma T_0^2}{|\beta_2|}} \tag{7.5.3}$$

可将式(7.5.1)写成

$$\frac{\partial u}{\partial \xi}+\frac{\mathrm{i}}{2}\frac{\partial^2 u}{\partial \tau^2}+\mathrm{i}\ |u|^2u=0 \tag{7.5.4}$$

式(7.5.4)称为孤子方程。扎哈罗夫等人用所谓逆散射方法求解孤子方程，得到了孤子解。为简便起见，这里不去讨论逆散射方法，而直接假设式(7.5.4)有孤子解。按照孤子的定义，孤子脉冲在传播过程中保持形状不变，也就是说，无论在时域或频域，在 $z=0$ 处的脉冲包络与在 $z=L$ 处的脉冲包络除了一个与时间 τ 无关的相移外是一样的，即可将孤子解写成

$$u(\xi,\tau)=V(\tau)\mathrm{e}^{-\mathrm{i}\varphi(\xi)} \tag{7.5.5}$$

其中，$V(\tau)$是与归一化坐标 ξ 无关的脉冲包络函数，$\varphi(\xi)$是只与坐标 ξ 有关的相移因子。将式(7.5.5)代入式(7.5.4)，得

$$\frac{1}{2V}\frac{\mathrm{d}^2 V}{\mathrm{d}\tau^2}+|V|^2=\frac{\mathrm{d}\varphi(\xi)}{\mathrm{d}\xi}$$

上式左边只是时间 τ 的函数，右边只是坐标 ξ 的函数，两边应等于一个常数，设为 K。注意到脉冲包络函数 $V(\tau)$是实函数，于是有

$$\frac{\mathrm{d}\varphi(\xi)}{\mathrm{d}\xi}=K \tag{7.7.6}$$

和

$$\frac{\mathrm{d}^2 V}{\mathrm{d}\tau^2}=2V(K-V^2) \tag{7.7.7}$$

式(7.7.6)的解是

$$\varphi(\xi)=K\xi \tag{7.5.8}$$

对式(7.7.7)两边同乘以 $2(\mathrm{d}V/\mathrm{d}\tau)$,得

$$\frac{\mathrm{d}}{\mathrm{d}\tau}\left(\frac{\mathrm{d}V}{\mathrm{d}\tau}\right)^2=4V(K-V^2)\frac{\mathrm{d}V}{\mathrm{d}\tau}$$

积分,得

$$\left(\frac{\mathrm{d}V}{\mathrm{d}\tau}\right)^2=2KV^2-V^4+c$$

由于 $V(\tau)$ 是脉冲包络函数,$\tau=0$ 是脉冲顶点,当 $|\tau|\to\infty$ 时,$V\to0$,$\mathrm{d}V/\mathrm{d}\tau\to0$,因此,积分常数 $c=0$。再假设包络函数是归一化的,即当 $\tau=0$ 时,$V=1$,$\mathrm{d}V/\mathrm{d}\tau=0$,据此可得 $K=1/2$。于是有 $\varphi(\xi)=\frac{1}{2}\xi$ 和 $\frac{\mathrm{d}V}{\mathrm{d}\tau}=\pm V\sqrt{1-V^2}$。

注意到 $\tau=0$ 是脉冲顶点,于是有 $\tau=\int\frac{\mathrm{d}V}{V\sqrt{1-V^2}}$。做变换 $V=\sin t$,则 $\mathrm{d}V=\cos t\mathrm{d}t$,上式变成

$$\tau=\int\frac{\mathrm{d}t}{\sin t}=\ln\tan\frac{t}{2}$$

或

$$\tan\frac{t}{2}=\mathrm{e}^{\tau}$$

利用三角函数关系 $\sin t=\frac{2\tan\frac{t}{2}}{1+\tan^2\frac{t}{2}}$,可得

$$V=\frac{2\mathrm{e}^{\tau}}{1+\mathrm{e}^{2\tau}}=\sec h(\tau)$$

于是得到基态孤子解:

$$U(\xi,\tau)=\sec h(\tau)\mathrm{e}^{-\mathrm{i}\xi/2} \tag{7.5.9}$$

也就是说,只有双曲正割脉冲在 $N=1$ 条件下在传播过程中保持脉冲形状不变。

条件 $N=1$ 即为

$$\frac{L_D}{L_{NL}}=\frac{\gamma P_0T_0^2}{|\beta_2|}=1$$

因此,当双曲正割脉冲宽度给定时,其峰值功率是

$$P_0=\frac{|\beta_2|}{\gamma T_0^2}=\frac{3.11|\beta_2|}{\gamma T_F^2} \tag{7.5.10}$$

其中,$T_F=1.70T_0$ 是脉冲半高全宽。对于常规单模光纤,在 1.55 μm 波段,若脉冲宽度在 1 ps 左右,要形成基态孤子,其脉冲峰值功率为数瓦,但当脉冲宽度在 10 ps 左右时,要形成基态孤子,其脉冲峰值功率仅为数十毫瓦。若采用色散系数为 $-1\ \mathrm{ps^2/km}$ 的色散位移光纤,对于 10 ps 宽的脉冲,要形成基态孤子,仅需几毫瓦脉冲峰值功率,这完全可以由半导体激光器产生。

若在输入端给光纤输入的双曲正割脉冲的幅度不为 1,而是 2,3 等正整数,即

$$u(0,\tau)=N\sec h(\tau) \tag{7.5.11}$$

则光纤中产生的是高阶孤子。高阶孤子解必须用求解非线性薛定谔方程的一般方法，即逆散射方法才能得到。下面直接给出 $N=2$ 的二阶孤子解：

$$u(\xi,\tau)=\frac{4[\cos h(3\tau)+3\mathrm{e}^{-\mathrm{i}4\xi}\cos h(\tau)]}{\cos h(4\tau)+4\cos h(2\tau)+3\cos 4\xi}\mathrm{e}^{-\frac{\mathrm{i}}{2}\xi} \tag{7.5.12}$$

不难看出，二阶孤子的脉冲包络 $|u(\xi,\tau)|^2$ 是以 $\xi_0=\frac{\pi}{2}$ 为周期的周期函数，即当 $\xi_0=\frac{\pi}{2}$ 时，二阶孤子恢复其初始形状。三阶及其以上高阶孤子的表示式更为复杂，但共同特点是都以 $\xi_0=\frac{\pi}{2}$ 为周期。变回实验室坐标系，高阶孤子的周期是

$$z_0=\frac{\pi}{2}L_D=\frac{\pi}{2}\frac{T_0^2}{|\beta_2|} \tag{7.5.13}$$

2. 暗孤子

如上所说，在反常色散区，如果一个初始形状为双曲正割的光脉冲的峰值功率满足式(7.7.7)，将形成基态孤子。这是一个暗背景下的亮脉冲，故称为亮孤子。在正常色散($\beta_2>0$)区，不可能形成亮孤子，但可以形成暗孤子，即亮背景下的暗点。当 $\beta_2>0$ 时，用得到式(7.5.4)的方法，由式(7.5.1)得孤子方程

$$\frac{\partial u}{\partial\xi}-\frac{\mathrm{i}}{2}\frac{\partial^2 u}{\partial\tau^2}-\mathrm{i}\,|u|^2u=0 \tag{7.5.14}$$

与亮孤子的讨论相似，设式(7.5.14)有形如

$$u(\xi,\tau)=V(\tau)\mathrm{e}^{-\mathrm{i}K\xi} \tag{7.5.15}$$

的解，其中 K 是一个常数。将式(7.5.15)代入式(7.5.14)，得

$$\frac{\mathrm{d}^2V}{\mathrm{d}\tau^2}+2KV+V^3=0 \tag{7.5.16}$$

式(7.516)的通解是

$$u(\xi,\tau)=A_0\sqrt{B^{-2}-\sec h\Lambda_0}\,\mathrm{e}^{-\mathrm{i}\left[\varphi(\tau')+\left(\frac{A_0}{B}\right)^2\xi\right]} \tag{7.5.17}$$

其中，

$$\tau'=A_0\tau+\frac{A_0^2}{B}\sqrt{1-B^2}\xi,\quad \varphi(\tau')=\sin^{-1}\left(\frac{B\tan h(\tau)'}{\sqrt{1-B^2\sec h^2(\tau')}}\right)$$

积分常数 A_0 表示背景的亮度，称为背景亮度参数；积分常数 B 表示暗孤子中心的亮度，称为暗孤子的黑度参数，且 $|B|\leqslant 1$。方程(7.5.17)描述一个暗孤子族。如果 $B=1$，则式(7.5.17)为

$$u(\xi,\tau)=A_0\tan h(A_0\tau)\mathrm{e}^{-\mathrm{i}A_0\xi} \tag{7.5.18}$$

可见，$B=1$ 的暗孤子中心($\tau=0$)处的强度等于零，即其中心是全“黑”的，故称为黑孤子。当 $B<1$ 时，暗孤子脉冲中心处强度不等于零，故称为灰孤子。在式(7.5.17)中，若 $A_0=1$，$B=1$，则得到基态暗孤子

$$u(\xi,\tau)=\tan h(\tau)\mathrm{e}^{-\mathrm{i}\xi} \tag{7.5.19}$$

也就是说，若给正常色散光纤输入一个满足 $N=1$ 的中心全黑(也叫中心凹陷)的双曲正切脉冲，则其在传播中形状不变。近年来的数值仿真表明，暗孤子在存在噪声和光纤损耗

时展宽得更慢。由于暗孤子的这些优异的传输特性，使其在光通信中可能具有巨大的潜在价值，从而成了研究的热点。

3. 基态光孤子的传播特性

虽然基态光孤子作为信息的可能载体具有优异的特性，但真正要使它成为传输信息的工具，还必须对光孤子的传输特性进行深入的研究。这主要包括以下几个方面。

(1) 孤子的稳定性

由前面的讨论可知，形成孤子的条件是很苛刻的。输入的脉冲必须是双曲正割形，峰值功率和脉冲宽度必须满足 $N=1$ 的条件。那么，如果在实际传播过程中这些条件出现一些偏差，会发生什么情况？也就是说，若偏差一出现，孤子脉冲就远离理想状态，不再是孤子，则孤子是不稳定的。若当偏差出现时，孤子脉冲会自己调整形状保持理想状态，则孤子是稳定的。只有稳定的孤子才能成为传输信息的工具。

孤子脉冲偏离理想状态的演化问题可以用微扰法求解，但计算过程冗长。计算结果表明，当脉冲参数不满足理想孤子条件时，脉冲在光纤中传播时会自动调整自己的宽度形成孤子，即孤子是稳定的。说明如下。

首先，如果孤子脉冲的能量不严格满足 $N=1,2$ 等条件，可将其表示为一个整数 N' 与一个小量 ε 的和：

$$N=N'+\varepsilon,\quad |\varepsilon|<1/2 \tag{7.5.20}$$

这相当于给光纤输入了一个如下的脉冲：

$$u(0,\tau)=(N'+2\varepsilon)\sec h\left[\left(1+\frac{2\varepsilon}{N'}\right)\tau\right] \tag{7.5.21a}$$

脉冲宽度为

$$T'=\frac{N'}{N'+2\varepsilon}T_0 \tag{7.5.21b}$$

对于基态孤子，$N'=1$。当 $\varepsilon<0$ 时脉冲变宽，当 $\varepsilon>0$ 时脉冲变窄。如果 $N\leqslant1/2$，即 $\varepsilon<-1/2$，则不可能形成孤子，当 $\varepsilon>1/2$ 时，基态孤子转化为二阶孤子。

如果脉冲的形状不是双曲正割的，例如，是高斯脉冲，可在给定初始条件 $u(0,\tau)=e^{-\frac{\tau^2}{2}}$ 下用数值法求解孤子方程，如在 7.3 节中已解得 $N=1$ 时高斯脉冲在反常色散光纤中的演化情况，如图 7.3.4 所示。由图可见，脉冲在传播过程中变宽，其形状向双曲正割形演变。计算表明，约在 $z=5L_D$ 时，高斯脉冲在 $N=1$ 条件下演变为孤子脉冲。其他形状的脉冲，如超高斯脉冲也有类似的演变过程。

由上述可知，当孤子形成的条件有偏差时，脉冲在传播过程中会向孤子态演变，也就是说，孤子对微扰是稳定的。尽管如此，当将孤子作为信息载体输入光纤时，还是应尽量使其接近理想形状。这是因为，在孤子从非理想状态向理想状态演变过程中，初始脉冲的部分能量将被耗散掉。

(2) 光纤的损耗

基态光孤子是光纤中的色散和非线性在一定条件下相互平衡形成的。要维持孤子特性，其峰值功率应保持不变；否则，孤子脉冲峰值功率将按照指数规律下降，这将使孤子在传播过程中发生形变。在有损耗情形下，与式(7.5.1)不同的是，非线性薛定谔方程有一个损耗项：

$$\frac{\partial U}{\partial \xi}+\frac{\mathrm{i}}{2}\frac{\partial^2 U}{\partial \tau^2}+\mathrm{i}N^2\ |U|^2U+\frac{\alpha}{2}L_D U=0 \tag{7.5.22}$$

做变换

$$u=NU=A\sqrt{\frac{\gamma T_0^2}{|\beta_2|}}$$

上式变为

$$\frac{\partial u}{\partial \xi}+\frac{\mathrm{i}}{2}\frac{\partial^2 u}{\partial \tau^2}+\mathrm{i}\ |u|^2 u=-\Gamma u \tag{7.5.23}$$

其中，$\Gamma=\frac{\alpha}{2}L_D$ 称为归一化的衰减系数。若 Γ 是一个弱微扰，即损耗很小，式(7.5.23)仍可用逆散射法求解。在输入脉冲是孤子 $u(0,\tau)=\sec h(\tau)$ 时，式(7.5.23)的一阶近似解是

$$u(\xi,\tau)=u_1 \sec h(u_1\tau)\mathrm{e}^{-\mathrm{i}\varphi(\xi)} \tag{7.5.24}$$

其中，

$$u_1=\mathrm{e}^{-2\Gamma\xi}=\mathrm{e}^{-\alpha z},\quad \varphi(\xi)=\frac{1}{8\Gamma}(1-\mathrm{e}^{-4\Gamma\xi})$$

这说明有损耗时，被输入的理想孤子脉冲的幅度按指数规律衰减，而脉冲宽度是

$$T_1=T_0\mathrm{e}^{2\Gamma\xi}=T\mathrm{e}^{\alpha z} \tag{7.5.25}$$

即脉冲宽度按指数规律展宽。但是，这种按指数规律的展宽不会持续很长的距离，因为当 z 较大时，脉宽将按照线性色散条件下的线性规律展宽。数值分析表明，当 $\alpha z\ll 1$ 时，式(7.5.21)是比较符合实验结果的。图 7.5.1 给出了有损耗时孤子脉冲在光纤中的展宽随传播距离的变化情况。图中也给出了只考虑色散的线性展宽，以及用微扰法得到的近似结果和用数值法得到的结果。图中的结果是在 $\Gamma=0.035$ 条件下计算的。对于典型单模光纤，在 1.55 μm 波段，取 $\alpha=0.046$/km(0.2 dB/km)，则 $L_D=1.5$ km。取 $\beta=-20\ \mathrm{ps}^2/\mathrm{km}$，则其脉冲初始宽度在 5.5 ps 左右。从图中可见，当 $\Gamma\xi<0.7$ 时，微扰法得到的近似结果是很精确的。尽管脉冲宽度按指数规律展宽，但由于 αz 较小，其展宽速度远低于不考虑非线性时的线性展宽。

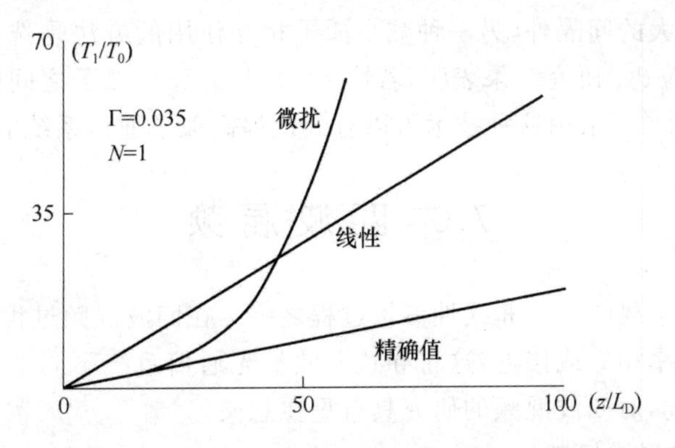

图 7.5.1 基态孤子在有损耗光纤中的脉冲展宽

为补偿光纤损耗引起的孤子脉冲展宽，必须在传播过程中为孤子脉冲补充能量，以恢复其脉冲形状。目前，由于光放大技术已趋成熟，为孤子脉冲补充能量在技术上已无问题。用光放大器放大光孤子脉冲，可以采用拉曼光纤放大器，也可以采用掺铒光纤放大器。

(3) 孤子的相互作用

前面的讨论都是就单个孤子脉冲而言的，作为信息的载体还必须考虑相邻的孤子脉冲的相互作用。理论和实验都已证实，相邻的孤子脉冲存在相互作用。这种相互作用对通信系统是非常重要的，因为它决定相邻孤子脉冲之间允许的距离，从而决定了通信系统的传输速率。

设在光纤输入端输入归一化时间间隔为 q_0 的一对孤子脉冲：

$$u(0,\tau)=\sec h(\tau-q_0)+r\sec h[(\tau+q_0)]e^{i\theta} \tag{7.5.26}$$

其中，r 是两孤子的相对幅度，θ 是相对相位。由于两孤子脉冲中心之间的实际时间间隔是 $2q_0T_0$，或者说脉冲的重复周期是 $T_B=2q_0T_0$，系统的比特速率是

$$B=\frac{1}{2q_0T_0} \tag{7.5.27}$$

将式(7.5.26)的一对孤子脉冲代入孤子方程式(7.5.4)，用数值解法可得到孤子对在传播过程中的相互作用。理论研究表明，这种相互作用不仅与孤子对的初始间隔 q_0 有关，还与它的相对幅度 r 和相对相位 θ 有关。当 $r=1,\theta=0$ 且 $q_0\gg1$ 时，在传播过程中它们的相对间隔 $q(\xi)$ 满足下面的关系：

$$e^{[2(q-q_0)]}=\frac{1}{2}[1+\cos(4\xi e^{-q_0})] \tag{7.5.28}$$

这表明孤子对之间的相对间隔 $q(\xi)$ 是一个周期函数，其周期为

$$\xi_p=\frac{\pi}{2}e^{q_0} \tag{7.5.29}$$

式(7.5.29)在 $q_0>3$ 是相当好的近似。

为克服孤子脉冲的相互作用对通信系统的影响，条件 $L\ll Z_p=Z_0e^{q_0}$ 必须满足。这里的 L 是传输距离，$Z_0=\pi L_D/2$ 是孤子周期。当取较大的 q_0 时，条件是不难满足的。例如，当 $q_0=10$ 时，$Z_p=2\,200Z_0$。如此大的孤子相互作用周期使孤子之间的相互作用完全可以被忽略。除取较大的间隔外，另一种减小孤子相互作用的方法是选择适当的相对幅度 r 和适当的相对相位 θ。研究结果表明，若取 $r=1.1,q_0\geqslant4$，孤子之间的距离在一个周期内的变化不超过10%。采用这种技术可以有效地提高孤子通信系统的传输距离。

7.6 四波混频

四波混频是最重要的三阶非线性参量过程之一。在四波混频过程中产生的新频率可能与原来的某个频率相等或接近，这将导致多波长光通信系统不同波长信道之间发生串扰和功率损耗，因此，对四波混频的研究具有重要意义。

1. 四波混频的形成机制

如前所说，四波混频是光纤的三阶非线性极化引起的。按照式(7.5.1)，三阶电极化

矢量是

$$\boldsymbol{P}_{\mathrm{NL}}=\varepsilon_0\chi^{(3)}\vdots\boldsymbol{EEE} \tag{7.6.1}$$

设光纤中的光波由频率分别为 $\omega_1,\omega_2,\omega_3,\omega_4$ 的 4 个同向线偏振波叠加而成，故其电场可表示为

$$\boldsymbol{E}=\boldsymbol{e}_x\frac{1}{2}\sum_{i=1}^{4}\{E_i\mathrm{e}^{\mathrm{i}(\omega_i t-\beta_i z)}+C.C\} \tag{7.6.2}$$

其中，β_i 是与频率 ω_i 相对应的相位常数，$C.C$ 表示复共轭项。之所以将四波混频的光电场写成式(7.6.2)，是因为四波混频涉及相位匹配。相位常数可写成

$$\beta_i=\frac{n_{\mathrm{ieff}}}{c}\omega_i \tag{7.6.3}$$

n_{ieff}是与频率 ω_i 相对应的光波的等效折射率。将式(7.6.3)代入式(7.6.1)，得

$$P_{\mathrm{NL}}=\frac{1}{2}\sum_{i=1}^{4}P_i\{\mathrm{e}^{\mathrm{i}(\omega_i t-\beta_i z)}+C.C\} \tag{7.6.4}$$

其中，$P_i(i=1,2,3,4)$是与频率 ω_i 相对应的三阶极化强度，是一个多项式。例如，

$$\begin{aligned}P_4=\frac{3}{4}\varepsilon_0\chi_{xxxx}^{(3)}\{&[|E_4|^2+2(|E_1|^2+|E_2|^2+|E_3|^2)]E_4\\&+2E_1E_2E_3\mathrm{e}^{\mathrm{i}\theta_1}+2\sum_{ijk}E_iE_iE_k^*\mathrm{e}^{\mathrm{i}\theta_2}\}\end{aligned} \tag{7.6.5}$$

其中，

$$\theta_1=(\omega_1+\omega_2+\omega_3-\omega_4)t-(\beta_1+\beta_2+\beta_3-\beta_4)z$$

$$\theta_2=(\omega_i+\omega_j-\omega_k-\omega_4)t-(\beta_i+\beta_j-\beta_k-\beta_4)z$$

式(7.6.5)中的前 4 项是频率为 ω_4，相位常数为 β_4 的三阶极化项，其中的第一项是自相位调制项，之后的三项是交叉相位调制项，而最后的两项就是四波混频项，其中的每一项都带有 θ_1 或 θ_2。在最后一项中，若 $i=j$，则称其为简并四波混频。不难看出，仅当相位因子 θ_1 和 θ_2 为零时，才会产生显著的四波混频效应，这就是四波混频的频率条件和相位匹配条件，即

$$\begin{cases}\omega_4=\omega_1+\omega_2+\omega_3\\\beta_4=\beta_1+\beta_2+\beta_3\end{cases} \tag{7.6.6}$$

$$\begin{cases}\omega_4=\omega_i+\omega_j-\omega_k\\\beta_4=\beta_i+\beta_j-\beta_k\end{cases} \tag{7.6.7}$$

和

$$\begin{cases}2\omega_i=\omega_j+\omega_4\\2\beta_i=\beta_j+\beta_4\end{cases} \tag{7.6.8}$$

上面式(7.6.6)的第一式当 $\omega_1=\omega_2=\omega_3$ 时就是三倍谐波。由于 ω_4 与 $\omega_1,\omega_2,\omega_3$ 相差悬殊，其相位匹配条件难以满足，可不予考虑。现在考虑式(7.6.7)的一个特例：

$$\omega_3+\omega_4=\omega_1+\omega_2$$

按照量子理论，上式表示两个光子湮灭并产生两个新光子的过程，在此过程中，能量守恒，而相位匹配条件 $\beta_3+\beta_4=\beta_1+\beta_2$ 为动量守恒条件。由于光纤的色散和非线性效应，满足频率条件 $\omega_3+\omega_4=\omega_1+\omega_2$ 时，相位匹配条件不一定满足，因而可引入相位失配因子

$$\Delta\beta=\beta_3+\beta_4-\beta_1-\beta_2=\frac{1}{c}(n_{3\mathrm{eff}}\omega_3+n_{4\mathrm{eff}}\omega_4-n_{1\mathrm{eff}}\omega_1-n_{2\mathrm{eff}}\omega_2) \tag{7.6.9}$$

其中，$n_{i\mathrm{eff}}$是与频率 ω_i 相对应的等效折射率。若 $\Delta\beta=0$，就实现了相位匹配。理论和实验都证明了式(7.6.8)的特例 $2\omega_1=\omega_3+\omega_4$，也就是在式(7.6.7)中，当 $\omega_1=\omega_2$ 时，相位匹配条件 $2\beta_1=\beta_3+\beta_4$ 比较容易满足，即简并的四波混频最容易产生。

简并四波混频过程可以看成是一个频率为 ω_1 的强泵浦光在非线性介质中激发两个光波，其频率与 ω_1 的频移为

$$\Omega=\omega_1-\omega_3=\omega_4-\omega_1 \tag{7.6.10}$$

因此可以认为，若此简并四波混频的相位匹配条件得以满足，则频率为 ω_1 的强泵浦光可以放大频率比其低 Ω 的一个信号光波及其镜象光波。对于多波长光通信系统，若 $\omega_1-\Omega$ 和 $\omega_1+\Omega$ 与其他波长信道频率相近，就会造成波长信道之间的串扰。

2. 参量增益

如前所述，四波混频是一个参量过程。当相位匹配条件满足时，频率为 ω_1 的强泵浦光可使频率 $\omega_3=\omega_1-\Omega$，$\omega_4=\omega_1+\Omega$ 的两个光波得到增益，这就是简并四波混频。这里的 ω_3，ω_4 可以是自发辐射频率，也可以是一个弱信号光的频率。

现在来考虑更普遍的非简并情形。设四个频率分别是 ω_1，ω_2，ω_3，ω_4 的光波为连续波或准连续波(脉冲宽度较大)，则其电场函数可近似写成

$$E_i=\Psi_i(x,y)A_i(z)$$

其中，$\Psi_i(x,y)$为第 i 个传播模的横向场函数，$A_i(z)$为其振幅，这里的频率 ω_i 和相位常数 β_i 没有写出。由于非线性的影响，$A_i(z)$作为 z 的函数满足下面的四个耦合微分方程：

$$\frac{\mathrm{d}A_1}{\mathrm{d}z}=-\mathrm{i}\gamma\left[\left(|A_1|^2+2\sum_{i\neq 1}|A_i|^2\right)A_1+2A_2^*A_3A_4\mathrm{e}^{-\mathrm{i}\Delta\beta z}\right] \tag{7.6.11}$$

$$\frac{\mathrm{d}A_2}{\mathrm{d}z}=-\mathrm{i}\gamma\left[\left(|A_2|^2+2\sum_{i\neq 2}|A_i|^2\right)A_2+2A_1^*A_3A_4\mathrm{e}^{-\mathrm{i}\Delta\beta z}\right] \tag{7.6.12}$$

$$\frac{\mathrm{d}A_3}{\mathrm{d}z}=-\mathrm{i}\gamma\left[\left(|A_3|^2+2\sum_{i\neq 3}|A_i|^2\right)A_3+2A_1^*A_2A_4^*\mathrm{e}^{\mathrm{i}\Delta\beta z}\right] \tag{7.6.13}$$

$$\frac{\mathrm{d}A_4}{\mathrm{d}z}=-\mathrm{i}\gamma\left[\left(|A_4|^2+2\sum_{i\neq 4}|A_i|^2\right)A_4+2A_1^*A_2A_3^*\mathrm{e}^{\mathrm{i}\Delta\beta z}\right] \tag{7.6.14}$$

这四个方程的方括号中的项表示自相位调制和交叉相位调制，最后一项表示四波混频。

设在 $z=0$ 处 $A_3=A_4=0$，即在输入端没有频率为 ω_3 和 ω_3 的光波，所以它们对 A_1 和 A_2 的影响可以忽略。于是，积分式(7.6.11)和式(7.6.12)，得

$$A_1(z)=\sqrt{P_1}\mathrm{e}^{-\mathrm{i}\gamma(P_1+2P_2)z} \tag{7.6.15}$$

$$A_2(z)=\sqrt{P_2}\mathrm{e}^{-\mathrm{i}\gamma(P_2+2P_1)z} \tag{7.6.16}$$

其中，$P_1=|A_1(0)|^2$，$P_2=|A_2(0)|^2$ 可以看成两个入射泵浦光波的功率。将以上两式代入式(7.6.13)和式(7.6.14)，得

$$\frac{\mathrm{d}A_3}{\mathrm{d}z}=-\mathrm{i}2\gamma\left[(P_1+P_2)A_3+\sqrt{P_1P_2}\mathrm{e}^{\mathrm{i}\theta}A_4^*\right] \tag{7.6.17}$$

$$\frac{\mathrm{d}A_4^*}{\mathrm{d}z}=\mathrm{i}2\gamma\left[(P_1+P_2)A_4^*+\sqrt{P_1P_2}\mathrm{e}^{-\mathrm{i}\theta}A_3\right] \tag{7.6.18}$$

其中，

$$\theta=[\Delta\beta-3\gamma(P_1+P_2)]z$$

令

$$B_i=A_i\mathrm{e}^{\mathrm{i}2\gamma(P_1+P_2)z},\quad(i=3,4)\tag{7.6.19}$$

则有

$$\frac{\mathrm{d}B_3}{\mathrm{d}z}=-\mathrm{i}2\gamma\sqrt{P_1P_2}\mathrm{e}^{\mathrm{i}Kz}B_4^*\tag{7.6.20}$$

$$\frac{\mathrm{d}B_4^*}{\mathrm{d}z}=\mathrm{i}2\gamma\sqrt{P_1P_2}\mathrm{e}^{-\mathrm{i}Kz}B_3\tag{7.6.21}$$

其中，

$$K=\Delta\beta+\gamma(P_1+P_2)\tag{7.6.22}$$

给式(7.6.20)两边同乘以 $\mathrm{e}^{-\frac{\mathrm{i}}{2}Kz}$，给式(7.6.21)两边同乘以 $\mathrm{e}^{\frac{\mathrm{i}}{2}Kz}$，得

$$\begin{cases}\mathrm{e}^{-\frac{\mathrm{i}}{2}Kz}\dfrac{\mathrm{d}B_3}{\mathrm{d}z}=K_{12}\mathrm{e}^{\frac{\mathrm{i}}{2}Kz}B_4^*\\[2ex]\mathrm{e}^{\frac{\mathrm{i}}{2}Kz}\dfrac{\mathrm{d}B_4^*}{\mathrm{d}z}=K_{21}\mathrm{e}^{-\frac{\mathrm{i}}{2}Kz}B_3\end{cases}\tag{7.6.23}$$

其中，$K_{12}=K_{21}^*=-\mathrm{i}2\gamma\sqrt{P_1P_2}$。以上两式可以写成

$$\begin{cases}\left(\dfrac{\mathrm{d}}{\mathrm{d}z}+\dfrac{\mathrm{i}}{2}K\right)B_3\mathrm{e}^{-\frac{\mathrm{i}}{2}Kz}=K_{12}B_4^*\mathrm{e}^{\frac{\mathrm{i}}{2}Kz}\\[2ex]\left(\dfrac{\mathrm{d}}{\mathrm{d}z}-\dfrac{\mathrm{i}}{2}K\right)B_4^*\mathrm{e}^{\frac{\mathrm{i}}{2}Kz}=K_{21}B_3\mathrm{e}^{-\frac{\mathrm{i}}{2}Kz}\end{cases}\tag{7.6.24}$$

将这两式两边相乘，消去 B_4^*，得

$$\left(\frac{\mathrm{d}}{\mathrm{d}z}-\frac{\mathrm{i}}{2}K\right)\left(\frac{\mathrm{d}}{\mathrm{d}z}+\frac{\mathrm{i}}{2}K\right)B_3=K_{12}K_{21}B_3\tag{7.6.25}$$

设式(7.6.25)有指数形式的解：

$$B_3(z)=B_3(0)\mathrm{e}^{gz}\tag{7.6.26}$$

将其代入式(7.6.25)，得增益因子 g 满足的方程：

$$\left(g-\frac{\mathrm{i}}{2}K\right)\left(g+\frac{\mathrm{i}}{2}K\right)=K_{12}K_{21}$$

上式的解是

$$g=\pm\frac{1}{2}\sqrt{4K_{12}K_{21}-K^2}$$

在上式中取正号，注意到 K_{12}，K_{21} 和 K 的定义，得

$$g=\frac{1}{2}\sqrt{16\gamma^2P_1P_2-K^2}\tag{7.6.27}$$

于是，可将式(7.6.26)写成

$$B_3(z)=a_3\mathrm{e}^{gz}+b_3\mathrm{e}^{-gz}$$

用同样的方法可得

$$B_4^*(z)=a_4\mathrm{e}^{gz}+b_4\mathrm{e}^{-gz}$$

将以上两式代入式(7.6.19)，得

$$\begin{cases} A_3(z)=(a_3e^{gz}+b_3e^{-gz})e^{-i2\gamma(P_1+P_2)z} \\ A_4(z)=(a_4e^{gz}+b_4e^{-gz})e^{-2i\gamma(P_1+P_2)z} \end{cases} \tag{7.6.28}$$

这表明频率为 ω_3 和 ω_4 的光波以增益系数 g 增长。由式(7.6.26)可知，当 $K=0$ 时增益系数最大，即最大增益系数及其条件是

$$g_{\max}=2\gamma\sqrt{P_1P_2} \tag{7.6.29}$$

$$\Delta\beta+\gamma(P_1+P_2)=0 \tag{7.6.30}$$

以上结果是在所有的四个波相互独立下得到的。对于简并四波混频，ω_1 和 ω_2 并非两个独立波，上述结果需要修正，即在式(7.6.4)中只需取三项。令 $P_1=P_2=\frac{1}{2}P_0$，则最大增益系数仍按式(7.6.29)计算，但相位匹配条件需要修改，即

$$g_{\max}=2\gamma P_1=\gamma P_0 \tag{7.6.31}$$

$$\Delta\beta=-2\gamma P_0 \tag{7.6.32}$$

这表明，当相位匹配时，频率为 ω_3 和 ω_4 的两个波有最大的增益；当相位不完全匹配时，也有增益，但增益系数下降。可以证明，当 $-2\gamma P_0<\Delta\beta<0$ 时，频率为 ω_3 和 ω_4 的两个波都有增益。增益系数随相位失配因子的变化如上图所示。图 7.6.1 中从上到下三条曲线的参量 γP_0 分别等于 3/m，2/m 和 1/m。

3. 四波混频的相位匹配条件

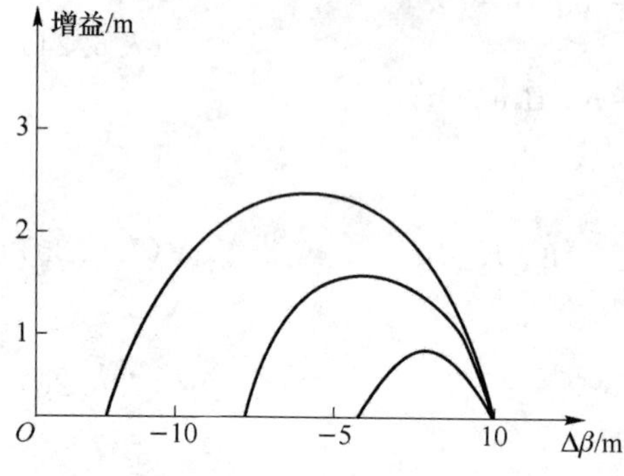

图 7.6.1 简并四波混频增益系数随相位失配因子的变化

如上所说，相位匹配时，四波混频使增益系数增大。问题是，相位匹配条件如何才能满足呢？按照前面给出的定义式(7.6.22)，相位失配即

$$K=\Delta\beta+\gamma(P_1+P_2)$$

在简并情况下，$\beta_1=\beta_2$，$\omega_1=\omega_2$，于是有

$$\omega_1-\omega_3=\omega_4-\omega_1=\Omega$$

$$\Delta\beta=\frac{1}{c}(n_{3\text{eff}}\omega_3+n_{4\text{eff}}\omega_4-2n_{1\text{eff}}\omega_1)$$

按照色散概念，有

$$\Delta\beta=\beta_2\Omega^2 \tag{7.6.33}$$

其中，$\beta_2=\frac{d^2\beta}{d\omega^2}$是光纤在 ω_1 的群速度色散。于是，得相位匹配条件：

$$\beta_2\Omega^2=-2\gamma P_1=-2\gamma P_0 \tag{7.6.34}$$

对于单模光纤，γ，P_0，Ω^2 都是正数，故只有在反常色散区($\beta_2<0$)，才能完全满足相位匹配条件，使参量增益最大。当泵浦光功率、光纤的非线性系数和色散系数都确定时，四波混频产生最大增益的频偏是

$$\Omega=\sqrt{\frac{\gamma P_0}{|\beta_2|}} \tag{7.6.35}$$

例如，$\beta_2=-20\ \text{ps}^2/\text{km}$，$\gamma=2.0/\text{W}\cdot\text{km}$，$P_0=10\ \text{mW}$ 时，$\Omega=3.17\times10^{m}\ \text{rad/s}$，即频偏在 5.1 GHz 左右。若使用色散位移光纤，取 $\beta_2=-1\ \text{ps}^2/\text{km}$，则频偏为 32 GHz。这样大的

频偏已足以对 WDM 系统产生影响。

精确的相位匹配导致最大的参量增益，但当 $K\neq 0$ 时，对于一定范围内的相位失配，参量增益仍然存在。为说明相位匹配对四波混频的作用，定义一个相干长度

$$L_{coh}=\frac{2\pi}{K} \tag{7.6.36}$$

当相位完全匹配时，$L_{coh}\to\infty$，这时四波混频存在于整个光纤中。若 $K\neq 0$，则四波混频仅在 $L<L_{coh}$ 范围内起作用。

7.7 受激拉曼散射

以上几节讨论的自相位调制、交叉自相位调制和四波混频都属于光纤三阶非线性效应参量过程，它们的共同特点是能量和动量交换只发生在光子之间，光波的能量和动量守恒，故称之为弹性参量过程。除了这些弹性参量过程外，在光纤中还存在着非弹性散射这样的非参量过程。所谓非弹性散射是指在这些过程中光子的部分能量转化为声子的能量，光波的能量和动量不守恒，也就是散射后的新光子频率下降。在光纤中主要有两类受激非弹性散射对通信系统的性质有重要影响：一类是受激拉曼散射（Stimulated Raman Scattering，SRS）；另一类是受激布里渊散射（Stimulated Brillouin Scattering，SBS）。本节介绍受激拉曼散射，7.8 节介绍受激布里渊散射。

1. 受激拉曼散射的物理机制

受激拉曼散射可以看成是物质分子对光子的散射，或者说是入射光子与分子谐振子的相互作用。受激拉曼散射的基本过程是，激光束射入介质后，光子被介质吸收，介质分子由基能级 E_1 激发到高能级 $E_3=E_1+h\omega_p$，h 是普朗克常数，ω_p 是入射光频率。高能级不稳定，分子很快跃迁到较低的能级 E_2 并发射一个光子，称为斯托克斯光子，其频率 $\omega_s<\omega_p$，然后驰豫回到基态，并形成一个能量为 $h\Omega$ 的声子，Ω 是声子频率。在这个非弹性过程中，总能量守恒：

$$h\omega_p=h\omega_s+h\Omega \tag{7.7.1}$$

如果在吸收光子之前分子已处于激发态 $E_2=h\Omega$，即已形成一个声子，则分子吸收光子后将被激发到一个更高的能级 E_4。当分子从能级 E_4 直接回到基态时，发射的光子称为反斯托克斯光子，其频率为

$$\omega_{as}=\omega_p+\Omega \tag{7.7.2}$$

斯托克斯光子和反斯托克斯光子的发射过程如图 7.7.1 所示。

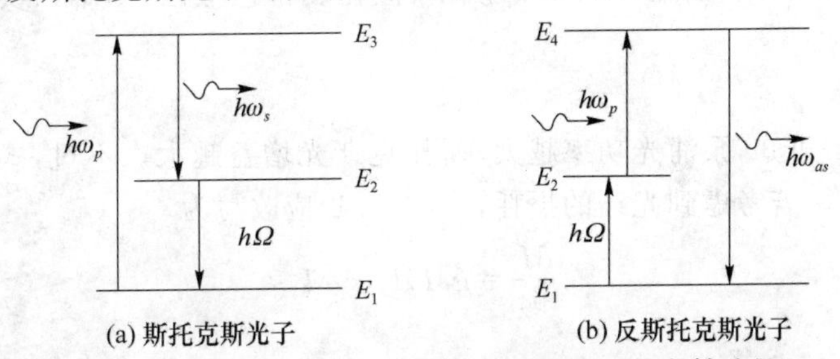

图 7.7.1 斯托克斯光子和反斯托克斯光子的发射过程

在热平衡状态下，基能级 E_1 上的分子数 N_1 和激发态 E_2 上的分子数 N_2 的比服从费米定律：

$$\frac{N_2}{N_1}=\frac{1+e^{\frac{E_1-E_f}{k_0T}}}{1+e^{\frac{E_2-E_f}{k_0T}}} \tag{7.7.3}$$

其中，E_f 是费米能级，$k_0=1.38\times10^{-23}$ J/K 是玻尔兹曼常数，T 是热力学温度。在常温下，高能级上的分子数远小于基态上的分子数，即 $N_2/N_1\ll1$。因此，在光子与介质分子的这种非弹性散射过程中，产生斯托克斯光子的概率远大于产生反斯托克斯光子的概率，也就是说，斯托克斯光散射是主要的，起着决定的作用，而反斯托克斯光散射可以忽略。

2. 拉曼增益

由于在光散射过程中斯托克斯光散射是主要的，满足频率为 $\omega_s=\omega_p-\Omega$ 的斯托克斯光在光传播过程被放大。设斯托克斯光和泵浦光的强度分别是 I_s 和 I_p，在忽略光纤损耗时，有

$$\frac{dI_s}{dz}=g_RI_pI_s \tag{7.7.4}$$

其中，g_R 称为拉曼增益系数。实际介质的拉曼增益系数 g_R 可由实验求出。理论和实验证明，拉曼增益系数 g_R 是斯托克斯频移 Ω 的函数。实验数据表明，石英光纤的拉曼增益系数 g_R 与纤芯材料的成分有关。改变纤芯材料的掺杂成分，可以显著地改变拉曼增益系数。

式(7.7.1)是斯托克斯光散射过程的能量守恒式。此外，斯托克斯光散射过程还应满足动量守恒条件。按照波动的观点，就是还应满足相位匹配条件。设泵浦光的波矢量为 $\boldsymbol{K}_p$，斯托克斯光的波矢量为 $\boldsymbol{K}_s$，声子的波矢量为 $\boldsymbol{K}_\Omega$，则斯托克斯光散射过程的动量守恒式是 $h\boldsymbol{K}_P=h(\boldsymbol{K}_s+\boldsymbol{K}_\Omega)$。

根据分子振动的经典理论，可以证明在斯托克斯频移 Ω 等于分子谐振频率的条件下，斯托克斯光散射过程的动量守恒式自动满足。而反斯托克斯光散射过程与四波混频相似，$\omega_{as}=2\omega_p-\omega_s$，这相当于一个简并四波混频过程，即两个泵浦光子湮灭，产生一个斯托克斯光子和一个反斯托克斯光子。Z 轴方向的相位匹配条件是

$$\Delta k=(2\boldsymbol{K}_P-\boldsymbol{K}_s-\boldsymbol{K}_{as})\cdot\hat{z}$$

若光纤色散系数不等于零，反斯托克斯光子在 Z 轴方向很难满足相位匹配条件。假设光纤对 ω_p，ω_s 和 ω_{as} 的等效折射率分别为 n_p，n_s 和 n_{as}，则对正常色散介质总有 $2n_p<n_s+n_{as}$，而对反常色散介质则有 $2n_p>n_s+n_{as}$。在正常色散区，可使 $\boldsymbol{K}_s$ 与 $\boldsymbol{K}_{as}$ 稍微偏离 Z 轴方向以满足相位匹配，如图 7.7.2(a)所示，但在反常色散区，则难以实现相位匹配，如图 7.7.2(b)所示。

3. 拉曼阈值

由式(7.7.4)可知，泵浦光功率越大，斯托克斯光增益越大。不过，式(7.7.4)中没有考虑光纤的损耗。若考虑到光纤的损耗，式(7.7.4)应改写为

$$\frac{dI_s}{dz}=g_RI_pI_s-\alpha_sI_s \tag{7.7.5}$$

同时，有

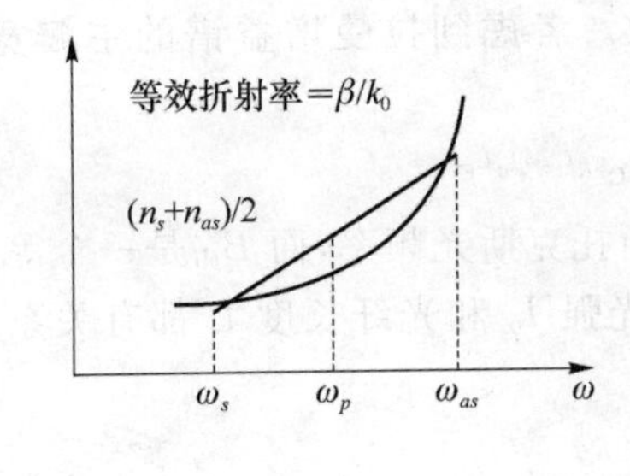

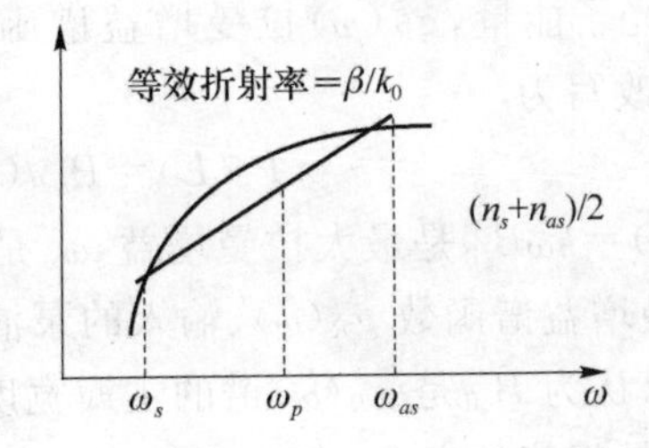

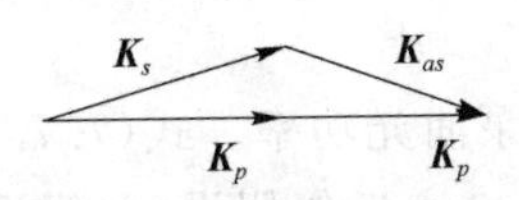

(a) 正常色散区斯托克斯散射和反斯托克斯散射同时出现的相位匹配条件

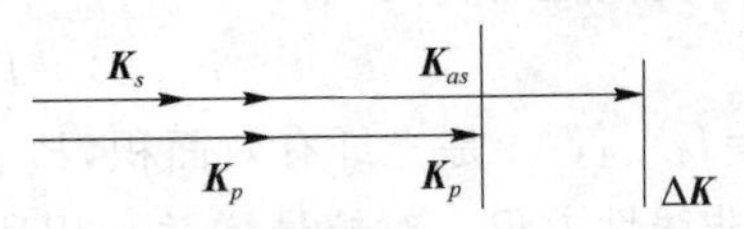

(b) 反常色散区斯托克斯光和反斯托克斯光与泵浦光之间总有相位失配

图 7.7.2 斯托克斯光散射的相位匹配情况示意图

$$\frac{\mathrm{d}I_p}{\mathrm{d}z}=-\frac{\omega_p}{\omega_s}g_R I_p I_s-\alpha_p I_p \tag{7.7.6}$$

式(7.7.5)的物理意义是，斯托克斯光在单位长度光纤中获得增益的同时也有衰减，α_s 是频率为 ω_s 的光波在光纤中的衰减系数。式(7.7.6)的物理意义是，泵浦光在单位长度光纤中既由于能量传递给斯托克斯光而衰减，也由于光纤的损耗而衰减，α_p 是泵浦光在光纤中的衰减系数。

在小信号条件下，即 $I_s \ll I_p$ 时，泵浦光的衰减主要是光纤的损耗。于是，在忽略 SRS 效应时，积分式(7.7.6)，得

$$I_p=I_0\mathrm{e}^{-\alpha_p z}$$

其中，I_0 是 $z=0$ 处的泵浦光强度。将上式代入式(7.7.5)，得

$$\frac{\mathrm{d}I_s}{\mathrm{d}z}=g_R I_s I_0\mathrm{e}^{-\alpha_p z}-\alpha_s I_s \tag{7.7.7}$$

积分式(7.7.7)，得到长度为 L 的光纤输出的斯托克斯光强度为

$$I_s=I_{s0}\mathrm{e}^{g_R I_0 L_{\mathrm{eff}}-\alpha_s L} \tag{7.7.8}$$

其中，

$$L_{\mathrm{eff}}=\frac{1}{\alpha_p}(1-\mathrm{e}^{-\alpha_p L})$$

是考虑到泵浦光的光纤损耗后光纤的有效长度，$L_{\mathrm{eff}}<L$。当 $\alpha_p\to 0$ 时，$L_{\mathrm{eff}}\to L$，而

$$G=\mathrm{e}^{g_R I_0 L_{\mathrm{eff}}-\alpha_s L} \tag{7.7.9}$$

是长度为 L 的光纤中斯托克斯光强度的总增益。所谓拉曼阈值，就是在长度为 L 的光纤输出端斯托克斯光功率和泵浦光功率相等时所需要的最小输入泵浦光功率。由式(7.7.8)可知，要计算出斯托克斯光功率，必须给定输入斯托克斯光功率 I_{s0}。通常，输入端的斯托克斯光功率并非外加的，而是由自发拉曼散射建立起来的。自发拉曼散射是宽谱散射，光纤输出端的斯托克斯光功率可以看成多个频率成分都有增益后的叠加：

$$P_s(L)=\int_0^{\omega}\hbar\omega\,\mathrm{e}^{g_R(\omega)I_0 L_{\mathrm{eff}}-\alpha_s L}\,\mathrm{d}\omega \tag{7.7.10}$$

其中，$\hbar\omega$ 是光子能量，$g_R(\omega)$ 拉曼增益谱函数。考虑到拉曼增益谱的主瓣宽度有限，式(7.7.10)可改写为

$$P_s(L)=P_{\text{seff}}(0)\mathrm{e}^{g_R(\omega_s)I_0L_{\text{EFF}}-\alpha_S L} \tag{7.7.11}$$

其中，$P_{\text{seff}}(0)=\hbar\omega B_{\text{eff}}$是最大拉曼增益，$\omega_s$ 是斯托克斯光频率，而 B_{eff}是一个等效的拉曼谱宽，它与拉曼增益谱函数 $g_R(\omega)$、输入的泵浦光强 I_0 和光纤长度 L 都有关系。但作为一级近似，可以认为 B_{eff}是 $g_R(\omega)$谱的主瓣宽度。

按照拉曼阈值的定义，有

$$P_s(L)=P_P(L)=P_0\mathrm{e}^{-\alpha_p L} \tag{7.7.12}$$

其中，$P_0=I_0A_{\text{eff}}$，A_{eff}是光纤有效面积，P_0 是输入的泵浦光功率。式(7.7.12)就是决定拉曼阈值的非线性方程。对拉曼增益采用所谓 Rorentz 谱近似假设，并假设斯托克斯光和泵浦光偏振方向一致(即所谓偏振匹配)，可将拉曼阈值近似写成

$$P_{\text{th}}=\frac{16A_{\text{eff}}}{g_R L_{\text{eff}}} \tag{7.7.13}$$

其中，g_R 是拉曼增益系数的最大值。例如，当光纤通信系统的载波频率 $\lambda_p=1.55\ \mu\text{m}$，$\alpha_p=0.2\ \text{dB/km}$，$\alpha_p L\gg1$ 时，$L_{\text{eff}}=1/\alpha=20\ \text{km}$。如果假设 $A_{\text{eff}}=80\ \mu\text{m}^2$，$g_R=1.0\times10^{-13}\ \text{m/W}$，则 $P_{\text{th}}=1.28\ \text{W}$。如果斯托克斯光和泵浦光偏振方向严格正交，则增益为零。如果斯托克斯光和泵浦光偏振方向是随机的，拉曼阈值将提高一倍。

4. 短脉冲修正

上面关于受激拉曼散射和拉曼阈值的讨论是对连续波而言。若对于短脉冲，则需要做一些修正。当泵浦光和斯托克斯光都是短脉冲时，自相位调制、交叉相位调制和色散都将对受激拉曼散射过程产生影响。令 α_1 和 α_2 分别是泵浦光和斯托克斯光的吸收系数，则有

$$\begin{cases}\alpha_1=\alpha_p+g_p\,|A_s|^2\\ \alpha_2=\alpha_s-g_s\,|A_p|^2\end{cases} \tag{7.7.14}$$

其中，A_s 和 A_p 分别是斯托克斯光和泵浦光的脉冲包络函数，而

$$g_s=\frac{g_R}{A_{\text{eff}}},\quad g_p=\frac{\omega_p}{\omega_s}g_s$$

考虑到自相位调制、交叉相位调制和色散，A_s 和 A_p 应满足下面的方程组：

$$\frac{\partial A_p}{\partial z}+\beta_{1p}\frac{\partial A_p}{\partial t}-\frac{\mathrm{i}}{2}\beta_{2p}\frac{\partial^2 A_p}{\partial t^2}+\frac{\alpha_p}{2}A_p=-\mathrm{i}\gamma_p(|A_p|^2+2\,|A_s|^2)A_p-\frac{g_p}{2}|A_s|^2A_p \tag{7.7.15}$$

$$\frac{\partial A_s}{\partial z}+\beta_{1s}\frac{\partial A_s}{\partial t}-\frac{\mathrm{i}}{2}\beta_{2s}\frac{\partial^2 A_s}{\partial t^2}+\frac{\alpha_s}{2}A_s=-\mathrm{i}\gamma_s(|A_s|^2+2\,|A_p|^2)A_s+\frac{g_s}{2}|A_p|^2A_s \tag{7.7.16}$$

如果忽略式(7.7.15)中所有与自相位调制、交叉相位调制和色散有关的项，则式(7.7.15)回到式(7.7.6)。式(7.7.15)是一个耦合的非线性方程，一般只能求其数值解。求解时取近似 $\gamma_p=\gamma_s=\gamma$，可大为简化求解过程。由于 GVD 对短脉冲的作用，使短脉冲的 SRS 过程与连续波的 SRS 过程有一个基本区别，就是短脉冲的 SRS 过程仅在泵浦光脉冲与斯托克斯光脉冲重叠其间发生。当二者不重叠时，就说二者发生了走离。这种走离就是因

为泵浦光脉冲与斯托克斯光脉冲的频率不同，或者说群速度不同造成的。为此，定义走离长度为

$$L_W=\frac{T_0}{|\beta_{1p}-\beta_{1s}|} \tag{7.7.17}$$

其中，β_{1p} 和 β_{1s} 分别是频率为 ω_p 的泵浦光脉冲和频率为 ω_s 的斯托克斯光脉冲的群时延。

对于短脉冲，由于脉冲走离，使泵浦光脉冲与斯托克斯光脉冲的相互作用距离大为缩短。因此，必须重新定义光纤的有效长度。它不再由光纤的衰减常数决定，而由走离长度决定，即

$$L_{\text{eff}}=\sqrt{\pi}L_W \tag{7.7.18}$$

由于走离长度 L_W 一般比由损耗决定的有效长度小得多，因此，在上式定义的有效长度 L_{eff} 内要使斯托克斯光脉冲功率与泵浦光脉冲功率相等，必须大大提高输入泵浦光脉冲功率。也就是说，SRS 的阈值比连续波情况下大得多。例如，对于 10 ps 的短脉冲，走离长度 $L_W\approx1$ m，阈值达到 100 W。

若脉冲较宽，而光纤较短，当脉冲宽度达到 ns 级时，走离长度 L_W 已超过光纤长度。对于长距离传输，若泵浦光脉冲宽度达到 μs 级时，走离长度 L_W 已达 1 000 km 级。在这种情形下，虽然泵浦光是脉冲光，但其色散效应已可忽略，在连续波情形下得到的结论近似成立。这种近似称为准连续波近似。

5. 拉曼光纤放大器

若将频率为 ω_s 的小信号光与一个频率为 ω_p 的强泵浦光同时注入光纤，且频率差$\Omega=\omega_p-\omega_s$ 在光纤拉曼增益谱的主瓣以内，则信号光将被有效放大。利用这种原理做成的光纤放大器称为拉曼光纤放大器。拉曼光纤放大器中的信号光与泵浦光可以同向，可以反向，还可以采用双向泵浦。

若信号光强 I_s 比泵浦光强 I_p 小得多，则可忽略泵浦光因放大信号光的衰减，在光纤的输出端，信号光强 I_s 由式(7.7.8)决定。长度为 L 的拉曼光纤放大器的小信号光增益定义为

$$G_\alpha=\frac{I_s(L)}{I_s(0)}e^{\alpha_s L}=e^{\frac{g_R P_0 L_{\text{EFF}}}{A_{\text{eff}}}} \tag{7.7.19}$$

其中，P_0 是泵浦光的输入功率。作为放大器，必须满足 $P_0>P_{\text{th}}$ 的条件。例如，对石英光纤，取 $g_R=1.0\times10^{-13}$ m/W，若泵浦光的输入功率 $P_0=1.0$ W，在 1.46 μm 处，假设 $\alpha_p=0.3$ dB/km，则长光纤的 $L_{\text{eff}}=1/\alpha\approx15$ km。若 $A_{\text{eff}}=80\ \mu\text{m}^2$，则 $G_\alpha=1.4\times10^9$。式(7.7.19)给出的是小信号光增益，实际上达不到这么大，因为随着信号光增大，泵浦光必然衰减，增益出现饱和。

设 $\alpha_s=\alpha_p$，联立求解式(7.7.5)和式(7.7.6)，可得饱和增益

$$G_s=\frac{1+r_0}{G_\alpha^{-(1+r_0)}+r_0} \tag{7.7.20}$$

其中，G_α 是式(7.7.19)定义的小信号光增益；r_0 是归一化的输入端信号功率与泵浦光功率的比，即

$$r_0=\frac{\omega_p P_s(0)}{\omega_s P_0} \tag{7.7.21}$$

如前所说，由于增益饱和，拉曼放大器的实际增益在长光纤中达不到式(7.7.19)给出的结果，但 20～30 dB 的增益是可以达到的。由于拉曼增益谱的主瓣宽度超过 5 THz，拉曼光纤放大器是宽带放大器。拉曼放大器的泵浦光功率的典型值为 1 W 左右，因此，饱和放大后的信号功率也可达到 1 W 的量级。与其他放大器相比，拉曼放大器的优点是信号输出功率大，频带宽；缺点是放大 1.55 μm 的光信号，需要工作在 1.45 μm 左右的大功率泵浦激光器，这是半导体激光器难以实现的，因此使拉曼放大器未能在光通信系统中广泛使用。不过，近年来，将拉曼放大器与掺铒光纤放大器结合已可以获得超过 80 nm 的工作带宽。

6. 拉曼串扰

在多波长通信系统中，不同波长通道之间的相互干扰是一个关键问题。四波混频是引起不同波长通道之间的串扰的主要原因，这可以利用光纤的保留色散破坏其相位匹配而加以抑制。SRS 会引起相邻波长通道之间的串扰，而 SRS 的相位匹配条件是自动满足的，因此，系统设计者必须予以重视。

先来考虑一个两波分系统。设短波长通道为泵浦光，长波长通道为斯托克斯光。若二者的频率差在拉曼增益谱内，长波长通道将得到增益，实际上是对长波长通道的干扰。假设两个波长通道的光纤损耗相等，则长波长通道的增益由式(7.7.20)决定。同时，短波长通道因此发生光纤损耗外的衰减，衰减因子是

$$D_p=\frac{I_p(L)}{I_p(0)}e^{\alpha_p L}=\frac{1+r_0}{1+r_0G_a^{1+r_0}} \tag{7.7.22}$$

其中，G_a，r_0 与式(7.7.20)相同。由于 SRS 引起的串扰，使短波长通道和长波长通道的信噪比同时下降，也就是说，产生了附加的功率代价。以 dB 为单位，功率代价的表示式为

$$\Delta=10\lg\frac{1}{D_p} \tag{7.7.23}$$

可见，1 dB 的功率代价相当于 $G_a=1.22$。再由式(7.7.19)可求得功率代价为 1 dB 时的输入功率限制。对 1.55 μm 波段，取 $g_R=1.0\times10^{-13}$ m/W，$A_{\text{eff}}=80\ \mu\text{m}^2$，$L_{\text{eff}}=20$ km，则 $G_a=1.22$，相当于 $P_0=8$ mW。若考虑到传输过程中偏振不匹配，还可增大一倍。也就是说，对二波长系统，若频率间隔在拉曼增益谱的主瓣内，SRS 产生 1 dB 功率代价的输入功率应控制在 10 mW 左右。若两波长通道的间隔较小，例如，远小于 10 THz，则对输入功率的限制可大为放宽。但这时还应考虑其他的非线性效应，如简并四波混频的影响。

7.8 受激布里渊散射

受激布里渊散射(SBS)是光纤中另一类重要的非弹性散射，它是光波与光纤材料的晶体结构相互作用的结果。与受激拉曼散射相比，受激布里渊散射频移小，带宽窄，更重要的是它的域值低，在 mW 量级，与光纤通信系统的注入功率差不多。所以，受激布里渊散射是对光纤通信系统有严重影响的非线性现象。

1. 受激布里渊散射的物理机制和布里渊频移

光纤介质在外加光场作用下，其密度将因所谓电致伸缩而变化。光纤密度的变化导

致光的散射。在入射光被散射的同时，在介质内产生一个频率为 ω_b 的声子，入射光发生斯托克斯频移。设入射泵浦光的频率为 ω_p，散射光频率为 ω_s，则有

$$\omega_p=\omega_s+\omega_b \tag{7.8.1}$$

入射光、散射光和声波除满足上面的频率(能量守恒)关系外，还必须满足下面的相位匹配条件(动量守恒)关系：

$$k_p=k_s+k_b \tag{7.8.2}$$

三个波矢组成的三角形如图 7.8.1 所示。由于斯托克斯光和泵浦光的频率在光频范围，所以 k_s 和 k_p 相差不大，三个波矢组成的几乎是一个等腰三角形。于是，有

$$k_b\approx 2k_p\sin\frac{\theta}{2} \tag{7.8.3}$$

其中，θ 是散射光和入射泵浦光波矢的夹角。声波的色散关系是

$$k_b=\frac{\omega_b}{u_b} \tag{7.8.4}$$

u_b 是声波在介质中的传播速度。于是，得

$$\omega_b=2u_bk_p\sin\frac{\theta}{2}=2\frac{u_b}{c}\omega_p n_p\sin\frac{\theta}{2} \tag{7.8.5}$$

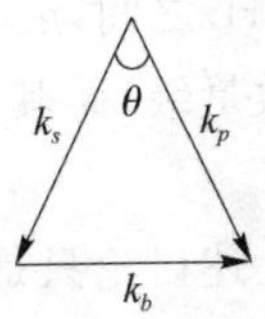

图 7.8.1 k_p，k_s，k_b 三个波矢组成的三角形图

其中，n_p 是介质对频率 ω_p 的等效折射率，c 是真空中的光速。由式(7.8.5)可以看出，ω_b 的值主要决定于散射方向。当 $\theta=0$ 时，$\omega_b=0$；$\theta=\pi$ 时，ω_b 最大，其值是

$$\Omega_b=\frac{4\pi n_p u_b}{\lambda_p} \tag{7.8.6}$$

通常将式(7.8.6)给出的声频最大值 Ω_b 称为布里渊频移。将石英光纤在 1.55 μm 波段的典型数据 $n_p=1.5$，$u_b=5.96$ km/s 代入，得 $f_b=\Omega_b/2\pi=11.5$ GHz。

总之，一个泵浦光注入光纤时，在入射光被散射的同时，由于介质的声振动，在入射光的反方向上光强发生了最大的散射频移。对于石英光纤，布里渊频移在 11 GHz 左右。这种现象称为布里渊散射。于是，光纤中的布里渊散射可以产生两种效应：一是当给光纤注入较强的光波时，在其反方向上产生频移为 11 GHz 的斯托克斯光；二是当给光纤注入一个与泵浦光方向相反的频率为 $\omega_s=\omega_p-\omega_b$ 的小信号时，此信号将被放大，如图 7.8.2 所示。

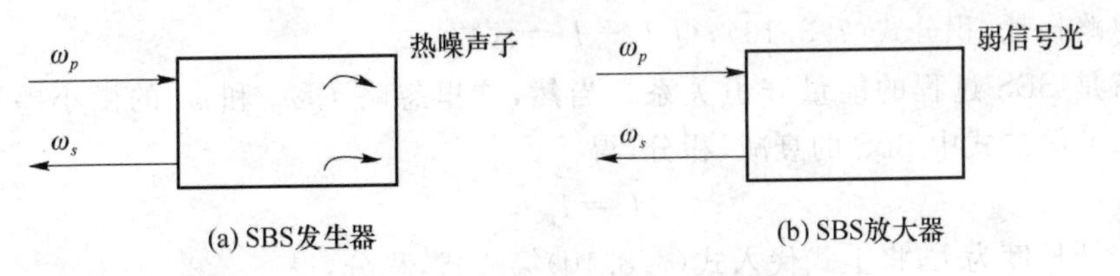

图 7.8.2 光纤中布里渊散射产生的两种效应

2. 布里渊增益

由于布里渊频移 $\omega_B\ll\omega_P,\omega_S$，在忽略光纤损耗时，泵浦光光强 I_p 和斯托克斯光光强 I_s 满足如下的方程：

$$\frac{\mathrm{d}I_p}{\mathrm{d}z}=-gI_sI_p,\quad \frac{\mathrm{d}I_s}{\mathrm{d}z}=-gI_sI_p \tag{7.8.7}$$

其中,g 称为布里渊增益因子。当 $g>0$,泵浦光沿 z 方向衰减,而斯托克斯光沿反方向增强。当 $\omega_b=\omega_p-\omega_s\neq\Omega_b$ 时,在 $\omega_b<2\pi\Delta f_b$ 条件下,斯托克斯光照样增强,Δf_b 是 SBS 的线宽。设 $\omega_b=\Omega_b$ 时,$g=g_b$,g_b 称为最大布里渊增益因子,则当 ω_b 偏离 Ω_b 时有

$$g=\frac{(\Delta f_b/2)^2}{(\omega\Omega_b-\omega_b)^2+(\Delta f_b/2)^2}g_b \tag{7.8.8}$$

由于布里渊散射是光电场与介质密度相互调制的结果,g_b 与介质的密度和弹性模量有关。SBS 的线宽 Δf_b 由斯托克斯光子的寿命决定,同样因材料的特性而异。对纯 SiO_2,$\Delta f_b=78$ MHz,$g_b=0.45\times10^{-10}$ m/W。对石英光纤,视纤芯掺杂情况,Δf_b 在 10~100 MHz之间,g_b 在 0.4~2.5×10^{-10} m/W 范围内。这表明,SBS 的增益系数比 SRS 大三个数量级,而其频移小三个数量级,增益带宽仅为数十 MHz,故 SBS 只能产生窄带放大。

上述讨论只是就单色或准单色连续波而言。若采用连续(非单色)光波源,但其谱宽 Δf_p 比 Δf_b 大,SBS 增益系数也会显著降低。通常,在对泵浦光源的特性做了一定的假定条件下,谱宽为 Δf_p 的泵浦光源的 SBS 增益系数为

$$g'_b=\frac{\Delta f_b}{\Delta f_b+\Delta f_p}g_b \tag{7.8.9}$$

其中,g_b 是单色连续波的 SBS 增益系数。若 $\Delta f_p\gg\Delta f_b$,则 SBS 增益系数将降低为单色泵浦光的 $\Delta f_b/\Delta f_p$。

若注入的是光脉冲,且其谱宽 $\Delta f_p=1/T_0$ 比 SBS 的线宽 Δf_b 大,则 SBS 的增益将显著下降。若脉宽 $T_0<1$ ns,则 $\Delta f_p\gg\Delta f_b$,这时的 SBS 增益系数将降至 SRS 的水平。

3. 布里渊阈值

与 SRS 一样,SBS 也有阈值。若泵浦光和斯托克斯光都是连续波或准连续波,则泵浦光光强 I_p 和斯托克斯光光强 I_s 满足如下的耦合方程:

$$\begin{cases}\dfrac{\mathrm{d}I_s}{\mathrm{d}z}=-g_bI_pI_s+\alpha I_s\\[2ex]\dfrac{\mathrm{d}I_p}{\mathrm{d}z}=-g_bI_pI_s-\alpha I_p\end{cases} \tag{7.8.10}$$

若忽略损耗,积分式(7.8.10),得 $I_p-I_s=$常数。

这就是 SBS 过程的能量守恒关系。当然,这里忽略了 ω_p 和 ω_s 的微小差别。忽略式(7.8.10)第二式中 SBS 的衰减,积分,得

$$I_p=I_{p0}\mathrm{e}^{-\alpha z}$$

设光纤长度为 L,将上式代入式(7.8.10)第一式,积分,得

$$I_s(L)=I_{s0}\mathrm{e}^{g_bP_0L_{\mathrm{eff}}/A_{\mathrm{eff}}-\alpha L} \tag{7.8.11}$$

其中,A_{eff}是光纤有效横截面积,$P_0=I_0A_{\mathrm{eff}}$是泵浦光功率,而

$$L_{\mathrm{eff}}=\frac{1}{\alpha}(1-\mathrm{e}^{-\alpha L})$$

是光纤的有效长度,定义使 $I_s(L)=I_p(L)$的泵浦光输入功率为 SBS 的阈值 P_{th},则

$$P_{th}=\frac{21A_{eff}}{g_b L_{eff}} \tag{7.8.12}$$

在1.55 μm波段，不论是SBS还是SRS，A_{eff}和L_{eff}的值大致相同，而g_b比g_R大三个数量级，因而SBS的阈值比SRS小三个数量级。所以，SBS的阈值在mW数量级，这相当于一般光纤通信系统中光源的发送功率，故SBS是必须充分注意的。

式(7.8.12)的阈值在光纤偏振完全不保持时增大为保偏的1.5倍。对于短脉冲泵浦光或泵浦光谱宽$\Delta f_p \gg \Delta f_b$时，由于SBS的增益将显著下降，相应地，阈值也上升。

4. SBS对通信的影响

如前所说，在1.55 μm波段，由于光纤损耗很低，SBS的阈值功率也很低，达到mW数量级，这与半导体激光器的输出功率相当。所以，在光纤通信系统的设计中，SBS总是必须考虑的非线性效应。SBS对光纤通信系统的影响，首先是输入光功率达到阈值时，有相当大一部分功率转化为反向的斯托克斯光，直接导致接收端光功率下降。其次，反向的斯托克斯光反馈到光源发送机，使光源工作不稳定。为了克服这种不利影响，必须将发送光功率控制在SBS阈值以下。对于长距离传输，总希望发送光功率大一些，这样一来，就必须采取措施提高SBS阈值。

前面说过，对于单色连续泵浦光，SBS的阈值很低，但对脉冲泵浦光，若脉冲的频谱宽度远大于SBS的线宽，SBS阈值会显著提高。对一个比特率为B的数字通信系统，难以求得SBS阈值的精确表示式。这是因为，即使比特率B很大，其中的长连"1"码也可能导致准连续波效果。再者，数字通信的调制方式也对SBS的增益系数有影响。研究表明，对于ASK(amplitude shift keying)、FSK(frequency shift keying)和PSK(phase shift keying)三种调制方式，PSK调制对SBS增益的抑制效果最好。若采用PSK调制，SBS的增益系数将下降为

$$g_{PSK}=\frac{\Delta f_b}{B+\Delta f_b}g_b \tag{7.8.13}$$

其中，g_b是单色连续波的SBS增益系数，Δf_b是SBS的线宽Δf_b。由于$\Delta f_b<100$ MHz，对比特率超过1 Gbit/s的系统，即使采用直接调制方式，注入功率为10 mW时，也不会因SBS是系统性能明显下降。

SBS对多波长系统一般不产生特殊影响。SBS的反向斯托克斯光对同方向传输的WDM系统不产生不同信道之间的串扰。当然每个信道的发送光功率必须低于SBS阈值。

除不利影响外，SBS在通信中也有重要应用。前面说过，利用SBS可对信号的窄带选频放大。这种窄带放大可对一个波长间隔小，但每个信道的信息带宽较窄(100 MHz以内)的DWDM系统实现解复用。这样的技术对骨干通信网虽不适用，但在未来的DWDM用户网中可能很有用处。

另外，由于SBS与介质密度、杨氏模量有关，从而对温度、压力比较敏感，可以作为光纤传感器的一个研究基础。例如，近几年来，基于SBS的布里渊光时域反射仪受到了人们的广泛注意。

第8章 光纤技术

8.1 引 言

随着密集波分复用(DWDM)技术、掺铒光纤放大器(EDFA)技术和光时分复用(OTDM)技术的发展和成熟,光纤通信技术正向着超高速、超大容量、超长距离通信系统发展,并且逐步向全光网络演进。采用 OTDM 和 DWDM 相结合的试验系统,容量可达3 Tbit/s或更高。时分复用 TDM 的 10 Gbit/s 系统与 WDM 相结合的 32×10 Gbit/s 系统以及 160×10 Gbit/s 系统已经商用化,TDM 100 Gbit/s 系统已经在实验室中进行试验了。在如此高速率的 DWDM 系统中,开发敷设新一代光纤已成为构筑下一代电信网的重要基础。要求新一代光纤应具有所需的色散值和低色散斜率、大有效面积、低的偏振模色散,以克服光纤带来的色散限制和非线性效应问题。先进的光纤对超长距离系统是得到高容量传输最有效的途径之一,它既要具有能保持稳定可靠传输的足够的富余度,又要能支持宽带工作,减少非线性损伤,具有高的分布拉曼增益,简化网络管理。

8.2 光纤新材料技术

光纤若按其本身的材料组成不同,可分为二氧化硅为主要成分的石英光纤,由多种组分玻璃组成的玻璃光纤,在某种细管内充以一种传光的液体材料的液芯光纤,以塑料为材料的传光、传像光纤。石英玻璃光纤传输信号损失最小,最适合用来做大量、长距离通信传输;塑料光纤虽然信号损失严重,长期可靠性差,但是由于塑料光纤性能日益精进,以及短距离局域网络宽频需求日增,塑料光纤便宜的价格、高可绕性、末端容易加工等优势,其也有一定的市场发展。

以 SiO_2材料为主的光纤,工作在 0.8～1.6 μm 的近红外波段,目前所能达到的最低理论损耗在 1 550 nm 波长处为 0.16 dB/km,已接近石英光纤理论上的最低损耗极限。如果再将工作波长加大,由于受到红外线吸收的影响,衰减常数反而增大。因此,许多科学工作者一直在寻找超长波长(2 μm)窗口的光纤材料。这种材料主要有两种,即非石英的玻璃材料和结晶材料,晶体光纤材料主要有 AgCl、AgBr、KBr、CsBr 以及 KRS-5 等,目前 AgCl 单晶光纤的最低损耗在 106 μm 波长处为 0.1 dB/km。因此,需要寻求新型基体材料光纤，以满足超大带宽、超低损耗、高码速通信的需要。氟化物玻璃光纤是当前研究最多的超低损耗远红外光纤，它是以 ZrF_4-BaF_2、HfF_4-BaF_2 两系统为基体材料的多组分玻璃光纤。1989 年，日本 NTT 公司研制成功的 2.5 μm 氟化物玻璃光纤的损耗只有 0.01 dB/km，目前 ZrF_4 玻璃光纤在 2.3 μm 处的损耗达到 0.7 dB/km，这离氟化物玻璃光纤的理论最低损耗 1×10^{-3} dB/km 相距很远，仍然有相当大的潜力。能否在该领域研制出更好的光纤，对于开辟超长波长的通信窗口具有深远的意义。硫化物玻璃光纤具有较宽的红外透明区域(1.2～12 μm)，有利于多信道的复用，而且硫化物玻璃光纤具有较宽的光学间隙，自由电子跃迁造成的能量吸收较少，而且温度对损耗的影响较小，其损耗水平在6 μm波长处为 0.2 dB/km，是非常有前途的光纤。而且，硫化物玻璃光纤具有很大的非线性系数，用它制作的非线性器件，可以有效地提高光开关的速率，开关速率可以达到数百 Gbit/s 以上。重金属氧化物玻璃光纤具有优良的化学稳定性和机械物理性能，但红外性质不如卤化物玻璃好，区域可透性差，散射也大，但若把卤化物玻璃与重金属氧化物玻璃的优点结合起来，制造成性能优良的卤-重金属氧化物玻璃光纤具有重要的意义。日本 Furukawa 电子公司，用 VAD 工艺制得的 GeO_2-Sb_2O_3 系统光纤，损耗在 2.05 μm 波长处达到了 13 dB/km，如果经过进一步脱 OH^- 工艺处理，可以达到 0.1 dB/km。聚合物光纤自 19 世纪 60 年代美国杜邦公司首次发明以来，取得了很大的发展。1968 年杜邦公司研制的聚甲基丙烯酸甲酯(PMMA)阶跃型塑料光纤(SI POF)，其损耗为1 000 dB/km。1983 年，NTT 公司的全氘化 PMMA 塑料光纤在 650 nm 波长处的损耗降低到 20 dB/km。由于 C—F 键谐波吸收在可见光区域基本不存在，即使延伸到 1 500 nm 波长的范围内，其强度也小于 1 dB/km。全氟化渐变型 PMMA 光纤损耗的理论极限在1 300 nm处为 0.25 dB/km，在 1 500 nm 处为 0.1 dB/km，有很大的潜力。近年来 YKOIKE 等以 MMA 单体与 TFPMA(四氟丙基丙烯酸甲酯)为主要原材料，采用离心技术制成了渐变折射率聚合物预制棒，然后拉制成 GI POF(渐变折射率聚合物光纤)，具有极宽的带宽，衰减在 688 nm 波长处为 56 dB/km，适合短距离通信。国内有人以 MMA 及 BB(溴苯)、BP(联苯)为主要原材料，采用 IGP 技术成功地制备了渐变型塑料光纤。日本 NTT 公司最近开发出氟化聚酰亚胺材料，FULPI 在近红外波段有较高的透射性，同时还具有折射率可调、耐热及耐湿的优点，解决了聚酰亚胺透光性差的问题，现已经用于光的传输。聚碳酸酯、聚苯乙烯的研究也在不断进行中，相信在不久的未来会有更好性能的聚合物光纤材料得到开发和利用。

特殊的环境对光纤有特殊的要求，石英光纤的纤芯和包层材料具有很好的耐热性，耐热温度达到 400～500 ℃，所以光纤的使用温度取决于光纤的涂覆材料。目前，梯型硅氧烷聚合物(LSP)涂层的热固化温度达 400 ℃以上，在 600 ℃时的光传输性能和机械性能仍然很好。采用冷的有机体在热的光纤表面进行非均匀成核热化学反应(HNTD)，然后在光纤表面进行裂解生成碳黑，即碳涂覆光纤。碳涂覆光纤的表面致密性好，具有极低价扩散系数，而且可以消除光纤表面的微裂纹，解决了光纤的“疲劳”问题。

8.3 光纤性能对通信系统的影响

对于高速光通信系统，衰减已不是主要的限制因素。因为衰减可以利用光纤放大器很容易地克服，而且成本不高。对于高速光通信系统，光纤的以下性能需要加以关注：色度色散、偏振模色散、零色散波长与色散斜率、有效面积、非线性效应。

8.3.1 色度色散

色度色散即通常提出的色散，本书使用色度色散是为了与下面阐述的偏振模色散区分开来。色度色散有不利的一面，也有有利的一面。

从TDM的角度分析，色度色散会使脉冲展宽，造成码间干扰，使传输距离受限。色度色散受限距离是由下列因素决定的：系统的工作速率 B(Gbit/s)、光纤的色度色散 D〔ps/(nm · km)〕、光波的频率啁啾系数(α)及波长λ(μm)。对于有频率啁啾的光波，其色散受限距离 L(km)可用式(8.3.1)估算：

$$L=\frac{71\,400}{\alpha DB^2\lambda^2} \tag{8.3.1}$$

对于无频率啁啾的光波，如Mach-Zehnder外调制器，其色散受限距离 L(km)可用式(8.3.2)估算：

$$L=\frac{104\,000}{DB^2} \tag{8.3.2}$$

从以上分析可以看出，要增大色散受限距离，就要适度减小色度色散。另外需要指出的是色度色散的补偿技术已经非常成熟，可以利用色散补偿光纤(DCF)来补偿。但是，色度色散又不能减得太小。从WDM的角度分析，色度色散有利于克服光纤非线性造成的信道间干扰，如四波误频(FWM)和交叉相位调制(XPM)。TDM要求较小的色度色散，而WDM要求较大的色度色散，随着DWDM系统信道数目的不断增加，注入光纤的光功率越来越大，信道间隔越来越小，非线性的影响越来越突出，而且非线性造成的信道间干扰根本无法补偿，所以，从系统的性能出发，应优先考虑采用适当大的色散来克服光纤非线性造成的FWM和XPM。

8.3.2 偏振模色散

色度色散可以补偿，但偏振模色散很难补偿。因为造成单模光纤偏振模色散有其内在原因，如纤芯的不圆度及残余应力，而且受外部因素的影响，如成缆及敷设过程中受到的各种作用力(包括压力、弯曲、扭转等)及温度的变化都会引起光纤局部双折射轴的变化，从而导致偏振模耦合的随机性，差分群时延(DGD)的幅度呈统计变化特性。偏振模色散与传输距离的平方根成正比。偏振模色散受限距离与系统速率及光纤偏振模色散的链路设计值(LDV)有关，一般认为光路的PMD值应小于码周期的1/10。偏振模色散受限距离可用式(8.3.3)表示：

$$L=\left(\frac{0.1}{B\times \mathrm{PMD_{LDV}}}\right)^2 \tag{8.3.3}$$

由于偏振模色散具有随机性，几乎无法补偿，所以偏振模色散受限距离实际上是理想状态下系统能支持的最长再生中继距离。再生中继器的价格非常昂贵，所以要设法延长再生中继距离，必须将PMD值降低到最小。

8.3.3 零色散波长与色散斜率

在光纤中传输某一波长的光时,该波长的光的色散为零,该波长就是该光纤的零色散波长。无论是大有效面积光纤还是低色散斜率光纤的零色散波长都在 S 波段内,其 FWM 和 XPM 将很严重,无法支持 DWDM 系统。随着复用波长数的继续增加,信道间隔将越来越小,光纤非线性的影响将越来越严重,DWDM 系统的工作波段将不得不从现有的 C 波段和 L 波段向 S 波段扩展。因此,在保证 C 波段和 L 波段性能的前提下,兼顾 S 波段(1 460～1 530 nm)的性能是对新型 NZDSF 光纤的要求。为此,零色散点需要继续向短波长方向移动以保证 S 波段具有适当的色度色散。在光纤中,光的色散与光的波长成正比,这个斜率称为色散斜率。色散斜率造成了 DWDM 系统各信道传输性能的不平衡,如果得不到很好的补偿会显著缩短系统的再生中继距离。一般 G. 652 和 G. 655 光纤具有正的色散斜率,而色散补偿光纤(DCF)具有负的色散斜率,所以通过选择适当的 DCF 可同时补偿色散和色散斜率。DCF 对光纤色散斜率的补偿能力可以用相对色散斜率(RDS)来衡量。相对色散斜率的定义为光纤在某一波长的色散斜率(S_λ)与色散(D_λ)之比,即

$$\mathrm{RDS}=\frac{S_\lambda}{D_\lambda} \tag{8.3.4}$$

理想情况下,当 DCF 的 RDS 与传输光纤的 RDS 相等时,可实现 100%的色散斜率补偿。但实际情况是二者往往不相等,我们定义了色散斜率补偿率(DSCR)来描述 DCF 的补偿效率:

$$\mathrm{DSCR}=\frac{\mathrm{RDS_{DCF}}}{\mathrm{RDS_{Line}}} \tag{8.3.5}$$

DCF 的 RDS 很难做得很大,一般在 0.002～0.01(1/nm)。宽带 DCF 是为G. 652光纤设计的,其色散斜率补偿效率达 100%。阿尔卡特的 TeraLight 光纤的色散斜率非常容易补偿,其补偿效率远远高于其他两种 NZ-DSF 光纤,利用非常通用的高斜率 DCF 就可达到 98.5%的色散斜率补偿效率。在市场上很容易买到在 1 550 nm 的 RDS 为 0.006 5(1/nm)的 DCF,从而实现 100%的补偿效率。对于 40 Gbit/s 系统,每信道的带宽将达 80 GHz,近 0.8 nm,色散斜率对每个信道内各频率分量的影响将不容忽视。所以,40 Gbit/s 系统将要求接近 100%的色散斜率补偿效率,这就要求光纤的 RDS 尽量小,最有效的方法就是降低色散斜率并适当增大色散。具有下陷内包层的 W 型光纤能够获得负色散斜率。在 W 型光纤中,当基模($\mathrm{LP_{01}}$模)趋于截止时,能得到很高的负色散值和负色散斜率。在设计 W 型光纤时,既要获得较大的负色散,又要避免基模截止。

DWDM 系统中的色散补偿,要求能够同时补偿多个信道的色散累积,即要同时补偿单模光纤在 1 550 nm 波段的色散和色散斜率。对于不向种类的传输光纤,需要不同色散斜率的 DCF 来进行补偿。具有较高负色散斜率的宽带色散补偿光纤(DCFs)能够实现这一要求,是比较理想的色散补偿器件。

8.3.4 有效面积

光纤的有效面积与其非线性效应密切相关。大的有效面积有利于减小光纤的非线性

效应。但是，并非有效面积越大越好，过大的有效面积对系统性能会起到负面的影响。首先，对于 NZDSF 光纤，有效面积的提高必然带来色散斜率的增大。大的色散斜率是我们不希望看到的。其次，光纤的非线性效应也有其有利的方面；拉曼放大正是利用了光纤的非线性效应。太大的有效面积会降低拉曼放大的泵浦效率。从拉曼放大的角度出发，光纤的有效面积不宜过大。

8.3.5 非线性效应

光纤中光功率很大时，会产生非线性效应。石英光纤中的非线性效应分为受激散射和非线性折射率引起的效应两类。受激散射包括受激布里渊散射和受激拉曼散射。受激散射包括由非线性折射率引起的非线性效应，主要有自相位调制、交叉相位调制（SPM/XPM）和四波混频（FWM）。受激散射表现为与光强度相关的增益或损耗，而非线性折射率则引起与光强度相关的相移。非线性效应是一个很复杂的过程，目前还没有直接的补偿方式。降低信号的发送光功率，或改善传输媒质（比如采用大有效面积的光纤），或利用色散效应，都会对非线性效应有所抑制。

色散对于克服光纤非线性效应起着关键作用。要减小 SPM 和 XPM 的影响，色散必须很小；要减小 XPM 和 FWM 的作用，色散又必须足够大，以减小或消除互作用的信道间的相位匹配；同时，要尽量减小再生中继器之间的色散累积，以避免线性色散代价。色散管理可以实现这些不同的要求：在光纤线路中始终保持较高的色散值，但色散的符号相反。在海底系统中，通常采用将正色散和负色散光纤交替连接的方式；在陆地系统中，则在线路中加入色散补偿模块，一般是色散补偿光纤。为了减小非线性效应的影响，应该把每个信道的光功率限制在 SBS 和 SRS 的门限值之下，此外还可以使用不相等的信道间隔，这样可以避免由四波混频产生的新波长。对于光纤非线性效应，一般可通过降低入纤功率、采用新型大孔径光纤、拉曼放大、色散管理、奇偶信道偏振复用等方法加以抑制。采用特殊的码型调制技术，也可有效地提高光脉冲抵抗非线性效应的能力，增加非线性受限传输距离。

8.4 新型光纤技术

色散是影响光纤传输距离和传输性能的关键性要素之一，光纤的非线性是另一个影响传输系统尤其是 DWDM 系统指标的重要因素。它们对于不同类型光纤的传输性能有决定性的影响，特别是 WDM 系统的传输性能。目前已开发出不同特性的光纤以适应不同的应用。

8.4.1 G.652 型与 G.655 型光纤及其最新发展

G.652 型光纤，即常规单模光纤（SMF），是 20 世纪 80 年代初期就已成熟并已实用化了的一种光纤。其零色散波长在 1 310 nm 附近，典型损耗为 0.33 dB/km。从 20 世纪 80 年代中期开始，在城市地下管道和长途干线中大量敷设了这种光纤。它是目前传输网中敷设最为普遍的一种光纤。

G. 652 型光纤的损耗特性具有三个特点：

① 在短波长区的衰减随波长的增加而减小，这是因为在这个区域内，与波长的 4 次方成反比的瑞利散射所引起的衰减是主要的。

② 损耗曲线上有羟基(OH)引起的几个吸收峰，特别是 1. 385 μm 上的峰。

③在 1. 6 μm 以上的波长上由于弯曲损耗和二氧化硅的吸收而使衰减有上升的趋势。

因此，在 G. 652 型光纤内有 3 个低损耗窗口的波长，即 850 nm、1 310 nm 和 1 550 nm。其中损耗最小的波长是 1 550 nm。在 G. 652 型光纤中，其零色散波长为 1 310 nm，也就是在光纤损耗第二小的波长。对损耗最小的 1 550 nm 波长而言，其色散系数大约为 17 ps/(nm. km)。G. 652 单模光纤在 C 波段(1 530～1 565 nm)和 L 波段(1 565～1 625 nm)的色散较大，一般为 17～22 ps/(nm. km)，系统速率达到 2. 5 Gbit/s 以上时，则由于色散限制，传输距离大大缩减。这时，就需要进行色散补偿，在 10 bit/s 时系统色散补偿成本较大。符合 ITU-T G. 652A 规定的普通单模光纤(SSMF)是最常用的一种光纤。随着光通信系统的发展，光中继距离和单一波长信道容量不断增大。为了取得更大的中继距离和通信容量，人们采用了增大传输光功率和波分复用、密集波分复用等技术。此时，G. 652 普通单模光纤显得有些性能不足，表现在偏振模色散(PMD)和非线件效应对这些技术应用的限制。2003 年新修订的标准将 G. 652 类光纤分为 G. 652A、G. 652B、G. 652C 和 G. 652D 四个子类。G. 652A 光纤基本上与原来的 G. 652 光纤特性相一致，适用于最高传输速率为 2. 5 Gbit/s 的系统，但部分指标有所提高。G. 652A 光纤主要适用于 ITU-T G. 957 规定的 SDH 传输系统、G. 691 规定的带光放大的单通道及 ST-16 的 SDH 传输系统。G. 652B 光纤主要适用于 ITU-T G. 957 规定的 SDH 传输系统、G. 691 规定的带光放大的单通道 SDH 传输系统及 STM-64 的 ITU-T G. 692 带光放大的波分复用传输系统。与 G. 652A 相比，G. 652B 增加了偏振模色散的要求。G. 652C 光纤(即波长段扩展的非色散位移单模光纤，又称低水峰光纤)主要适用于 ITU-T G. 957 规定的 SDH 传输系统、G. 691 规定的带光放大的单通道 SDH 传输系统及 STM-64 的 ITU-T G. 692 带光放大的波分复用传输系统，这类光纤允许 G. 957 传输系统使用 1 360～1 530 nm的扩展波段，增加了可用波长范围，使可复用的波长数大大增加，是未来城域网新敷光纤的理想选择。G. 652D 光纤与 G. 652C 光纤相比对偏振模色散(PMD)控制更严。在 10 Gbit/s 及更高速率的系统中，偏振模色散可能成为限制系统性能的主要因素之一。面对这种情况，对于 G. 652 光纤，现在除了适用于传输速率最高为 2. 5 Gbit/s 的 G. 652. A 外，又多了三种性能更好的光纤 G. 652B、G. 652C 和 G. 652D，PMD 值达到一定要求，因此传输速率可达到 10 Gbit/s，该类光纤在 1 550 nm 波长区要以高速率传输，需要加色散补偿光纤(DCF)进行色散调节。光纤的 PMD 通过改善光纤的圆整度和/或采用“旋转”光纤的方法得到了改善，符合 ITU-T G. 652B 规定的普通单模光纤的 PMDQ 通常能低于 0. 5 ps/km1/2，这意味着 STM-64 系统的传输距离可以达到大约 400 km。G. 652B 光纤的工作波长还可延伸到 1 600 nm 区。而 G. 652D 光纤对 PMDQ 的要求更严格，要低于 0. 2 ps/km1/2，其高速传输性能将更好。G. 652C/G. 652D 光纤主要的新特性：色散和截止波长在 1 310 nm 窗口进行了优化；1 310～1 625 nm 频谱范围内衰耗值≤0. 4 dB/km；1 383 nm波长处的平均值小于或等于所规定的 1 310 nm 衰耗值；G. 652C 在1 625 nm处宏弯衰耗值≤0.5 dB,G.652D 在 1 550 nm 和 1 625 nm 处宏弯衰耗值≤0.5 dB;最大成缆的 PMDQ 值对于 G.652C≤0.5 dB/$\sqrt{km}$,G.652D≤0.20 dB/$\sqrt{km}$。

G.653 光纤(即 DSF,色散位移光纤)在 1 550 nm 处的色散为零,给 WDM(波分复用)系统带来了严重的 FWM(四波混频)效应。为了克服 DSF 的不足,人们对 DSF 进行了改进,通过设计折射率的剖面,对零色散点进行位移,使其在 1 530～1 565 nm 范围内,色散的绝对值为 1.0～6.0 ps/(nm. km),维持一个足够的色散值,以抑制 FWM、SPM(自相位调制)及 XPM(交叉相位调制)等非线性效应,同时色散值也足够小,以保证单通道传输速率为 10 Gbit/s,传输距离大于 250 km 时无须进行色散补偿。这种光纤即为 NZDSF(非零色散位移光纤),ITU-T 称为 G.655 光纤。

根据零色散点出现的位置的不同,G.655 光纤在 1 530～1 565 nm 的工作区内所呈现的色散值也不同。按照光纤在 1 550 nm 处的色散系数的正负,G.655 型光纤又分为两类:正色散系数 G.655 型光纤和负色散系数 G.655 型光纤。零色散点在 1 530 nm 以下时,在工作区内色散位为正值,这种正色散 G.655 光纤适合陆地传输系统使用;零色散点在 1 565 nm 以上时,在工作区内色散值为负值,这种负色散 G.655 光纤适合海底传输系统使用。典型的 G.655 光纤在 1 550 nm 波长区的色散值为 0.652 光纤的 1/4～l/6,因此色散补偿距离也大致为 G.652 光纤的 4～6 倍,色散补偿成本(包括光放大器、色教补偿器和安装调试)远低于 G.652 光纤。另外,由于 G.655 光纤采用了新的光纤拉制工艺,具有较小的极化模色散,光纤的极化模色散一般不超过 0.05 ps/$\sqrt{km}$。即使按0.1 ps/$\sqrt{km}$考虑,这也可以完成至少 400 km 长的 40 Gbit/s 信号的传输。

第一代 G.655 光纤主要是为 C 波段(1 530～1 565 nm)通信窗口设计的,它的色散斜率较大。随着宽带宽光放大器(BOFA)的发展,WDM 系统已经扩展到 L 波段(1 565～1 620 nm)。在这种情况下,如果色散斜率仍然维持原来的数值[0.07～0.10 ps/(nm^2 · km)],长距离传输时短波长和长波长之间的色散差异将随着距离的增加而增大,势必造成 L 波段高端过大的色散,影响了 10 Gbit/s 及以上高码速信号的传输距离,或者采用高代价的色散补偿措施。而低波段端的色散又太小,多波长传输时不足以抑制 FWM、SPM、XPM 等非线性效应。因此,研制和开发出低色散斜率的光纤具有重要的实际价值。

第二代 G.655 光纤适应了上述要求,具有较低的色散斜率和较大的有效面积,较好地满足了 DWDM(密集波分复用)的要求。大有效面积的光纤具有较大的有效面积,可以更有效地克服光纤非线性的影响;小色散斜率光纤具有更合理的色散规范值,简化了色散补偿,更适合于 L 波段的应用。两者均适合于以 10 Gbit/s 为基础的高密集波分复用系统,代表了干线光纤的最新发展方向。鉴于各公司生产的 G.655 光纤特性差异较大,2000 年 10 月世界电信标准大会 ITU 在 1996 年通过的有关 NZDSF 的 G.655 标准的基础上又进一步规范了该类光纤的标准。新标准把 G.655 光纤分为三类:G.655A、G.655B和 G.655C。G.655A 光纤主要适用于 ITU-T G.691 规定的带光放大的单通道 SDH 系统和具有通道间隔不小于 200 GHz 的 STM-64 的 ITU-T G.692 带光放大的波分复用传输系统。国际标准会议趋向于把不小于 200 GHz 划为粗波分复用范围。由于此类光纤对 PMD 没有要求,在较长的传输距离和较高比特率时,系统性能可能会有所降低。G.655A 类光纤只能用在 C 波段且色散值范围为 0.1～6.0 ps/(nm · km)(色散值下端偏小)。该类光纤将零色散点移出了 DWDM 工作的 1 530 nm 至 1 565 nm 窗口,并规定在 1 565 nm 的最大色散值为 6 ps/(nm·km)。这样的色散已经足以抑制由于 DWDM 系统在 C 波段使用 100 GHz 通道间隔而引起的非线性失真。G. 655B 类光纤适用于速率高到 10 Gbit/s(STM-64)、波道间隔不大于 100 GHz 的 G. 692 带光放大的密集波分复用传输系统。此种光纤可用于 C、L 两波段。G. 655B 中描述的新光纤类型在 C 波段的末端允许的最大色散值为 10 ps/(nm·km),这样就能够更好地抑制由于通道间隔缩小而增加的非线性失真。在 1 550 nm,典型的色散值为 8 ps/(nm·km)。这样的色散足以使非线性失真最小化,同时它又不会增加色散补偿的需求并能使 40 Gbit/s 系统的部署更为容易。另外此种光纤为了满足密集波分复用,还对链路 PDM 提出了要求。G. 655C 光纤与 G. 655B 的主要不同是对偏振模控制更严。

8.4.2 大有效面积光纤

超高速系统的主要性能限制是色散和非线性。通常,线性色散可以用色散补偿的方法来消除,而非线性的影响却不能用补偿的方法来消除。光纤的非线性包括自相位调制、交叉相位调制和四波混频,光纤的有效面积是决定光纤非线性的主要因素。

为了适应超大容量长距离密集波分复用系统的应用,1996 年康宁公司为减小由于密集波分复用注入光纤有效面积上光强过大使光纤产生的非线性效应,采用了增大光纤有效面积的方法开发了 LEAF 光纤。LEAF 光纤折射率分布以一个三角形内芯和一个折射率上升的包环芯来达到扩大光纤有效面积的目的。LEAF 光纤的典型有效面积达 72 μm^2以上,零色散点处于 1 510 nm 左右,其弯曲性能、极化模色散和衰减性能均可达到常规 G. 655 光纤的水平。而色散系数规范已大为改进,提高了下限值,使之在 1 530~1 565 nm窗口内处于 2~6 ps/(nm·km)之内,而在 1 565~1 625 nm 窗口内处于 4. 5~11. 2 ps/(nm·km)之内,从而可以进一步减小四波混频的影响。

大有效面积光纤的主要缺点:

① 有效面积变大后导致色散斜率偏大,约为 0. 1 ps/(nm^2·km);

② 其 MFD 也偏大,在 1 550 nm 处为 9. 2~10 nm,因此微弯和宏弯损耗须仔细控制。

8.4.3 低色散斜率光纤

随着技术的不断发展,光放大器现在能够允许传输系统工作在 1 600 nm 波长附近的第四波长窗口(1 565~1 625 nm)。为实现这一需求,光纤的色散必须满足在较宽的波长范围内色散值相对保持为常数。色散斜率要小,是为了满足用户倾向于使用更宽的波长范围而提出的新的努力方向。色散斜率用来衡量光纤的色散随着波长变化的程度。针对不同应用而设计的光纤会在色散斜率上有较大的不同,即使它们具有相同的零色散波长。当光纤用于长途传输系统时,色散斜率的作用会变得相当可观。减小色散斜率有两个好处:无须增加长波长的色散就能够改善短波长的性能,并且降低了 C 波段和 L 波段色散补偿的成本和复杂度。具有高色散斜率的非零色散光纤必须在短波长 1 530 nm 附近太小的色散和在长波长 1 635 nm 附近太大的色散之间做出折中的考虑。

1993 年,朗讯科技公司开发出新一代非零色散光纤,称为 G. 655 真波 RS 光纤。真波 RS 光纤的最大优点是色散斜率小，仅为 0.045 ps/(nm^2 · km)。小的色散斜率和色散系数意味着大的波长通道数目、高的单通道码率，同时它还可以容忍更高的非线性效应。这也意味着更大的容量和更低的成本。低色散斜率光纤采用特殊的双包层或多包层结构，形成狭而深的折射率陷阱，加强波导色散，使光纤在 1 300～1 600 nm 的波长范围内总色散近于平坦，使光纤的带宽得到扩展，有利于 DWDM 及相干光通信的发展，因此它也被称为色散平坦光纤(DFF)。

8.4.4 全波光纤

DWDM 系统希望能够在尽可能宽的可用波段上进行波分复用。但在可用波段内 1 385 nm附近羟基(OH－)吸收峰的存在，造成了光功率的严重损失，限制了 1 350～1 450 nm波段的使用。为此，各个公司都致力于消除 OH－吸收峰，开发出"无水峰光纤"，从而实现1 350～1 450 nm 第五窗口的实际应用。

G.652 光纤近年来最大的进步是去掉 1 383 nm 处水峰而把应用波长扩展了 100 nm 的 G.652C 类光纤。朗讯公司在 1999 年首家推出了商品名叫全波光纤的该类光纤，康宁公司于 2001 年 4 月也推出了叫"SMF-28"的此类光纤。据估计，这项技术可以使光纤可利用的波长增加 100 nm 左右，相当于 125 个波长通道(100 GHz 通道间隔)。由于没有了水峰，光纤可以开放第 5 个低损窗口，从而带来一系列好处：由于在上述波长范围内，光纤的色散仅为 1 550 nm 波长区的一半，因而容易实现高比特率长距离传输；可以分配不同的业务给最适合这种业务的波长传输，改进网络管理；当可用波长范围大大扩展后，容许使用波长间隔较宽、波长精度和稳定度要求较低的元件，降低了系统成本。这一有效工作波长范围的增大，有利于通过增大波长通道之间的间距来降低对 OPD(光无源器件)、OAD(光有源器件)的要求，大大降低了通信系统的成本，同时可以通过加大波分复用的密度，实现光纤通信系统的超大容量传输。

8.4.5 最新的 G.656 光纤

在 2002 年 5 月国际电信联盟 ITU-T SGl5 会议上最先由日本 NTT 和 CLPAJ 联合提出了新光纤需求建议。由于通信业务量的迅速增长，城域网的容量越来越大，需要应用 DWDM 技术，并且波段会扩展到 C 和 L 波段。因此，有必要研究和定义适用于 S、C、L 波段的光纤。新光纤是覆盖 1 460～1 625 nm 波段的非零色散光纤，其应用范围超出了 G.655光纤，故应该有一个新的建议，日本的提议得到了广泛的支持，光纤光缆课题组将其列入了新建议的起草计划。

在 2003 年 1 月的 ITU 会议上，新光纤被正式给出了建议号 ITU-T G.656。最后在 2004 年 4 月 ITU-T SGl5 组会议上，G.656 光纤建议得到通过。本建议描述了一种单模光纤，在 1 460～1 625 nm 波长范围内，其色散为一个大于零的数值。该色散减小了链路中的非线性效应，这些非线性效应对 DWDM 系统非常有害。该光纤在比 G.655 光纤更宽的波长范围内，利用非零色散减小 FWM、XPM 效应。未来将决定是否能将该光纤的应用扩展到 1 460～1 625 nm 波长范围以外。在 1 460～1 625 nm 波长范围内，该光纤可以用于 CWDM 和 DWDM 系统的传输。目前该类光纤可以应用于下列系统建议：

G. 691、G. 692、G. 693、G. 695 和 G. 959. 1。

8.5 骨干网与城域网的光纤选择

作为光传输网络物理平台基础的光缆在网络的建设成本和维护成本中占有举足轻重的地位，特别是光纤的选择对于未来传输系统的扩容更具有决定性的影响，因此，对于网络运营者而言，光纤的选择是一项十分慎重的任务。光纤的选择不仅要考虑当前的应用情况，更要考虑未来技术的发展。不能仅根据光纤的结构、物理参数和性能来比较，还必须结合传输系统的应用开发情况来考虑。

无论是核心网还是接入网，目前主要应用的还是 G. 652 光纤。在核心网中新建线路已开始采用 G. 655 光纤，在接入网中已开始应用光纤带光缆。光纤的选型是波分复用系统设计中很重要的一个问题。过去由于技术的限制光纤只有少数的几种，同时我国已埋设的光纤几乎都是常规单模光纤，选型问题就不那么复杂了。但是现在新型光纤越来越多，在设计波分复用系统和进行传输网建设时，光纤的选型就变得十分重要了。

8.5.1 不同传送网对光纤特性的要求

随着 EDFA 和 DWDM 技术的迅速发展，新型光纤的研究又重新活跃起来。不同应用领域的光网络也对光纤性能提出了不同的要求。

DWDM 系统在海底和陆地长距离系统中获得了广泛的应用。海底光网络通常长达数千米。从经济上考虑，海底通信系统应尽量减少光纤放大器的数量，这可以通过选用负色散大有效面积 NZ-DSF 光纤来实现。光纤的大模场面积降低了光纤中的光功率密度，允许更高光功率输入光纤。因此，光信号在经过放大以前可传输更远的距离。另外，光纤的负色散可防止调制不稳定，这种非线件效应会恶化长距离系统中的光信号。实际的海底线路一般由三种光纤（大有效面积负色散光纤、较小色散斜率的负色散非零色散位移光纤和常规单模光纤）组合而成。常规单模光纤用作补偿光纤，使整个链路的平均色散接近于零。海底光纤系统侧重于增大传输距离，陆地长距离系统则要求光纤传送更多信道，单信道的速率也更高。陆地长距离光网络一般为 100～1 000 km，一般采用 DWDM 系统，每信道以高速率（10 Gbit/s）传输。为了减小光纤非线性和色散的限制，常采用色散平坦 NZ-DSF 和较低斜率的大有效面积 NZ-DSF 光纤。色散平坦 NZ-DSF 光纤和色散斜率较低的宽带大有效面积 NZ-DSF 光纤能将高速长距离系统的频带扩展到 L 波段和短波长带（S 波段，1 450～1 530 nm），大大增加传输容量。城市和馈线环路中的光网络，由于传输距离短（通常少于 80 km），很少使用在线光放大器，色散也不是主要的限制因素。系统设计优先考虑的是网络成本而非传输成本。城市网络通常支持大量的终端用户，且需要灵活上下话路。能容纳上百个速率较低或适中的信道的光纤最为理想。全波光纤，既可以容纳更多信道，也可增大信道间隔，使用低成本器件。虽然用 DCF 升级已铺设的常规单模光纤是一种很好的方法，却增加了系统成本和网络的复杂性。因此，新的陆地系统通常采用具有较小色散的非零色散位移光纤。

8.5.2 骨干网光纤的选择

目前,波分复用技术日趋成熟,以 2.5 Gbit/s 和 10 Gbit/s 为基础的 WDM 系统已经在各个电信运营商的一级干线、二级干线乃至城域网中得到了应用。因此,以下将从目前广泛应用的 2.5 Gbit/s 和 10 Gbit/s WDM 两个方面来分析比较两种光纤的传输性能。

在以 2.5 Gbit/s 为基础的 WDM 系统中,传输系统的色散容限较大,每通道可达 12 800 ps/nm,不存在色散补偿问题。因此,单从色散的角度来说,在 600 km 左右的光复用段设置情况下,对于工作在 1 550 nm 窗口的 2.5 Gbit/s SDH 系统和以 2.5 Gbit/s 为基础的 WDM 系统采用 G.652 光纤和 G.655 光纤并无不同。当然,由于 G.655 光纤色散系数较小,在不需要色散补偿的情况下,无电中继距离较采用 G.652 光纤长,对于 LEAF 光纤,理论上可达 1 700 km。目前,以 2.5 Gbit/s 为基础的 WDM 系统一般采用 G.652 光纤,无电中继距离可达 640 km。当然也可采用 G.655 光纤开通 2.5 Gbit/s WDM 系统,只是从实际的应用来看,采用 G.655 光纤的优势不够明显;而从投资成本的角度看,采用 G.652 光纤又是非常经济的。因此,在以 2.5 Gbit/s 为基础的 WDM 系统中,采用 G.652 光纤是非常合适的。

10 Gbit/s SDH 和 WDM 系统的色散容限一般为 800 ps/nm,最大也不过 1 600 ps/nm。理论上来讲,采用 G.655 光纤后,与 G.652 光纤相比,可以大大减少光纤色散的补偿量。这也是目前在应用 10 Gbit/s WDM 系统的情况下,广泛采用 G.655 光纤的原因。但是,对于 10 Gbit/s 为基础的 WDM 系统,由于影响的因素较多,不仅是传统的衰减、色散等参数,还包括偏振模色散(PMD)、非线性效应(包括 SPM、XPM、FWM 等)、功率均衡、色散斜率均衡等。因此,10 Gbit/s WDM 的系统配置是各方面参数达到优化的综合结果,在系统设计时,应综合考虑上述所有参数。

综上所述,在我国长途骨干传输网中开通 2.5 Gbit/s 和 10 Gbit/s 为基础速率的 WDM 系统,G.652 光纤具有一定的优势,特别是在目前 G.655 光纤价格明显高于 G.652 光纤的情况下,更应优先考虑采用 G.652 光纤。长途骨干网光纤选型的几点建议如下:

① 考虑到下一代光纤的不成熟性,同时考虑到网络建设的成本,在目前的长途骨干光缆建设中应以 G.652 光纤为主。

② 在已有 G.652 和/或 G.655 光纤且纤芯比较富裕的段落,可以减缓光缆建设计划,尽可能利用已有光纤,待下一代光纤技术成熟时,应用新光纤开通新的传输系统。

③ 考虑到未来大容量高速 WDM 系统的应用,在价格合理的情况下,在适当的段落采用低色散光纤,开通超长距离 WDM 系统。

④ 对于省内二级干线光缆建设,考虑到实际开通业务的地区城市间距离一般不超过 200 km,且应用高速率大容量 WDM 的可能性不大。因此,省内二级干线的光纤选型也应以 G.652 光纤为主。

⑤长途传输系统在城市内进行高速率转接时,考虑到 1 310 nm 光器件比 1 550 nm 价格便宜,一般采用 1 310 nm 收发器件。在 1 310 nm 窗口应用时应采用 G.652 光纤,不应采用 G.655 光纤。

网络的建设需要一定的周期,建成后的网络应能充分适应业务和技术的不断发展。

光纤的选择更是如此，它关系到今后10～15年传输系统的发展。因此，在网络规划和设计阶段必须充分考虑到光纤新技术和传输系统新技术的应用和发展。

8.5.3 城域网光纤的选择

大中城市本地网中可以用G.655光纤组成10 Gbit/s的WDM环形网，并且可以在大部分地区组成10 Gbit/s的全光交叉连接WDM网络。但在1 310 nm窗口色散较大，不利于北京、上海等城市电信公司现有光传输设备的兼容。建议使用新一代低色散斜率的G.655光纤。在城域网接入层上，通路非常密集，主要针对基于2.5 Gbit/s及以下速率的系统，G.652光纤承载的系统在技术上有较好的优势，所以G.652光纤是一种选择；在汇聚层(大、中城市)，对基于10 Gbit/s及更高速率的系统，G.652和G.655光纤均能支持；对于城域网中的骨干层，可选用新型光纤，如无水峰光纤G.652C、大有效面积光纤、低色散斜率光纤等，而新一代的无水峰光纤因扩大了可用光谱，显示出很独特的优势，必然会得到广泛的应用。鉴于光纤带光缆在结构上的显著优势，在城域网的规划中应优先考虑。

第 9 章　光波导器件

光通信系统可以说是由一个个光波导器件构成的，光波导器件根据其实现本身功能时是否发生光电能力的转换可分为无源光器件与有源光器件。若没有出现光电能量的转换，则称其为无源光器件，如光纤连接器、光衰减器、光开关与光隔离器等。若出现光电能量的转换，则称其为有源光器件，如光放大器、光波长锁定器与光检测器等。光波导器件的种类很多，本章主要介绍光通信系统中一些常用光波导器件的结构、工作原理和特性。

9.1　光纤连接器与光衰减器

随着光通信系统的不断发展，大量的光无源器件得到了广泛应用，这其中就包括光纤活动连接器和光衰减器。光纤活动连接器是实现光纤之间活动连接的无源光器件，它还具有将光纤与有源器件光纤与其他无源器件、光纤与系统和仪表之间进行活动连接的功能。光衰减器是对光功率进行预定量衰减的器件，分为可变光衰减器和固定光衰减器两种，前者主要用于调节光线路电平，后者主要用于电平过高的光纤通信线路。本节将介绍这两类光器件。

9.1.1　光纤连接器的重要指标

1. 插入损耗

插入损耗是指光纤中的光信号通过活动连接器之后，其输出光功率与输入光功率的比率的分贝数。

影响插入损耗的各种因素如下：

(1) 纤芯错位损耗(如图 9.1.1 所示)。

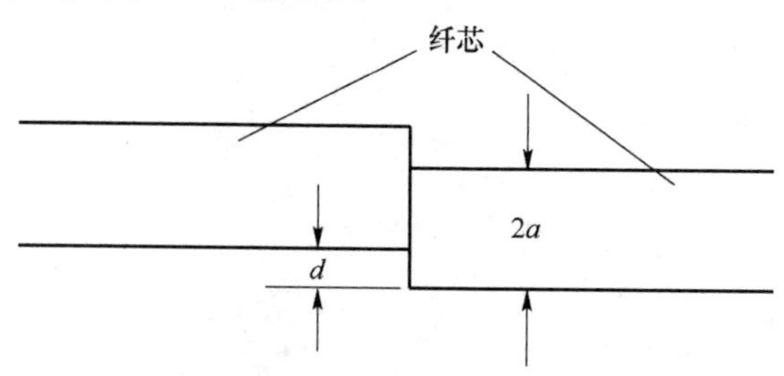

图 9.1.1　纤芯错位损耗

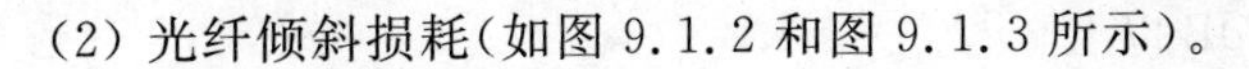

(2) 光纤倾斜损耗(如图 9.1.2 和图 9.1.3 所示)。

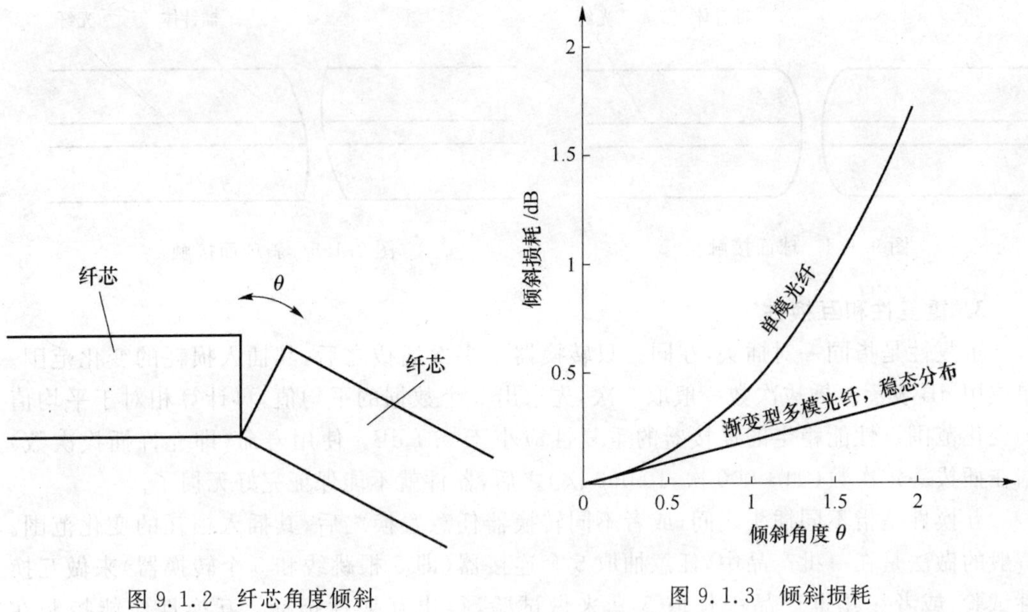

图 9.1.2　纤芯角度倾斜　　　图 9.1.3　倾斜损耗

(3) 光纤端面间隙损耗。

(4) 光纤端面多次反射(菲涅耳反射)引起的损耗。

(5) 纤芯直径不同的光纤连接时产生的连接损耗。

(6) 数值孔径不同引起的损耗。

(7) 光纤端面不平滑,光纤端面与轴线不垂直,光纤端面不平整等。

在光纤连接时,各种影响因素均可能同时存在。总的连接损耗应是各种损耗之和。

2. 回波损耗

回波损耗(又称后向反射损耗),回波损耗是指在光纤连接处,后向反射光相对输入光功率的比率的分贝数。

$$R_L = -10\lg \frac{P_r}{P_0} \tag{9.1.1}$$

其中,P_0为输入光功率,P_r为后向反射光功率。

改进回波损耗的方法如下。

(1) 球面接触(如图 9.1.4 所示)

将装有光纤的插针体端面加工成球面,球面曲率半径一般为 25～60 mm。当两个插针体接触时,其回波损耗可以达到 50 dB 以上。球面接触使纤芯之间的间隙接近于 0,达到"物理接触"。

(2) 斜球面接触(如图 9.1.5 所示)

先将插针体端面加工成 8°左右的倾角,再按球面加工的方法抛磨成斜球面。在连接时,严格按照预定的方位使插针体对准。除实现光纤端面的物理接触外,还可以将微弱的后向反射光加以旁路,使其难以进入原来的纤芯。斜球面接触可以使回波损耗达到60 dB

以上，特别好的情况可以达到 70 dB 以上。

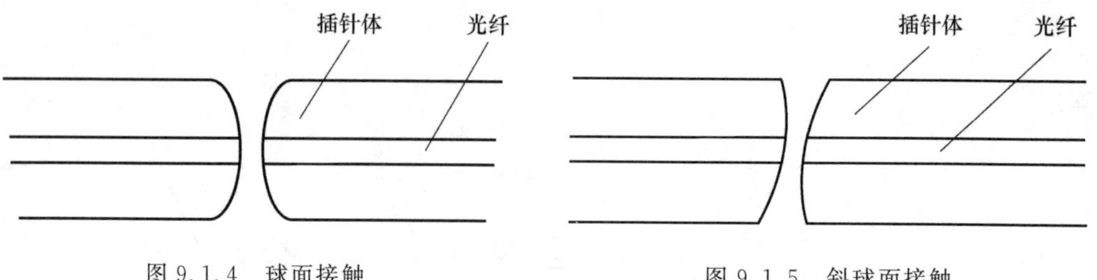

图 9.1.4 球面接触　　　　图 9.1.5 斜球面接触

3. 重复性和互换性

重复性是指同一对插头，在同一只转换器中多次插拔之后，其插入损耗的变化范围。单位用 dB 表示。插拔次数一般取 5 次，先求出 5 个数据的平均值，再计算相对于平均值的变化范围。性能稳定的连接器的重复性应小于 0.1 dB。使用寿命(即允许插拔次数)指在插拔一定次数(如 1 000 次，10 000 次)之后，器件就不能保证完好无损了。

互换性是指不同插头之间，或者不同转换器任意置换之后，其插入损耗的变化范围。一般的做法是在一批产品中，任意抽取 5 套连接器(即 5 根跳线和 5 个转换器)来做互换性试验，或者在几批产品中任取 5 套来做试验，得出互换性指标。互换性应能控制在 0.2 dB以内。

9.1.2 光纤活动连接器的基本结构

1. 套管结构

此连接器由插针和套筒组成。插针为一精密套管，光纤固定在插针里面。套筒也是一个加工精密的套管(有开口和不开口两种)，两个插针在套筒中对接并保证两根光纤的对准。其原理是：以插针的外圆柱面为基准面，插针与套筒之间为紧配合。当光纤纤芯对外圆柱面的同轴度、插针的外圆柱面和端面以及套筒的内孔加工得非常精密时，两根插针在套筒中对接，就实现了两根光纤的对准。采用此结构的连接器有 FC、SC、ST、D4 等型号，如图 9.1.6 所示。

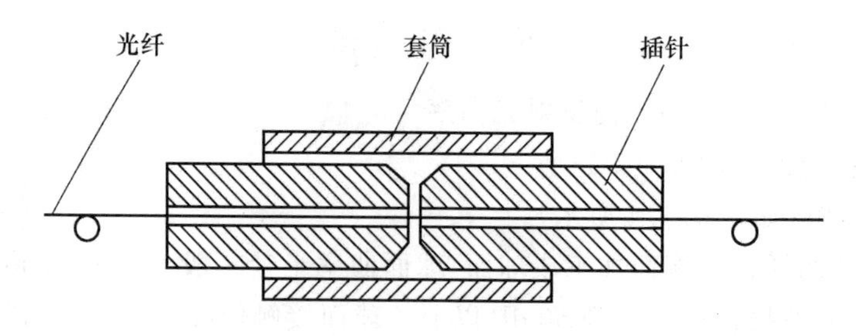

图 9.1.6 套管结构

2. 双锥结构

利用锥面定位。插针的外端面加工成圆锥面，基座的内孔也加工成双圆锥面。两个插针插入基座的内孔实现纤芯的对接。插针和基座的加工精度极高，锥面与锥面的结合既要保证纤芯的对中，还要保证光纤端面间的间距恰好符合要求。它的插针和基座采用聚合物模压成型，精度和一致性都很好。双锥结构如图 9.1.7 所示。

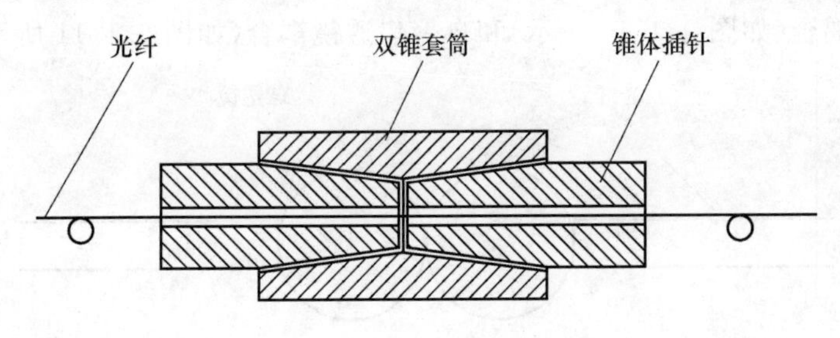

图 9.1.7 双锥结构

3. V 形槽结构

将两个插针放入 V 形槽基座中，再用盖板将插针压紧，使纤芯对准。这种结构可以达到较高的精度。其缺点是结构复杂，零件数量偏多，如图 9.1.8 所示。

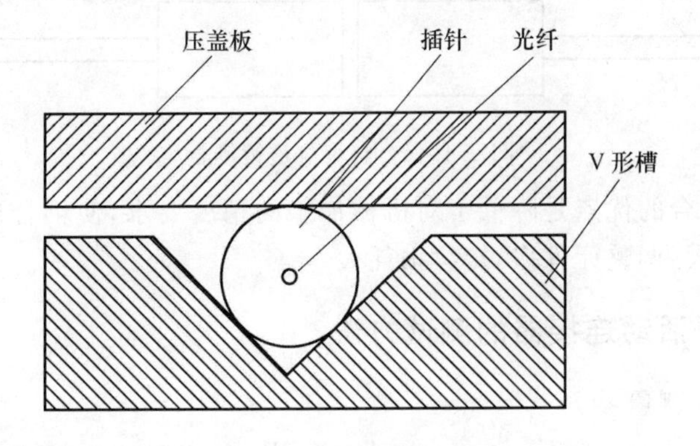

图 9.1.8 V 形槽结构

4. 球面定心结构

由两部分组成，一部分是装有精密钢球的基座，另一部分是装有圆锥面的插针。钢球开有一个通孔，通孔的内径比插针的外径大。当两根插针插入基座时，球面与锥面接合将纤芯对准，并保证纤芯之间的间距控制在要求的范围内。设计思想巧妙，但零件形状复杂，加工调整难度大，如图 9.1.9 所示。

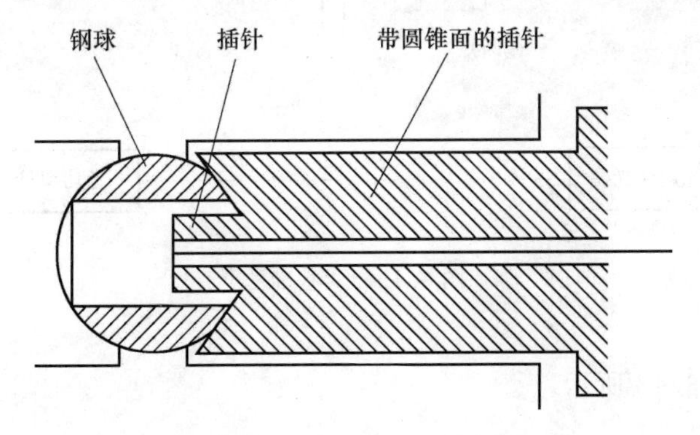

图 9.1.9 球面定心结构

5. 透镜耦合结构

分球透镜耦合(如图 9.1.10 所示)和自聚焦透镜耦合(如图 9.1.11 所示)两种。

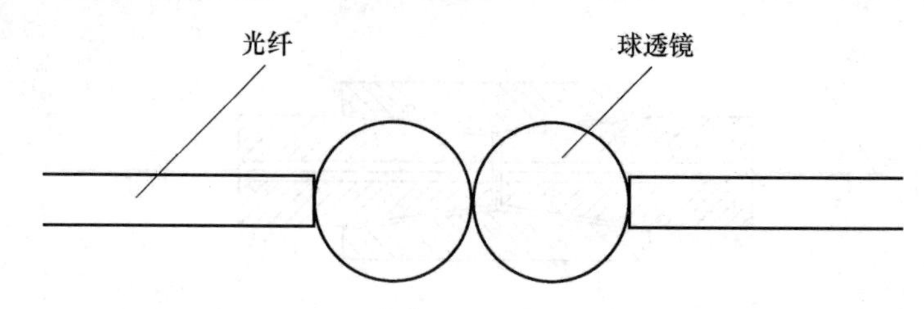

图 9.1.10 球透镜耦合

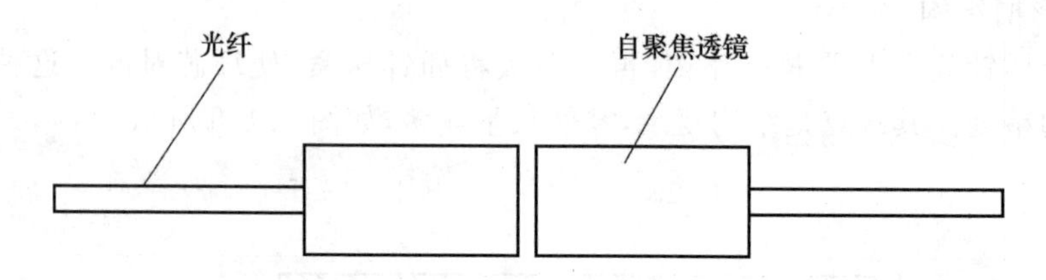

图 9.1.11 自聚焦透镜耦合

自聚焦透镜耦合的优点是降低了对机械加工的精度要求,使耦合更容易实现。缺点是结构复杂,体积大,调整元件多,接续损耗大。

9.1.3 光纤活动连接器的测试方法

1. 插入损耗的测量

$$R_L = -10\lg \frac{P_r}{P_0} \tag{9.1.2}$$

(1) 基准法

先测量 P_1,然后将输入光纤剪断,再测量 P_0,如图 9.1.12 所示。

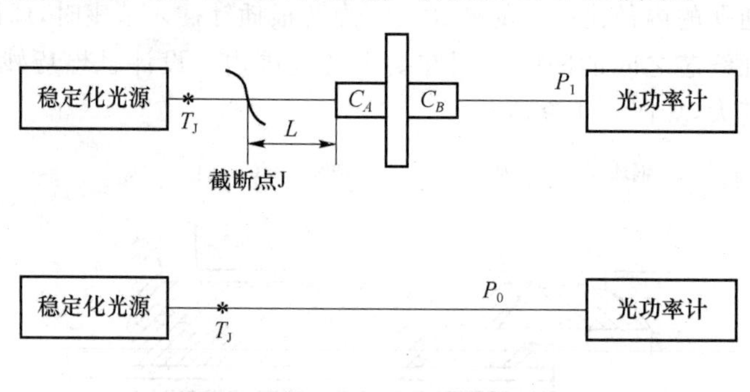

图 9.1.12 基准法

(2) 替代法

替代法如图 9.1.13 所示。

(3) 跳线比对法

跳线插入损耗测试,采用标准跳线比对法,如图 9.1.14 所示。

跳线比对法的先决条件是要有标准跳线和标准转换器。插入损耗是相对于它们而言

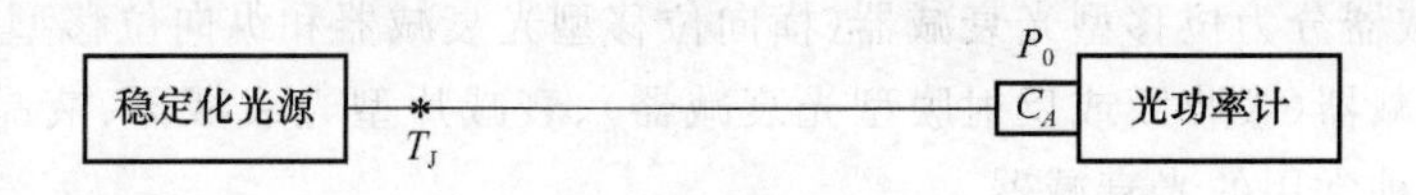

图 9.1.13 替代法

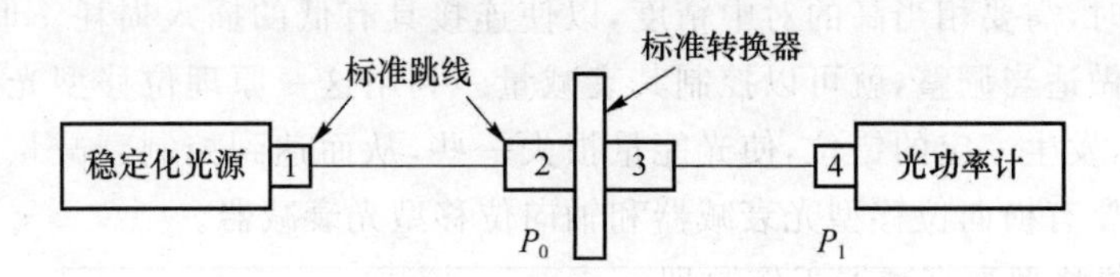

图 9.1.14 跳线比对法

的。基准法、替代法是国家标准规定的方法，是其他测量方法的基准。

2. 回波损耗

如图 9.1.15 和图 9.1.16 所示，回波损耗是指插头 5 和插头 3 之间的回波损耗，是一相对值。因而插头 3 必须是标准插头，转换器也必须是标准转换器。插头 4 和插头 6 的端面涂匹配液的作用是使该端面的反射光减少到零。

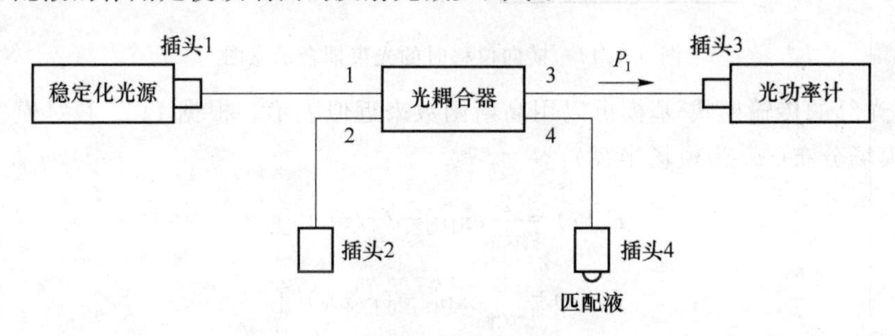

图 9.1.15 回波损耗测量实验图一

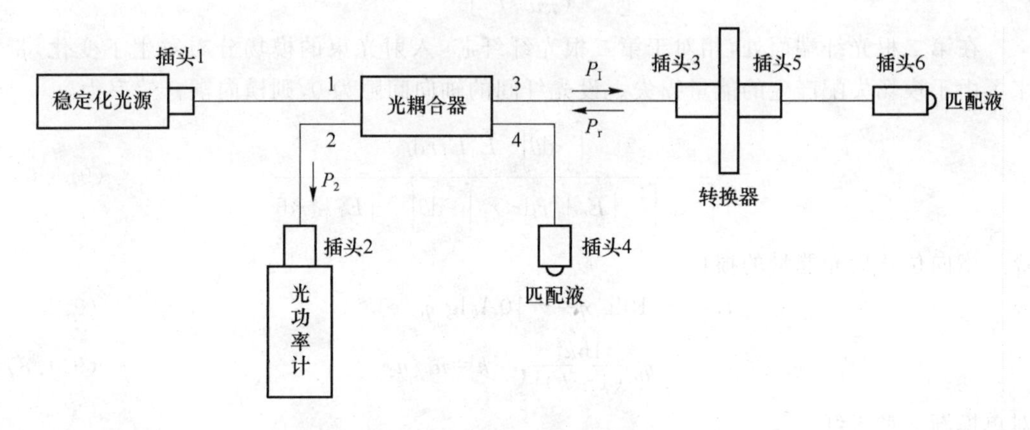

图 9.1.16 回波损耗测量实验图二

9.1.4 光衰减器的作用和工作原理

光衰减器可按照用户的要求将光信号能量进行预期的衰减。根据光衰减器的工作原理，可将光衰减器分为位移型光衰减器（横向位移型光衰减器和纵向位移型光衰减器）、直接镀膜型光衰减器（吸收膜或反射膜型光衰减器）、衰减片型光衰减器、液晶型光衰减器。下面介绍这几种常用的光衰减器。

1. 位移型光衰减器

光纤连接时，需要相当高的对中精度，以使连接具有低的插入损耗。但是，如果将光纤的对中精度做适当调整，就可以控制其衰减量。利用这一原理位移型光衰减器有意让光纤在对接时，发生一定的错位，使光能量损失一些，从而达到控制衰减量的目的。位移型光衰减器主要有横向位移型光衰减器和轴向位移型光衰减器。

（1）横向位移型光衰减器工作原理

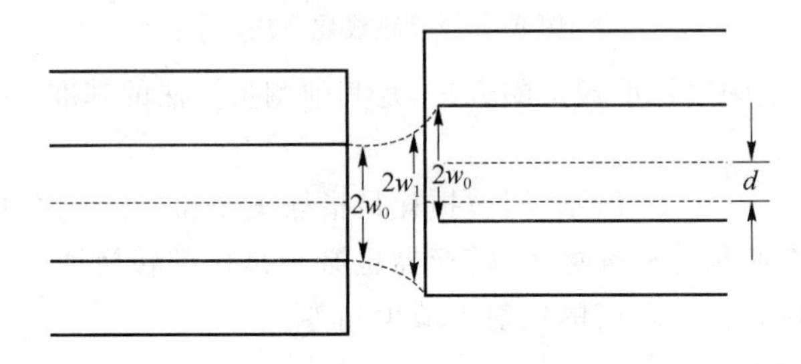

图 9.1.17 横向位移时的光束耦合示意图

单模光纤的传输模式-基模可以用高斯函数来近似表示。根据 ITU-T 对模场半径的建议，其模场分布（w_0 为模场半径）：

$$E_0(r)=\frac{2}{w_0}\exp[-(r/w_0)^2] \tag{9.1.3}$$

$$E_1(r)=\frac{2}{w_1}\exp[-(r/w_1)^2] \tag{9.1.4}$$

$$w_1=w_0\left[1+\left(\frac{\lambda d}{\pi w_0}\right)^2\right]^{1/2},\quad w_1\geqslant w_0 \tag{9.1.5}$$

在第二根光纤端面处，相对于第二根光纤纤芯，入射光束的模场分布发生了变化，带来了由于模场失配产生的能量损失。设光纤间的轴向间隙为 0，则横向耦合效率为

$$\eta=\frac{\int_0^{2\pi}\mathrm{d}\theta\int_0^{\infty}E_0E_1r\mathrm{d}r}{\int_0^{2\pi}\mathrm{d}\theta\int_0^{\infty}|E_0|^2r\mathrm{d}r\times\int_0^{2\pi}\mathrm{d}\theta\int_0^{\infty}|E_1|^2r\mathrm{d}r} \tag{9.1.6}$$

经过横向位移后光能量的损耗：

$$L_d=-10\lg\eta=-10A_0\lg\eta_{反}\,\mathrm{e}^{-(d/w_0)^2} \tag{9.1.7}$$

$$\eta_{反}\frac{16k^2}{(1+k)^4},\quad k=n_1/n_0 \tag{9.1.8}$$

对单模渐变型光纤：

$$w_0=(0.65+1.619V^{-3/2}+2.879V^{-6})a \tag{9.1.9}$$

$$V=2\pi an_1\sqrt{2\Delta/\lambda},\quad \Delta=\frac{n_1-n_2}{n_1} \tag{9.1.10}$$

在模式稳态分布情况下，多模光纤的耦合损耗：

$$L_d' = -10A_0 \lg \eta_d' \tag{9.1.11}$$

$$\eta_d' = \eta_{反}\left[1 - 2.35\left(\frac{d}{a}\right)^2\right] \tag{9.1.12}$$

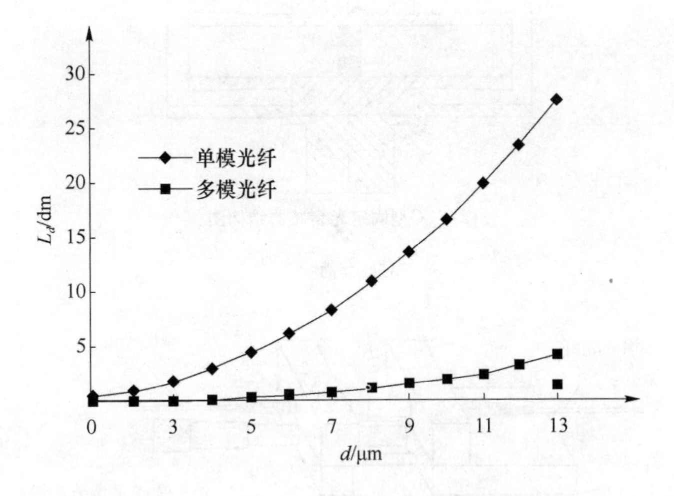

图 9.1.18 L_d-d 曲线

设计出相应于不同损耗的横向位移参数，并通过一定的机械定位方式予以实现，得到所需要的光衰减器。由于横向位移参数的数量级均在 μm，一般不用来制作可变衰减器，仅用于固定衰减器的制作中，并采用熔接或粘接法。这种衰减器的优点在于回波损耗很高，通常大于 60 dB。

(2) 轴向位移型光衰减器

通过高斯光束失配的方法，求得由于光纤端面间的轴向间隙引起的光能量损失。

单模光纤情况下，

$$L_s = -10B_0 \lg \eta_{反} \frac{4(1+\varepsilon^2)}{(2+\varepsilon^2)^2}, \quad \varepsilon = \frac{\lambda S}{\pi w_0^2} \tag{9.1.13}$$

其中，B_0 为修正因子，S 为两光纤端面间的距离。

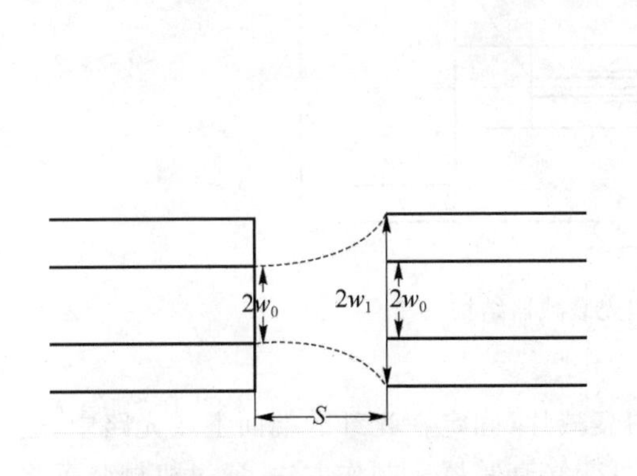

图 9.1.19 轴向位移时光束耦合示意图

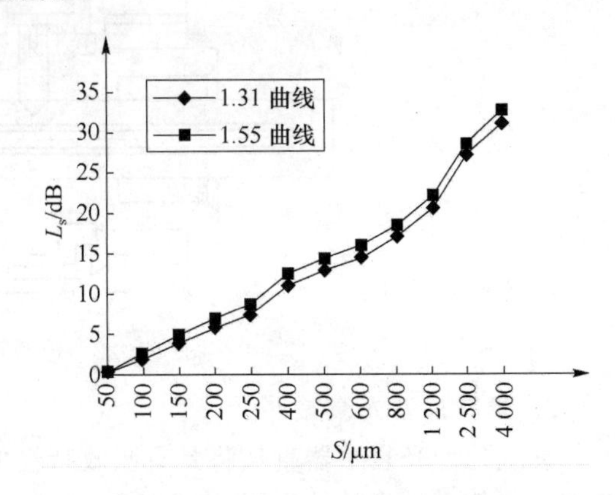

图 9.1.20 L_s-S 曲线

当使用轴向位移原理来制作光衰减器时，在工艺设计上，只要用机械的方式将两根光

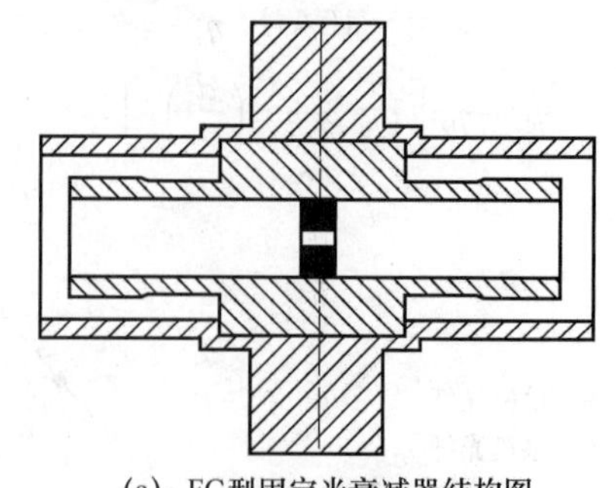

(a) FC型固定光衰减器结构图

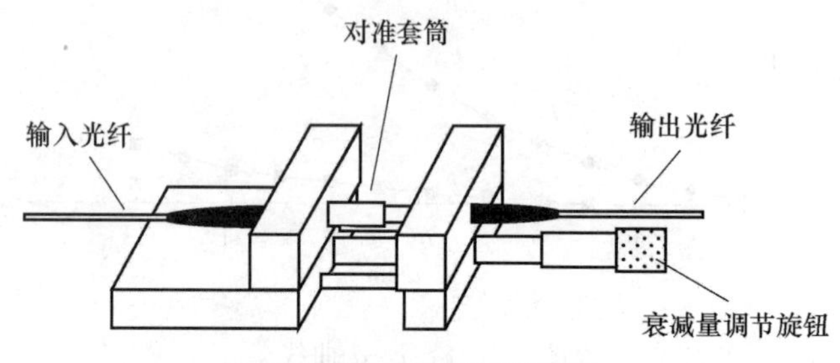

(b) 小型可变光衰减器结构图

图 9.1.21　轴向位移型光衰减器结构

纤拉开一定距离进行对中，就可实现衰减的目的。这一工艺设计主要用于固定光衰减器和一些小型可变光衰减器的制作。位移型光衰减器可分为转换器式光衰减器和变换器式光衰减器。

2. 直接镀膜型光衰减器

直接镀膜型光衰减器是直接在光纤端面或玻璃基片上镀制金属吸收膜或反射膜来衰减光能量的衰减器。常用的蒸镀金属膜包括 Al 膜、Ti 膜、Cr 膜、W 膜等。

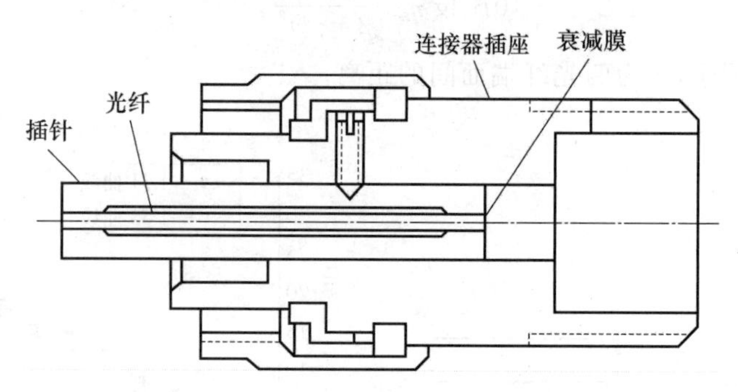

图 9.1.22　镀膜型光衰减器结构

3. 衰减片型光衰减器

衰减片型光衰减器直接将具有吸收特性的衰减片，固定在光纤的端面上或光路中，达到衰减光信号的目的，可制作固定光衰减器和可变光衰减器。制作方法：通过机械装置将衰减片直接固定于准直光路中，光信号经过自聚焦透镜准直后，通过衰减片时，光能量即被衰减，再被第二个自聚焦透镜聚焦耦合进光纤中。使用不同衰减量的衰减片，就可得到相应衰减值的光衰减器。

衰减片常采用的材料有红外有色光学玻璃、晶体、光学薄膜。光衰减器有光学稳定性、化学稳定性及体积、成本等诸多因素的要求。选作衰减元件的材料通常是有色玻璃和滤光片。在选择具体的有色玻璃时，一定要考虑玻璃的温度、湿度等环境稳定性，以保证整个光衰减器的稳定性。选用吸收型薄膜滤光片的方法来制作光衰减器时，常将中性密度滤光片用作衰减片。从理论上来说，它对每个波长的光信号衰减强度几乎都是一样的，因此可获得宽带宽的衰减器。

(1) 双轮式可变光衰减器

步进式双轮可变光衰减器(如图 9.1.23 所示)：其光路采用准直器出射的平行光路，在光路中插入两个具有固定衰减量的衰减圆盘，每个衰减圆盘上分别装有 0 dB、5 dB、10 dB、15 dB、20 dB、25 dB 六个衰减片，通过旋转这两个圆盘，使两个圆盘上的不同衰减片相互组合，即可获得 5 dB、10 dB、15 dB、20 dB、25 dB、30 dB、35 dB、40 dB、45 dB、50 dB 十挡衰减量。衰减片可以采用镀膜或吸收型玻璃片来制作。

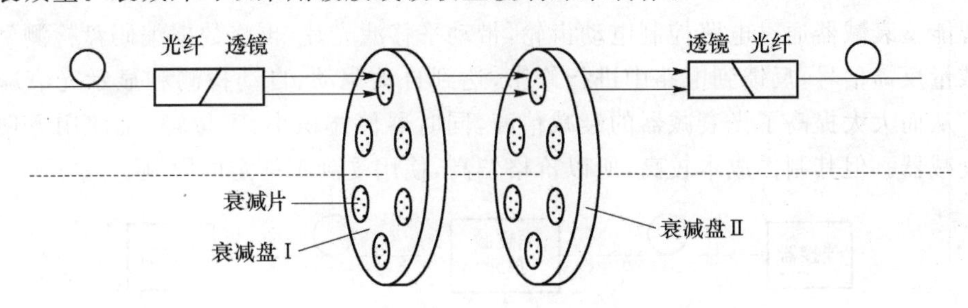

图 9.1.23 步进式双轮可变光衰减器结构

连续可变光衰减器(如图 9.1.24 所示)由一个步进衰圆盘和一片连续变化的衰减片组合而成，步进衰减片的衰减量为 0 dB、10 dB、20 dB、30 dB、40 dB、50 dB 六挡，连续变化衰减片的衰减量为 0～15 dB。因此总的衰减量调节范围为 0～65 dB。这样，通过粗挡和细挡的共同作用，即可达到连续衰减光能量的目的。

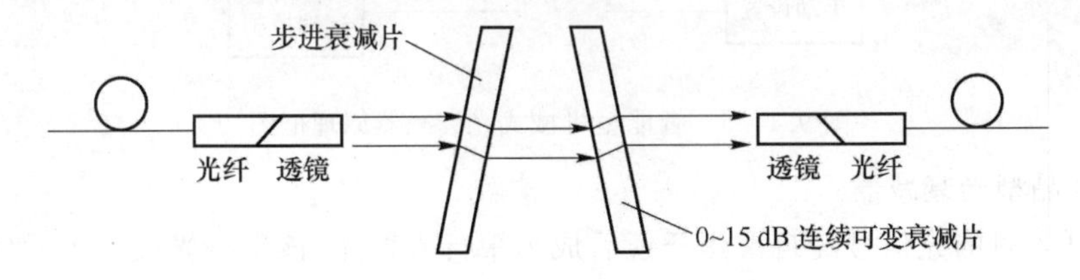

图 9.1.24 双轮连续可变光衰减器的结构

连续衰减片是采用真空镀膜方法，在圆形光学玻璃片上镀制金属吸收膜而制成的。蒸镀时，采用特殊的专用扇形装置来覆盖玻璃基片，可连续均匀地改变其张角，使蒸镀出来的膜层厚度逐渐均匀变化，因而可以达到使衰减量连续变化的目的。

除去无膜区以外，余下的扇型区域被不同厚度的膜层均匀分配，每 1 dB 膜层区域的周长是相等的，保证衰减量的均匀改变。这种衰减器对衰减片镀膜层的均匀性要求很高。

设计时应考虑两点：① 衰减片半径越大的位置，衰减量的分辨率也越高。② 尽量避免衰减范围过大。在设计时，常采用连续可调衰减片与分挡步进盘相结合的方案，使光衰减器既具有较大可调衰减范围，又具有较高的分辨率。

衰减量的精度还与器件零部件的加工精度和装配有关，要求重要零件必须精密加工，并且需要耐磨、防锈、防潮、防尘，其装配精度要高，密封性能要好。

(2) 平移式光衰减器

当垂直于光路平移滤光片时，就可以调节光衰减器的衰减量。连续变化滤光片的透过率：

$$T_p = d_0 + k \cdot s \tag{9.1.14}$$

其中，k 为常数，由滤波片吸收系数 α 和滤波片的几何尺寸决定。s 为滤光片垂直于光路的位移量；d_0 为滤光片起始处的透过率。

只要滤光片上吸收膜足够均匀，滤光片位移面足够平整，这种光学结构的衰减器就具有理想的线性度。

(3) 智能型机械式光衰减器

智能型衰减器通过电路控制电动齿轮，带动平移滤光片，再将数据编码盘检测到的实际衰减量反馈信号，反馈到电路中进行修正，达到自动驱动、自动检测和显示光衰减量的目的。从而大大提高了光衰减器的衰减精度，同时器件体积小、重量轻，是使用方便的可变光衰减器。但其制作成本较高，所以价格偏高，使用受到了一定的限制。

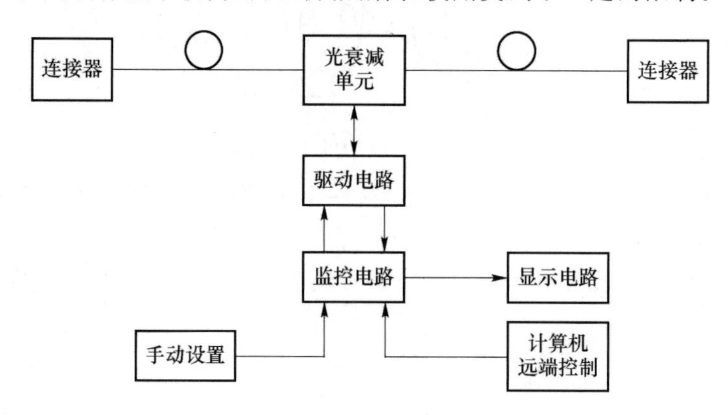

图 9.1.25 智能型机械式光衰减器原理框图

(4) 液晶型光衰减器

从光纤入射的光信号经自聚焦透镜后成为平行入射光，该平行光被分束元件 P_1 分为偏振面相互垂直的两束偏振光 o 光和 e 光，经过不加任何电压的液晶元件时，两束偏振光同时旋转 90°，旋转后的偏振光再被另一个与 P_1 光轴成 90°的分束元件 P_2 合为一束平行光，由第二只自聚焦透镜耦合进光纤。

9.1.5 光衰减器的性能及测试

对光衰减器性能的要求是：插入损耗低，回波损耗高，分辨率线性度和重复性好，衰减量可调范围大，衰减精度高，器件体积小，环境性能好。重点在光衰减器的衰减量、插入损耗、衰减量精度和回波损耗四项指标。

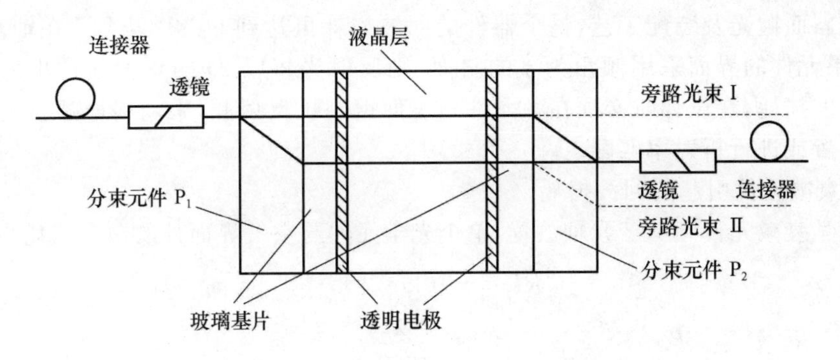

图 9.1.26 液晶型光衰减器的工作原理示意图

1. 衰减量和插入损耗

固定光衰减器的衰减量指标实际上就是其插入损耗，而可变光衰减器除了衰减量外，还有单独的插入损耗指标要求。高质量可变光衰减器的插入损耗在 1.0 dB 以下。一般情况下，普通可变光衰减器的该项指标小于 3.0 dB 即可使用。

光衰减器的插入损耗的主要来源是光纤准直器的插入损耗和衰减单元的透过率精度及耦合工艺，如工艺中光纤准直器制作，光纤和自聚焦透镜及两个光纤准直器间耦合得很好，可以使整个光衰减器的插入损耗大大降低。

衰减量和插入损耗的测试如图 9.1.27 所示。

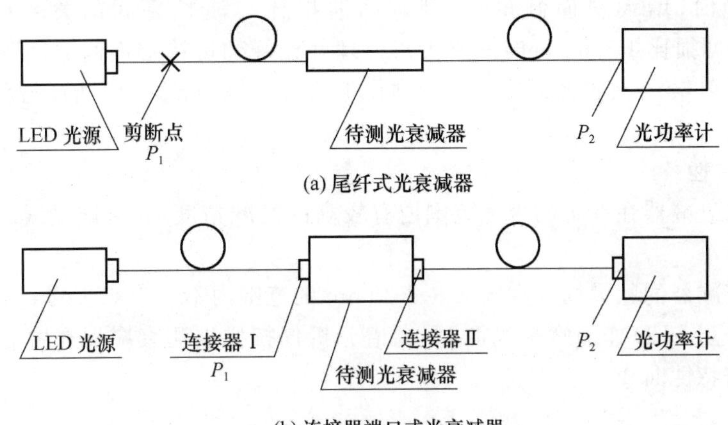

图 9.1.27 光衰减器插入损耗/衰减量测试方框图

选择好工作波长，去除高阶模，使光衰减器的输入端和检测器处仅有基模传输。

光衰减器衰减量 A 为

$$A(\text{或 } I_L) = -10\lg \frac{P_2}{P_1} \tag{9.1.15}$$

2. 回波损耗

光衰减器的回波损耗是指入射到光衰减器中的光能量和衰减器中沿入射光路反射出的光能量之比。高性能光衰减器的回波损耗在 40 dB 以上。回波损耗由各元件和空气折射率失配造成的反射引起。平面元件引起的回波损耗大约 14 dB，通过足够的抗反射膜和恰当的斜面抛光及装配工艺,整个器件的回波损耗可达到 50 dB 以上。在轴对称的情况下,如果元件的界面采用倾角为 θ 的斜面,则反射光将以 2θ 的角度偏折出入射光路。要提高回波损耗,在设计时必须在各元件的表面镀制抗反射膜,采用斜面透镜,并将各光学元件斜置或进行折射率匹配。

(1) 衰减元件引起的回波损耗

将光学衰减元件倾斜于光轴放置,单个光学元件与空气界面处的回波损耗为

$$RL=-10\lg e^{-\left(\frac{2\theta_b}{\theta_0}\right)^2} \tag{9.1.16}$$

$$\theta_0=\frac{\lambda}{\pi n_1 w_0} \tag{9.1.17}$$

其中,θ_b 为光学衰减元件倾斜于光轴的角度;w_0 为光纤的模场半径。

当光束垂直入射到光学界面上时,由 Fresnel 公式,元件界面处的回波损耗可表示为

$$RL=-10\lg\frac{(n_1-n_2)^2}{(n_1+n_2)^2} \tag{9.1.18}$$

其中,n_1、n_2 分别为光学界面两边的折射率。

(2) 光纤准直器引起的回波损耗

对采用准直器的光衰减器来说,其回波损耗的主要来源在于入射光的准直光路部分。它主要来自三个面的反射:单模光纤端面的反射、GRIN 透镜前端面及后端面的反射。

提高光衰减器的回波损耗的措施:端面镀增透膜;采用斜面光纤准直器;采用斜面耦合 GRIN 透镜时,增大斜面倾角;处理好回波损耗与波长之间的关系(工作波长为 1 310 nm时的回损比 1 550 nm 时的要大);处理好光纤和透镜端面间的间距 d 及填充端面间的介质折射率 n;改善光纤准直器的制作工艺,特别是光纤斜面插针与斜面透镜的耦合工艺。

3. 频谱特性

一般要求衰减器在一定的带宽范围内有较高的衰减精度,其衰减谱线具有较好的平坦性。

固定光衰减器的频谱损耗在−30～+30 nm 的范围内不大于 0.5 dB。光衰减器的频谱特性测试采用 LED 作为宽带光源,用光谱分析仪扫描被测衰减器在中心波长±30 nm 范围内的频谱特性曲线。

9.1.6 常用光衰减器的品种、型号、规格和外形

1. 固定式光衰减器

(1) 尾纤式固定光衰减器

性能稳定,以尾纤形式输出光信号,回波损耗高,与偏振无关,衰减精度高。

(2) 转换器式固定光衰减器

光衰减器性能稳定,两端均为转换器接口,与偏振无关,衰减量分 3 dB、5 dB、10 dB、15 dB、20 dB、25 dB六种挡。使用极为方便,可直接与各型连接器配合使用。缺点在于回波损耗受所配用连接器影响。

(3) 变换器式固定光衰减器

一端为连接器插头,另一端为转换器端口,其性能稳定,与偏振无关,使用方便灵活,

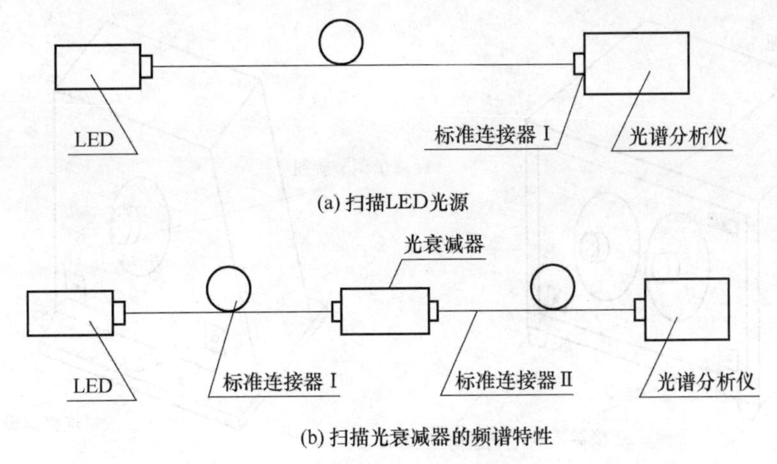

图 9.1.28 光衰减器的频谱特性测试方框图

图 9.1.29 尾纤式固定光衰减器外形

衰减量分 3 dB、5 dB、10 dB、15 dB、20 dB、25 dB 六挡。使用时仅需在连接器处插入同型号变换式光衰减器，即可在线路中达到衰减光信号的目的，该衰减器也可用于线路终端。

2. 可变光衰减器

(1) 小可变光衰减器

小可变光衰减器的特点为衰减量连续可变，衰减范围较小，衰减精度欠佳，小型灵活，使用方便，价格低廉，接口有尾纤式和连接器式两种如图 9.1.30 所示。

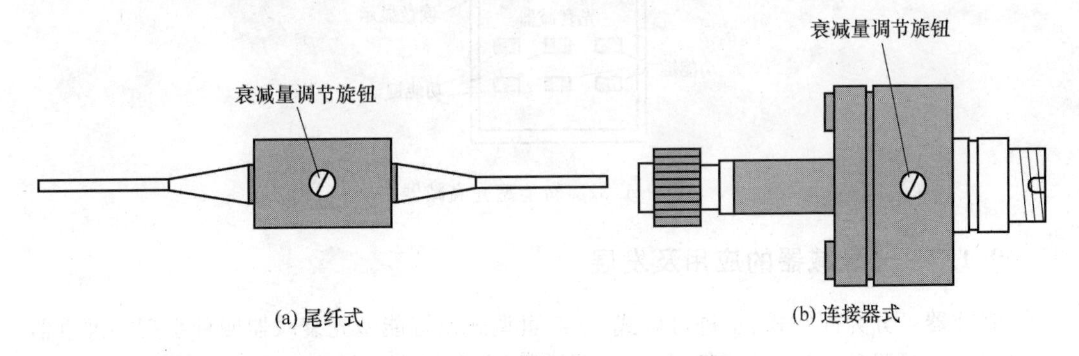

图 9.1.30 尾纤式和连接器式两种接口

(2) 机械式可变光衰减器

机械式可变光衰减器的特点如下：性能好；衰减量稳定可调，可调范围大，一般为 0～60 dB 以上；精度较高，普通型的回波损耗在 20 dB 左右，高性能的回波损耗指标可达 50 dB以上；使用灵活，可广泛用于各类光通信领域的系统或试验及测试中。不足之处在于：体积稍大，衰减精度略低于智能型光衰减器。

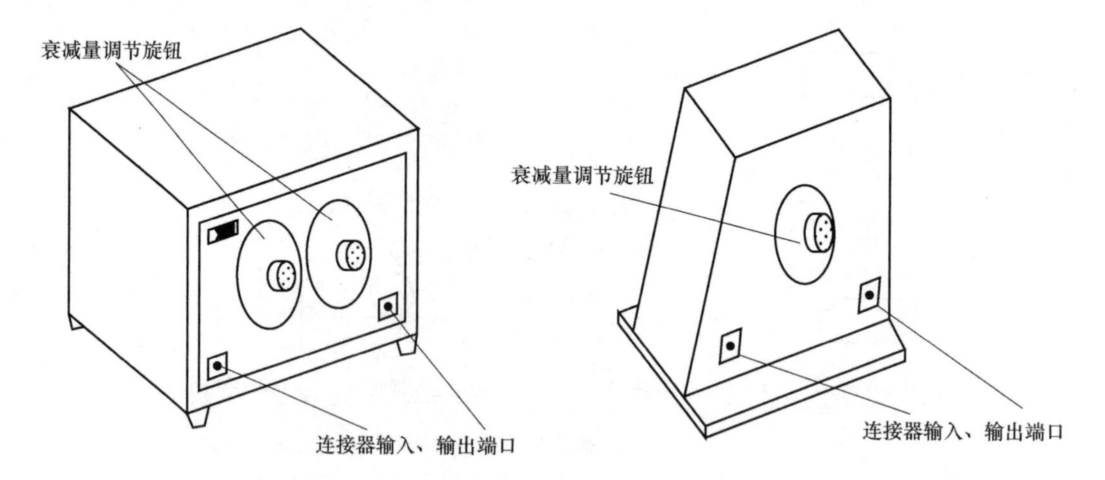

图 9.1.31　两种机械式可变光衰减器

(3) 智能型光衰减器

智能型光衰减器的特点如下：衰减量采用电路控制，连续可调；衰减精度高；体积小，便于携带；使用方便简单。如配以恰当的控制电路和接口，便可实现程序控制调节衰减量，成为新一代高性能光衰减器。其不足在于价格偏高。

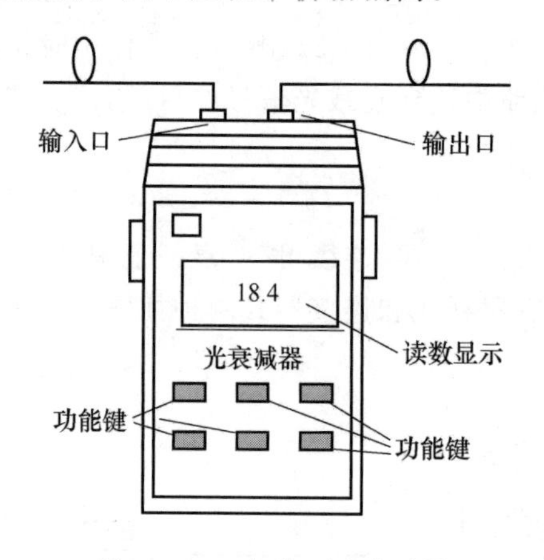

图 9.1.32　智能型光衰减器

9.1.7　光衰减器的应用及发展

衰减器可分为固定式、步进可调式、连续可调式及智能型光衰减器四种系列。准直器式可调光衰减器是一种机械可调节式光衰减器，它利用了两准直器之间遮光的多少来控制衰减量的大小，具有衰减范围大，调节精度高，插入损耗低，结构小巧等特点，应用于光通信系统测试、光纤器件制作和测试、光纤实验室。全光纤式可调光衰减器附加损耗低，结构紧凑，衰减调节范围大，调节精度高，应用于光通信系统、光纤 CATV 网、光纤器件制作和测试、光纤实验室。光衰减器是一种能够按照用户要求对光信号能量进行预期衰减的精密器件。固定光衰减器是一种衰减值固定的光衰减器，具有重复性好，精度高，性能稳定可靠等优点，应用于光纤通信系统、光纤器件测试、测量仪器等。光衰减器在光器件计量系统中的应用如图 9.1.33 所示，光衰减器在 EDFA 中的应用如图 9.1.34 所示。

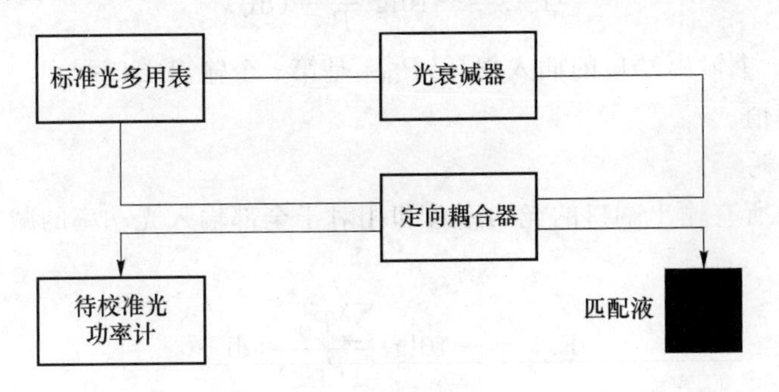

图 9.1.33　光衰减器在光器件计量系统中的应用

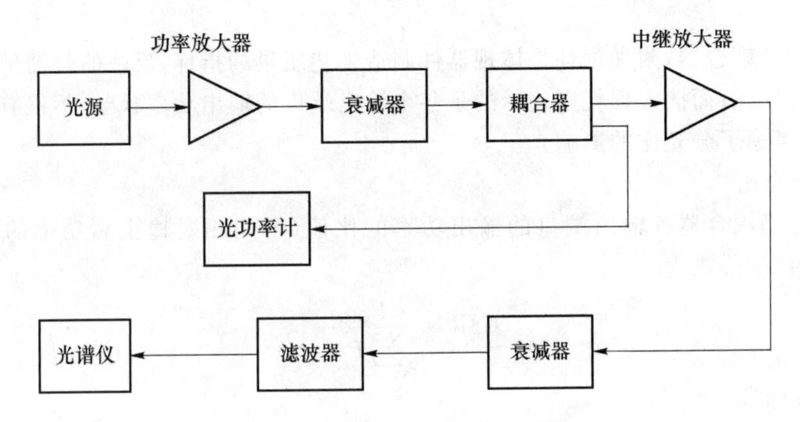

图 9.1.34　光衰减器在 EDFA 中的应用

9.2 光耦合器

光耦合器是能使传输中的光信号在特殊结构的耦合区发生耦合，并进行再分配的器件。

9.2.1 光耦合器件的分类

(1) 按功能分：光功率分配器、光波长分配(合/分波)耦合器。

(2) 按端口形式分：X 形(2×2)耦合器、Y 形(1×2)耦合器、星形($N\times N$，$N>2$)耦合器以及树形($1\times N$，$N>2$)耦合器等。

(3) 按工作带宽的角度分：单工作窗口的窄带耦合器和双工作窗口的宽带耦合器。

(4) 按传导光模式分：多模耦合器和单模耦合器。

9.2.2 描述光耦合器特性的一般技术参数

(1) 插入损耗

插入损耗是指定输出端口的光功率相对于全部输入光功率的减少值。输出端口的插入损耗的公式为

$$\mathrm{I.L}_i = -10\lg \frac{P_{\mathrm{OUT}i}}{P_{\mathrm{IN}}}(\mathrm{dB}) \tag{9.2.1}$$

其中,$\mathrm{I.L}_i$ 是第 i 个输出端口的插入损耗;$P_{\mathrm{OUT}i}$ 是第 i 个输出端口测到的光功率值;P_{IN} 是输入端的光功率值。

(2) 附加损耗

附加损耗是所有输出端口的光功率总和相对于全部输入光功率的减小值。附加损耗的公式为

$$\mathrm{E.L} = -10\lg \frac{\sum P_{\mathrm{OUT}}}{P_{\mathrm{IN}}}(\mathrm{dB}) \tag{9.2.2}$$

其中,E.L 是输出端口的附加损耗;P_{OUT} 是输出端口测到的光功率值;P_{IN} 是输入端的光功率值。

对于光纤耦合器,附加损耗是体现器件制造工艺质量的指标,反映的是器件制造过程带来的固有损耗;而插入损耗则表示的是各个输出端口的输出功率状况,不仅有固有损耗的因素,更考虑了分光比的影响。

(3) 分光比

分光比是耦合器各输出端口的输出功率的比值(常用相对输出总功率的百分比表示)。分光比的公式为

$$\mathrm{C.R} = \frac{P_{\mathrm{OUT}i}}{\sum P_{\mathrm{OUT}}} \tag{9.2.3}$$

(4) 方向性

方向性定义为在耦合器正常工作时,输入一侧非注入光的一端的输出光功率与全部注入光功率的比值,一般为衡量器件定向传输特性的参数,方向性的公式为

$$\mathrm{D.L} = -10\lg \frac{P_{\mathrm{IN2}}}{P_{\mathrm{IN1}}}(\mathrm{dB}) \tag{9.2.4}$$

其中,P_{IN1} 代表注入光功率,P_{IN2} 代表输入一侧非注入光的一端的输出光功率。

(5) 均匀性

在器件的工作带宽范围内,各输出端口输出光功率的最大变化量,用来衡量均分器件的“不均匀程度”的参数。均匀性的公式为

$$\mathrm{F.L} = -10\lg \frac{\mathrm{MIN}(P_{\mathrm{OUT}})}{\mathrm{MAX}(P_{\mathrm{OUT}})}(\mathrm{dB}) \tag{9.2.5}$$

(6) 偏振相关损耗

偏振相关损耗是衡量器件性能对于传输光信号的偏振态的敏感程度的参量,即偏振灵敏度。它是指当传输光信号的偏振态发生 360°变化时,器件各输出端输出光功率的最大变化量。偏振相关损耗的公式为

$$\mathrm{P.D.L}_j = -10\lg \frac{\mathrm{MIN}(P_{\mathrm{OUT}j})}{\mathrm{MAX}(P_{\mathrm{OUT}j})}(\mathrm{dB}) \tag{9.2.6}$$

(7) 隔离度

指光纤耦合器件的某一光路对其他光路中的光信号的隔离能力。隔离度高,即线路之间的“串话”小。对于光纤耦合器来说,隔离度更有意义的是用于反映 WDM 器件对不

同波长信号的分离能力。隔离度的公式为

$$I=-10\lg\frac{P_t}{P_{\text{in}}}(\text{dB}) \tag{9.2.7}$$

其中，P_t 为某一光路输出端测到的其他光路信号的功率值，P_{in} 为被检测光信号的输入功率值。实际工程中，对于分波耦合器往往要求隔离度达到 40 dB 以上；而对合波耦合器要求隔离度在 20 dB 左右就可以了。

9.2.3 光耦合器的制作方法

一般光耦合器分为三种类型：分立光学元件组合型、全光纤型和平面波导型，三种类型所采用的制作方法也是不同的。

(1) 分立光学元件的组合型可用一般的几何光学方法进行描述，但是这种方法损耗大，与光纤传输线路耦合困难，环境稳定性较差等。

(2) 全光纤型一般有蚀刻法、光纤研磨法和光纤熔融拉锥法。

(3) 平面波导型主要使用集成光学方法，集成光学方法利用的是平面光波导原理。

9.2.4 熔融拉锥型全光纤耦合器

1. 制作方法及特点

将两根(或两根以上)除去涂覆层的光纤以一定的方式靠拢，在高温加热下熔融，同时向两侧拉伸，最终在加热区形成双锥体形式的特殊波导结构，实现传输光功率耦合的一种方法。

加热源是氢氧焰或丙烷(或丁烷等)氧焰等，固定式或移动式；计算机精确控制各种过程参量，随时监控光纤输出端口的光功率变化。图 9.2.1 是熔融拉锥系统示意图。

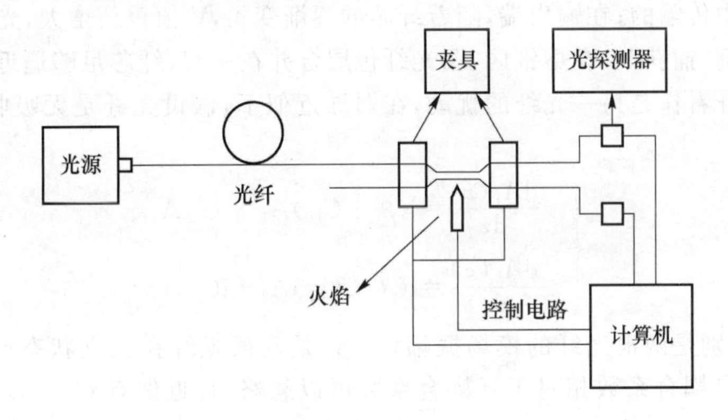

图 9.2.1 熔融拉锥系统示意图

熔融拉锥法的特点如下：① 极低的附加损耗；② 方向性好；③ 良好的环境稳定性；④ 控制方法简单、灵活；⑤ 制作成本低廉，适于批量生产。

2. 耦合机理

熔融拉锥型光纤耦合器的工作原理如图 9.2.2 所示。

对于熔融拉锥型单模光纤耦合器，其单模光纤耦合器的迅衰场耦合示意图如图9.2.3所示。当传导模进入熔锥区时，随着纤芯的不断变细，V 值逐渐减小，有越来越多的光功率渗入光纤包层中。实际上光功率是在由包层作为芯，纤外介质(一般是空气)作为新包

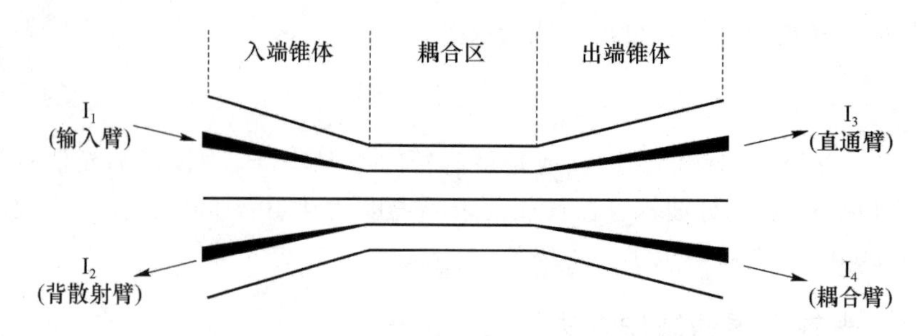

图 9.2.2　熔融拉锥型光纤耦合器的工作原理图

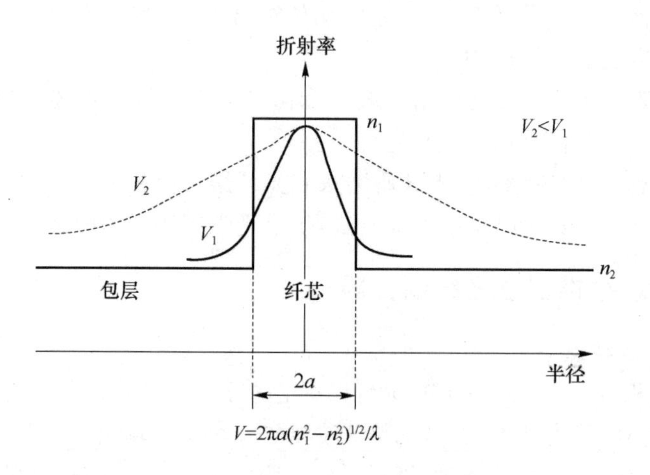

图 9.2.3　单模光纤耦合器的迅衰场耦合示意图

层的复合波导中传输的；在输出端，随着纤芯的逐渐变粗，V 值重新增大，光功率被两根纤芯以特定的比例“捕获”。在熔锥区，两光纤包层合并在一起，纤芯足够逼近，形成弱耦合。

将一根光纤看作是另一光纤的扰动，在弱导近似下，假设光纤是无吸收的，则耦合方程组为

$$\begin{cases} \dfrac{\mathrm{d}A_1(z)}{\mathrm{d}z}=\mathrm{i}(\beta_1+C_{11})A_1+\mathrm{i}C_{12}A_2 \\ \dfrac{\mathrm{d}A_2(z)}{\mathrm{d}z}=\mathrm{i}(\beta_2+C_{22})A_2+\mathrm{i}C_{21}A_1 \end{cases} \tag{9.2.8}$$

其中，A_1、A_2 分别是两根光纤的模场振幅；β_1、β_2 是两根光纤在孤立状态的传播常数；C_0 是耦合系数。自耦合系数相对于互耦合系数可以忽略，且近似有 $C_{12}=C_{21}=C$。方程组满足 $z=0$ 时，$A_1(z)=A_1(0)$、$A_2(z)=A_2(0)$的解为

$$\begin{cases} A_1(z)=\left\{A_1(0)\cos\left(\dfrac{C}{F}z\right)+\mathrm{i}F\left[A_2(0)+\dfrac{\beta_1-\beta_2}{2C}A_1(0)\right]\sin\left(\dfrac{C}{F}z\right)\right\}\exp(\mathrm{i}\beta z) \\ A_2(z)=\left\{A_2(0)\cos\left(\dfrac{C}{F}z\right)+\mathrm{i}F\left[A_1(0)+\dfrac{\beta_1-\beta_2}{2C}A_2(0)\right]\sin\left(\dfrac{C}{F}z\right)\right\}\exp(\mathrm{i}\beta z) \end{cases} \tag{9.2.9}$$

其中，

$$\beta=\frac{\beta_1+\beta_2}{2}$$

$$F=\left[1+\frac{(\beta_1-\beta_2)^2}{4C^2}\right]^{-\frac{1}{2}}$$

$$C=\frac{(2\Delta)^{\frac{1}{2}}U^2K_0(Wd/r)}{rV^3K_1^2(W)}$$

$$U=r\,(k^2n_{co}^2-\beta^2)^{\frac{1}{2}}$$

$$W=r\,(\beta^2-k^2n_{cl}^2)^{\frac{1}{2}}$$

$$\Delta=\frac{(n_{co}^2-n_{cl}^2)}{n_{co}^2}$$

$$V=krn_{co}[2\Delta]^{\frac{1}{2}},\quad k=\frac{2\pi}{\lambda}$$

其中，r 是光纤半径，d 是两光纤中心的间距，n_{co} 和 n_{cl} 分别是纤芯和包层的折射率，U 和 W 是光纤的线芯和包层参量，V 是孤立光纤的光纤参量，K_0 和 K_1 是零阶和一阶修正的第二类贝塞尔函数。每根光纤中的功率为

$$\begin{cases}P_1(z)=|A_1(z)|^2=1-F^2\sin^2\left(\dfrac{C}{F}z\right)\\P_2(z)=F^2\sin^2\left(\dfrac{C}{F}z\right)\end{cases}\tag{9.2.10}$$

已假定光功率由一根光纤注入，初始条件为 $P_1(0)=1$ 和 $P_2(0)=0$，F^2 代表着光纤之间耦合的最大功率。当两根光纤相同时，有 $\beta_1=\beta_2$，$F^2=1$。

对于熔融拉锥型多模光纤耦合器，在多模光纤中，传导模是若干个分立的模式，并在数值孔径角内：

$$4an_1\sin\theta=m\lambda\tag{9.2.11}$$

其中，a 为纤芯半径，n_1 为芯区折射率，θ 为传导模与光轴的夹角，λ 为传输光的波长。

总的模式数为

$$M=V^2/2\tag{9.2.12}$$

其中，V 为归一化频率。

多模熔融拉锥结构如图 9.2.4 所示。当传导模进入多模光纤耦合器的熔锥区时，纤芯逐渐变细，同样会导致 V 值减小，纤芯中束缚的模式数减少，较高阶的模进入包层中，

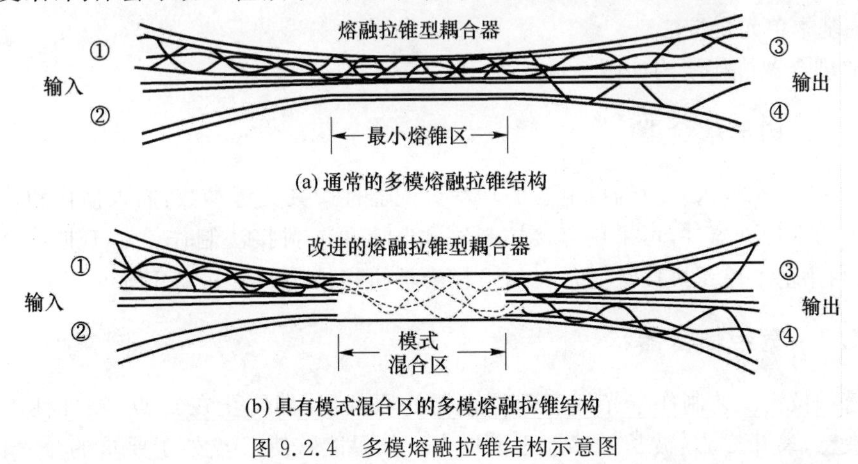

图 9.2.4　多模熔融拉锥结构示意图

形成包层模。由于在熔锥区中，两光纤的包层合并，所以当输出端纤芯又逐渐变粗时，“耦合臂”的纤芯将可以一定比例“捕获”这些较高阶的模式，获得耦合光功率。但是，对于“直通臂”纤芯中传输的较低阶的模式，却只能继续由“直通臂”输出，不参与耦合过程。因此，与单模耦合器不同，多模耦合器的两输出端的传导模一般来说是不同的，器件性能对传输光信号的模式比较敏感。为了克服这种缺陷，人们对传统的熔融拉锥工艺进行了改进，使多模信号在熔锥区能够实现模式混合，各阶模式均参与耦合过程，使输出端的模式一致，从而消除器件的模式敏感性。

9.2.5 星形耦合器

星形耦合器是指具有 $N\times N(N>2)$ 端口组态的耦合器系列，是星形网络的关键器件。其最重要的性能参数是各端口的插入损耗、均匀性等。

常见星形耦合器的主要性能指标大致如表 9.2.1 所示。

表 9.2.1 常见星形耦合器的主要性能指标

项 目	4×4	8×8	16×16
工作波长	1 310 nm、1 550 nm，其他可选		
插入损耗(dB)	≤7.0	≤10.6	≤14.2
均匀性(±dB)	0.8	1.2	2.0
方向性	>60 dB		
工作温度	−40～85 ℃		

星形耦合器的制作方法主要有直接拉制法和基本单元拼接法。

(1) 直接拉制法

将 N 根光纤，以合适的拓扑结构紧密接触后，在较强加热源作用下，一次熔融拉锥获得 $N\times N$ 星形耦合器的方法。

特点：拓扑结构应具有某种空间上的对称性，将 N 根光纤预先放入特制的玻璃管中一起拉锥，器件的机械性能牢固，环境稳定性能够充分保证，器件外形小巧。技术复杂，仅限于低端口数(如 $N=3,4$ 等)。

(2) 基本单元拼接法

星形耦合器拼接结构如图 9.2.5 所示。

9.2.6 树形耦合器

具有 $1(2)\times N(N>2)$ 端口组态的功率分配器件。其关键参数：插入损耗和均匀性。

对于功率均分器件，可采用直接拉制法和基本单元拼接法制作。对于非均分树形耦合器，可利用基本单元拼接法制作。树形耦合器拼接结构如图 9.2.6 所示。

9.2.7 宽带耦合器

用熔融拉锥工艺制作全光纤宽带耦合器的原理：拉伸终止在 C 点，器件性能将对波长最不敏感，离开 C 点，波长敏感性逐渐增大。如果能够使 C 点处于要求的分光比位置，

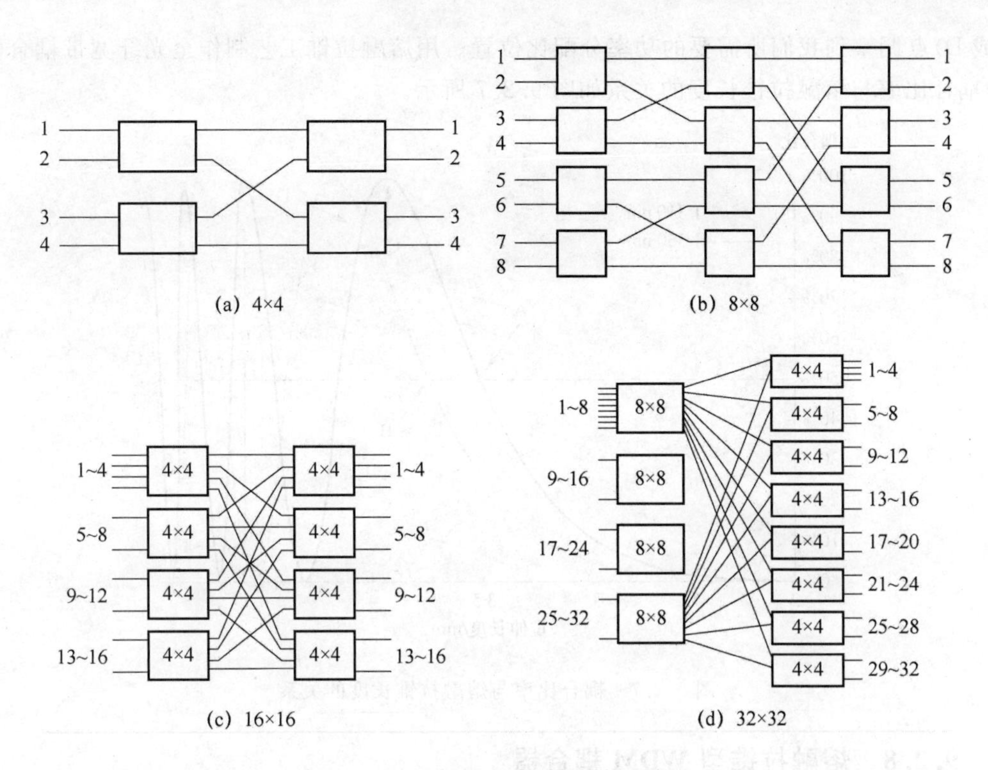

图 9.2.5 星形耦合器拼接结构示意图

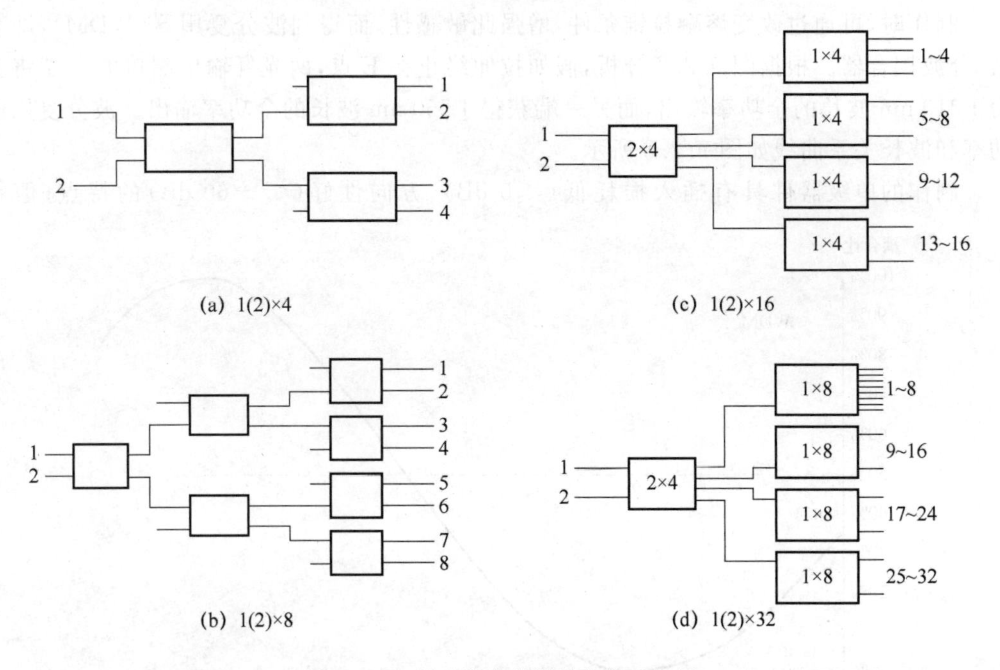

图 9.2.6 树形耦合器拼接结构示意图

可在相应的中心波长获得最大的工作带宽，即得“单窗口宽带耦合器”。将拉伸终止点选在 D，可改善两个中心波长的工作带宽，获得“双窗口宽带耦合器”。关键在于能够将 C

(或 D)点调整到我们所需要的功率分配比位置。用熔融拉锥工艺制作全光纤宽带耦合器的耦合比率与熔融拉锥长度的关系如图 9.2.7 所示。

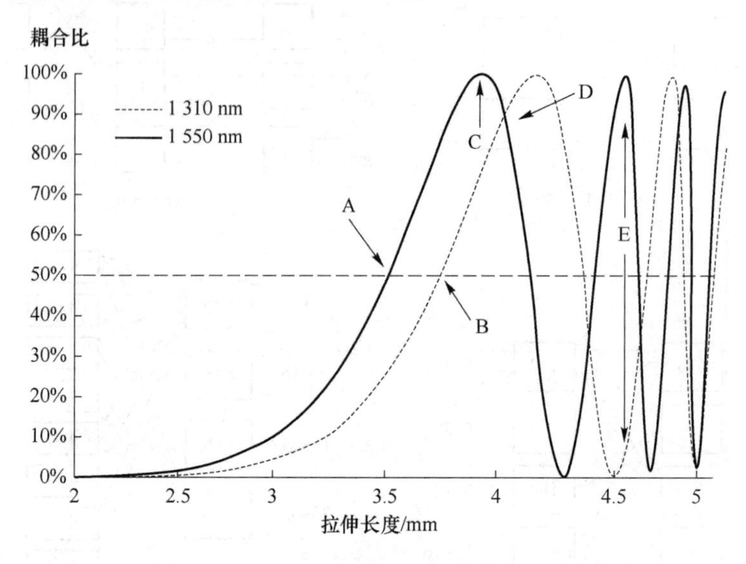

图 9.2.7 耦合比率与熔融拉锥长度的关系

9.2.8 熔融拉锥型 WDM 耦合器

制作时,可通过改变熔融拉锥条件,增强此敏感性,而得到波分复用器(WDM),即合波/分波耦合器。根据图 9.2.7 分析,假如拉伸终止在 E 点,两光纤输出端口的一端将获得 1 310 nm 波长的全功率输出,而另一端获得 1 550 nm 波长的全功率输出。波分复用的功率和波长关系曲线如图 9.2.8 所示。

制作的单级器件具有插入损耗低(≤0 dB)、方向性好(≤－60 dB)的特点,但在

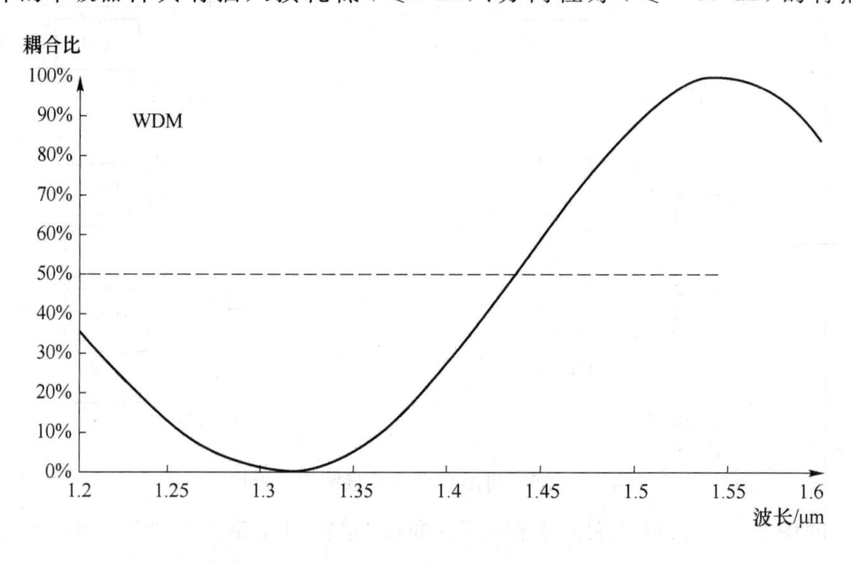

图 9.2.8 波分复用的功率-波长关系曲线

±20 nm通带的隔离度往往小于 20 dB,不能满足系统对下话路(解复用)的需要。采用在输出端串联滤波器或串拉二级 WDM 等方法,可获得 40 dB 以上的通带隔离度,小于 1 dB 的插入损耗。熔融拉锥型 WDM 耦合器在波分复用系统中的典型应用如图 9.2.9 所示。

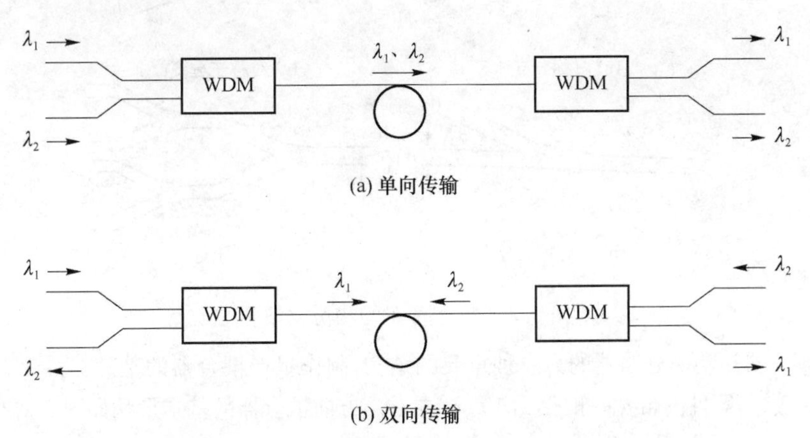

图 9.2.9 熔融拉锥型 WDM 耦合器在波分复用系统中的典型应用示意图

9.2.9 波导型光耦合器

1. 制作方法及特点

波导型光耦合器是指利用平面介质光波导工艺制作的一类光耦合器件。采用的制作介质光波导的方法是,在铌酸锂(LiN_bO_3)等衬底材料上,以薄膜沉积、光刻、扩散等工艺形成所需的波导结构。单模波导与单模光纤的耦合则有端面直接耦合和通过迅衰场的表面耦合等基本方法。它的特点主要是体积小,重量轻和易于集成;机械及环境稳定性好;耦合分光比易于精确控制,在母板定形后,可以进行大批量生产;易于制成小型化的宽带耦合器件。波导型光耦合器的不足:

(1) 与传输光纤的耦合技术急需解决。

(2) 技术尚不完善,尤其在商品化方面,还需不断努力。

(3) 波导制作工艺需要投入价格昂贵的设备。

(4) 由于制作波导母板的成本较高,非批量的生产往往得不偿失。

(5) 对于较少路数($N\leqslant8$)的耦合器,熔融拉锥型具有更低的损耗。

2. 波导型耦合器的结构

(1) 单模波导型

单模波导型分路器是对单模光信号进行功率分配的器件,可分为分支波导、方向耦合器和间隙渐变的方向耦合器等种类。它们可以由离子交换玻璃波导、Ti 扩散铌酸锂波导或聚合物波导构成。基本的单模分支波导如图 9.2.10 所示。

分支波导制作的技术关键在于抑制分支点产生二阶横模及确定量佳的分支角。对于非均分的分路器,应当采用非对称分支,分光比通过调整分支角来控制。树形分路器可以采用对称多分支结构,但更多的是采用两分支波导串接的方法。后者在工艺方面更容易控制,而且原则上没有路数的限制。

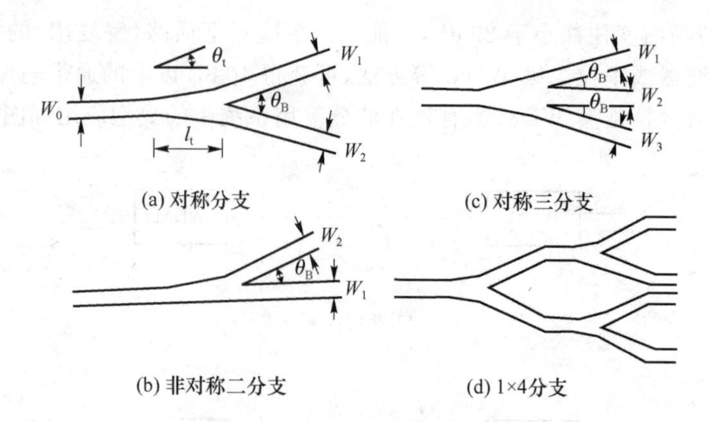

图 9.2.10 基本的单模分支波导

方向耦合器是功率分路器的另一种重要的结构，制作星形耦合器的基础器件。方向耦合器对波长较为敏感，器件的带宽一般仅为 10 nm 左右。方向耦合器的基本形状如图 9.2.11 所示。

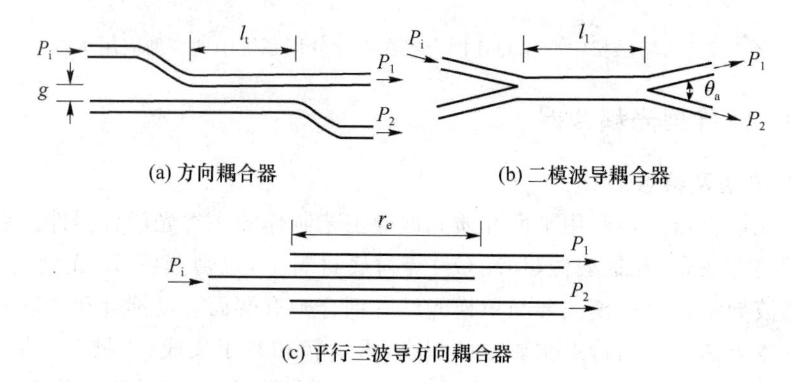

图 9.2.11 方向耦合器的基本形状

耦合器的设计参数是最小波导间隔 g 和张角。间隙渐变的方向耦合器的基本形状如图 9.2.12 所示。

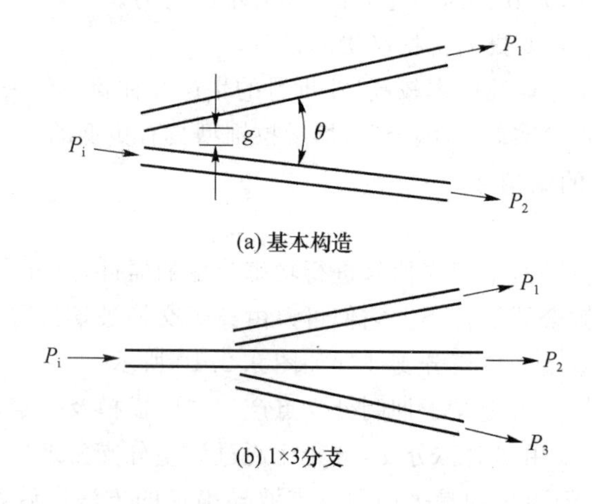

图 9.2.12 间隙渐变的方向耦合器的基本形状

(2) 多模波导型

在多模波导中,往往激励出多种不同的模式,在相同的波导结构下,这些模式在输出端口通常有不同的分配特性。为获得均匀的输出信号,必须在波导结构中实现模式混合。通过设计合适的耦合区长度,使各种模式因衍射而展宽,在侧壁上往返反射,直至横向的光强分布达到相同,从而实现光功率在各输出端口的均匀分配。

9.3 光滤波器

DWDM 光网络的不断演进带动节点元器件技术飞速发展,光滤波技术作为其中的关键之一已不仅是原来狭义的复用/解复用器的概念,其涵盖的范畴越来越多,并且滤波手段层出不穷,比如多腔介质膜滤波器(MDTFF)、阵列波导光栅(AWG)、光纤布拉格光栅(FBG)、熔融拉锥元器件(FBT)、奇偶交错滤波器(Interleaver),此外还有声光可调谐滤波器(AOTF)、闪耀光栅、全息光栅、全光纤 March-Zehnder 干涉仪滤波器和全光纤 FP 腔滤波器等,这些滤波技术不断地变化来适应市场的需求。

9.3.1 光滤波器的工作原理

现存滤波器的基本工作原理都可以归结到干涉滤波或衍射滤波,而前者的应用更加广泛。实现干涉滤波的各种干涉结构都可以实现滤波:既可以是普通的 FP 腔,又可以是薄膜干涉;既可以光栅干涉,又可以 MZ 干涉。在这里主要介绍腔体 FP 滤波原理,薄膜干涉、光栅干涉、MZ 干涉滤波原理相近,就不一一介绍了。

最普通的一种光滤波器是 FP 标准具,如图 9.3.1 所示,三种介质由两个平行的部分反射镜分割开,从而形成一个波长选择性的 FP 光滤波器腔。滤波原理如下:与镜子的法向成 θ 角度的入射光射到左镜面,其中部分入射光先透过镜子,射向右镜子。此时,传输光波在右镜子处部分透射,部分反射。同理,从右镜子反射的光波会在左镜子处部分透射,部分反射。来自左镜子的新的反射光波传输到右镜子处又一次部分透射,部分反射。这一过程将一直持续下去,以至于右镜子处有无数的透射波。由于镜子间的距离与激光的相干长度相比非常小,所有这些波可以看成是来自于同一个相干激光光源,因此它们在透射后会彼此相干。如果这些波彼此之间的相位关系等于 0,2 π,4 π,…即同相,那么它们相干相加,所有这些波都将发送出去。如果这些波彼此之间的相位差等于π,3 π,…即反相,那么它们相干相消,只有极少的有效光能量通过光滤波器传输出去。

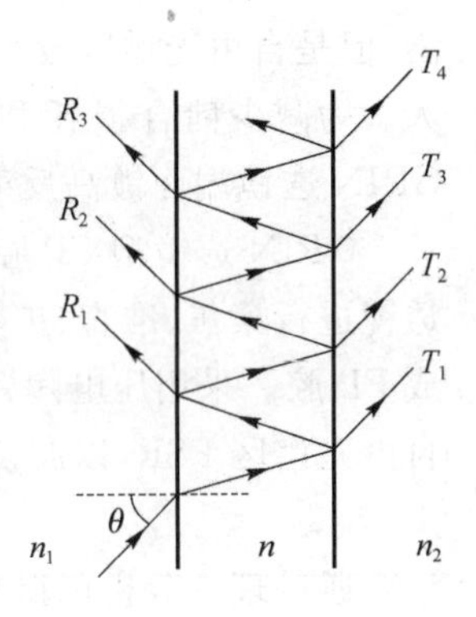

图 9.3.1 FP 滤波器

所以,可以看出,当腔内往返一次的传播距离是某一波长的整数倍时,该波长的光被通过,得

$$L=m\lambda/(2n\cos\theta),\quad m=1,2,3$$

从该公式可以看出,无穷多个整数都满足同相的要求,也就是说滤波器的透过通带是

周期性的。

光滤波器的参数有谐振透射带宽 f_{FP}，任何两个谐振峰之间的自由光谱区 FSR 以及细度 f，它们满足下式：

$$f = FSR / f_{FP}$$

细度相当于光滤波器的品质因子，高细度值意味着高效滤波。因为 FP 滤波器具有周期透过函数的特性，当两个信道处在不同的透过谐振峰时，它们可以同时通过滤波器，所以为保证数据恢复的准确性，所有 WDM 信道必须处于滤波器的一个 FSR 内。

9.3.2 可调光滤波器

可调光滤波器是一种波长（或频率）选择元器件，它的功能是从许多不同频率的输入光信号中，根据需要选择出一个特定频率的光信号。一个质量优良的可调光滤波器应该是细度高以容纳更多的信道；带宽窄以允许信道间隔小；波长可调谐范围宽；在用于多信道快速交换时，波长交换速度快，则在分组交换时尤为重要；波长稳定性好，精度高；还要有潜在的价格优势。

可调光滤波器的波长选择原理满足干涉效应，可以用法布里-珀罗（Fabry-Perot，FP）干涉仪、马赫-曾德尔（Mach-Zehnder，MZ）干涉仪、声光效应和电光效应等方法来实现，其中以 FP 干涉仪最为成熟。

目前国内外 WDM 系统中常用的可调谐滤波器大都采用 FP 腔形式。实现 FP 腔可调的机理一般是通过电信号驱动 PZT 改变 FP 腔的长度来达到的。按结构的不同，FP 腔可调谐滤波器又可分为光纤 FP 腔（FFP）和梯度折射率透镜（GRIN）。FFP 腔结构紧凑，但是自由光谱区较小，由于两根光纤直接对准形成 FP 腔，因此耦合损耗、衍射损耗较大。为减少耦合损耗和衍射损耗，往往用 GRIN 透镜耦合型结构。下面介绍直接在 GRIN 透镜端面镀高反射膜形成 FP 腔的可调谐滤波器。

GRlN 透镜型 FP 腔可调谐光滤波器结构是利用一对单模光纤、节距为 1/4 的自聚焦透镜进行聚焦、准直、扩数，以降低耦合损耗和衍射损耗。两透镜端面镀介质高反射膜形成 FP 腔。采用压电陶瓷对腔长进行调节，当腔长改变半个波长时，谐振波长将移动一个自由光谱区 FSR，以波长计为

$$FSR = \lambda^2 / (2l)$$

通过理论分析可得精细度

$$f = \pi / (T_M + al)$$

其中，T_M 为反射膜透过率，a 为光波在谐振腔中的单程传输损耗，该元器件在较宽的调谐范围内具有良好的滤波特性。

9.3.3 光滤波器的主要指标以及技术比较

应用于 DWDM 系统中光滤波器的主要指标如下：

① 插入损耗(按照波长来标定；

② 通道隔离度（表征通道选择的程度）；

③ 环境稳定性（对温度、振动变化的敏感度）；

④ 通带宽度(指定通道的带宽);

⑤ 偏振相关与色散指标。

除此之外,是否符合 Bellcore GR 1 209、Bellcore GR 1 221 可靠性标准也是一个重要考虑事项。实现 DWDM 复用/解复用滤波器的技术包括很多种。这里只对比几种流行的技术,主要有薄膜干涉型滤波器、平面波导(AWG)型、光纤光栅型、光纤熔融级联 M-Z 干涉仪型以及衍射光栅型等。

介质薄膜干涉滤波器是使用最广泛的一种,主要应用在 200~400 GHz 通路间隔的低通道波分复用系统中。这种技术可以提供良好的温度稳定性、通道隔离度和很宽的带宽。主要工作原理是在玻璃衬底上镀膜,多层膜的作用使光产生干涉选频,镀膜的层数越多选择性越好,一般都要镀 200 层以上。镀膜后的玻璃经过切割、研磨,再与光纤准直器封装在一起。这种技术的不足之处在于要实现通路间隔 100 GHz 以下非常困难,限制了通路数只能在 16 以下。

平面波导滤波器主要是一种阵列波导光栅,制作原理是在硅材料衬底上镀多层玻璃膜(形成光栅),玻璃的成分必须仔细选定以产生合适的折射率。这些玻璃层按一定形状用光刻、反应离子刻蚀等标准的半导体工艺制备在硅衬底上。同样地,入射光在光栅中产生干涉滤波。这种技术的难点在于制作波导光栅,即控制玻璃膜的厚度、成分与缺欠等。这种元器件的优点在于集成性,通路间隔可以达到 100 GHz、50 GHz 的元器件也可以做出来。缺点是温度稳定性不好,插损较大。平面波导滤波器的国外供应商有 KYWATA,国内尚无厂商可以制作。

基于光纤的滤波器主要是长周期或短周期的光纤光栅以及熔融 M-Z 干涉仪型的结构。这些元器件特别是后者可以提供非常窄的频率间隔。最好可以做到 2.5 GHz (0.04 nm),理论上在 C 频段就可以容纳 1 600 个通道复用。插损与一致性也非常好。光纤光栅是在光纤中通过紫外光写入后在光纤膜场形成不同折射率周期的一段光纤元器件。长周期光纤光栅还具有宽带滤波的性能,特别适合制作 EDFA 增益平坦的滤波器。光纤光栅元器件的困难在于温度稳定性,由于光栅的中心波长会随温度而变化,因此实用化的元器件必须解决这个问题。目前国际市场上提供光纤光栅元器件的厂商比较多,主要有 JDS UNIPHASE 等。国内尚无厂商可以提供。

9.3.4 滤波器的应用

光滤波器在 DWDM 系统中的主要应用第一就是构成各种解复用器,把复用在一起的光区分开来。新一代全光网络的关键元器件 OADM 光上下话路器也可以由滤波器构成。正是这些应用使滤波器在全光网络和 DWDM 系统中不可或缺。滤波器的第二个主要应用是实现 EDFA 的增益平坦,前面提到长周期的光纤光栅可以制成宽带滤波器,可以事先按照需要补偿的增益谱来定制增益平坦滤波器。

然而,每种光滤波器都有它自己的特点,因而在选用时应根据其应用场合选择不同的光滤波器。要求通路数目多(约 100)的系统最好选用 F-P 和声光滤波器,而不选用电光和半导体滤波器,因为它只能处理较少(约 10)的通路。要求快速调谐(约 ns 量级),最好选用电光和半导体滤光器，而声光（约μs）和F-P都太慢，尽管F-P光滤波器使用液晶时也可快速调谐，但还是ms量级的。要求很宽的调谐范围，最好选用机械调谐光滤波器，因为它有很宽（约500 nm）的调谐范围。相比较之下，声光的调谐范围只有约250 nm，电光调谐只有10多纳米。如果要求低的损耗，最好选用半导体光滤波器，因为半导体光滤波器具有几乎可以忽略的损耗，而其他类型光滤波器的损耗在3～5 dB。如果在通路数目多，但相对转换速度慢（例如视频广播）的应用场合，F-P光滤波器更为合适。如果在通路数目少，但要求很高转换速度的应用场合，电光或者半导体光滤波器更合适。此外，价格也是选择光滤波器时必须要考虑的重要因素之一。

9.4 光复用器/解复用器

光复用/解复用器技术是WDM系统的关键技术之一，将不同光源波长的信号结合在一起经一根传输光纤输出的元器件称为合波器；反之，经同一传输光纤送来的多波长信号分解为个别波长分别输出的元器件称分波器。有时同一元器件既可作分波器，又可以作合波器。随着波分复用数不断增加和波长通道间隔不断减小，对WDM复用、解复用要求也越来越高。它要求插入损耗低，隔离度大，带内平坦，带外插入损耗变化陡峭，中心波长稳定性高等。WDM元器件有多种制造方法，目前已广泛商用的WDM元器件可以分为4类：衍射光栅型波分复用器、干涉滤波器、熔锥型波分复用器和集成光波导型波分复用器。下面分别进行介绍。

9.4.1 衍射光栅型波分复用器

衍射光栅型波分复用器又可分为光纤光栅型波分复用器和阵列波导光栅型波分复用器。

光栅型波分复用器件属于角色散型元器件。当入射光照射到光栅上后，由于光栅的角色散作用，使不同波长的光信号以不同的角度出射，然后经透镜汇聚到不同的输出光纤，从而完成波长的选择作用。光纤光栅是利用紫外（UV）激光诱导光纤纤芯折射率分布呈周期性变化的机制形成的折射率光栅，让特定波长的光通过反射和衰减实现波长选择，便可制作成波分复用器件。根据折射率变化周期，分成短周期和长周期光纤光栅。它是利用光纤制造中的缺陷，用紫外光照射，使得光纤纤芯折射率分布呈周期性变化，满足布拉格光栅条件的波长就会产生全反射，而其余波长顺利，这相当于一个带阻滤光器。总的来看，光栅型波分复用器件可以通过光纤光栅精密控制中心反射波长，可人为选择反射带宽，反射带宽可做得很小，反射率可达到接近100%，具有优良的波长选择特性，可以使波长间隔缩小到数纳米到0.51 nm左右；另外，光栅型元器件是并联工作的，插入损耗不会随复用信道的增多而增加，已能实现32～131个波长的复用，但对温度稳定性要格外注意。以16通路WDM为例，由于光源在1 550 nm波长的温度系数大约为0.4 nm/℃，环境温度变化30 ℃就足以引起约0.4 nm的波长偏移，对于通路带宽仅0.31 nm的情况，将导致至少3 dB的失配损耗，其严重性可见一斑。因而采用温控措施是必要的，但容易进行温度补偿;由于光栅是制作在光纤纤芯上,故与普通光纤的连接十分方便。除上述传统光栅元器件外,光导纤维中的布拉格光栅滤波器性能甚佳,带内频响很平坦,带外抑制比很高,插入损耗不大,性能十分稳定,1 560 nm 的温度系数为 0.01 nm/℃,滤波特性滚降斜率优于 150 dB/nm,带外抑制比可以高达 50 dB。目前已广泛用于 WDM 系统中。光纤光栅元器件的困难在于温度稳定性,由于光栅的中心波长会随温度而变化,因此实用化的元器件必须解决这个问题。

阵列波导光栅型波分复用器是由输入波导、输出波导、空间耦合器和波导阵列光栅构成。其中输出波导与输入波导制作成同单膜光纤相同的结构及光学参数,以便同单膜光纤相连接时,具有非常低的耦合损耗。空间耦合器的作用是将各种波长的输入信号,通过空间耦合器进入阵列波导输入端,由于阵列波导一般由几百条其光程差为 ΔL 的波导构成,依据衍射理论,在波导阵列光栅输出端,按波长长短顺序排列输出,并通过空间耦合器传输到相应的输出波导端口,达到分波的目的。该器件除具有用干涉、光栅方法制作的器件的光学特性之外,还具有组合分配功能。阵列波导光栅型波分复用器具有波长间隔小、信道数大、通带平坦、结构具有复用/解复用双向对称功能,复用/解复用通道几乎不受限制等优点,它是大端口数(通道数大于 32)复用/解复用器的最佳选择,因此,它适合于超高速、大容量的 DWDM 系统使用。

9.4.2 介质薄膜滤波器型波分复用器

光滤波器有两类:一类是干涉滤波器,另一类是吸收滤波器,两者均可由介质薄膜(DTF)构成。DTF 干涉滤波器由几十层不同材料、不同折射率和不同厚度的介质膜按照设计要求组合起来,每层的厚度为 V_4 波长,一层为高折射率,另一层为低折射率,交替叠合而成。当光入射到高折射率层时,反射光没有相移。当光入射到低折射率层时,反射光经历 180°相移。由于层厚 1/4 波长(90°),因而经低折射率层反射的光经历 360°相移,与经高折射率层的反射光同相叠加。这样在中心波长附近,各层反射光叠加,在滤波器前端面形成很强的反射光。在这高反射区之外,反射光突然降低,大部分光成了透射光,据此可以使之对一定波长范围呈通带,对其他波长范围呈阻带,从而形成所要求的滤波特性。利用这种具有特定波长选择特性的干涉滤波器就可以将不同的波长分离或者合并起来。介质薄膜滤波器型波分复用器是采用介质膜滤光技术,即通过蒸镀多层介质膜,将具有不同折射率材料以预先设计的厚度积淀在基片(如玻璃)上,当入射光进入多层介质膜后,产生不同类型的干涉效应,从而制作出各种窄带、宽带滤光器。通过适当的设计和工艺控制,就可以制作出只透射一个波长而反射其他波长的滤光器。

采用 DTF 干涉滤波器型 WDM 元器件的主要优点是设计与所用光纤参数几乎完全无关,可以实现结构稳定的小型化元器件,信道数灵活,且波长的间隔可以不规则,可以加进多路复用/解复用单元,相邻波长之间的隔离度高,使系统升级,信号通带较平坦,与极化无关,插入损耗较低,完全是无源器件,温度特性很好,可达 0.001 nm/℃以下。这种技术的不足之处在于要实现频率间隔 100 GHz 以下非常困难,限制了信道数只能在 16 以下。

9.4.3 熔锥型波分复用器

熔拉双锥(熔锥)型光纤耦合器,即将多根光纤在热熔融条件下拉成锥形,并稍加扭曲,使其熔融在一起。由于不同光纤的纤芯十分靠近,因而可以通过锥形区的消失波耦合达到所需要的耦合功率。采用熔融拉锥法实现传输光功率耦合的耦合系数与波长有关,因此,可以利用在耦合过程中耦合系统对波长的敏感性制作 WDM 元器件。制作器件时,可通过改变熔融拉锥条件,增强耦合系数对波长的敏感性,从而制成熔融捡拉全光纤型 WDM 元器件。

实用的熔融拉锥全光纤型 WDM 元器件是两波复用的,它们的复用波长分别为 980/1 550 nm、1 310/1 550 nm、1 480/1 550 nm 和 1 510/1 550 nm。熔融拉锥光纤型 WDM 元器件也可以复用更多的波长,但是此类型还在试制中,尚未实用化。

熔锥型 WDM 元器件的特点是插入损耗低(最大值<5 dB,典型值为 0.2 dB),不需要波长选择元器件,此外还具有较好的光通路带宽/信道间隔比和温度稳定性,不足之处是尺寸稍大,复用波长数少,隔离度较差(20 dB 左右),一般不用在目前的 DWDM 系统中。这种元器件的生产条件简单,因此国内外能生产该元器件的厂商应是最多的。

9.4.4 集成光波导型波分复用器

集成光波导型波分复用器是以光集成技术为基础的平面波导型元器件,具有一切平面波导技术的潜在优点,诸如适于批量生产、重复性好、尺寸小,可以在光掩膜过程中实现复杂的光路,与光纤的对准容易等,因而代表了一种先进的波分复用技术。

9.4.5 群组滤波 Interleaver 型波分复用器

为实现 5GHz 间隔的 DWDM 系统,同时避免元器件技术的过分复杂和成本太高,在 2000 OFC 展览上,多家公司纷纷提出了一种群组滤波器,Chroum 公司称之为 Slicer,Wavesplitter、JDS Uniphase 等公司称之为 Interleaver。

群组滤波 Interleaver 型波分复用器是通过两个频率间隔分别为目标间隔两倍的普通复用/解复用器的组合使用(一个专门配合偶数的频道数,另一个专门配合奇数频道数),再配合一个可以将信号按奇偶分开的 Interleaver,就可以实现 50 GHz 的频率间隔。可以说,Interleaver 的出现使许多传统滤波器技术在 DWDM 的新应用中重新找到了自己的位置,大大减低了元器件设计制作的压力,降低了整个系统的成本。这种元器件的基本工作原理还是两束光的干涉,干涉产生了周期性的原来信号波长重复整数倍的输出,通过控制干涉的边缘图案就可以选择合适的频率组输出。换句话说,通过合适的干涉参数设计可以使 Interleaver 的通过谱成为类似梳状枝的形状。实现 Interleaver 的技术包括熔融拉锥的干涉仪、液晶、双折射晶体等。最简单的办法可能就是通过熔融拉锥工艺制作 M-Z 干涉仪型的 Interleaver。在这种设计中,在两个 3 dB 耦合器中的两段不等长的光纤就可以实现。通过精确控制长度差就可以实现所需要的频率间隔。同时由于是全光纤元器件,具有插损小,一致性好等优点。LTF 公司推出的 Interleaver 就是用这种办法制作的。国内有条件制作耦合器等产品的厂商完全可以试制这种产品。

国际上除了 ITF、Chroum、Wavesplitter 外，OPLINK、Newfocus、JDSU、E-TEK 等公司都已有这种产品。国内已有这种技术，但是到目前为止，还没有成熟的产品。技术上比较稳定的方法是采用 YV04 晶体双折射法，另外还有光纤熔锥、GT 镜等。

9.5 光功率均衡器

密集波分复用(DWDM)光网络系统和端到端波分复用(WDM)系统的一个显著差别是网络中各波长的功率不同。在端到端 WDM 系统中，开始处各波长的功率是相等的。而在 DWDM 光网络中，从本地节点上路的光信号将与其他传输了不同距离，从而有不同光功率的一些信号复用在一起进行传输。即使是复用在一起传输的光信号，传输一段距离后，由于 EDFA、光滤波器和光开关等器件对各波长的响应略有不同，它们的功率也不相同。个别功率的波长信号经过级联 EDFA 系统后，某些波长的功率将可能变得更小，使系统性能恶化。因此在光网络中必须对每个波长的光功率进行管理。光功率管理是相对较新的领域。光功率管理主要体现在光功率均衡技术。

光功率均衡可以减小 CD(色度色散)、模式色散、PMD(偏振模色散)以及非线性效应和噪声等因素造成的 ISI(符号间干扰)，增加传输距离，降低信号发射功率，提高系统的健壮性，降低系统的铺设成本。所以其成为近年来光传输中研究和应用的热点。光功率均衡技术是光通信系统中的一个重要研究内容，WDM 光网络系统的一个重要特点是各信道之间的功率存在很大的不均衡性。在光网络中，从本地节点上路的光信号与其他传输了不同功率的信号复用一起传输。在传输过程中由于 EDFA、光滤波器等元器件对功率的影响导致各个光信道的信噪比不一致，使得信道的传输受到严重影响，特别是在密集复用的高速信号中，四波混频等非线性效应的出现将严重恶化系统性能，使网络规模、容量和系统透明性受到限制。瞬态功率变化还会引起网络串扰等系统性能的波动和恶化。功率均衡技术可以补偿接收端的信号失真，增加传输距离，提高系统的健壮性和通信质量，因此，有必要在光网络中引入光功率均衡技术，以保证通信质量。

9.5.1 光功率均衡器

1. 光功率不均衡性的来源

在 WDM 系统中，光功率不均衡有以下两种原因。

(1) 稳态传送

在点到点 DWDM 传输中，各信道的起始光功率一致，系统内各信道功率的不均衡性主要来源于 EDFA 的增益不平坦；如图 9.5.1 所示，多个放大器级联以后，使不同波长信号功率值相差很大。

(2) 动态光交换路由

在光网络中，除了 EDFA 的影响外，主要是由动态重构性和分插复用，使节点内各波长信号经过的路径长度不一致而出现的功率差异。如图 9.5.2 所示，节点 2、节点 3、节点 4 的信号最终都进入节点 1，不同波长传输路径差别很大。经过路径长的信号的衰减比路径短的厉害，这些信号经过同一个 OADM 复用进一根光纤时，其功率谱是极其不平坦的。

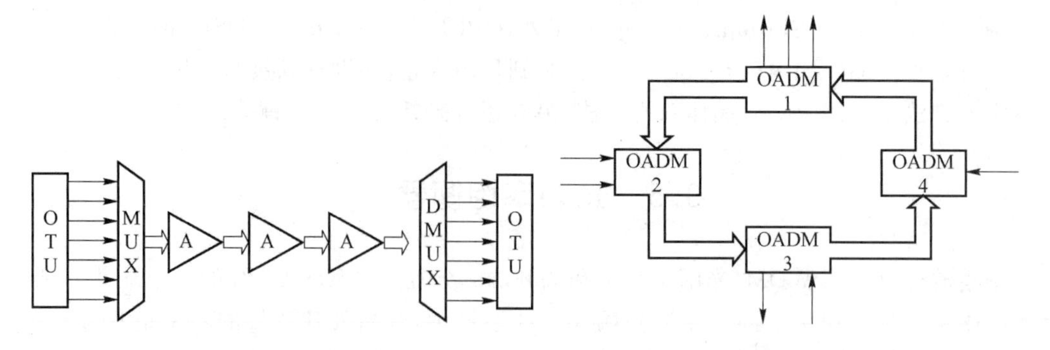

图 9.5.1 放大器级联示意图　　图 9.5.2 波长信号经过的节点路径示意图

2. 光功率均衡器的结构

为了减小通信系统中的不良影响，提高通信质量，需要在光网络中使用光功率均衡模块。其基本组成结构如图 9.5.3 所示。

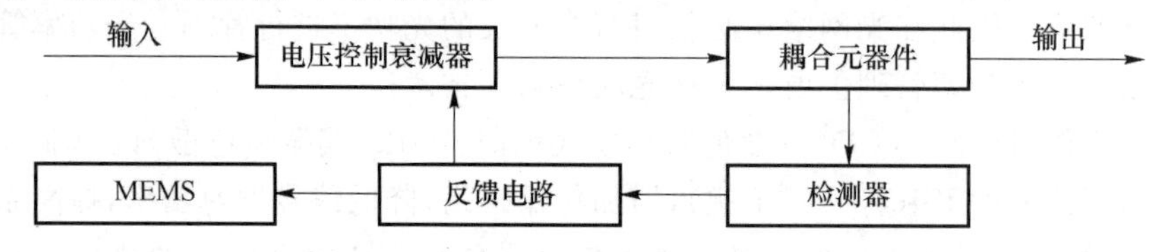

图 9.5.3 功率均衡模块结构示意图

光功率均衡模块的基本原理是：由反馈单元控制电控衰减器的衰减量，从而使输出光功率均衡。它的工作情况如下：在整个波长范围内测量每个波长的输出，根据每次测量的结果对所测波长的幅度进行适当的调节，从而得到平坦的光谱。光均衡器是在动态的基础上完成均衡的，因而也称为动态波长均衡器。目前，光均衡器是一个光电反馈控制子系统，未来将朝着大功态范围的小型化、全光均衡器发展。

光均衡器的理想特性如下：

- 损耗低；
- 动态范围大；
- 波长范围宽；
- 与偏振无关；
- 光谱幅度的纹波小。

由于一个光谱区内产生的各个波长其幅度不完全相同，为了保障光信号的正常传输，需要获得平坦的输出功率谱。光均衡器监测输出的每个波长通路，进行选定的幅度调节，拉平波段内光谱的光功率。如图 9.5.4 所示为有均衡和无均衡的典型输出。

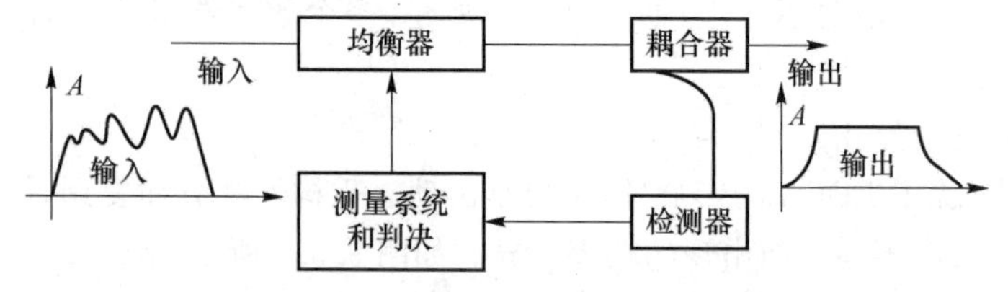

图 9.5.4 光功率均衡器将光功率谱拉平

9.5.2 静态增益均衡技术

静态增益均衡技术主要应用在由 EDFA 增益谱不平坦导致光功率不均衡的点到点 WDM 网络中。近年来随着光纤通信技术的深入推进，EDFA 的增益控制和平坦技术逐渐发展起来，成为国内外同行的研究热点之一。

在 WDM 系统及光网络中，由于各信道的波长不同而有增益偏差，经过多级放大后累计引起功率不均衡，降低了传输信号的信噪比（SNR），限制了系统的传输距离。为了改善系统的传输性能，放大器的增益及谱线形状必须保持稳定，尤其是在长距离、级联多个 EDFA 对传输系统进行放大时，这就引入了 EDFA 增益钳制和平坦的问题。过去，WDM 系统中的放大器通常设计为在有用的带宽内提供平坦的谱线增益，然而，为优化系统性能，发展中的光纤传送系统需要放大器具有可调的增益倾斜功能，对增益控制和平坦的要求更高，以最大程度地提高系统不同光通道的光信噪比（OSNR）。

(1) EDFA 的增益钳制技术

EDFA 的增益钳制技术是指 EDFA 在一定的输入光功率变化范围内提供恒定的增益。当一个信道的光功率发生变化或由于系统配置改变引起波道数量变化时，其他信道的输出光功率不会受其影响。由于 WDM 系统的可升级性及光传送网络路由可重构、网络故障、波长信道上/下路等需求，放大器的工作参数会不断发生变化，在此情况下如何使放大器的增益特性保持恒定显得日益重要。为解决该问题，探寻新型合理的技术来实现 EDFA 的增益钳制势在必行，发展中的新型技术可分为光电混合增益钳制技术和全光增益钳制技术等。目前，EDFA 的增益钳制技术有很多种，主要有：载波调制法、饱和补偿光控制法、输入输出光功率监视控制法、全光增益钳制法等。

(2) EDFA 的增益均衡技术

由于掺饵光纤增益谱的限制，EDFA 对不同波长的增益不同，这些增益的差别即为 EDFA 增益的不平坦性。当 WDM 系统中级联中继器较多时，EDFA 增益频谱特性的不平坦可能会使某些波长的输出信号特别强，而另一波长的输出信号又特别弱，对接收造成困难，影响系统性能并限制了可用光波长通道的数目，所以，EDFA 的增益平坦是 WDM 通信系统中一个非常重要的问题。通常，可通过修改 EDF 材料成分获得平坦增益带，或在 EDFA 中引入光滤波器补偿增益谱变化从而获得平坦增益。目前，光纤布拉格光栅、长周期光纤光栅、通道功率控制技术、声光可调滤波技术、可调增益斜率滤波技术等多种方案都可以达到很好的增益平坦效果。EDFA 的增益均衡技术具有提高光放大器增益谱平坦性，减小系统输出端各波长功率差的特点。从技术角度则可划分为静态增益平坦和动态增益平坦技术两大类。

静态增益平坦技术是在 EDFA 中插入损耗谱与 EDFA 增益谱倒转的静态增益平坦光滤波器（GFF），是比较直接和较常使用的实现放大器增益均衡的技术。目前主要有光纤光栅技术、薄膜滤波技术、微光正弦滤波技术等可用于实现该功能。目前商用化的静态增益均衡方式有：① 本征型（采用高铝掺杂光纤或氟化物光纤等宽增益谱光纤）；② 滤波型（在 EDFA 中内插无源滤波器将 1 530 nm 的增益峰降低，或专门设计其透射谱与掺铒光纤增益谱相反的光滤波器将增益谱削平）。

9.5.3 动态增益均衡技术

静态增益平坦滤波只是解决了增益谱的平坦问题，当各个波长输入光功率变化较大或放大器输入端部分光波长丢失时，静态增益平坦滤波就无力改善级联 EDFA 系统的光信噪比了，这就需要采用动态增益均衡技术。

动态增益均衡技术主要是在光网络中加入可调节的光功率均衡单元，动态地达到目标增益/损耗谱特性的技术。在光通信链路上或动态光网络中，EDFA 的增益不平坦度和设置段数直接影响到 OSNR 受损害的程度，采用动态功率均衡技术可大大减小累积的增益波动和级联光放大器产生的放大自发发射噪声对光信噪比的影响，克服动态均衡波长上/下引起的光通道功率变化等，提高长距离、大容量密集波分复用光传输系统的性能。图 9.5.5 给出了一个典型的动态增益均衡器结构，主要是在网络中加入可调节的光功率均衡单元。在光网络通信链路上，基于动态增益均衡器动态地达到控制目标增益/损耗谱特性的技术，用来使接收端的光信噪比受级联光放大器产生的自发辐射噪声积累的影响减小以及调节相对于光非线性阈值的最大通道功率电平。OSNR 受损害的程度与 EDFA 的增益不平坦度和设置段数有确定的关系，从中可以找到满足具体设计要求的静态不平坦度和合理的段数。EDFA 的不平坦度指标提的越高，接收端的 OSNR 受害越小，但是过于好的平坦度会增加成本。而且在动态条件下仍然需要作频繁的补偿工作，以便把未考虑的而此时又起作用的因素考虑进去，目前比较好的方案主要就是用动态增益均衡器和在线系统性能监测仪器构成的光功率均衡模块。

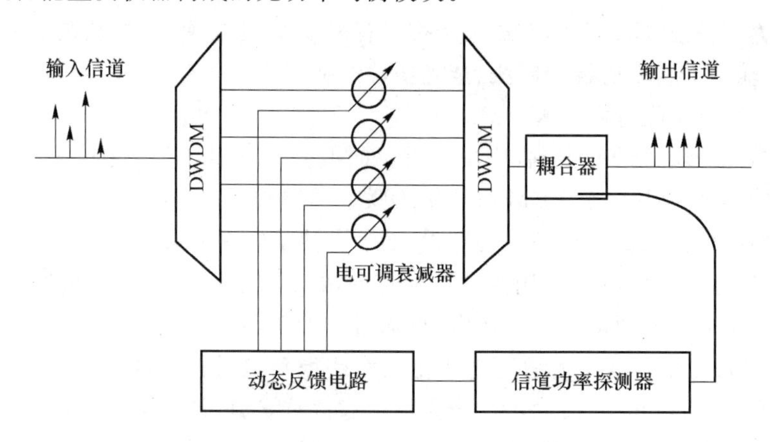

图 9.5.5 典型的动态增益均衡器结构

随着宽带、大容量、长距离、可重构光传送网络的发展，动态增益平坦技术的需求已经越来越迫切。为了在较宽的动态范围内实现 EDFA 的增益平坦，诸如动态增益平坦滤波器(DGFF)或动态增益均衡器(DGE)等设备是必要的。

综上所述，静态均衡管理方案中，可调衰减器一般是根据预先设定的值进行调节，没有动态反馈的过程。而在动态均衡管理方案中，反馈系统是必不可少的，是根据反馈系统的反馈值去动态地调节可调衰减器。静态增益均衡技术的优点是结构简单。但是 EDFA 的增益曲线和特定的工作条件有关，因此，当 EDFA 的输入功率、通道数目等工作条件发生改变时，放大器的增益平坦特性会变差。动态均衡管理和静态均衡管理相比较，具有很好的实时性，能更好地针对光网络中动态重构所造成的影响。但是，实现起来要比静态均衡管理更复杂一些。

9.6 光波长锁定器

随着电信业务的发展，对通信容量提出了越来越高的要求，解决容量危机，当前最直接、最有效的方法是采用光波分复用技术。光波分复用技术是一种波长分割复用技术，指在同一根光纤上同时传输多个不同波长的光信号，每个波长承载一个 TDM 等业务信号。当光纤数量有限时，波分复用系统是有效增大传输容量的方法之一。

9.6.1 波分复用系统对波长中心频率偏差的要求

在 DWDM 系统中，随着传输通道数的增加，通道的间隔不断减小，各通道中心频率偏差极其重要。ITU-T 建议 G.692 规定了波分复用系统的中心频率偏差，当信道间隔大于或等于 200 GHz 时，光源的最大中心频率偏差为小于或等于$\pm n/5$。对于信道间隔为 100 GHz、50 GHz 时，光源的最大中心频率偏差 ITU-T 还尚待研究。但某些波分复用设备的生产厂家对光源的中心频率偏差却提出了以下性能指标：当信道间隔为 100 GHz 时，允许的中心频率偏差为±10 GHz 左右；信道间隔减小到 50 GHz 时，允许的中心频率偏差为±2.5 GHz 左右。根据 DWDM 传输系统原理，各信道信号光谱能量必须在相应光解复用器通带之内。因此所需的中心频率偏差与光解复用器通带宽度密切相关。所需的中心频率偏差应该根据光源和光解复用器实际制作技术及经济性综合考虑。中心频率偏差与光解复用器通带宽度制订依据光解复用器通带宽度通常定义为 0.5 dB 宽度(某些元器件定义为 1 dB 宽度)。也就是说，当光源的波长在光解复用器通带内变化时，输出光功率可能发生的变化小于或等于 0.5 dB(或 1 dB)。

常温下实际测得的光解复用器通带宽度并不能作为系统设计的最终依据。至少还应该考虑如下因素：

① 中心频率制造偏差；

② 最坏环境条件(温度、湿度等)影响；

③ 寿命期内老化。

因此，光解复用器在寿命终了时的通带宽度应该是常温下实测的(0.5 dB 或 1 dB)带宽去除中心频率制造偏差值、波长随温度变化的漂移量，以及老化的影响之后，所剩余的通带宽度。

目前市场可购到的绝大多数光解复用器通带宽度为：信道间隔 200 GHz 时，通带宽度一般为±30～±40 GHz；信道间隔 100 GHz 时，通带宽度一般为±12～±14 GHz。由于 ITU-T 规定光源中心频率偏差应该包括以下因素：

① 初始调整偏差，它涉及使用仪器波长测试绝对精度和电路调整可达到的水平；

② 最坏环境条件(温度、湿度等)；

③ 寿命期内中心频率老化，要求在±5～±10 GHz 范围内；

④ 全调制情况下信号光谱宽度需要考虑信号光谱的绝大部分能量，一般至少考虑20 dB宽度；

⑤ 光纤非线性及色散互作用引起的信号光谱展宽。

因此，在信道间隔是100 GHz的DWDM系统中，为了使各信道信号光谱能量必须在相应光解复用器通带之内，要求光源的初始调整偏差小于±0.5 GHz，受环境温度、湿度的影响(或温度相关性)小于±2 GHz，寿命期内中心频率老化要求在±5～±10 GHz范围内，信号光谱的宽度小于±4 GHz。这样综合以上各因素，对于100 GHz信道间隔，光源的中心频率偏差应小于或等于±12～±14 GHz。对于200 GHz信道间隔，中心频率偏差应该小于或等于±30～±40 GHz。在影响光源中心频率的因素中起主要作用的是寿命期内光源中心频率的老化，如果能有效地控制在4～10 GHz(100 GHz间隔)以内，将能缓解中心频率偏差超出光解复用器通带宽的矛盾。

9.6.2 DWDM系统中改善中心频率偏差度的方法

在DWDM系统中使用的光源主要是DFB激光器，激光器管芯的温度变化会引起管芯折射率的变化及腔长的变化，从而导致波长的变化。此外，激光器管芯温度恒定时，激光器长时间工作，管芯的老化也会引起激光器波长的漂移。目前，解决DWDM系统波长稳定问题的方法有两种。

① 采用电吸收调制激光器(EA激光器)，通过温度反馈去控制波长稳定，保证功率恒定，中心频率恒定。现在采用的EA激光器的波长稳定度可做到±5 GHz左右，但激光器内用于温控环路的热敏电阻长时间也会出现老化，现在的控制环路对温度是闭环，而对波长是开环，从而使波长控制精度降低。对于信道间隔200 GHz的系统，用上述的控制方式已能满足系统在寿命终了的要求。但信道间隔减为100 GHz时，有必要通过波长锁定技术来达到系统要求。

② 采用波长锁定技术，在系统通道间隔为100 GHz时，波长精度可达到±2.5 GHz以内，通道间隔为50 GHz时，波长精度可达到±1.5 GHz以内。使用波长锁定器对可调制连续波光源的波长进行控制的原理如图9.6.1所示。波长锁定器的输出电压随LD发射光波长变化而变化，这一电压变化信息经适当处理可用来直接或间接控制ID发射的光波长(对于依靠温度调节波长LD，这一电压变化信息用来调整ID的温度。对于依靠电

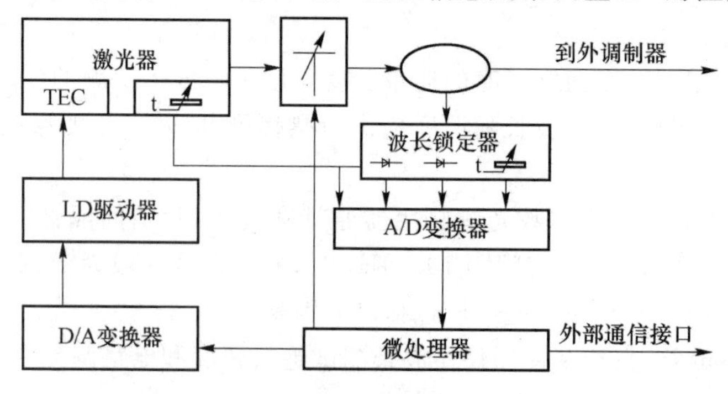

图9.6.1　波长锁定控制原理

压调节波长的可调谐 ID,这一电压变化信息用来直接调整 LD 的波长),使其稳定在规定的波长上。使用这一技术可满足波长间隔为 100 GHz WDM 的需要。长期波长精度可达 ±1.25 GHz。

在 DWDM 系统中波长锁定技术极其重要,而波长锁定器根据其原理可分两种:采用介质膜滤波片的波长锁定器和采用法布里-珀罗标准具的 Etalon 波长锁定器。

9.6.3 介质膜滤波片的波长锁定器

图 9.6.2 为采用介质膜滤波片的波长锁定器的组成,输入光经过准直透镜后送入第一截止滤波器(第一截止滤波器是可选择的,不同的滤波器可以使中心波长工作在正或负的斜率上),然后通过带通滤波器,透射光进入探测器 PD_1,反射光进入探测器 PD_2,响应的电信号经公式$\frac{PD_2-PD_1}{PD_2+PD_1}$运算,得到的结果将随波长偏移量的变化而变化。

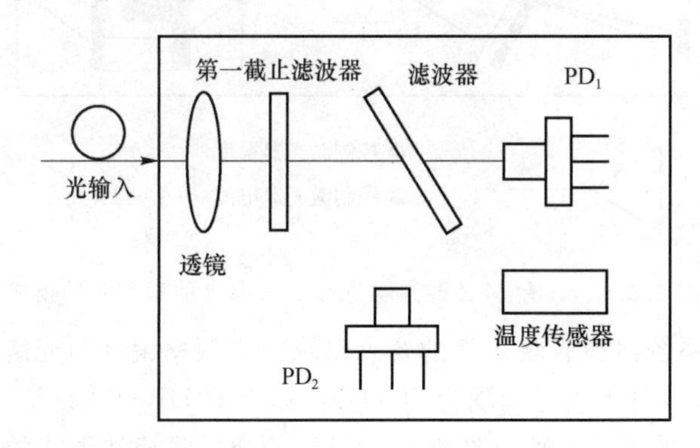

图 9.6.2 介质膜滤波片波长锁定器组成

9.6.4 Etalon 波长锁定器

图 9.6.3 是该波长锁定器的原理框图,输入光先经过一分光器,一部分送入探测器 PD_1,另一部分经 Etalon 标准具后送入探测器 PD_2,PD_1 产生的电信号作为参考信号,

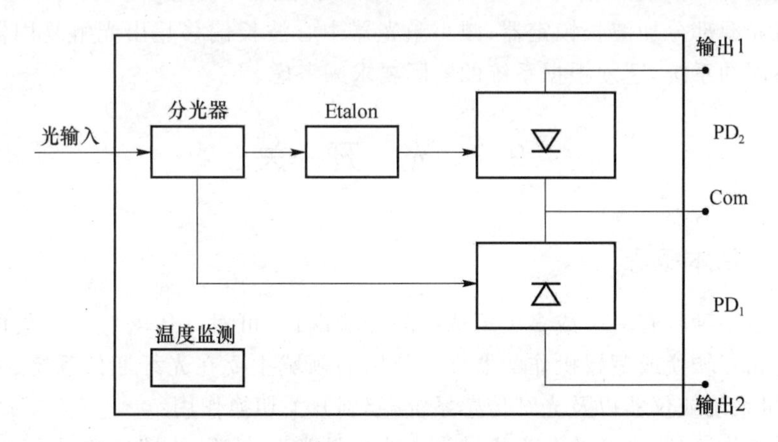

图 9.6.3 Etalon 波长锁定器框图

PD_2 产生的电信号是随光信号频率的变化而变化的。

9.6.5 集成式波长锁定器

以上两种锁定器工作原理不同，但都是外置的，须利用分光器分一部分信号光送入锁定器，由其产生控制波长稳定的反馈信号。由于有分光器引入，必然带来损耗，会影响输出功率，并降低稳定性。伴随技术进步，如图 9.6.4 所示，目前已经实现把激光器、马赫-曾德尔调制器、波长锁定器件（Etalon 参考）都集成在一起，波长锁定器件的输入直接利用激光器背向光，这就大大地降低了成本并提高了可靠性。

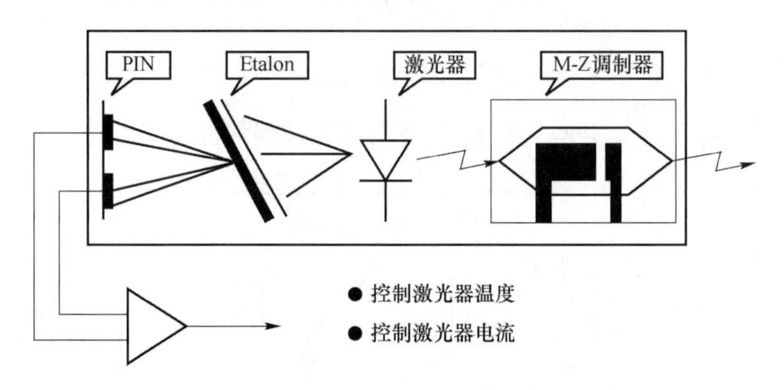

图 9.6.4 具有 M-Z 调制器与 Etalon 参考的激光源的组成

通过波分复用系统对波长稳定度的要求以及中心频率偏移与光解复用器带宽的相互关系的分析可以看出，对于信道间隔为 200 GHz 以上的 DWDM 系统，中心频率偏差应小于或等于±40 GHz，采用 EA 激光源和 200 GHz 的介质膜滤波形式的光解复用器能够满足系统需要，可以不使用波长锁定器。当系统信道间隔减小为 100 GHz，由于信道间隔 100 GHz 的光解复用器每信道的带宽有限，信道中心频率偏差要求小于±10 GHz。此时，EA 激光源处在临界状态，光源仍然可采用 EA 激光器，但随着元器件的老化，对系统的稳定运行将有影响。所以，处于对系统可靠性考虑，除了使用 EA 激光源之外，还应增加波长锁定技术。信道间隔 50 GHz 时，中心频率偏差要求小于±2.5 GHz，为满足系统要求必须在光源部分加波长锁定器，减小激光器中心波长偏移超出光解复用器带宽的矛盾。对于不同的系统，还须根据系统的实际要求来考虑。

9.7 光 开 关

9.7.1 基本概念

光开关是一种具有一个或多个可选择的传输端口，可对光传输线路或集成光路中的光信号进行相互转换或逻辑操作的器件。使用的领域主要在光纤通信系统、光纤网络系统、光纤测量系统或仪器以及光纤传感系统，起到开关切换作用。

根据其工作原理，光开关分为机械类和非机械类两大类；从端口数量上来分，光开关可分为 1×1（即通断开关）、1×2、1×N、2×2、4×4、N×M 等光开关。

机械式光开关:靠光纤或光学元件移动,使光路发生改变。机械式光开关又可细分为移动光纤、移动套管、移动准直器、移动反光镜、移动棱镜、移动耦合器等种类。优点:插入损耗较低,一般不大于 2 dB;隔离度高,一般大于 45 dB;不受偏振和波长的影响。缺点:开关时间较长,一般为毫秒数量级,有的还存在回跳抖动和重复性较差的问题。

非机械式光开关则依靠电光效应、磁光效应、声光效应以及热光效应来改变波导折射率,使光路发生改变。优点:开关时间短,达到毫微秒数量级甚至更低;体积小,便于光集成或光电集成。缺点:插入损耗大,隔离度低,只有 20 dB 左右。

9.7.2 光开关的特性参数

光开关光特性指标:插入损耗、回波损耗、隔离度、工作波长、消光比、开关时间等,另外还包括电性能指标。

(1) 插入损耗

一般为输入和输出端口之间光功率的减少,与开关的状态有关。公式如下:

$$\mathrm{IL}=-10\lg\frac{P_1}{P_0}(\mathrm{dB}) \tag{9.7.1}$$

其中,P_0 表示进入输入端的光功率,P_1 表示输出端接收的光功率。

(2) 回波损耗

从输入端返回的光功率与输入光功率的比值,也与开关的状态有关。

$$\mathrm{RL}=-10\lg\frac{P_1}{P_0}(\mathrm{dB}) \tag{9.7.2}$$

(3) 隔离度

两个相隔离输出端口光功率的比值。

$$I_{n,m}=-10\lg\frac{P_{in}}{P_{im}}(\mathrm{dB}) \tag{9.7.3}$$

其中,n,m 为开关的两个隔离端口;P_{in} 是光从 i 端口输入时 n 端口的输出光功率,P_{im} 是光从 i 端口输入时在 m 端口的光功率。

(4) 远端串扰

光开关的接通端口的输出光功率与串入另一端口的输出光功率的比值。1×2 光开关如图 9.7.1 所示。

当第 1 输出端口接通时,远端串扰定义为

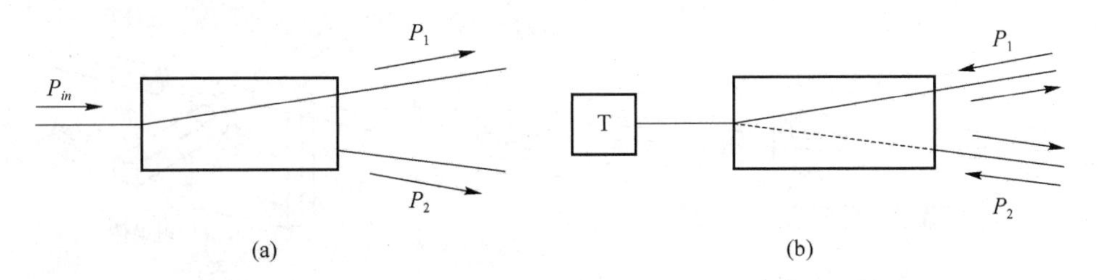

图 9.7.1 1×2 光开关示意图

$$FC_{12} = -10\ \lg \frac{P_2}{P_1} (\mathrm{dB}) \tag{9.7.4}$$

当第 2 输出端口接通时，远端串扰定义为

$$FC_{21} = -10\ \lg \frac{P_1}{P_2} (\mathrm{dB})$$

其中，P_1 是从端口 1 输出的光功率；P_2 是从端口 2 输出的光功率。

(5) 近端串扰

当其他端口接终端匹配，连接的端口与另一个名义上是隔离的端口的光功率之比。

当端口 1 与匹配终端相连接时，近端串扰定义为

$$NC_{12} = -10\ \lg \frac{P_2}{P_1} (\mathrm{dB}) \tag{9.7.5}$$

其中，P_1 是从输入到端口 1 光功率；P_2 是从端口 2 接收到的光功率。

当端口 2 与匹配终端相连接时，近端串扰定义为

$$NC_{21} = -10\ \lg \frac{P_1}{P_2} (\mathrm{dB})$$

P_1 是从端口 1 接收到的光功率；P_2 是输入到端口 2 的光功率。

(6) 开关时间

指开关端口从某一初始态转为通或断所需的时间，开关时间从在开关上施加或撤去转换能量的时刻起测量。

9.7.3 机械式光开关

(1) 移动光纤式光开关

移动光纤式光开关如图 9.7.2 所示。

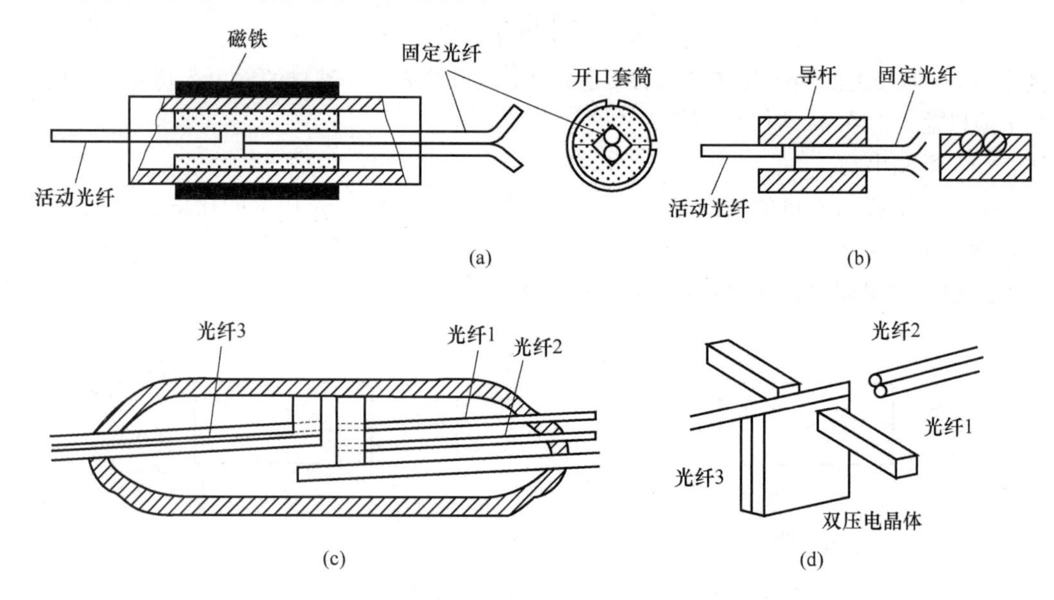

图 9.7.2 移动光纤式光开关示意图

a. 利用电磁铁使活动光纤在“V”型槽内移动并定位。

b. 导杆定位方式，用两个导杆和基片来固定光纤，活动光纤在导杆内移动，靠导杆定位。

c. 光纤固定在金属簧片上，簧片在外磁场的作用下动作并带动光纤移动，从而与固定光纤实现耦合。

d. 压电陶瓷式，利用压电陶瓷在电场作用下的电致伸缩效应使光纤移动。

移动光纤式的光开关，结构简单，重复性好，插入损耗低。

(2) 移动套管式光开关

基本结构：输入或输出光纤都分别固定在两个套管之中，其中一个套管固定在其底座上，另一个套管可带着光纤相对固定套管移动，从而实现光路的转换。要求活动套管以很高的精度定位在两个或多个位置上。

定位方法：插针定位法，依靠插入定位销，使活动套管固定在不同的位置来实现开关；侧壁定位法，靠活动套管中定位槽的槽宽和侧壁来决定套管移动的距离和定位精度。

(3) 移动透镜型光开关

此光开关的输入输出端口的光纤都是固定的，它依靠微透镜精密的准直而实现输入、输出光路的连接，即光从输入光纤进入第一个透镜后输入光变成平行光，这个透镜装在一个由微处理器控制的步进电机或其他移动机构上，通过透镜的移动将输入透镜的光准直到输出透镜或零位置(无输出光的位置)上。当两透镜成互相准直状态后，光被输出透镜聚焦进入输出光纤。用微处理器控制的步进电机可实现精密的定位，使开关的插入损耗较小，速度提高且性能稳定。

(4) 移动反射镜型光开关

反射式光开关如图 9.7.3 所示。

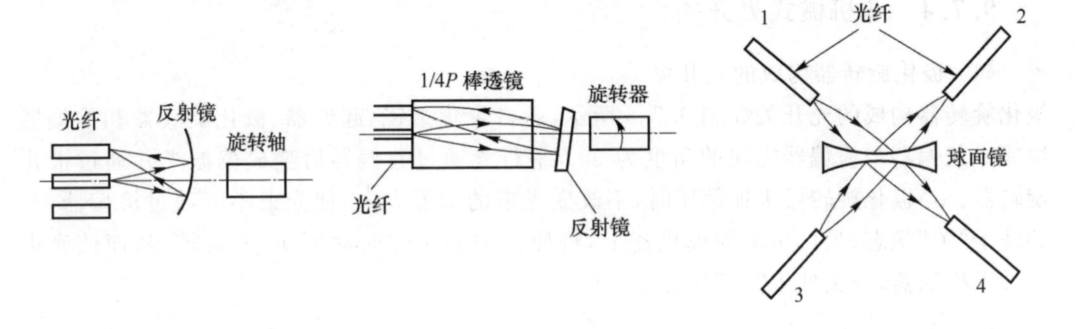

图 9.7.3 反射式光开关示意图

(5) 移动棱镜型光开关

移动棱镜型光开关如图 9.7.4 所示。

(6) 移动自聚焦透镜型光开关

移动自聚焦透镜型光开关如图 9.7.5 所示。

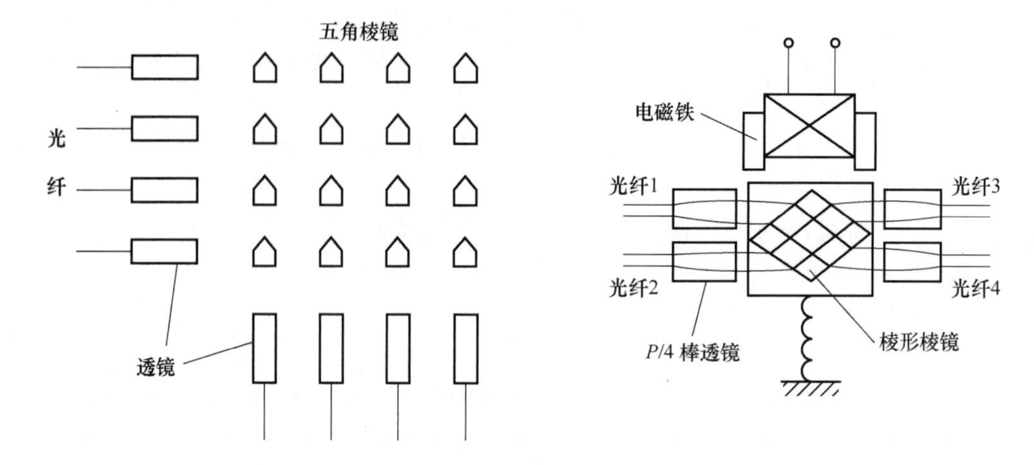

图 9.7.4　移动棱镜型光开关示意图

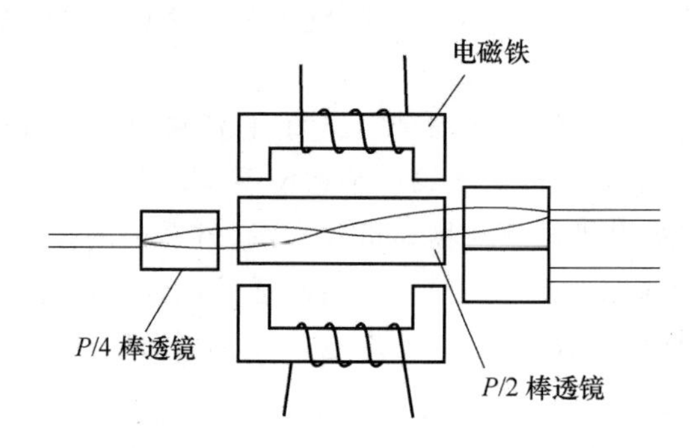

图 9.7.5　移动自聚焦透镜型光开关示意图

9.7.4　非机械式光开关

(1) 极化旋转器构成的光开关

极化旋转器构成的光开关如图 9.7.6 所示，由自聚焦透镜、起偏器、极化旋转器和检偏器组成。起偏器与检偏器之间的角度为 90°，平行光通过起偏器后变成偏振光并通过极化旋转器。当极化旋转器未加偏压时，不改变光束的偏振方向，使光束不能通过检偏器，开关处于“关”状态；当偏压加到极化器上，将使光的偏振方向发生 90°的旋转，从而使光束通过了检偏器，开关处于“通”状态。

(2) 波导型光开关

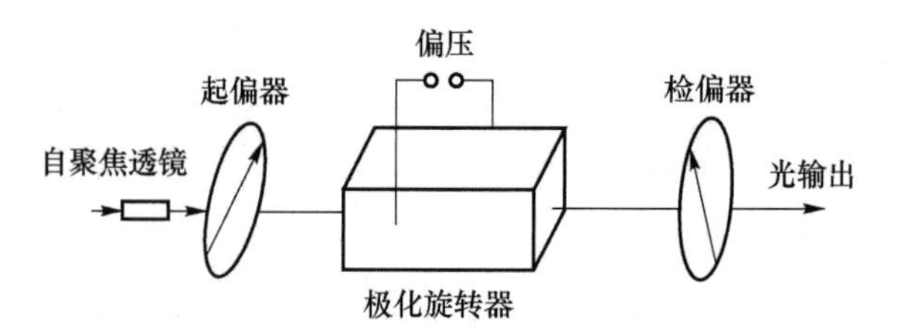

图 9.7.6　极化旋转器构成的光开关示意图

某些晶体或高分子聚合物，在电场、磁场、声波或热的作用下，其折射率或介电常数将发生变化，人们利用这种产生的电光、磁光、声光或热光效应，可以实现光的开关、调制或模式转换功能，做成波导型光开关。

9.7.5 光开关的类型及其用途

(1) 1×1 或双 1×1 光开关

1×1 或双 1×1 光开关如图 9.7.7 所示。主要应用于样品测试时控制光源或探测器的"通"或"断"的状态，还可用在需要高度安全或保密的网络里，起隔断或接通备用光路的作用。

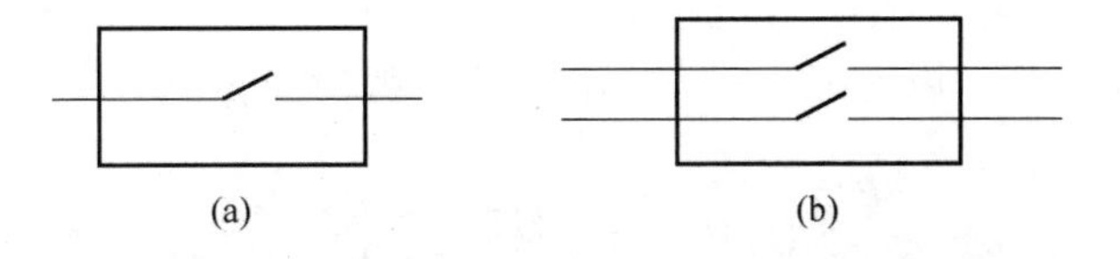

图 9.7.7　1×1 或双 1×1 光开关示意图

(2) 1×2 或双 1×2 光开关

1×2 或双 1×2 光开关如图 9.7.8 所示。主要应用于双光源或双探测器的测试系统中，还可用于光环路中，起主备倒换等作用。

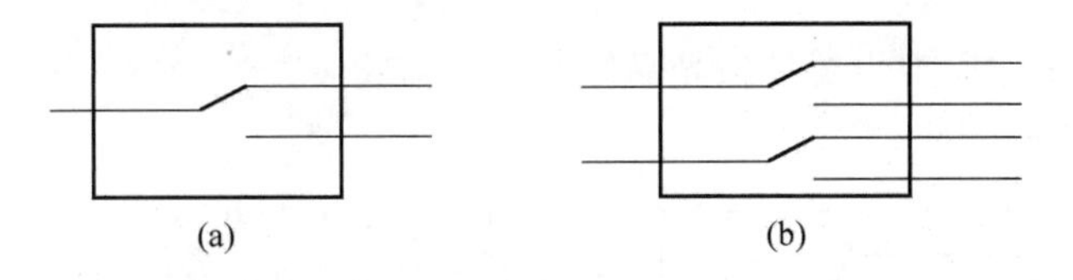

图 9.7.8　1×2 或双 1×2 光开关示意图

(3) 2×2 或双 2×2 光开关

2×2 光开关如图 9.7.9 所示。应用于 FDDI、光节点旁路、回路测试、传感系统等方

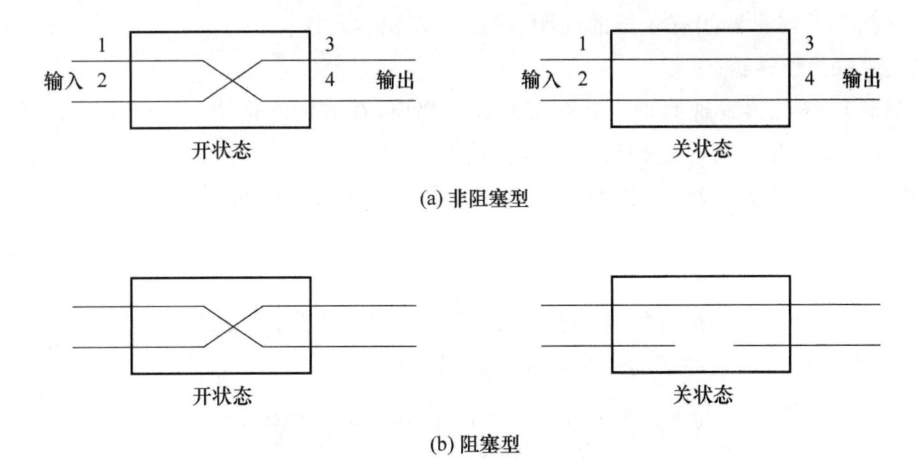

图 9.7.9　2×2 光开关示意图

面。它还可与其他类型的光开关组合起来使用，使开关系统更完善更灵活。2×2 光开关还包括阻塞型和非阻塞型两种。

(4) 2×N 光开关

2×N 光开关的几种结构如图 9.7.10 所示。

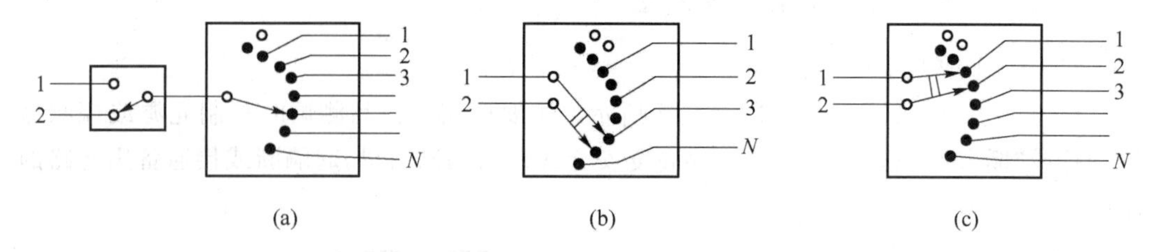

图 9.7.10　2×N 光开关的几种结构示意图

9.8 光隔离器

光隔离器是一种只允许光线沿光路正向传输的非互易性无源器件。光隔离器可用于激光器、光纤放大器、光接入网、相干光通信以及其他方面。

9.8.1 单模光纤准直器、偏振器及其他光隔离器中使用的光学元件

光隔离器的工作原理主要是磁光晶体的法拉第效应。

1. 光纤准直器

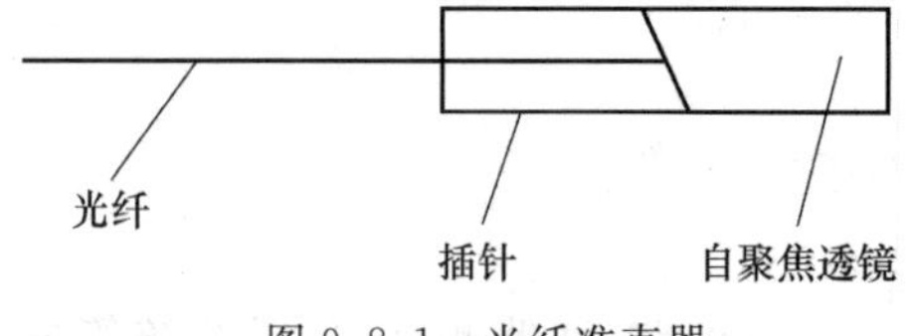

图 9.8.1　光纤准直器

光纤准直器(Optical Fiber Collimator)是光纤通信系统和光纤传感系统中的基本光学器件，它由四分之一节距的自聚焦(GRIN)透镜和单模光纤组成。其用途是对光纤中传输的高斯光束进行准直，以提高光纤与光纤间的耦合效率。主要特点：两光纤准直器间有较长的间距，可以插入光学元件。

2. 法拉第旋转器

1845 年，法拉第发现原来不具有旋光性的物质，在磁场的作用下，偏振光通过该物质时其振动面将发生旋转。这种现象就是法拉第效应。

对于给定的磁光材料，光振动面旋转的角度 θ 与光在该物质中通过的距离 L 和磁感应强度 B 成正比：

$$\phi=VLB \tag{9.8.1}$$

其中，V 是比例系数，它是材料的特性常数，称为维德尔常数。

线偏振光通过一定厚度的磁光晶体，其旋转角 θ：

$$\phi=\frac{L\omega\varepsilon^{1/2}}{2C}\left[\left(\frac{1+4\pi v\mu_{\mathrm{s}}}{\nu H-\omega}\right)^{1/2}-\left(\frac{1-4\pi v\mu_{\mathrm{s}}}{\nu H+\omega}\right)\right] \tag{9.8.2}$$

其中，ω 为光频率；ε 为材料介电常数；C 为光速；ν 为材料的旋磁比；H 为外加磁场强度；μ_{s} 为饱和磁导率。

在法拉第旋转效应中，磁场对磁光材料产生作用，是导致磁致旋光现象发生的原因，所以磁光材料引起的光偏振面旋转的方向取决于外加磁场的方向，与光的传播方向无关。迎着光看去，当线偏振光沿磁力线方向通过介质时，其振动面向右旋转；当偏振光沿磁力线反方向通过磁光介质时，其振动面则向左旋转。旋转角的大小受磁光材料的旋磁特性、长度、工作波长及磁场强度的影响。材料越长、磁场强度越大、工作波长越短，旋转角将越大。另外，旋转角的大小还受环境温度的影响，对大多数晶体来说，温度增加将导致旋转角减小。

需要注意的是，法拉第旋转效应和材料的固有旋光效应的不同。固有旋光效应的方向受光的传播方向影响，而与外加磁场的方向无关，无论外界磁场是否改变，迎着光看去，光的偏振面总是朝同一个方向旋转。因此，在材料的固有旋光效应中，如果光束沿着原光路返回，其振动面将转回到初始位置。

典型的光隔离器采用法拉第旋转器，旋光转角为45°。

隔离器的常用材料如下：

① YIG晶体。钇铁石榴石(YIG)单晶；波长范围为0.8～1.6 μm；需用强永久磁场，使光束的偏振面发生旋转。

② 高性能磁光晶体。这是一种采用液相外延技术在石榴石单晶上生成镱、镓、铋等元素的薄膜材料。

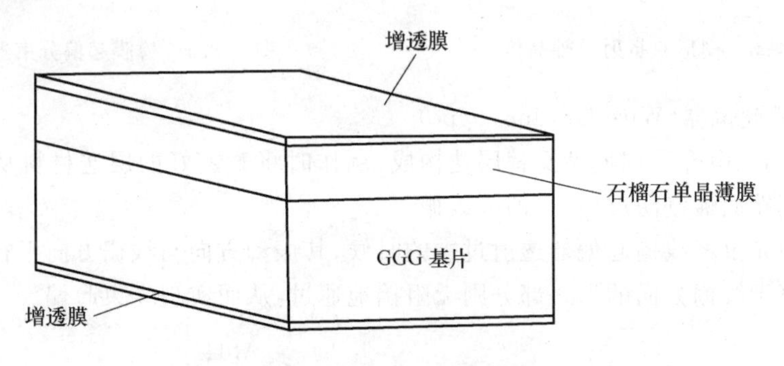

图9.8.2 高性能磁光晶体

表9.8.1 高性能磁光晶体性能

型　号	RA131	RA155
波长/nm	1 310	1 550
消光比/dB	>40	>40
插入2损耗/dB	<0.1	<0.1
波长特性/(deg/nm)	−0.086	−0.068
旋转角/(°)	45 ±1	45 ±1
膜厚/μm	240	360
饱和磁场强度/Oe	1 000	1 000
温度特性/(deg/℃)	0.06	0.06
增透膜反射率/(%)	<0.2	<0.2
外形尺寸(正方形边长)/mm	1～3	1～3

3. 偏振器

绝大部分常规隔离器所采用的偏振器是偏振棱镜或偏振片。其类型如下：

（1）双折射晶体

双折射现象是各向异性介质晶体的主要性质。在光隔离器中的偏振片均用单轴晶体（方解石、金红石、钒酸钇、铌酸锂等）。

（2）薄膜起偏分束器（SWP）

利用人造各向异性介质来制作。

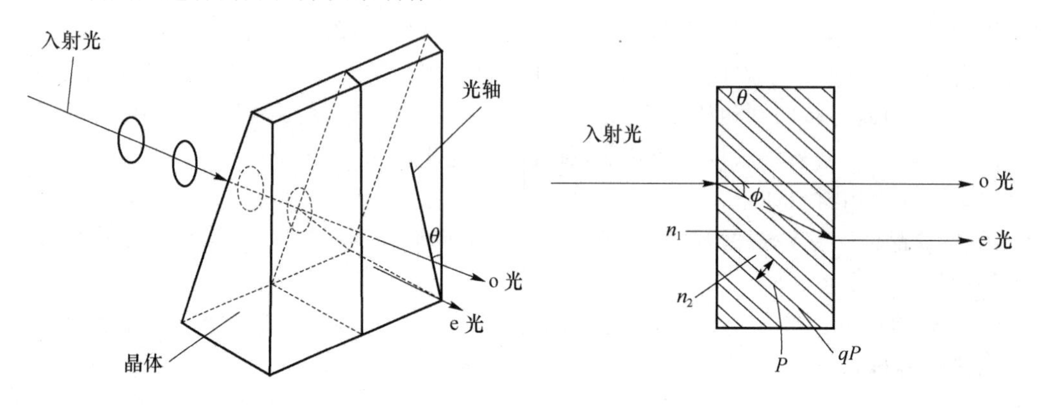

图 9.8.3　楔形双折射单轴晶体　　图 9.8.4　薄膜起偏分束器

（3）线栅起偏器（Wire Grating Type）

它由金属和电介质周期性交替层迭构成，制作时将蒸镀好的层迭材料从侧面切割成薄片，其两侧端面镀制防反射膜，即成线栅。

原理：当光束经线栅起偏器透射过去的时候，其振动方向与线栅方向平行的线偏振光被吸收，垂直于线栅方向的那一部分则无阻挡地通过，从而实现光束起偏。

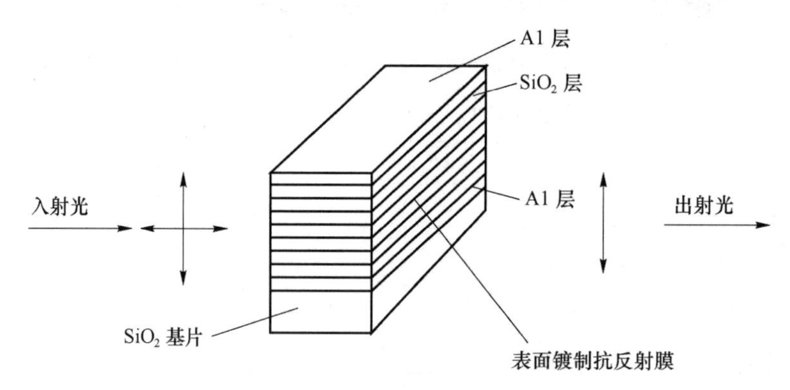

图 9.8.5　线栅起偏器

（4）玻璃偏振器

一种新型的起偏材料，以掠入射的方式在硼硅酸盐的 SiO_2 基片上溅射银粒子，由于银粒子很长，通过一定的方法激化，即可使银粒子按预定的方向排序成一条条规则的短线，其性能类似一个线栅起偏器，当光束经玻璃偏振器透射过去的时候，其振动方向与银粒子方向平行的线偏振光由于与银粒子发生碰撞,其能量被吸收;而垂直方向的那一部分光则无阻挡地通过,最后从玻璃偏振器出射的光为线偏振光。

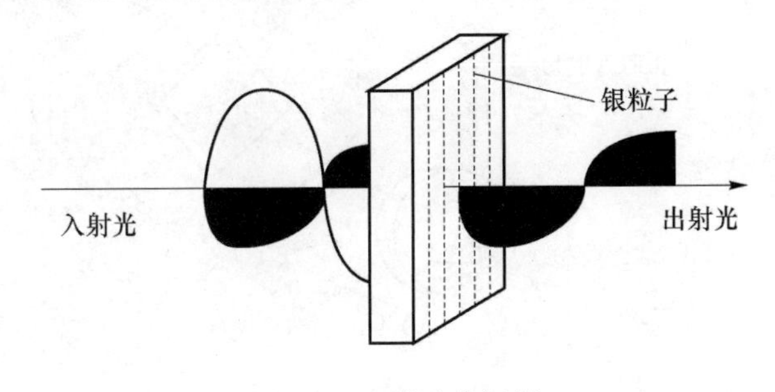

图 9.8.6 玻璃偏振器

9.8.2 光隔离器的作用和工作原理

在光纤通信系统中,由于光在从光源到接收机的传输的过程中,会经过许多不同的光学界面,在每个光学界面处,均有不同程度的反射,这些反射所产生的回程光最终会沿原光路传回光源。当回程光的累积强度达到一定的程度时,就会引起光源工作不稳定,产生频率漂移、幅度变化等问题,从而影响整个系统的正常工作。为了避免回程光对光源等器件的工作产生影响,必须对回程光进行抑制,以确保光通信系统的工作质量。这样,就用光隔离器(Isolator)来消除光纤线路中的回程光对光通信系统的影响。

光隔离器是一种沿正向传输方向具有较低插入损耗,而对反向传输光有很大衰减作用的无源器件,用以抑制光传输系统中反射信号对光源的不利影响,常置于光源后,为一种非互易器件。根据光隔离器的偏振特性,可将隔离器分为:

偏振相关隔离器(也称偏振有关或偏振灵敏)和偏振无关隔离器两种。

1. 偏振相关光隔离器的典型结构和工作原理

偏振相关光隔离器的结构包括:空间型和全光纤型。

由于不论入射光是否为偏振光,经过这种光隔离器后的出射光均为线偏振光,因而我们称之为偏振相关光隔离器或偏振有关隔离器。

(1) 空间型偏振相关光隔离器

整个光隔离器中包括两个偏振器和一个法拉第旋转器。偏振器分别置于法拉第旋转器的前后两边,其透光方向彼此呈45°关系。当入射平行光经过第一个偏振器 P_1 后,被变成线偏振光,然后经法拉第旋转器,其偏振面被旋转 45°,刚好与第二个偏振器 P_2 的偏振方向一致,于是光信号顺利通过而进入光路中。反过来,由光路引起的反射光首先进入第二个偏振器 P_2,变成与第一个偏振器 P_1 偏振方向呈 45°夹角的线偏振光,再经法拉第旋转器时,由于法拉第旋转器效应的非互易性,被法拉第旋转器继续旋转 45°,其偏振夹角变成了 90°,即与起偏器 P_1 的偏振方向正交,而不能通过起偏器 P_1,起到了反向隔离的作用。

使用微型化光隔离器来制作器件时,通常通过柱透镜或球透镜,将来自半导体激光器的光信号经隔离器耦合到光纤中。其中,常需要将器件中的分立元件倾斜于基座放置,或将隔离器倾斜安装,以提高整个器件的回波损耗,否则,光学元件自身将引起一定的反射。

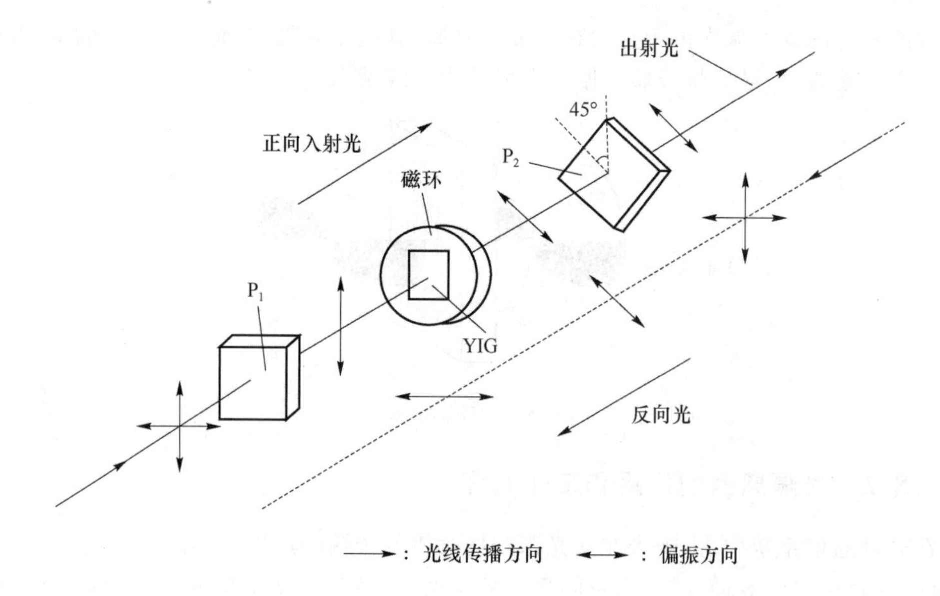

图 9.8.7 偏振相关光隔离器

(2) 磁敏光纤偏振相关光隔离器

将磁敏光纤和微型偏振器装在一起,通过外加磁场作用,使通过该光纤的光信号偏振面发生偏转,从而实现对回返光的隔离作用。

全光纤型偏振灵敏型光隔离器的优点在于体积小,对中简便,反向隔离度高。其不足是器件插入损耗大,工艺复杂,制作难度大,整体性能欠佳。

(3) 波导型光隔离器

薄膜波导型光隔离器实现的技术途径:

① 激光二极管直接与法拉第旋转器波导耦合,光信号经光纤偏振器输出。

② 用光纤偏振器,将光信号与波导进行耦合,再由光纤偏振器输出光信号。

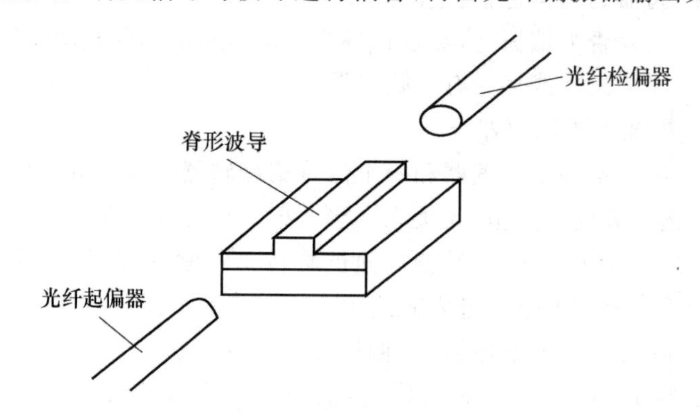

图 9.8.8 波导型光隔离器

当光信号经光纤偏振器后,被变成线偏振光,然后进入层状液相外延膜制成的脊形波导中,由于外加了磁场,波导中偏振光的偏振方向发生 45°的旋转,这样,光信号可顺利地通过与起偏器呈 45°夹角的光纤检偏器。而反向传输的光信号则由于法拉第效应的非互易性被隔离掉。

2. 偏振无关光隔离器典型结构、工作原理和影响因素

偏振无关光隔离器是一种对输入光偏振态依赖性很小(典型值小于 0.2 dB)的光隔离器。采用有角度地分离光束的原理来制成,可达到偏振无关的目的。

下面介绍块状在线型偏振无关的光隔离器典型结构、工作原理。

(1) 结构一

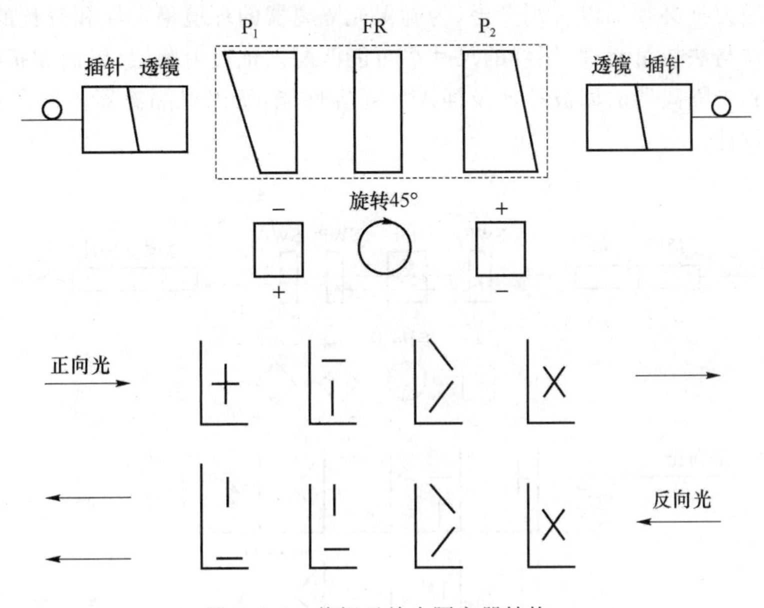

图 9.8.9 偏振无关光隔离器结构一

① 光信号正向传输的情况

经过斜面透镜射出的准直光束,进入双折射晶体 P_1 后,光束被分为 o 光和 e 光,其偏振方向相互垂直,传播方向呈一夹角,当它们经过 45°法拉第旋转器时,出射的 o 光和 e 光的偏振面各自向同一个方向旋转 45°,由于第 2 个双折射晶体 P_2 的晶轴相对于第一个晶体正好呈 45°夹角,所以 o 光和 e 光被 P_2 折射到一起,合成两束间距很小的平行光,并被斜面透镜耦合到光纤纤芯里面。因而正向光以极小损耗通过隔离器。

② 光信号反向传输的情况

由于法拉第效应的非互易性,首先经过晶体 P_2,分为偏振面与 P_1 晶轴成 45°角的 o 光和 e 光,由于这两束线偏振光经 45°法拉第旋转器时,振动面的旋转方向由磁感应强度 B 决定,而不受光线传播方向的影响,所以,振动面仍朝与正向光旋转方向相同的方向旋转 45°,相对于第一个晶体 P_1 的晶轴共旋转了 90°,整个逆光路相当于经过一个渥拉斯顿棱镜,出射的两束线偏振光被 P_1 进一步分开一个较大的角度,被斜面透镜偏折,不能耦合进光纤纤芯,从而达到反向隔离的目的。

③ 此隔离器特点

制作简单,插入损耗小,整个器件体积小,但因斜面和双折射棱镜的使用,会带来一定的偏振相关损耗和偏振模色散。

④ 制作过程注意事项

影响插入损耗和回波损耗的因素比较简单，可以用工艺来保证；但隔离度、PDL 及 PMD 就比较复杂了。必须对各方面的性能指标和工艺难度进行综合考虑，才能使其性能优异而又宜于生产。

所有类型尾纤的在线型偏振无关光隔离器均采用了光纤准直器，以获得较小的插入损耗。准直器采用斜面 GRIN 自聚焦透镜。用于装配法拉第旋转器的磁铁的几何尺寸、材料和饱和磁力都必须加以特别考虑，为确保光隔离器的环境稳定性和较长的工作寿命，还必须使磁铁与法拉第元件、尾纤的尺寸尽可能匹配。抗反射膜层、斜面和折射率的匹配也直接影响到光隔离器的回波损耗及插入损耗等性能，所以对隔离器内部所有元件都必须进行优化设计。

(2) 结构二

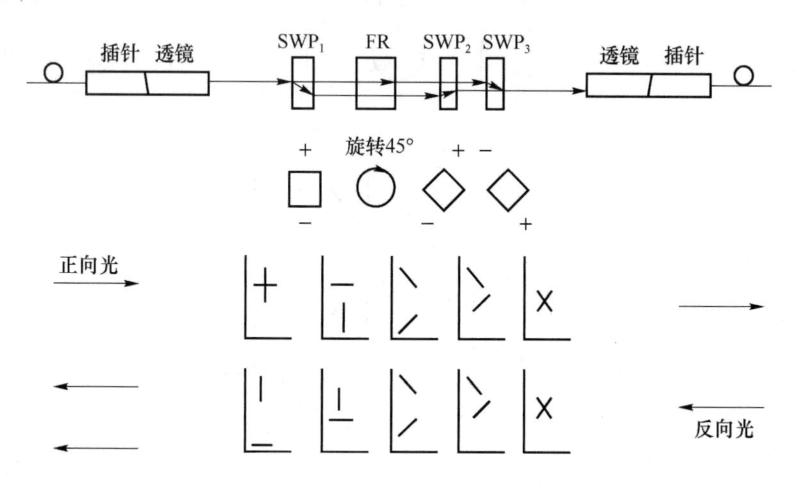

图 9.8.10 偏振无关光隔离器结构二

与结构一相比，增加了一个偏振分束器，三个偏振分束器(P_1、P_2、P_3)共同作用，来达到合光和分光的目的，三个偏振器表面均为平面。

$$l_{P_1}=\sqrt{2}l_{P_2}=\sqrt{2}l_{P_3}$$

其中，l_{P_1}，l_{P_2}，l_{P_3} 分别表示响应偏振分束器的厚度。

插入损耗：

$$L=L_P+L_{P_1}+L_{P_2}+L_{P_3}+L_0$$

隔离度：

$$L_{so}=L_P+L_{P_1}+L_{P_2}+L_{P_3}+L_0-10\lg(10^{-\alpha/10}+10^{-\beta/10})$$

其中，L_0 为准直器的插入损耗；L_P、L_{P_1}、L_{P_2}、L_{P_3} 为响应法拉第旋转器和偏振分束器的插入损耗；α、β 分别为旋转器和偏振分束器的消光比。

结构中的偏振器采用平面结构，所以不会增加偏振相关损耗 PDL。但由于偏振元件的增加，体积较大，光路比较长，因而制成的器件整体体积大。同时因为增加了光学元件，带来了插入损耗的增加和组装工艺的难度。

(3) 结构三

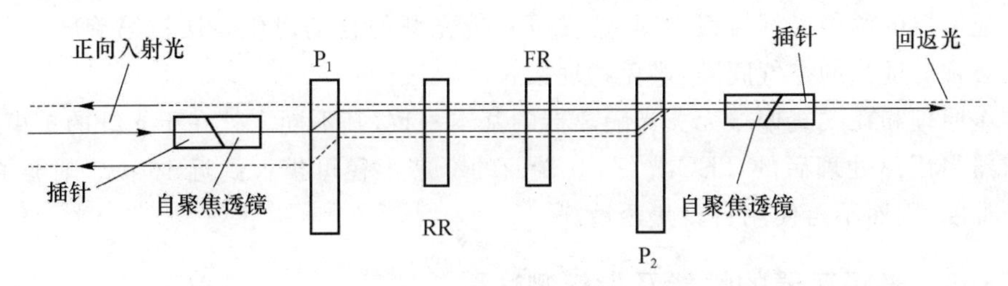

图 9.8.11 偏振无关光隔离器结构三

P_1 和 P_2 是两个光轴呈 90°的完全相同的偏振分束器，经 P_1 分束后的两束线偏振光 o 光和 e 光的偏振面，由 45°互易旋光器(RR)旋转 45°后，再经 45°非互易旋光器(即法拉第旋转器 FR)旋转 45°，偏振方向分别变为与原来垂直的方向，刚好与偏振器 P_2 的光轴方向一致，最后经 P_2 合束。而反向行进的反射光，首先被 P_2 分束，经 45°法拉第旋转器和互易旋光器后，o 光和 e 光的偏振方向保持不变。因此，与偏振器 P_1 的光轴方向不一致，被 P_1 进一步分为夹角更大的 o 光和 e 光，最后再被自聚焦透镜折射出光路，不能耦合到入射光纤中，从而达到反向隔离的目的。

3. 全光纤结构的偏振无关光隔离器

(1) 锥型双折射光纤隔离器

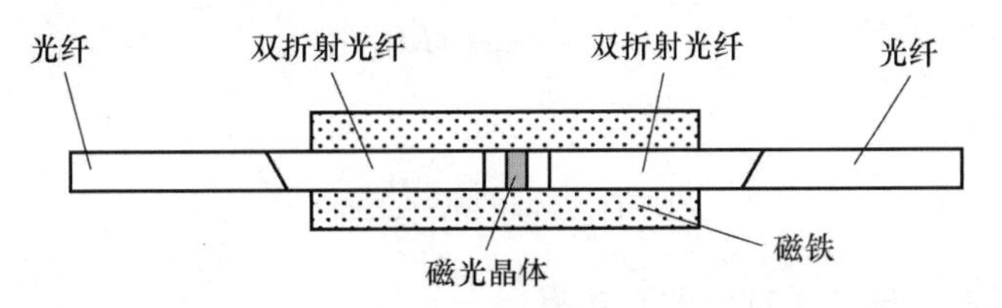

图 9.8.12 锥型双折射光纤隔离器

整个锥型双折射光纤隔离器里包括一个掺铋钇铁石榴石晶体(YIG)，两段锥型双折射光纤和一个外加恒磁场。其中，YIG 薄膜晶体厚约为 370 μm，全部光学元件表面均镀抗反射膜。由于晶体很薄，光路很短，不再需要使用透镜来准直光束，所以隔离器的整体体积很小。这种结构在非互易旋转有误差时，可简单地通过微调双折射光纤的方位，来达到需要的高隔离度。

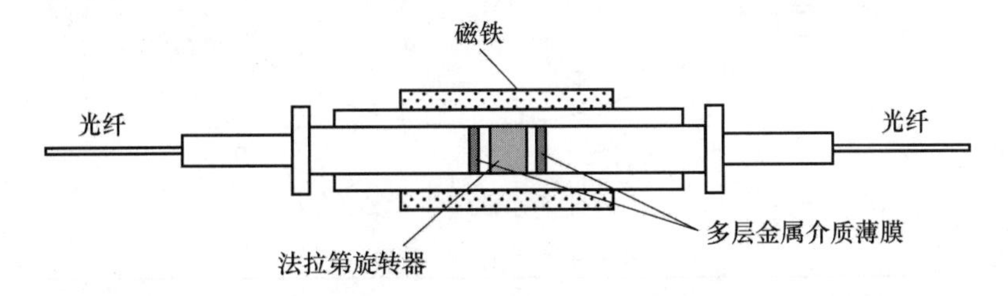

图 9.8.13 扩束光纤光隔离器

(2) 扩束光纤光隔离器

用紫外固化胶将两块薄的多层金属介质薄膜起偏器固定在两根扩束光纤 TEC 的热

处理端面上，粘胶层的厚度很薄，约 2 μm，再借助一个开槽式套筒，将法拉第旋转器夹在固定了起偏器的两根光纤端面中间，这样可实现光纤的自动对中。法拉第旋转器与起偏器之间必须有适当的空气间隙，避免物理接触。

工作原理和在线式偏振无关光隔离器的基本一致，其不同之处在于光纤的扩束部分。该隔离器采用热处理后的 TEC 光纤，其端面的纤芯半径可扩大到近 10 μm，削弱了光束的耦合难度，因而不再使用自聚焦透镜。

9.8.3 光隔离器的性能及指标测试

光隔离器的性能要求有：正向插入损耗低，反向隔离度高，回波损耗高，器件体积小，环境性能好。

1. 插入损耗

(1) 光隔离器插入损耗的产生原因

光隔离器插入损耗主要来源于偏振器、法拉第旋转器芯片和光纤准直器的插入损耗。

偏振相关光隔离器中，根据马吕斯定律：

$$I_F = I\cos^2[\theta(\lambda)-\theta_0] \tag{9.8.3}$$

其中，θ_0 为法拉第旋转角，θ_0 为起偏器和检偏器间的夹角，λ 为波长，I 为正向入射光强，I_F 为正向出射光强。

$$P = \frac{1}{T}\int_0^T I\mathrm{d}t \tag{9.8.4}$$

正向插入损耗 IL 为

$$\mathrm{IL} = -10\lg\frac{P_F}{P}$$

其中，P、P_F 分别表示与光强对应的光功率。

正向插入损耗 IL 与起偏器和检偏器间的夹角 θ_0 之间的关系如图 9.8.14 所示。

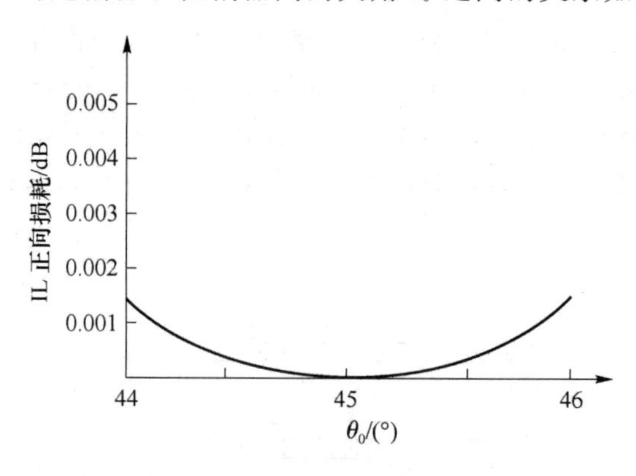

图 9.8.14 IL-θ_0 曲线

偏振无关光隔离器的插入损耗主要来源于偏振器、法拉第旋转器芯片和光纤准直器的插入损耗，其中芯片部分的插入损耗主要依赖于出射线偏振光中 o 光和 e 光的会聚效果。

由于偏振器固有的特性，$n_o \neq n_e$，o 光和 e 光将不可能完全会聚，总存在一微小的横向位移，给整个器件带来一定的附加损耗，$\Delta n = n_e - n_o$ 越小，横向位移就越小，附加损耗也小；反之，附加损耗就会变大。整个器件的插入损耗还与偏振器、法拉第旋转器芯片的消光比、o 光和 e 光所经过的光学界面的反射率及准直器的耦合效率有关。消光比越高，反射率越低，准直器的耦合效率越高，则插入损耗越小。另外，各元件存在的尺寸和装配误差，也将影响 o 光和 e 光的会聚效果，使整个器件耦合效率下降，增大插入损耗。

对于 Wedge 型结构的偏振无关光隔离器，其正向耦合效率：

$$\eta_{\text{loss}} = \exp\left(-\frac{n_0 \sqrt{A}\pi h \omega_0}{2\lambda}\right) \tag{9.8.5}$$

其中，h 为从偏振器 P_2 出射的两束平行光中 o 光和 e 光的间距，它与偏振器晶体的楔角有关；n_0、A 为自聚焦透镜的参数。

其插入损耗为

$$\text{IL} = -10\lg \eta_{\text{loss}} \tag{9.8.6}$$

Wedge 型光隔离器的隔离度、插入损耗与双折射晶体楔角的关系曲线如图 9.8.15 所示。其中双折射晶体为金红石（TiO_2）时变化最快，钒酸钇（YVO_4）次之，锂酸钇（LiN_bO_3）最慢。

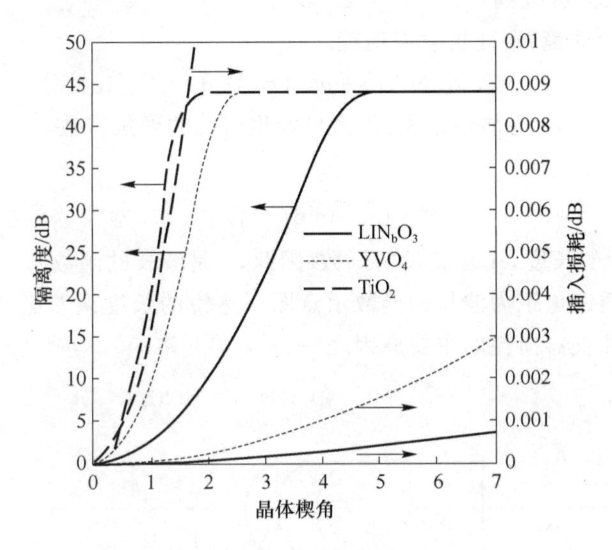

图 9.8.15 Wedge 型光隔离器的隔离度、插入损耗与双折射晶体楔角的关系曲线

采用不同材料时光隔离器的正向插入损耗与双折射晶体楔角的关系，光隔离器的插入损耗随楔角的增大而增大。这是因为双折射晶体的楔角越大，从第二个双折射晶体输出的 o 光和 e 光的间距就越大（即会聚效果越差）；同时，不同晶体构成的光隔离器，其插入损耗随双折射晶体的楔角变化也不一样。

假设两双折射晶体为钒酸钇，楔角为 7°，可得到光隔离器插入损耗与两双折射晶体纵向间距 s 的关系曲线。由图 9.8.16 可知，光隔离器的插入损耗随间距 s 的增加而增大，这也是由于 s 的增加，导致了输出的 o 光和 e 光的间距相应变大而造成的。光纤准直器的准直效果将会直接影响到它自身和偏振器及法拉第芯片的插损。在偏振无关光隔离

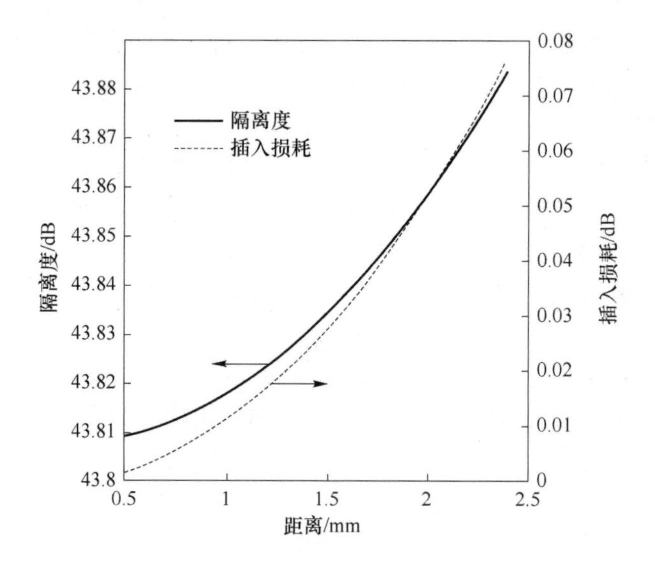

图 9.8.16 Wedge 型光隔离器的隔离度、插入损耗与两双折射晶体间距的关系曲线

器中，准直器的耦合非常重要。

① 光纤和自聚焦透镜耦合

自聚焦(GRIN)透镜：渐变折射率透镜。

$$n^2(r)=n_0^2(1-Ar^2) \tag{9.8.7}$$

其中，n_0 为轴线折射率，r 为离轴距离，A 为自聚焦透镜的聚焦常数。

自聚焦透镜的焦距为

$$f=\left[n_0\sqrt{A}\sin(\sqrt{A}z)\right]^{-1} \tag{9.8.8}$$

其中，z 为自焦透镜的长度，A 是波长的函数(因此，f 是波长的函数)。

图 9.8.17 是透镜焦距为波长的函数示意图。透镜的长度误差必然会影响到光束耦合效果，这是造成准直器损耗的主要原因之一。

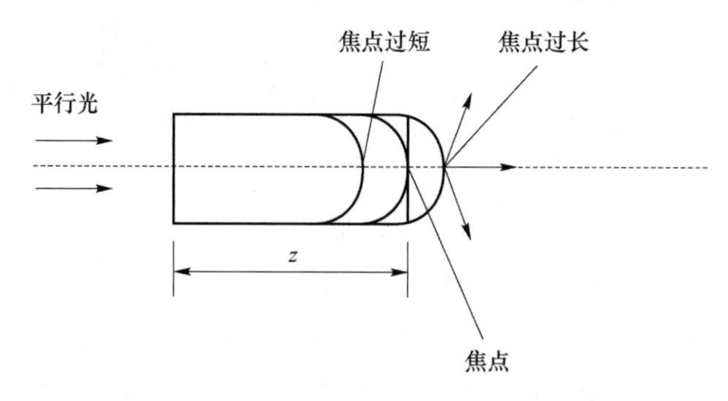

图 9.8.17 透镜焦距为波长的函数

光纤准直器是由光纤和节距为 0.25P 的具有抗反射镀层的自聚焦透镜组成。

自聚焦透镜的长度为

$$z=\frac{P}{4}=\frac{\pi}{2\sqrt{A}} \tag{9.8.9}$$

其中，P 为自聚焦透镜的节距，是在近轴近似条件下，根据子午光线遵循正弦路径传播而确定的。同时，GRIN 的折射率分布在离轴心 0.8 mm 半径处有一拐点。所以，由式(9.8.9)计算出的 z 值还不够准确，带来了耦合时的损耗；另外，GRIN 的象差也会使光束的耦合效率下降，增加了器件的损耗。

② 两个光纤准直器之间的耦合

两个单模光纤准直器耦合时，准直器的失配会使单模光纤间产生附加损耗。图 9.8.18是光纤准直器之间的耦合示意图。两个光纤准直器的失配主要来源于三个方面：

a. 光纤准直器间的偏轴距离；

b. 光纤准直器间的角度偏差 θ；

c. 光纤准直器间的轴向间距 d。

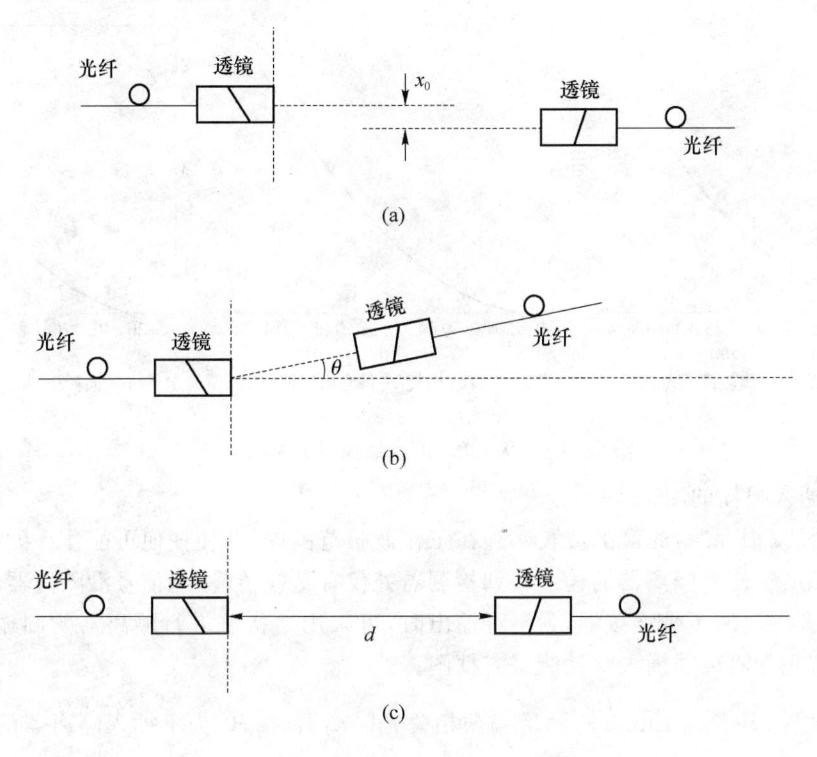

图 9.8.18 光纤准直器之间的耦合

当 GRIN 的长度为四分之一节距时，$\sqrt{A}z=\frac{\pi}{2}$，根据模场耦合理论，光场分布为 ϕ_1 的高斯光束与 ϕ_2 的高斯光束的耦合效率为

$$\eta=\frac{\left|\iint\phi_1\cdot\phi_2^*\,\mathrm{d}s\right|^2}{\iint|\phi_1|^2\mathrm{d}s\cdot\iint|\phi_2|^2\mathrm{d}s}\tag{9.8.10}$$

光纤准直器在离轴耦合、偏角耦合及间距耦合三种情况下，光纤与光纤间的耦合效率分别如下。

a. 两光纤准直器离轴耦合：

$$\eta_{\alpha}=\exp\left[-\left(\frac{n_0\sqrt{A}\pi x_0\omega_0}{\lambda}\right)^2\right] \tag{9.8.11}$$

b. 两光纤准直器偏角耦合：

$$\eta_{b}=\exp\left[-\left(\frac{\theta}{n_0\sqrt{A}w_0}\right)^2\right] \tag{9.8.12}$$

c. 两光纤准直器间距耦合：

$$\eta_{c}=\frac{4(1+\varepsilon^2)}{(2+\varepsilon^2)^2},\quad \varepsilon=\frac{n_0^2A\pi d\omega_0^2}{\lambda} \tag{9.8.13}$$

其中，ω_0、λ 分别为高斯光束的模场半径和波长，d 为光纤准直器间的间距，x_0 为两光纤准直器的轴间距，θ 为两光纤准直器间的角度。图 9.8.19 是光纤准直器损耗关系曲线图。

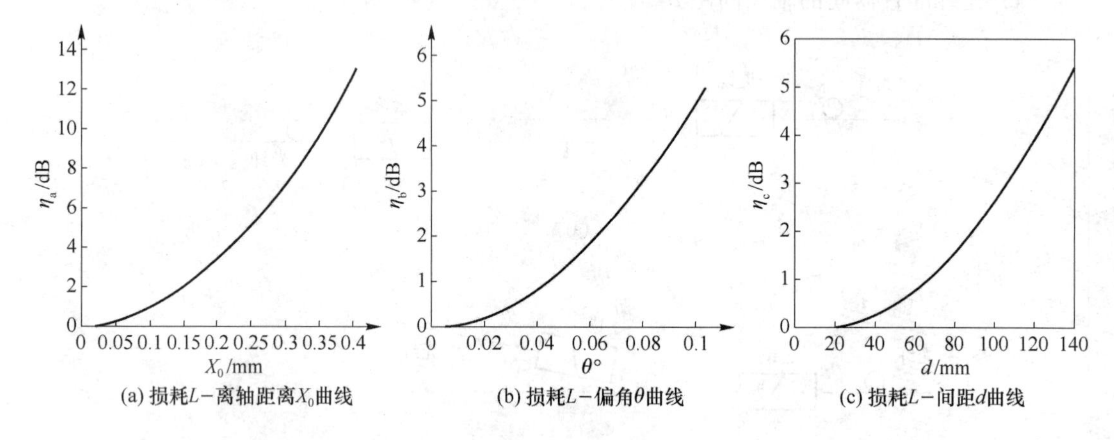

图 9.8.19 光纤准直器损耗关系曲线

（2）插入损耗的测试

测试插入损耗时，光源的波长必须在工作波长范围内，并使任何可能注入的高次模得到足够的衰减，使光隔离器的输入端和检测器处仅有基模传输；光信号沿隔离器的正向输入。当隔离器尾端不带连接器，为尾纤输出时，可采用熔接法进行隔离器的制作和测试。图 9.8.20 是光隔离器插入损耗测试方框图。

插入损耗 $\mathrm{IL}=-10\lg\dfrac{P_1}{P_2}$，测量偏振相关光隔离器时，$P_1$ 为不插入隔离器的情况下，将准直器调节到最小损耗时测得的初始功率；P_2 为插入隔离器后将隔离器和偏振器的偏振方向调到一致时，测得的光功率。

2. 反向隔离度

光隔离器的反向隔离度表征隔离器对反向传输光的衰减能力。

（1）偏振相关光隔离器的隔离度

偏振相关光隔离器的起偏器和检偏器夹角的微小变化，将严重影响反向隔离度。

$$I_R'=I'\cos^2[\theta(\lambda)+\theta_0] \tag{9.8.14}$$

其中，I' 为反向入射光强，I_R' 为反向出射光强。

若以 P'、P_R' 分别表示与光强对应的光功率，反向隔离度 I_{so} 为

$$I_{so}=-10\lg\frac{P'_R}{P'} \tag{9.8.15}$$

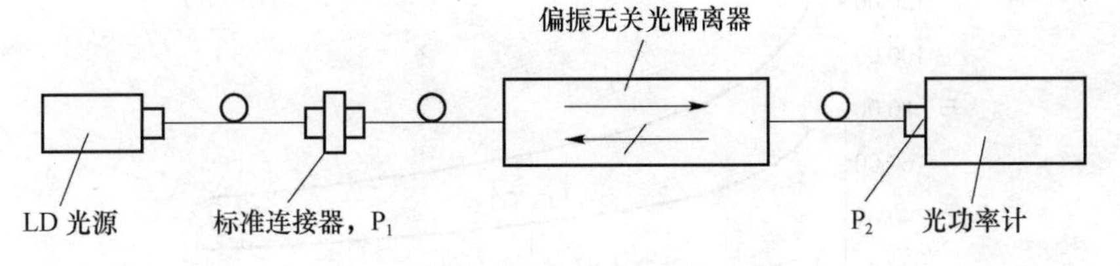

(a) 连接器端口式偏振无关光隔离器

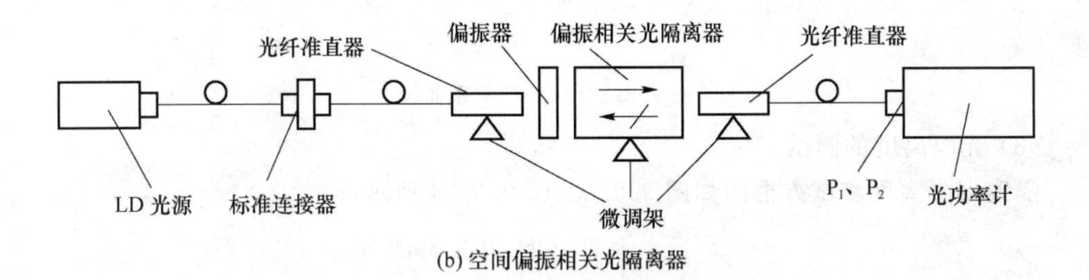

(b) 空间偏振相关光隔离器

图 9.8.20 光隔离器插入损耗测试方框图

(2) 偏振无关隔离器的隔离度

以 Wedge 型结构为例来分析其隔离度。其整个隔离器的隔离器为

$$\begin{aligned}I_{SO}&=-10\lg\frac{P'_R}{P'}\\&=-20\lg\left[\frac{64n_y\,(n_1^e)^2}{(1+n_y)^4\,(1+n_1^e)^4}\right]-20\lg\left|n_y-1+\frac{4n^y(1-n_1^0)\mathrm{e}^{-\frac{4\pi L_i j}{\lambda}}}{(1+n_1^0)(1+n_y)}\right|\\&=-20\lg\left|n_y-1+\frac{4n_y(1-n_1^0)\mathrm{e}^{-\frac{4\pi L_i j}{\lambda}}}{(1+n_1^0)(1+n_y)}\right|\end{aligned} \tag{9.8.16}$$

由此可得整个隔离度与起偏器和检偏器距法拉第旋转器的距离的曲线图 9.8.21。

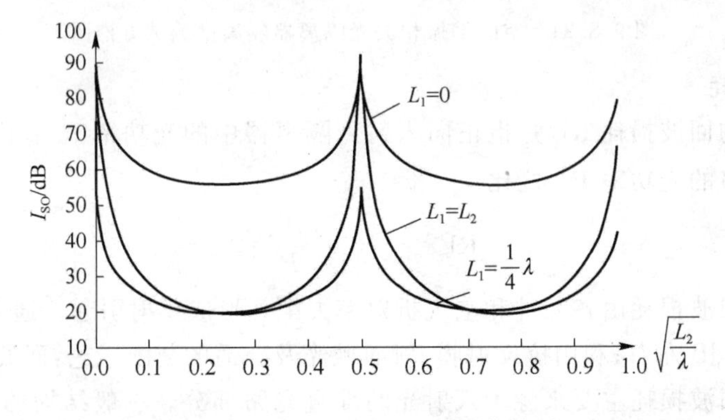

图 9.8.21 $I_{SO}\sim L_1$、L_2 关系曲线图

隔离度与光学元件表面反射率的关系如图 9.8.22 所示。光隔离器中光学元件表面反射率越大,隔离器的反向隔离度就越差。

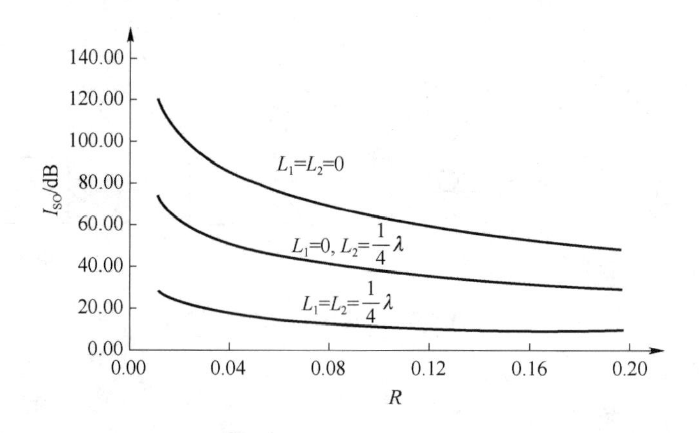

图 9.8.22　I_{SO}-R 关系曲线

(3) 光隔离度的测试

隔离器隔离度测试方框图如图 9.8.23、图 9.8.24 所示。

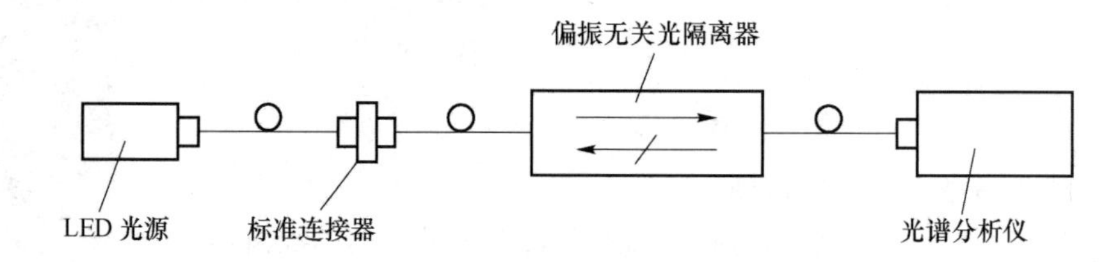

图 9.8.23　连接器端口式偏振无关光隔离器

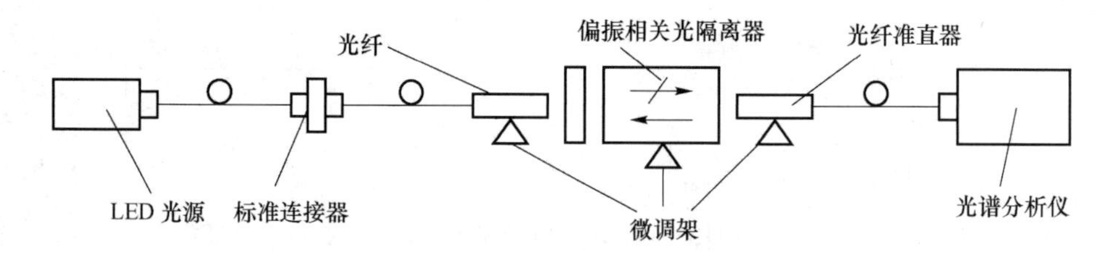

图 9.8.24　空间偏振相关光隔离器隔离度测试方框图

3. 回波损耗

光隔离器的回波损耗 RL 是指正向入射到隔离器中的光功率 P_i 和沿输入路径返回隔离器输入端口的光功率 P'_r 之比：

$$\mathrm{RL}=-10\lg\left(\frac{P'_r}{P_i}\right) \tag{9.8.17}$$

隔离器的回波损耗由各元件和空气折射率失配并形成反射引起。通常平面元件引起的回波损耗：14 dB 左右；利用抗反射膜、斜面抛光及合适的装配工艺：回波损耗可达60 dB 以上。隔离器回波损耗主要来源于入射光的准直光路部分。一般结构的光纤准直器(平面插针耦合 GRIN 透镜的光纤准直器)：回波损耗为 18 dB 左右。斜面耦合结构的光纤准直器(斜面倾角为 8°)：回波损耗值可大于 60 dB。

图 9.8.25 是斜面光纤准直器的示意图。光纤准直器的返回光主要来自三个面的菲涅

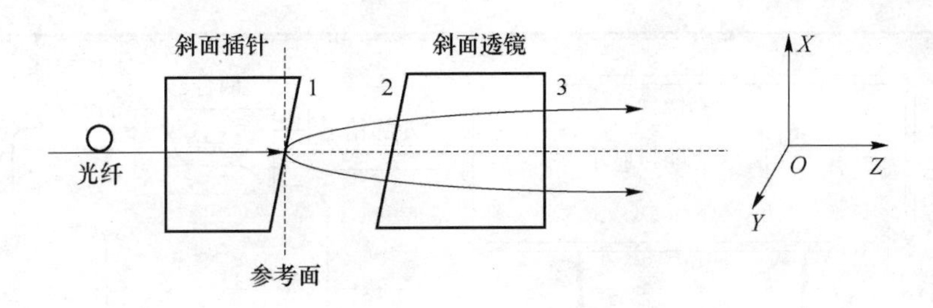

图 9.8.25 斜面光纤准直器的示意图

尔反射:单模光纤端面(端面 1)的反射、GRIN 透镜前端面(端面 2)及后端面(端面 3)的反射。

关于回波损耗的测试主要有如下两种测试法。

(1) 定向耦合器测试法

测试时,选择一个插入损耗小,分光比为 1∶1 带连接器端口的定向耦合器进行测试。图 9.8.26 是回波损耗耦合器测试法方框图。

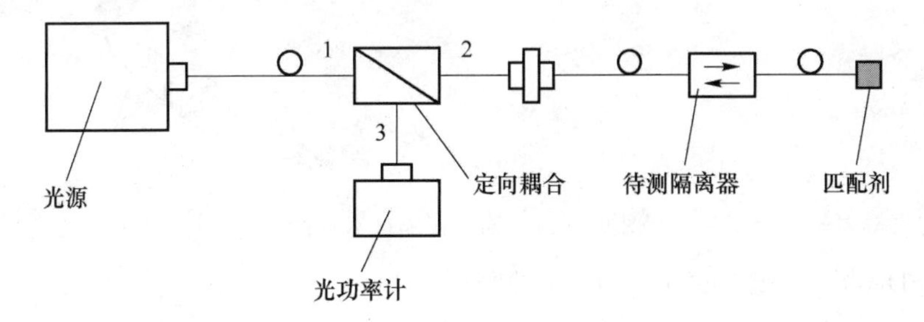

图 9.8.26 回波损耗耦合器测试法方框图

先将耦合器的第三端口用匹配剂匹配起来,用光功率计测得耦合器第二端口的光功率 P_0,再将隔离器接上,并再隔离器的尾端涂好匹配液,测得耦合器第三端口的回返光功率 P_1。

被测隔离器的回波损耗:

$$\mathrm{RL} = -10\lg\frac{P_0}{P_1} + 10\lg T_{23} \tag{9.8.18}$$

其中,T_{23} 为定向耦合器的传输系数。

(2) 回损仪测试法

回波损耗测试仪是测量回波损耗的专用测试仪器。它将光源、探测器、光学元件及软件集成于一体,并带有连接器输出口,可实现对器件回波损耗的直接测量。图 9.8.27 是回损仪测试示意图。

4. 偏振相关损耗

偏振相关损耗(PDL)是指当输入光偏振态发生变化而其他参数不变时,器件插入损耗的最大变化量,是衡量器件插入损耗受偏振态影响程度的指标。对偏振无关光隔离器来说,斜面耦合自聚焦透镜和高折射率的双折射晶体等可能引起偏振,当输入的光信号偏振态不同时,也会产生一定的偏振相关损耗。理论上要求偏振无关光隔离器的 PDL 为零,但实际上是不可能的,不过可通过设计将其降到最小。一般普通型偏振无关光隔离器

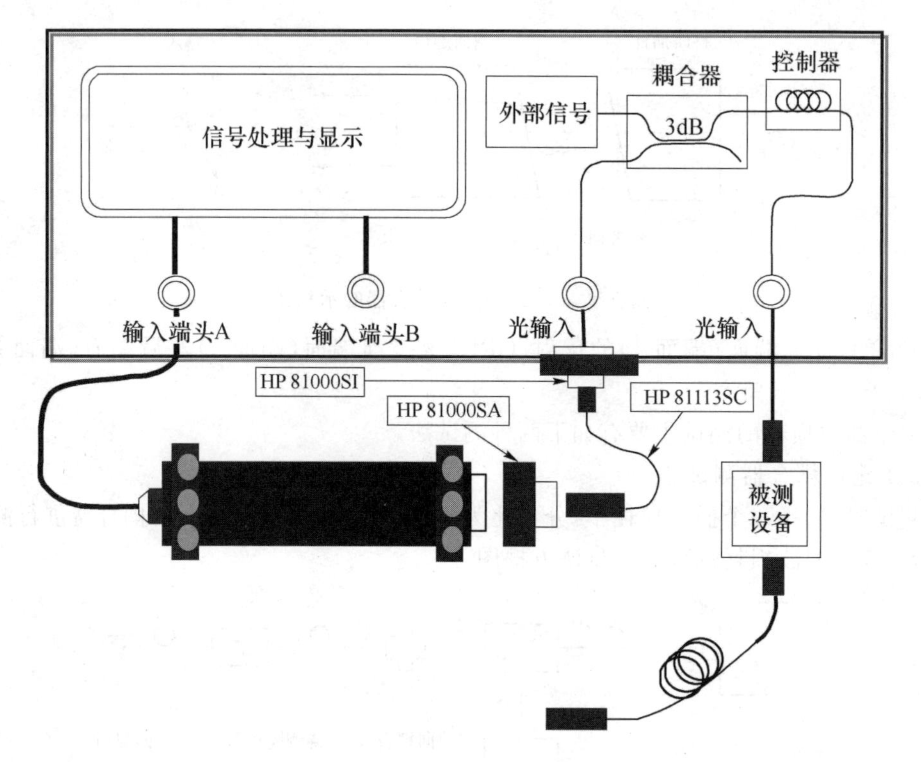

图 9.8.27　回损仪测试示意图

可接受的 PDL 指标小于 0.2 dB。PDL 的测试如图 9.8.28 所示。

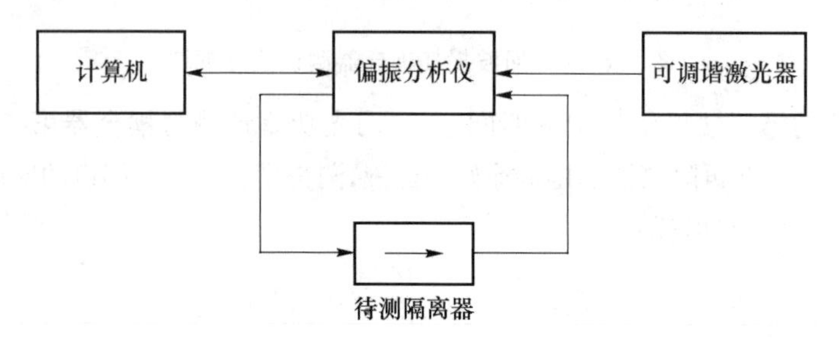

图 9.8.28　PDL 的测试方框图

9.8.4　光隔离器的主要技术指标

实用化光隔离器的主要技术指标要求为：插入损耗≤1.0 dB；反向隔离度≥35 dB；30 dB带宽≥±20 nm；PDL≤0.2 dB；PMD≤0.2ps；回波损耗≥50 dB。

高性能偏振无关光隔离器的典型参数为：插入损耗≤0.5 dB；反向隔离度≥50 dB；回波损耗≥60～65 dB；PDL 约 0.05 dB 以下。

9.9　光分插复用器与光交叉连接器

WDM 只是一种光波分复用技术，它解决了高速大容量传输数据业务的要求。但业务量成倍的增长，对信息的交换和处理又提出了新的要求，使我们必须建立起一个真正的高速光网络来满足信息自由传送的需求。一个网络由若干个节点构成，这些节点必须能够完成信息的选路和信息的上下路调配等功能。简而言之就是到了这个节点，信息的去向如何。在点对点 WDM 系统的基础上，以波长路由为基础，引入光分插复用器(OADM)与光交叉连接器(OXC)节点设备，建立具有高度灵活性和生存性的光网络，被认为是满足这种要求的可行且很有发展前途的方案。OADM 和 OXC 作为 WDM 全光网的节点具有其自身的特点：

- 可以极大地提高光纤的传输容量和节点的吞吐能力，适应高速宽带通信网的要求；
- 以波长路由为基础，可实现网络的动态重构和故障的自动恢复；
- 对多波长的光信号进行任意地上下路和交叉连接调配；
- 具有透明的传输代码和比特率，不用进行光/电转换，可以建立起一个支持多种通信格式的光传送平台。

OADM 节点要求具有使所需波长上下路，而其他波长无阻塞通过节点的功能。而 OXC 除了实现 OADM 所完成的功能外，还需能够完成网间信道的交叉连接，即具有波长路由选择、动态重构和自愈等功能。

9.9.1 光分插复用器

光分插复用器是 WDM 全光通信网的核心设备之一，涉及网络传输能力、组网方式以及关键特性等。具有光分插复用和光交叉互连功能的光网络是实现全光网络的两个关键技术。光纤通信网络中引入 OADM 之后，使光纤通信网可以方便灵活地实现波长的上/下路由；使网络具有动态重构和自愈功能；如采用具有波长交换能力的模块，可实现开放式网络结构，使网络具有波长兼容性和业务透明性；也可实现对网络的性能监测。

1. OADM 的结构与组成

OADM 系统的结构如图 9.9.1 所示。由图 9.9.1 可知 OADM 系统组成可概述如下。

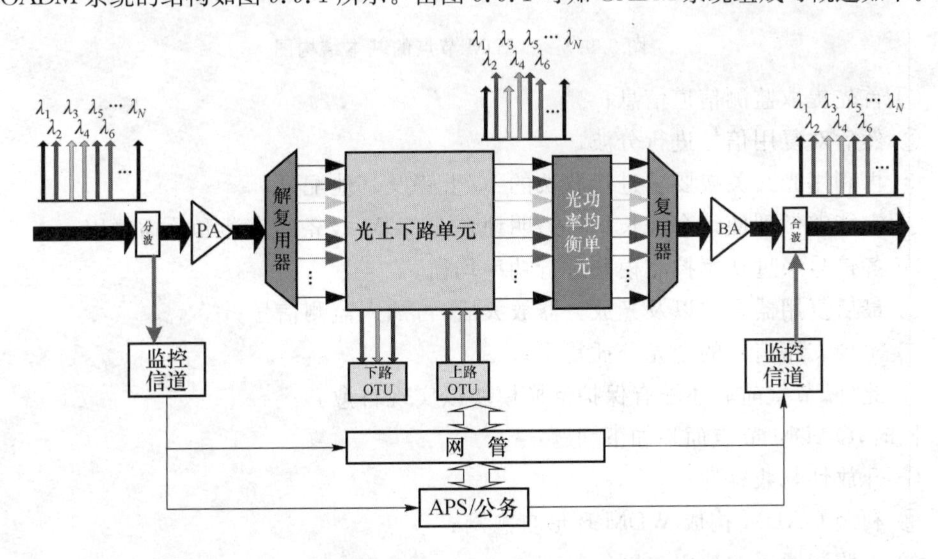

图 9.9.1 OADM 系统的结构示意图

① 上下路单元：完成 OADM 的核心上下路功能，并能对输入或输出信号进行监控。

② 功率均衡单元：对节点输出各波长信号的功率进行控制和检测，使其保持良好的功率平坦度。

③ 分合波器：完成对输入信号的解复用和输出信号的复用(分为部分和全部复用/解复用)。光放大器：提供对节点设备损耗和光纤线路损耗的增益补偿。

④ APS/OSC/OTU 等其他节点单元：完成保护倒换监控信息传递、光接口变换等节点必需的功能。

2. OADM 节点的基本工作过程、面临的技术问题及其基本要求

由图 9.9.2 可知，OADM 节点的基本工作过程大致如下：

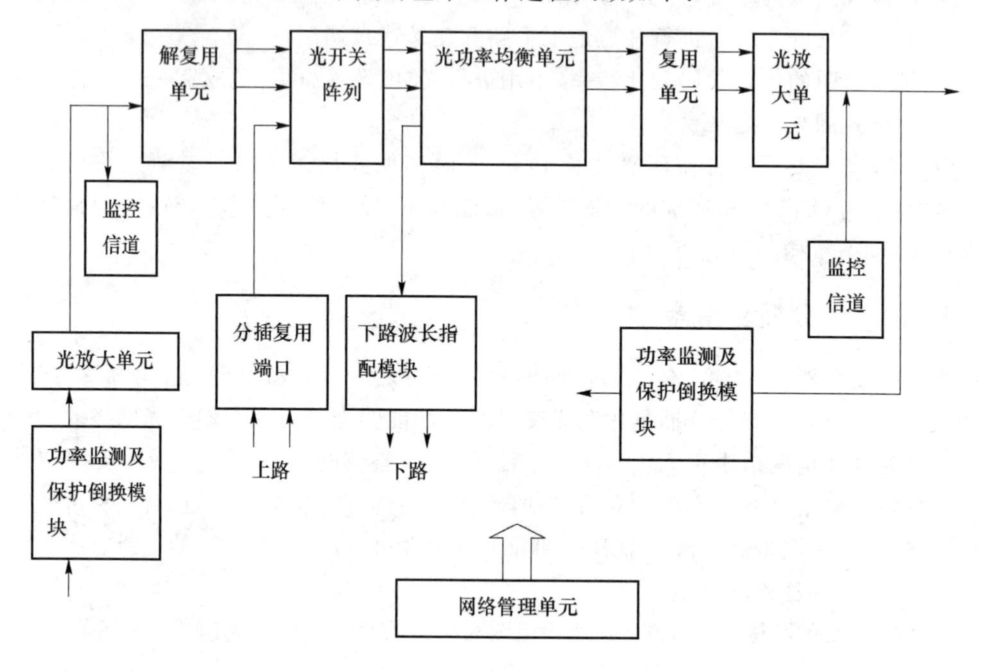

图 9.9.2 OADM 节点的基本结构图

① 首先提取监测信道信息；

② 然后对复用信号进行分波；

③ 再利用光开关按要求进行波长的上/下路及其他配置；

④ 它能够做到使每个波长均可透明地在 OADM 设备中直通和分插复用；

⑤ 各信号经过功率控制模块进行功率均衡；

⑥ 最后复用器合波以及光放大器放大后，再加入监测信号；

⑦ 实现支路信号的全光分插复用；

⑧ 此外，节点前后还配有保护倒换模块以实现自愈。

同时，OADM 节点面临如下问题：

① 开放性与兼容性；

② 利用 OADM 构成 WDM 环形自愈网；

③ 光监测通道的建立与网络管理；

④ 对传输特性的影响，主要考虑波长信道的增加所带来的信道间串扰、环路泄漏、信道间功率均衡以及环路自激等问题。

另外，对 OADM 基本要求如下：

① 低插入损耗；

② 高信道隔离度；

③ 对环境温度变化和偏振的不灵敏性；

④ 允许信号源波长在一定范围内漂移和抖动；

⑤ 上/下话路过程中要保证各信道间的功率的基本一致；

⑥ 操作简单；

⑦ 性价比高。

3. OADM 分类

OADM 根据光波长复用/解复用方式的不同原理可分为：利用光纤 Bragg 光栅原理的 OADM；利用色散原理的 OADM；利用 AWG 原理的 OADM；利用干涉滤光片的 OADM；利用声光可调滤波器的 OADM。

另外，OADM 还可按照波长配置能力把 OADM 节点结构分为固定波长的 OADM 和可配置波长的 OADM。对于固定波长 OADM，其分插复用的波长在组网时确定，不能再配置，具有成本低、容易升级已有的 DWDM 设备等优点，同时具有分插波长一经确定，不可改变，无法满足光网络的动态路由选择要求，并且分插波长数少，一般少于 4 个等缺点。因而固定波长的 OADM 仅仅适合于业务量小的 DWDM 系统或以功能模块形式在现有 DWDM 中配置或升级。而对于可配置波长 OADM，其分插复用的波长可根据网络需要动态配置，具备分插波长可以动态配置，组网灵活，分插的波长数多等优点，同时具有成本较高，无法从已有的 DWDM 设备直接升级等缺点，适合用于业务量大的 DWDM 系统、DWMD 光网络。

9.9.2 光交叉连接器

在光纤通信骨干网中，网络拓扑从点到点传输向环行网与网状网混合的全光网络方向发展。链状拓扑网络体系是通过若干节点(交叉互连节点)交叉连接起来的。光互连有两种方式：混合方式与全光方式。混合方式：以电学为核心的交叉连接方式，首先将光数据流通过光/电转换变成电数据流，再利用电学交叉连接技术，完成交叉连接，然后通过电/光转换再将电数据流变成光数据流。全光方式：直接在光层上进行交叉连接，即全光交换。充分利用光信号的高速、宽带和无电磁干扰等优点。基于全光交换的光交叉连接是实现光信号高速交叉互连最有前途的方法。

光交叉连接器主要用于光纤网络节点处的装置，通过对光信号进行光的交叉互连，能灵活有效地管理光纤传输网络，实现可靠的网络保护/恢复、自动配线以及监测等。光交叉连接装置主要由光交叉连接矩阵、输入接口、输出接口、管理控制单元等模块构成。光交叉连接矩阵是光交叉连接的核心，要求具有无阻塞、低串扰、低延迟、无偏振相关性、宽带和高可靠性，并具有单向、双向和广播形式的功能。光交叉连接器可以用三种方式完成：SD(空分)、TD(时分)和 WD/FD(波分/频分)光交换。但是，最为成熟的还是空分光交换。WDM 与空分光交换相结合,可以极大地提高光交叉连接矩阵的容量和灵活性。

OXC 系统的结构如图 9.9.3 所示。由图 9.9.3 可知 OXC 系统组成可概述如下。

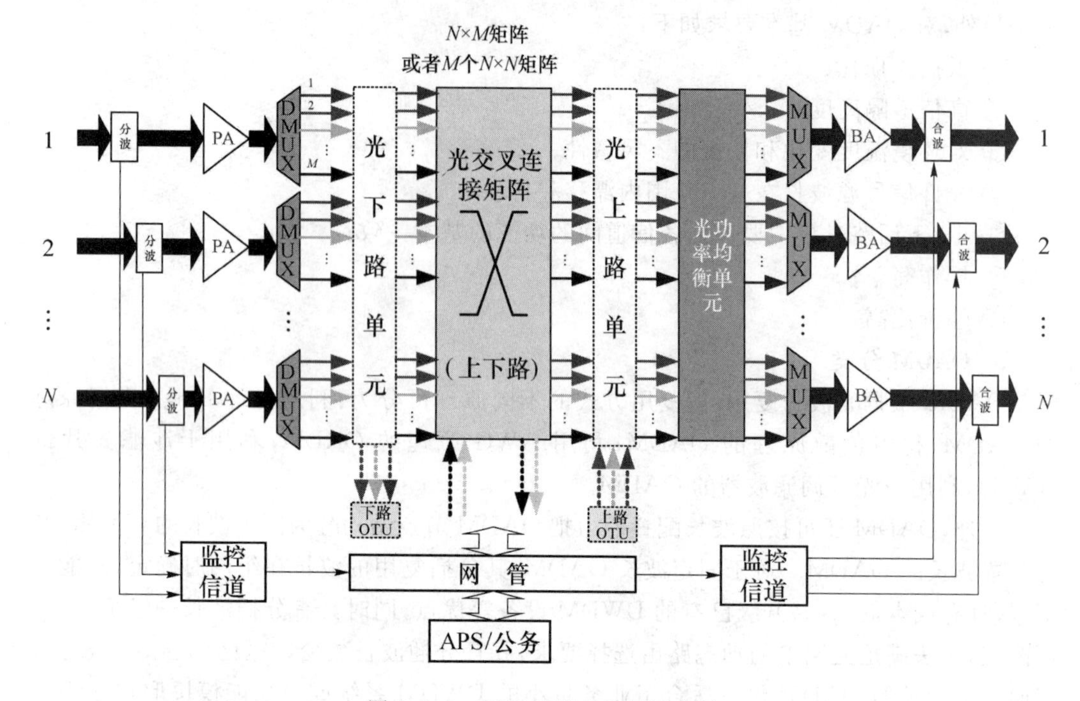

图 9.9.3 OXC 系统的结构示意图

① 交叉连接矩阵:完成多波长光信号的无阻塞交叉连接功能,其具有广播功能/上下路功能,是 OXC 的核心部分。

② 上下路单元:完成波长信号的上下路功能。

③ 功率均衡单元:对节点输出各波长信号的功率进行控制和检测,使其保持良好的功率平坦度。

④ 分合波器:完成对输入信号的解复用和输出信号的复用。

⑤ APS:完成对光信号的保护和波长路由的动态重构等功能。

⑥ 光放大器/OTU/OSC 等其他单元:完成节点的其他功能。

图 9.9.3 所示的 OXC 系统中光交叉连接矩阵采用的是"基于空间光开关矩阵和 WDM"的实现方案,即是以光学复用器/解复用器、光交叉连接矩阵、以及网元监控管理模块为核心,可以实现任意波长的交叉互连功能,并充分结合了合波分波技术、宽带光放大技术、波长变换技术、光放大器的增益平坦技术等。OXC 系统的工作原理大致如下:假设图 9.9.3 中输入输出 OXC 设备的光纤数为 M,每条光纤复用 N 个波长。这些波分复用光信号首先进入前置放大器 PA 放大,然后经解复用器(DMUX)把每一条光纤中的复用光信号分解为单波长信号($\lambda_1,\cdots,\lambda_N$),$M$ 条光纤就分解为 $M\times N$ 个单波长光信号。所以信号通过($M\times N$)×($M\times N$)的光交叉连接矩阵再控制和管理单元的操作下进行波长配置,交叉连接。由于每条光纤不能同时传输两个相同波长的信号(即波长争用),所以为了防止出现这种情况,实现无阻塞交叉连接,在光交叉连接矩阵的输出端每波长通道光信

号还需要进入波长变换器进行波长变换。然后再进入功率均衡器把各波长通道的光信号功率控制在可允许的范围内，防止非均衡增益经 EDFA 放大导致比较严重的非线性效应。最后光信号经复用器(MUX)把相应的波长复用到同一光纤中，经功率放大器(BA)放大到线路所需的功率完成信号的汇接。

9.10　光环行器

近年来，在通信领域中光纤通信技术得到了越来越多的应用。波分复用技术和基于光纤的网络不断出现，各种网络构形被提出并得到了应用，全光网的概念已经得到了普遍的接受并已经在有些国家和地区实施，双向通信和放大技术被广泛应用于全光网中。利用光环行器可在一根光纤内传输两个不同方向的信号，从而大大减小了系统的体积和成本。

9.10.1　光环形器的基本原理

光环行器通常为四端环行器，可实现光传输从端口 1 →2 →3 →4 →1 的功能。四端光环行器的原理如图 9.10.1 所示，由一对偏振光分束器、全反射棱镜、45°石英旋转器、45°法拉第旋转器组成。单模光纤通过自聚焦透镜耦合到偏振光分束器，图中显示了光束从端口 1 到端口 2 的传输过程。

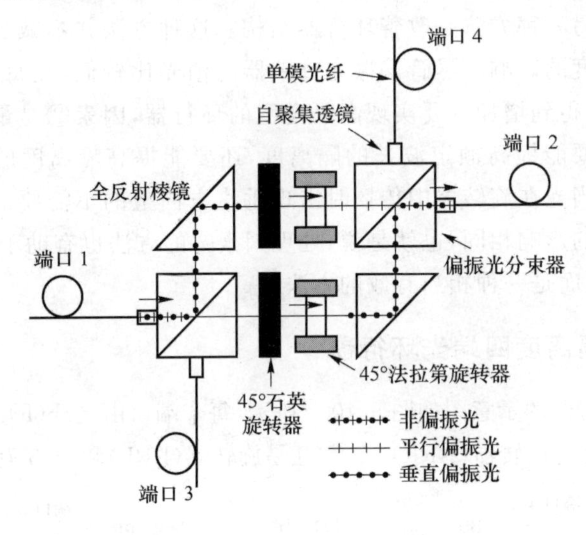

图 9.10.1　四端口光环行器结构

从端口 1 入射的非偏振光(或任意方向的偏振光)被偏振光分束器分解为两束独立传播的线偏振光，其中一束光经全反射棱镜反射后，两束光均经 45°石英旋转器(互易)和 45°法拉第旋转器(非互易)旋转 90°，另一束光经全反射棱镜反射后，由偏振光分束器再将两束光合成为一束从端口 2 输出，与光纤的耦合由自聚焦透镜实现。从端口 2 入射的光经偏振光分束器分束后，由于法拉第旋转器的非互易效应，则总旋转角为 0°，因而偏振光分束器将两束光合成至端口 3 输出。同样，可以推知端口 3 至端口 4、端口 4 至端口 1 的传输过程。

考虑在四端环行器中从光纤 i 到光纤 j 的耦合，其中 i 为 1～4 之间的一个整数，$j=1+k$。设对于 $k=i$ 的耦合为正向，则将从光纤 i 到光纤 j 的能量衰减称为“插入损耗”，将 $k=i+1$ 或 $k=i+2$ 时的能量衰减称为“隔离度”，$k=i+3$ 时的能量衰减称为“回波损耗”。

影响隔离度的主要因素有：① 分束器的消光比较低；②旋转器的旋转角有误差；③旋转器的退偏振；④元件表面的反射。$k=i+2$ 时隔离度降低主要由因素①～③引起；因素④则影响 $k=i+1$ 时的隔离度，各因素与端口之间的关系对隔离度的影响如图9.10.2所示。减小这些因素的影响，才可获得高的隔离度。所以光环行器对元件的要求非常严格，若要获得 40 dB 以上的隔离度，分束器和旋转器的消光比必须达到 50 dB 以上，每个元件表面的反射率必须小于－50 dB，并且旋转器误差必须小于 0.40°。

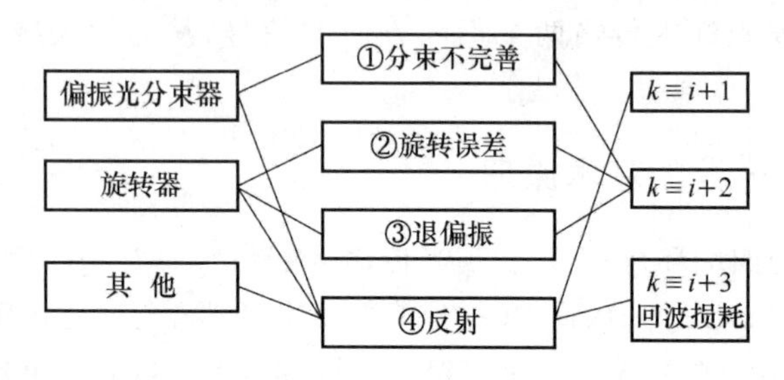

图 9.10.2 各因素与端口之间的关系对隔离度的影响

增加隔离度的另一种方法是改善环行器结构。这种方法并不减少这些因素，但可降低这些因素对隔离度的影响。尽管偏振光分束器的消光比较低，在每个端口加上一块双折射片，可使隔离度得到增加。要实现高隔离度的环行器，因素②是最关键的，降低因素②影响的方法不仅要能提高额定波长的隔离度，还要能提高隔离度的温度和波长特性。既然退偏振意味着当光在旋转器中传播时出现垂直方向上的不需要的偏振态，所以因素③的影响与因素②的影响相同，也就是说，处理因素②的方法也有助于处理因素③。对于因素④，采用倾斜表面是一种相当有效的方法。

9.10.2 高隔离度四端光环行器

高隔离度光环行器的示意图如图 9.10.3 所示，每个端口由光纤(F)、透镜(L)、偏振光分束器(PBS)、±45°非互易旋转器(NRR)、＋45°互易旋转器(RRP)和－45°互易旋转器组成。

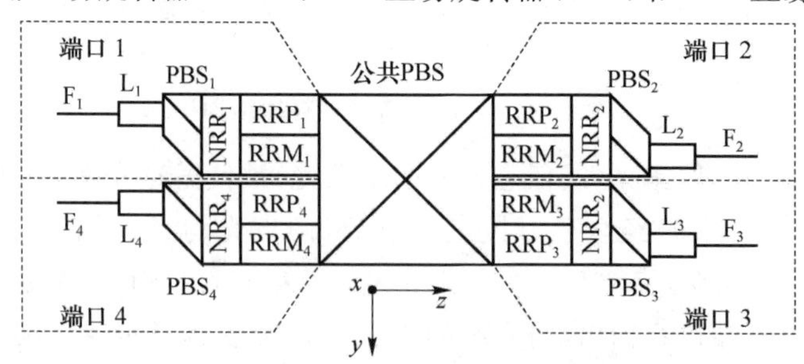

图 9.10.3 高隔离度光环行器

来自 F_1 的光束经 PBS_1 后分为两束线偏振光，其中一束光(光束 1)的振动面平行于 y-z 平面，直接通过 PBS_1；另一束光(光束 2)的振动面垂直于 y-z 平面，被 PBS_1 反射。光束 1 通过 NRR_1 和 RRP_1 后，偏振态不发生变化，而光束 2 通过 NRR_1 和 RRM_1 后，振动面旋转 $-90°$。这样当两束光进入公共 PBS 时，它们的振动面均平行于 y-z 平面，直接通过中央 PBS。光束 1 的振动面在通过 RRP_2 和 NRR_2 后旋转了 $90°$，被 PBS_2 反射，光束 2 的振动面在通过 RRM_2 和 NRR_2 后不发生变化，可直接通过 PBS_2，从而两束光又合为一束耦合进入 F_2。

来自 F_2 的光束被 PBS_2 分为两束线偏振光，一束光(光束 3)的振动面垂直于 y-z 平面，被 PBS_2 反射；另一束光(光束 4)的振动面平行于 y-z 平面，直接通过 PBS_2。既然 RRP_2 和 RRM_2 的位置与 RRP_1 和 RRM_1 相反，两束偏振光进入中央 PBS 时的振动面均与 y-z 平面垂直，它们都被中央 PBS 反射。光束 3 经过 RRP_3 和 NRR_3 后振动面旋转 $90°$，直接通过 PBS_3，光束 4 经过 RRM_3 和 NRR_3 后偏振态不变，故被 PBS_3 反射，从而两束光均被耦合进入 F_3。

端口 3 到端口 4、端口 4 到端口 1 的传输过程与上述相似。

这种结构的环行器可大大降低 $k=i+2$ 情形隔离度对旋转误差和分束器消光比的依赖。若分束后的两束光除了理想的振动方向外，还含有微量非理想的振动分量，假定所有的分束器具有相同的消光比 X_{PBS}，且所有的旋转器(包括互易和非互易的)具有相同的旋转角误差 α，那么理想分量和非理想分量的相对光强分别为 1 和($X_{PBS}^{-1}+\sin^2\alpha$)。

在端口 1 到端口 2 的传输过程中，理想分量的偏振光会被公共 PBS 微量反射，由于经过二次反射，耦合到 F_4 的相对光强为 X_{PBS}^{-2}。非理想分量的偏振光完全被公共 PBS 反射到达端口 4，但由于与理想分量垂直，故只有很少部分被耦合进入 F_4，只有($X_{PBS}^{-1}+\sin^2\alpha$)部分被耦合进入 F_4。因此，非理想分量进入 F_4 的相对光强为 $(X_{PBS}^{-1}+\sin^2\alpha)^2$。于是，从端口 1 耦合到端口 4 的相对光强为 $[X_{PBS}^{-2}+(X_{PBS}^{-1}+\sin^2\alpha)^2]$，也就是说，$F_4$ 对于 F_1 的隔离度约为 $[X_{PBS}^{-2}+(X_{PBS}^{-1}+\sin^2\alpha)^2]$。由于 $X_{PBS}^{-1}\ll 1$，且 $\sin^2\alpha\ll 1$，所以 F_4 对于 F_1 可得到相当高的隔离度。同样，F_1、F_2、F_3 分别相对于 F_2、F_3、F_4 也可得到相当高的隔离度。而对于传统的环行器来说，隔离度约为 $[X_{PBS}^{-1}+(X_{PBS}^{-1}+\sin^2\alpha)]$。可见这种构型的环行器可大大降低隔离度对旋转误差(因素②)和消光比(因素①)的依赖。

通常法拉第旋转器和互易旋光器的旋光性随波长和温度而变化，所以传统光环行器的隔离度对波长和温度有强烈的依赖性。而这种构型的环行器对旋转角的误差要求较小，故大大改善了器件的色散和温度特性。

对于 $k=i+1$ 的情形，常采用减反膜和表面倾斜等方法来增加隔离度。

9.10.3 不完全光环行器

不完全光环行器的结构如图 9.10.4 所示，这类环行器无法完全实现端口 1 →2 →3 →4 →1 的整个环行功能。其中 PBS_1、PBS_2、PBS_3 为偏振光分束器，PBS_1、PBS_2 的作用是对入射光进行分光，对出射光进行合光，其中 o 光和 e 光传播方向在 z-x 平面内。PBS_3 的作用是进行光束引导，实现部分环行功能，其中 o 光和 e 光的传播方向在 y-z 平面内。FR_1、FR_2 为 $45°$法拉第旋转器。N_1 和 N_2 分别为左旋、右旋 $45°$互易旋转器。图 9.10.5

和图 9.10.6 给出了具体光路和光束在各个位置所处的偏振态。

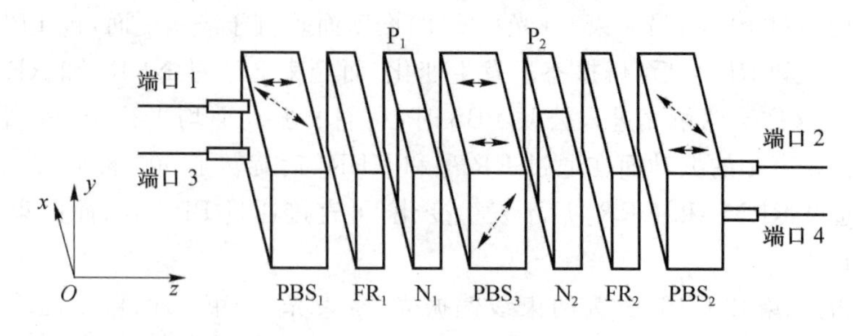

图 9.10.4　不完全光环行器

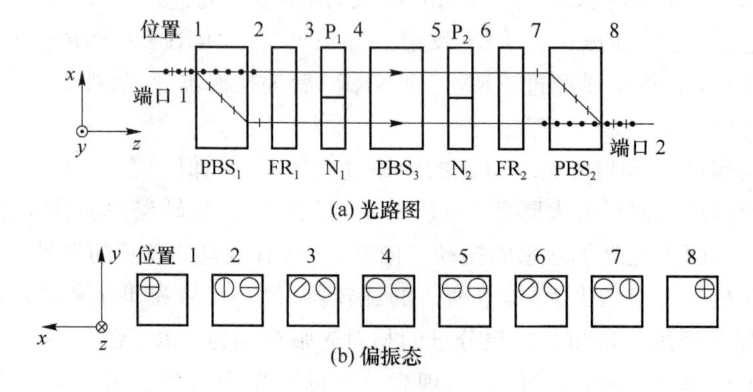

(a) 光路图

(b) 偏振态

图 9.10.5　端口 1 到端口 2 的光路图

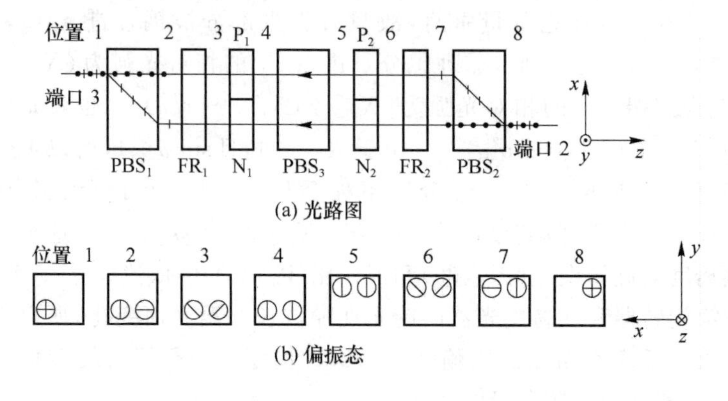

(a) 光路图

(b) 偏振态

图 9.10.6　端口 2 到端口 3 的光路图

从端口 1 入射的任意偏振光通过 PBS_1 后被分解为两束偏振方向互相垂直的线偏振光，这两束均被 FR_1 旋转 45°，振动方向再分别被 P_1 和 N_1 绕相反方向旋转 45°，成为两束振动方向互相平行的线偏振光（如图 9.10.5(a)中的位置 4）。由于该振动方向在 PBS_3 中对应的是 o 光，故传播方向不发生偏折，接着又被 P_2 和 N_2 绕相反方向旋转 45°，再次成为两束振动方向相互垂直的线偏振光，经 FR_2 旋转 45°后，被 PBS_2 合成为一束光从端口 2 输出。

从端口 2 入射的任意偏振光经过 FR_2、P_2 和 N_2 后，也成为两束振动方向互相平行的线偏振光。但由于法拉第旋转的非互易效应,这两束光在 PBS_3 中对应的是 e 光,所以传播方向发生偏折,再由 P_1 和 N_1 将它们转换为两束相互垂直的线偏振光,经 FR_1、PBS_1 合成一束光从端口 3 输出。实现从端口 3 到端口 4 的功能与上述分析相同,但无法实现从端口 4 到端口 1 的功能。

9.11 光纤光栅

光纤光栅是利用紫外激光诱导光纤纤芯折射率分布呈周期性变化的机制形成的折射率光栅,让特定波长的光通过反射和衰减实现波长选择,便可制作成波分复用器件。根据折射率变化周期,分成短周期和长周期光纤光栅。当掺 Ge 的石英光纤受到蓝光或紫外激光的强烈照射时,光敏效应就会导致折射率沿光纤的长度周期性的改变,从而形成纤芯内的布喇格光栅。满足布拉格光栅条件的波长就会产生全反射,而其余波长顺利,这相当于一个带阻滤光器。光纤布拉格光栅制作一般分为干涉法、逐点写入法及相位掩膜板法。

9.11.1 光纤光栅的写入技术

光纤光栅出现至今,它的研究与制作已取得了飞速的发展,掺杂元素已从单纯的 Ge 元素发展到掺 P,B,Al,Er,Ge 等元素。所用紫外光波也从四倍频的 Nd:YAG 激光器的 266 nm 到 ArF 准分子激光器的 192 nm。下面分别介绍几种光栅的制作技术。

1. 单束光纵向写入技术

单束光纵向写入技术最早由 Hill 等人在 1978 年的实验中用到,488 nm 的 Ar 离子单模激光器发出的一束激光射入一个掺锗的石英光纤,监视光纤末端的反射光。开始,就像我们所知的光纤和空气交接面的反射一样,反射率为 4%,但是,随着时间的推移,它渐渐地增加,几分钟之后甚至超过了 90%(取决于光敏光纤的长度),最终成为一个布喇格光栅。图 9.11.1 是 1978 年实验中观察的一个 1 m 长的光纤随时间而逐渐增长的反射率,其中光纤的数值孔径是 0.1,纤芯直径是 2.5 μm。8 min 的曝光下测量的反射率是 44%,意味着如果算上耦合损耗的话(典型值为 50%)布喇格光栅发射率应该超过 80%。所增加的反射率是因为在纤芯的内部建立了一个布喇格光栅。光栅的形成是在光纤的远端开始的,反射光和入射光传输方向相反,形成驻波,拍周期是 $\lambda/2n$,其中 λ 是激光波长,n 是在此波长时的折射率。石英的折射率在高光强区改变,形成了一个沿着光纤长度的周期变化。即使光栅开始时很微弱,因为反射光的强度较弱(远端反射率为 4%),它会通过一个快速过程不断加强。由于光栅的周期正好就是驻波的周期,所以布喇格条件对波长是满足的。结果,一些前向传输的光通过分布反馈反射回来,加强了光栅,即加强了反馈。当光致折射率的变化达到饱和时,这种过程停止。芯内带有布喇格光栅的光纤其作用就像一个窄带反射滤波器。图 9.11.1 的两个插图就显示了这样一个光纤光栅的反射谱和传输谱。它的半高全宽(FWHM)大约为 200 MHz。

入射光反射率的增加和相应的透射率的减少可以用周期介质中传输波的耦合模式理论来解释。折射率的变化在光栅的生成过程中是动态发生的。因而减轻了对固定的 $\pi/2$ 相位差需要。光栅的啁啾特性形成了相移。

单束光纵向写入光栅的缺点是它们只能适用在写入激光的波长范围附近。由于掺锗的石英光纤在大于0.5 μm的波长范围内表现出很弱的光敏特性，这样的光栅就不能应用在光纤通信常用的1.3～1.6 μm的波长范围内。接下来讨论的双光束全息相干技术解决了这个问题。

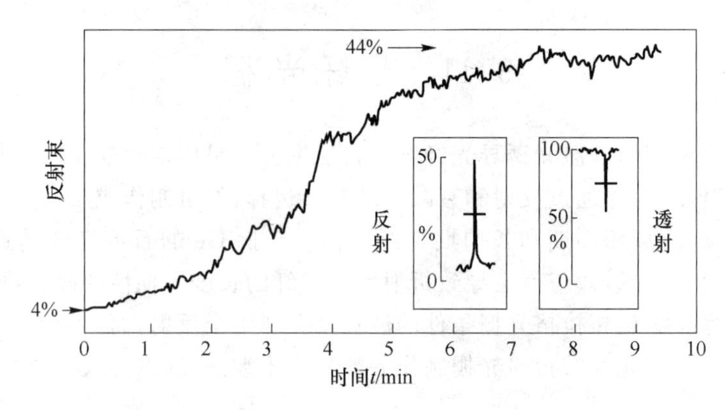

图 9.11.1　掺锗光纤光栅的反射率随时间的变化

（内部小图显示了这种光纤光栅的反射谱和透射谱）

2. 双光束全息相干写入

双光束全息相干技术，如图9.11.2所示，应用了类似全息术一样的外部干涉方案。从同一个激光器（工作波长在紫外区）获得的两束激光以 2θ 的夹角在一根光纤裸露的纤芯处产生干涉，用圆柱透镜来扩展沿光纤长度方向的光束，一束光典型的横截面是15 mm×0.3 mm，其中长边决定了光纤光栅的长度。和单束光写入方法一样，干涉图案产生了折射率光栅，但是光栅周期 Λ 与激光波长 λ 和角度 θ 有关：

$$\Lambda=\lambda/(2\sin\theta) \tag{9.11.1}$$

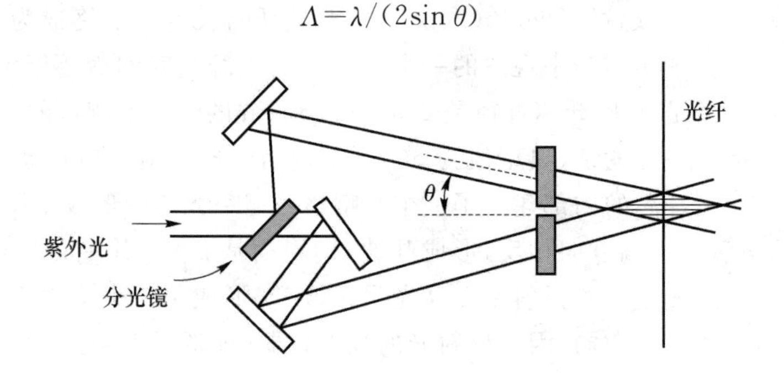

图 9.11.2　双光束全息写入技术

光纤反射峰值波长即布喇格波长 λ_B 为

$$\lambda_B=2n\Lambda \tag{9.11.2}$$

其中，n 为光纤纤芯折射率。可以看到，只要调节角度 θ，周期 Λ 就可以在很宽的范围内变化。由于 Λ 决定了光纤光栅反射光的波长范围，且可以比 λ 大很多，即使 λ 在紫外区，也可以用这种双光束全息方法制成应用在可见光或红外光范围的布喇格光栅。Meltz等人在1989年的实验中，用一个平均功率为10～20 mW的倍频脉冲染料激光器发出的

244 nm的光,对感光光纤 4.4 mm 长的芯区曝光 5 分钟,做成了一个 580 nm 的布喇格光栅。对反射率的测量表明干涉图形的高密区折射率的变化10^{-5}。用双光束全息技术制成的布喇格光栅很稳定,甚至当温度加热到 500 ℃时也不变。

由于在实际应用中的重要性,1990 年出现了工作在 1.5 μm 波长区的布喇格光栅。此后,从实用的角度出发又出现了在此技术基础之上改进的几种布喇格光栅。

这种方法最大的优点是它突破了单束光纵向写入法对布喇格中心反射波长的限制,使人们可以更充分地利用最感兴趣的波段。采用改变两束光的夹角或旋转光纤放置位置的方法都可以方便地改变反射的中心波长。如果将光纤以一定弧度放置于相干场,又可以很容易地得到带有啁啾的光纤光栅。

双光束全息相干技术的缺点就是它要求紫外激光器有良好的时间和空间相干性。一般所用的激光器光束相干性不强,在纤芯产生干涉图案的几分钟的时间里都要特别小心。如果曝光时间降低到 1 s 或更短,这个方案就更实用了。用一个准分子激光器产生 20 ns 的脉冲就可以制成高反射率的光纤光栅,从而把曝光时间降低到 20 ns。对用这种方法做成的光栅的多种测量结果表明,当脉冲能量达到 35 mJ 时有类似阈值现象的情况:对低功率脉冲输入时产生的光栅比较弱,因为折射率改变大约只有10^{-5};而脉冲能量在 40 mJ 以上就可以引起10^{-3}的折射率的变化。用 248 nm 波长 40 mJ 的脉冲可以制成将近 100%反射率的光栅,而且,在温度高达 800 ℃时仍然保持稳定。短曝光时间还有一个好处就是,光纤从预制棒拉出的典型速度为 1 m/s,即 20 ns 的时间里仅移动了 20 nm,这个位移对光栅周期来说很短,所以可以在光纤拉制时并在涂覆之前写入光栅。这个特点使得单脉冲全息技术从实用的角度出发非常有用。

这种方法的一个缺点是要想得到准确的布喇格中心反射波长,对光路的调整精度要求极高。从式(9.11.1)和式(9.11.2)可得

$$\Delta\lambda_B = -n\lambda \frac{\cos\theta}{\sin^2\theta}\Delta\theta \tag{9.11.3}$$

假设采用 $\lambda = 240$ nm 的激光输出,光纤折射率 n 为 1.45,那么若想得到 1 550 nm 的反射中心波长,θ 应为 12.97°。如果此时 θ 偏差为 0.01°,则 $\Delta\lambda_B = 67.27$ nm,早已远离中心波长,由此可见对光路调整精度的要求有多么苛刻。

3. 相位掩模技术

1993 年出现了一种非全息技术,即在集成电路制作中经常用到的光刻技术。其基本原理使用一块相位掩模版,这个掩模版的周期正好就是所要光栅的周期,掩模版就象光母版,通过光刻读到光纤上。本方案的其中一个实现方法是用电子束平板印刷和反应离子蚀刻术把 Cr 沉积在石英基片上,刻制成相位掩模版。Cr 的线间距为 520 nm,对应于 $\lambda = 1.51$ μm 时的光栅周期 $\Lambda = \lambda/2n$。242 nm 的射线穿过掩模版形成周期性的强度变化,光纤的光敏特性把光强变化转变为折射率的变化,从而形成光栅。

相位掩模方法的最主要优点是降低了对紫外光束的时间和空间相干性的要求。实际上,即使用非激光光源(如紫光灯)也行,因为光栅周期和光源的波长无关。而且,相位掩模技术可以制作啁啾光栅。对一个固定周期的掩模,如果在光刻过程中用一个会聚或分散波阵面就可以使布喇格波长在一定的范围内变化。

图 9.11.3(a)所示为垂直入射情形，利用＋1 级和－1 级衍射光相干，此时光纤光栅周期为相位掩模版的周期的一半。图 9.11.3(b)所示为斜入射，利用 0 级和－1 级衍射光相干，得到的光纤光栅周期的相位掩模版的周期一样。

值得注意的是，光纤光栅的质量（长度、一致性等）完全取决于相位掩模版，所有的缺陷都会被原样地复制到光栅上。为了得到预期的目的，必须严格控制相位光栅的刻蚀深度和占空比。

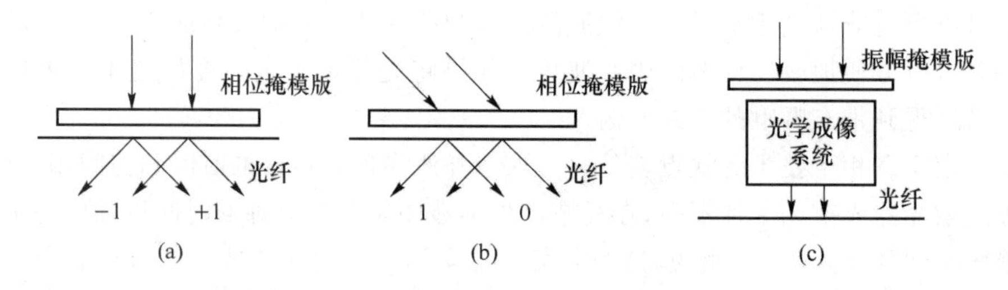

图 9.11.3　相位掩模和振幅掩模

除了用相位掩模版以外，还可以用振幅掩模版来制作光栅，如图 9.11.3(c)所示。这种方法要采用一个光学成像系统，将振幅光栅产生的 0 级衍射阻挡掉，同时将±1 级的衍射光经变化后在光纤中相干。这种方法对掩模版的要求有所降低，但对光源的时间和空间相干性的要求与全息法是一样的。

4. 逐点写入方法

逐点写入不需要全息技术，也不用相位掩模版，它直接在光纤上写入光栅。一个高能脉冲对光纤上长度为 W 的一小段曝光后，然后在下一个脉冲时刻写入下一个周期。这种方法被称为逐点写入是因为光栅是一个周期接一个周期写入的，即使当周期低于 1 μm 时也是这样，将紫外光束紧紧聚焦在长度为 W 的一段光纤上曝光。虽然可以选择我们想要的 W 值，但一般情况选为 $\Lambda/2$。

这种技术在实际应用中有两个问题。首先，因为逐点写入方法费时，所以只制造短光纤光栅（长度<1 mm）。其次，1.55 μm 的一阶光栅的周期是 530 nm，且随着波长的变短会变得更小。要想把激光光束聚焦到这么小的尺度是比较困难的。为了缓解这一矛盾，出现了逐点谐波写入法。即光束尺度是光栅周期 Λ 的 n 倍。利用这种技术已经制造出一个 360 μm 长，周期为 1.59 μm 的三阶光栅。这个三级光栅对 1.55 μm 的入射光仍能反射 70%。从原理出发，一个光束可以被聚焦成波长量级的长度。适当调整聚焦光束，一般用来写入光栅的 248 nm 激光器可以提供波长范围为 1.3～1.6 μm 的一阶光栅。

9.11.2　光纤光栅的优点

光纤光栅型波分复用器特别适合于 DWDM 系统使用，因为它具有下列优点：① 可以通过光纤光栅精密控制中心反射波长；② 可任意选择反射带宽；③ 反射带宽可做得很小；④反射率可达到接近 100%；⑤ 容易进行温度补偿；⑥ 由于光栅是制作在光纤纤芯上，故于普通光纤的连接十分方便。

但这类波分复用器件也存在不足：有较高的回波反射，必须使用光隔离器；在实际应用中还必须要解决其机械稳定性的问题;在构成实用化密集波分复用器时,需要价格昂贵的光环行器,且随着信道数量的增加,器件的复杂性和成本也增加。

9.11.3 光纤光栅的应用

光纤光栅由于其良好的选频反射特性和较低的插入损耗,使它在光纤通信的各个领域取得了广泛的应用。

1. 固定或可调谐滤波器

光纤光栅具有良好的滤波特性,通过变化光栅区的参数可以得到不同的反射率、不同带宽的滤波特性的光纤滤波器。通过设计光栅区的结构可以得到带阻、带通特性的滤波器。由于光栅具有很好的抗拉特性,一般用机械或热效应来对光纤的周期进行调制,可以实现几个纳米范围的调谐变化。

光纤光栅的一个基本特征是选频反射,但是在实用系统中更多地需要传输型的带通滤波器,最简单的办法是将光纤光栅和光纤环形器结合使用。输入光经环形器进入光纤光栅,被反射后由环形器输出端输出,从而变成传输型滤波器。

2. 光纤光栅半导体外腔激光器

光纤光栅作为外腔耦合到半导体激光器的一端,由于谐振只能发生在光栅反射谱具有较大反射率的波长的位置上,因此在芯片的增益带宽内,激光器的输出波长和线宽完全由光栅的布喇格波长和反射谱带宽及腔长决定,易于实现激光器的波长选择和单频运转。

在高速大容量的光通信系统中,动态单纵模激光光源一般都采用分布反馈(DFB)激光器。但 DFB 激光器的制作工艺复杂,成本较高。由于半导体材料的折射率随注入载流子浓度的改变变化很大,因此在高速调制下,输出光脉冲存在较大的啁啾,不利于高速码传输。同时半导体的折射率随温度的变化也较大,需要对器件实施温控,才能保证输出波长的稳定。利用光纤光栅外腔激光器将有利于克服 DFB 激光器的上述缺点,它是一种混合集成的 DRB 激光器,具有良好的动态单模特性。由于它的色散元件制作在光纤中,不受注入载流子的影响,而且温度特性极好。光纤光栅的布喇格波长的可控性和重复性远比半导体芯片容易实现。而且光纤光栅外腔激光器直接以光纤光栅的光纤与系统光纤相连作为输出方式,不同波长的光纤光栅半导体激光器可通过合波器构成多信道 WDM 的发射光源。如果采用 FC-PC 接头,还可以直接通过更换光纤光栅外腔来改变激光器的输出波长。已经证实,这种激光器在大于 1 GHz 的速率调制下无明显的啁啾。采用啁啾的光纤光栅作为半导体激光器的外腔就可以构成光孤子源。如果在激光器的一端镀上增透膜,通过对光纤光栅拉伸力的改变造成光栅周期的变化,还可构成可调谐的激光器,它可以实现 0.1 nm 精度上的激光器输出波长选择。

3. 光纤激光器和光纤放大器

光纤光栅的出现使得光纤激光器的设计和制作大为简化。在掺杂光纤的两端直接写上光栅,在光栅两端构成谐振腔,就构成了光纤光栅 F-P 激光器。也可以把光栅直接写在掺杂光纤中。

由光纤光栅构成光纤激光器的优点突出表现在如下几个方面:①腔设计大为简化;②腔损耗降低到极小;③输出波长可以精确地选择并通过改变光纤的温度和应力实现连

续可调；④易于实现窄线宽单频输出；⑤采用 FC-PC 接头可方便地改变其衍射波长。采用光纤光栅构成的光纤激光器其输出线宽可达 kHz 量级。其主要缺点是不能进行直接调制，必须与铌酸锂外调制器一起构成光信号源。

另外，光纤光栅还可以放在光纤放大器的两端，使光纤光栅的反射带宽覆盖整个系统泵浦光带宽。由于光纤光栅对反射波段外的光的透射损失可以做得很小，使泵浦光反射回增益区，同时对放大的光毫无损失，从而提高了泵浦的效率。

4. 掺铒光纤放大器的增益均衡

掺铒光纤放大器(EDFA)在光纤通信中的作用是非常重要的，由于 EDFA 的增益带宽几乎可以覆盖 1 550 nm 窗口，因此在 WDM 系统中可以对在复用的许多个波长同时放大。但是由于 EDFA 的增益在整个波段内是不均匀的，造成波分多路系统中各路的光信号强弱不一致而影响实际传输效果。解决这一问题的方法之一是：在放大之后，进行增益的均衡，在增益相对较高的波段引入一定的损耗，使增益降低到合适的水平。如果利用光纤光栅的透射特性，通过一定的设计使光纤光栅具有与增益特性相对应的透射损耗特性，对信号过强的信道加上一定的反射，使之成为 EDFA 的增益均衡滤波器，使经过光纤光栅后的各信道的强度基本一致，从而达到增益均衡的功能。

5. 传感器应用

光纤光栅在光纤传感器方面有很多应用。其布喇格波长随温度、压强和应力的变化呈良好的线性关系，典型布喇格波长变化在 1 550 nm 处的值约为 0.01 nm/k，0.3 nm/100 MPa，1%的轴向应力可以引起大约 12 nm 布喇格波长变化，因为应力也直接影响了光栅的周期。由于反射谱的窄带特性，可以探测到的频率变化为大约 10 MHz(或约 10^{-4} nm)，灵敏度较高，因此光纤光栅可以作为这些物理量的传感元件。与其他类型的光纤传感器相比，光纤光栅传感器具有结构简单、稳定性和线性度好及插入损耗低等优点。光纤光栅可以直接埋置在复合材料内部，用多个具有不同布喇格波长的光纤光栅还可以方便地实现物理量的分布式传感。

光纤光栅有可能同时受到几个环境变量的共同影响而无法判断每个具体量的变化情况。这一问题可以通过采用双波长光纤光栅作传感器探头得到解决。因为在不同的波长上光纤光栅对各环境变量具有不同的响应度，因此通过同时在多个波长上进行检测可以获得每个变量的具体数值。

光纤光栅的出现使人们不得不重新考虑光通信系统中每一个环节的设计，可以预见，未来的光通信中光纤光栅是不可或缺的关键器件。

9.12 光放大器

现在掺铒光纤放大器(EDFA)已实现了一根光纤中多路光信号的同时放大，大大降低了光中继的成本；同时可与传输光纤实现良好的耦合，具有高增益、低噪声等优点。因此成功地应用于波分复用光通信系统，极大地增加了光纤中可传输的信息容量和传输距离。但随着计算机网络及其他新的数据传输业务的飞速发展，长距离光纤传输系统对通信容量和系统扩展的需求日益膨胀。如何提高光纤传输系统容量，如何增加无电再生中继的传输距离,已经成为光纤通信领域研究的热点。更多的通道、更高的比特速率、更宽的带宽和更远的传输距离将是业界永远的追求。

光纤通信系统容量的急剧扩大,对光放大器提出了越来越高的要求。当高速超长距离传输系统所利用的频段不断扩大,波长数不断增加时,需要研究新的宽带光放大器,为此利用光纤的非线性效应——受激拉曼散射(SRS)进行光放大的拉曼光纤放大器应运而生。当适当波长的泵浦光注入光纤,拉曼频移处的光信号将得到放大,基于这种原理的放大器称为拉曼光纤放大器(RFA)。与掺铒光纤放大器和半导体光放大器(SOA)相比,拉曼光纤放大器优势明显:增益波长由泵浦波长决定,理论上可以实现任高波长信号的放大;可以实现分布式放大,增益介质就是传输光纤本身;信号间差拍噪声小,噪声指数低:可以通过多波长泵浦,实现宽带放大。随着 10 Gbit/s DWDM 长距离传输系统的大量应用和 40 Gbit/s 技术的日趋成熟,拉曼光纤放大器的重要性日益显露,并逐步进入商用。光元器件制造商竞相研制出了性能优良的拉曼光纤放大器,主要是希望利用拉曼光纤放大器特有的分布式放大、可降低非线性影响、噪声特性好等特点,进一步推动高速、大容量、长距离光纤传输系统的发展。

9.12.1 光放大器的发展

光放大器的工作原理比较简单:它是一个无光反馈的激光器,如图 9.12.1 所示,此器件吸收由泵激系统提供的外界能量。这种激励使有源媒质(即给出光增益的物质)处在粒子数反转状态,以便在信号波长上造成比吸收过程更大概率的发射。在这种情况下,部分泵激能量可被转移到信号波长上,通过在反转的有源媒质中的受激发射,使光信号得到放大。

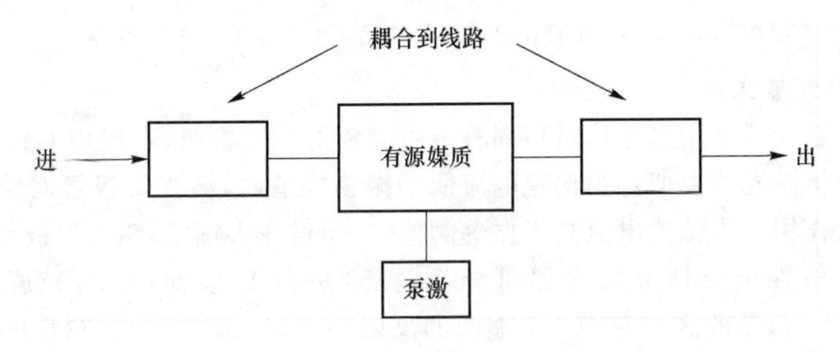

图 9.12.1 光放大器的基本工作原理

一般来说,光放大器都由增益介质、泵浦源、输入输出耦合结构组成。目前光放大器形式主要有三种:

① 利用激光二极管制作的半导体光放大器;

② 利用掺杂光纤(Nd,Sm,Ho,Er,Pr,Tm 和 Yb)制作的光纤放大器,其中以掺铒光纤放大器为主;

③ 基于光纤的非线性效应,利用受激散射机制实现光的直接放大,如光纤拉曼放大器(FRA)和光纤布里渊放大器。

目前已经开发出的光纤放大器有掺铒光纤放大器、掺镨光纤放大器、掺铌光纤放大

(NDFA)等,如图 9.12.2 所示。用于 1 310 nm 窗口的 PDFA,因受氟化物光纤制作困难和氟化物光纤特性的限制,研究进展比较缓慢。目前在线路中使用的光放大技术主要采用 EDFA,EDFA 属于掺杂稀有元素的光纤放大器家族中的一种,此外其他可能的掺杂元素包括镨(通常用于 1 300 nm 范围内的放大)和钕(通常用于高功率的激光器)、镱(通常和铒一起混合用)。

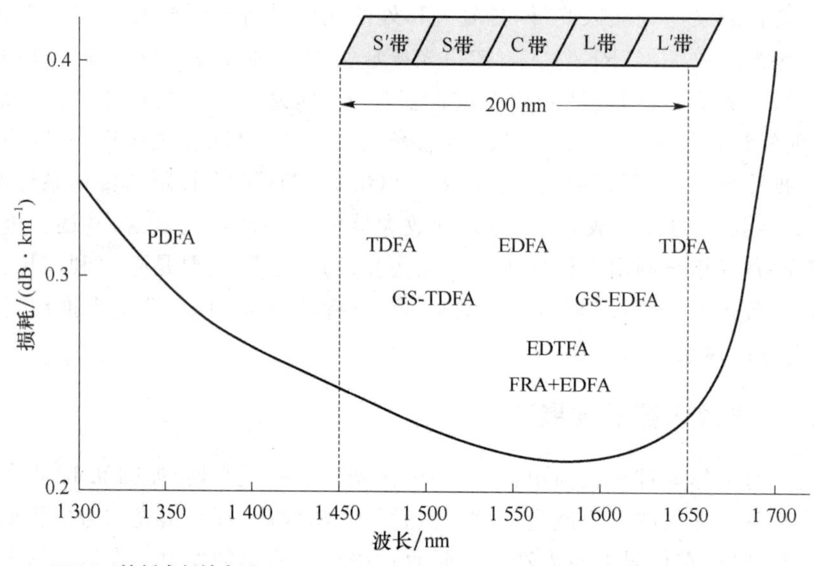

图 9.12.2　光纤的衰减谱和各种光放大技术的放大谱范围

1. 半导体光放大器

半导体光放大器利用半导体材料固有的受激辐射放大机制,实现相干光放大,其原理和结构与半导体激光器类似。当偏置电流低于振荡阈值时,激光二极管对输入的相干光具有线性放大作用。当偏置电流高于振荡阈值时,通过注入锁定,激光二极管可以作为非线性放大器。线性半导体光放大器可分为两类:法布里-玻罗(F-P)光放大器和行波(TW)光放大器,两者的区别在于两个端面的反射率不同,法布里-玻罗(F-P)腔式光放大器端面反射率高,光在两端面间来回反射,产生共振放大。行波光放大器端面反射率很低,光在沿介质行进过程中被放大,然后由输出端面输出,而不产生反射。SOA 具有体积小,结构简单,易于同其他光器件和电路集成,适合批量生产,成本低等优点,并且能对 1 310 nm窗口的光信号进行放大。但是这种器件与光纤耦合时损耗很大,一般大于5 dB。器件的增益受严重光的偏振状态、工作温度影响,因此工作稳定性差,器件的噪声较大、功率较小、增益恢复时间为皮秒(ps)量级,这对高速传输的光信号将产生不利影响。

半导体光放大器主要用于全光波长变换、光交换、谱反转、时钟提取、解复用等。该放大器覆盖了 1 300～1 600 nm 波段,既可用于 1 310 nm 窗口的光放大,又可用于 1 550 nm 窗口的光放大。

目前,人们主要关注的是应变补偿的无偏振、单片集成、光横向连接的半导体光放大器，以及自应变量子阱材料的半导体光放大器和小型化、集成化的半导体光放大器的研发。

2. 掺铒光纤放大器

掺铒光纤放大器具有增益高、频带宽、噪声低、效率高、连接损耗低、偏振不敏感等特点，在 20 世纪 90 年代初得到了飞速发展，成为了当时光放大器研究发展的主要方向，极大地推动了光纤技术的发展。自此以后，掺铒光纤放大器的研究在多方面开展，建立了多种理论模型，提出了增益均衡和扩大增益带宽的方案和方法，进行了多种系统应用研究，同时进行了氟化玻璃铒光纤放大器、分布式光纤放大器和双向放大器的研究，使掺铒光纤放大器及其应用得到了飞速发展。此外又开展了掺镨（Pr）、掺镱（Yb）、掺铥（Tm）等光纤放大器的研究，使光纤放大器的研究全面发展。

EDFA 的优点是：

① 通常工作 1 530～1 556 mn 光纤损耗最低的窗口；

② 增益高，在较宽的波段内提供平坦的增益，是波分复用理想的光纤放大器；

③ 噪声系数低，接近量子极限，各个信道间的串扰极小，可级联多个放大器；

④ 放大频带宽，可同时放大多路波长信号；

⑤ 放大特性与系统比特率和数据格式无关；

⑥ 输出功率大对偏振不敏感；

⑦ 结构简单，与传输光纤易耦合。

其缺点是：

① 在第三窗口以上的波长，光纤的弯曲损耗较大，而常规的掺铒光纤放大器不能提供足够的增益，增益带宽只有 35 nm，仅覆盖石英单模光纤低损耗窗口的一部分，制约了光纤能够容纳的波长信道数；

② 不便于查找故障，泵浦源使用寿命不长；

③ 存在基于泵浦源调制和光时域反射计（OTDR）的监测与控制技术问题，控制内容包括输出功率的控制和不同波长通道的增益均衡，掺铒光纤放大器的增益对 100 kHz 以上的高频调制不敏感，对低于 1 kHz 的调制，掺铒光纤放大器的输出信号会产生失真。

EDFA 主要用于密集波分复用系统、接入网、光纤电视 CATV 网、军用系统、光孤子通信系统等领域，也可作为功率放大器，以提高发射机的功率；在光纤传输线路中用作全光中继放大器，以补偿光纤传输损耗，延长传输距离；在光接收机前用做前置放大器，以提高光接收机的灵敏度；在光纤电视 CATV 和光纤用户接入网中用作光功率补偿器，以补偿光分配器和传输链路造成的光损耗，提高用户的数量，降低用户网和电缆电视 CATV 系统的建设成本。

3. 光纤拉曼放大器

历史上，伴随着低损耗光纤的诞生，光纤拉曼放大器的应用就成为一种可能。20 世纪 70 年代光放大器尚未成为光通信中的必需品，有关拉曼放大器的研究主要集中于光纤中拉曼散射和大功率拉曼泵浦激光器的研制。进入 20 世纪 80 年代，随着光通信的发展，人们对光放大器投入了巨大的研究精力，FRA 是其中的重要组成部分，在合适波长的大功率泵浦激光器和光纤拉曼放大器的特性方面取得了一定的成果，光纤拉曼放大器一度成为最有希望实用化的光放大器。但是20世纪80年代末期掺铒光纤放大器的出现给光纤拉曼放大器的研究浇上了一盆冷水。毫无疑问,20世纪90年代初期,掺铒光纤放大器在1.5波段光通信系统中处于完全统治地位。而FRA泵浦激光器方面的研究停滞不前,使其仍难以实用化。然而随着“密集波分复用+掺铒光纤放大器”技术的迅猛发展,掺铒光纤放大器的有限带宽和集中放大导致的高噪声限制了系统容量和传输距离的进一步发展。光纤拉曼放大器又以其低噪声和仅由泵浦波长决定增益波段的特性吸引了人们的注意,这两点也是近年来光纤拉曼放大器的研究热点。同时大功率半导体激光器和拉曼激光器的制造工艺也日趋成熟,而且成本大幅度下降,使光纤拉曼放大器在系统中的应用成为了可能。

9.12.2 光放大器的分类

光放大器的分类如图9.12.3所示。各种光放大器的适应波段范围如图9.12.4所示。

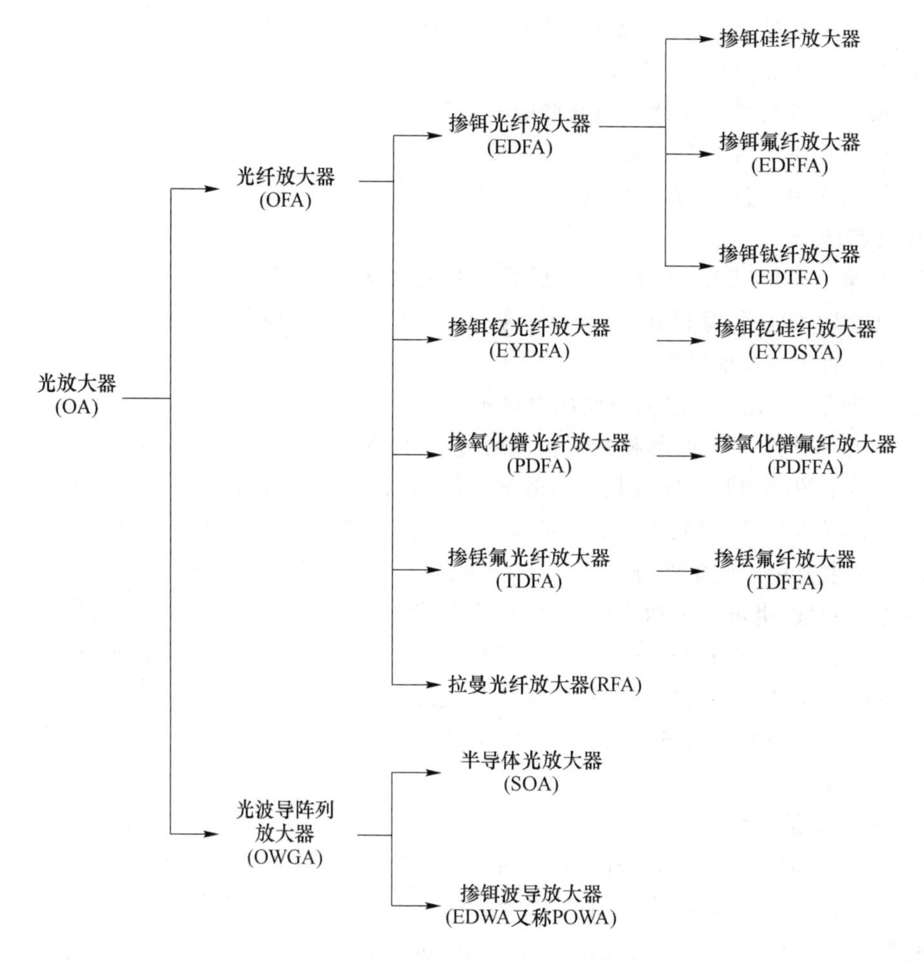

图9.12.3 光放大器的分类简介

目前,常用的放大工作介质主要是掺稀土光纤、半导体材料和常规石英光纤,从工作

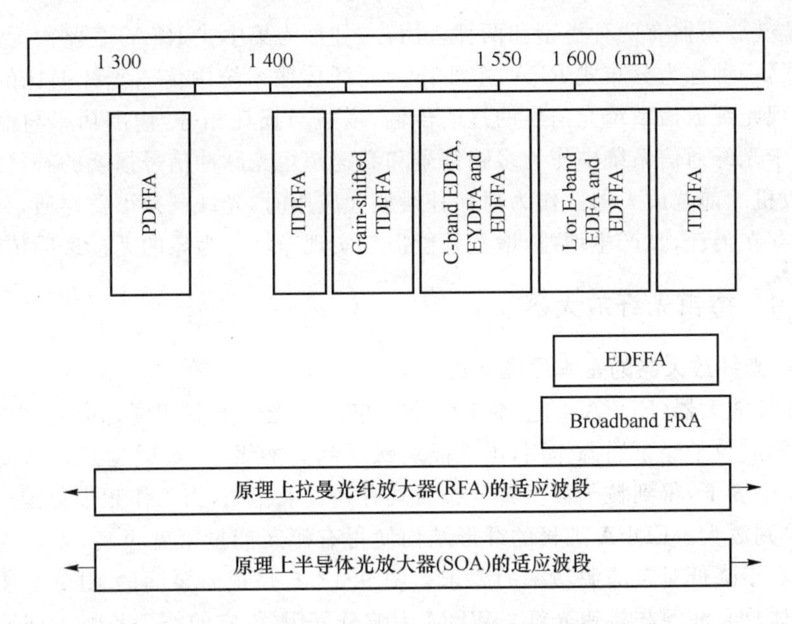

图 9.12.4 各种光放大器的适应波段

介质上分类，光放大器就有以下三种：

① 掺稀土元素光纤放大器。这类光放大器采用的工作介质主要是掺镧系元素（如铒、钕、镨）的玻璃（硅和氯化锆玻璃）光纤。泵浦源为一般半导体激光器。利用光的受激放大原理对信号进行放大。典型代表有 1.55 μm 掺铒光纤放大器和 1.33 μm 掺镨光纤放大器。

② 非线性光学光纤放大器。这类光放大器采用的工作介质是常规石英光纤，泵浦源为高功率的连续或脉冲固体激光器。利用光的受激拉曼放大、受激布里渊放大和四波混频的原理对信号进行放大。典型代表有拉曼光纤放大器。

③ 半导体光放大器（LD 光放大器）。这类光放大器的工作介质为半导体材料，其制作工艺大体上与 LD 相同。其泵浦源为电源，依靠注入电流工作。典型代表有法布里-珀罗型光放大器（谐振式）和行波式光放大器。

以上三种光放大器，前两种属于光纤型光放大器，最后一种属于激光型光放大器。

9.12.3 光放大器的应用

在光纤通信中采用光放大器可将波长复用信号共同放大，使 WDM 系统成为可能。在波分复用系统中，波分复用器（合波器）和解复用器（分波器）有其不可克服的固有插入损耗，而且这种插入损耗会随着波分复用信道数的增加而急剧增加。在 WDM 系统的发送端使用光纤放大器作为功率放大器可以补偿波分复用器的插入损耗，提高进入光纤线路的功率。在 WDM 系统的接收端，为补偿解复用器的插入损耗，提高接收机灵敏度等，也必须在解复用器之前配置光纤放大器作为前置放大。光纤放大器作为线路放大器时，可以补偿线路的损耗，使 WDM 的实现成为可能，与比特率、调制格式无关，实现透明传输。

光纤拉曼放大器有两种类型和两种应用：一种称为集中式 RFA，主要作为高增益、高功率放大，另一种称为分布式 RFA，主要作为光纤传输系统中传输光纤损耗的分布式补偿放大，实现光纤通信系统光信号的透明传输，增益与损耗相等，输出功率与输入功率相等，主要用于光纤通信系统中作为多路信号和高速超短光脉冲信号损耗的补偿放大，亦可作为光接收机的前置放大器。作为损耗补偿放大应用时，光纤既是增益媒质，又是传输媒质，光纤既存在损耗，又产生增益，增益补偿损耗实现净增益为零的无损透明传输。

9.12.4 掺铒光纤放大器

1. 掺铒光纤放大器的基本原理与组成

掺铒光纤放大器(EDFA)的基本工作原理与一般光放大器相同，其原理如图 9.12.5 所示，工作物质粒子经泵浦源作用，由低能级跃迁到高能级(一般通过另一辅助能级)，在一定的泵浦强度下，得到粒子数反转分布而具有光放大作用，当工作频带范围内的信号光输入时便得到放大。EDFA 细长的纤形结构使得有源区能量密度很高，光与物质的作用区很长，有利于降低对泵浦源功率的要求。图 9.12.6 是正向泵浦的 EDFA 基本组成示意图，其主体是泵浦源与掺铒光纤。WDM 为波分复用器，它的作用是将不同波长的泵浦光和信号光混合送入掺铒光纤。对它的要求是能将两信号有效地混合而损耗最小。光隔离器的作用是防止反射光对光放大器的影响，保证系统稳定工作。滤波器的作用是滤除放大器的噪声提高系统的信噪比。在泵浦源作用下的掺铒光纤中，通过光与工作物质的相互作用，泵浦光将能量转移给信号光而将其放大。

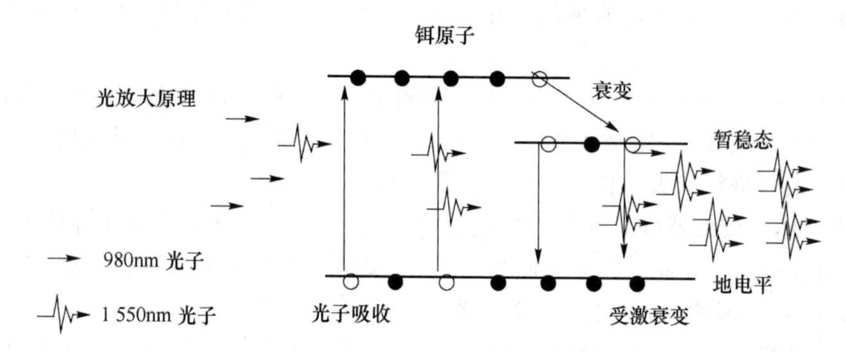

图 9.12.5 EDFA 的基本原理示意图

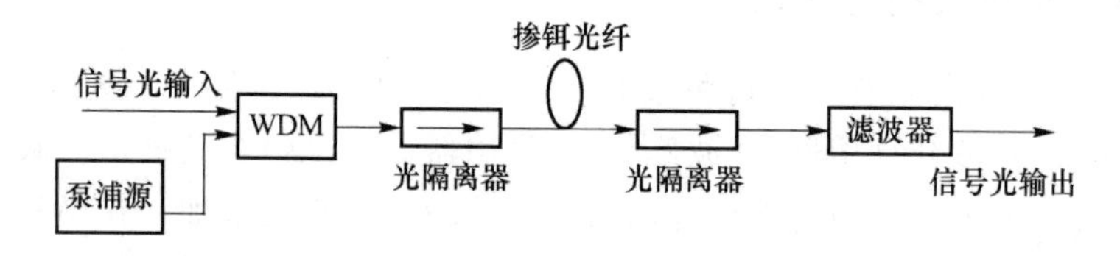

图 9.12.6 EDFA 的基本组成

EDFA 的作用就是放大信号光，如图 9.12.7 所示。

2. EDFA 的分类

EDFA 根据其组成结构可分类为前向泵浦方式、后向泵浦方式和双向泵浦方式，如图

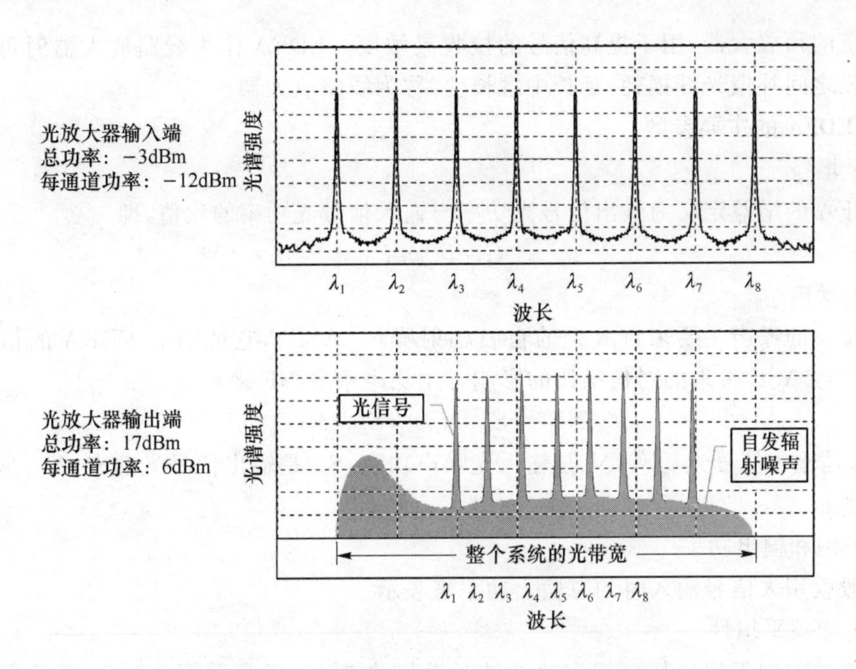

图 9.12.7 光放大器放大信号光功率的示意图

9.12.8 所示。从性能上来讲，后向泵浦方式和双向泵浦方式的 EDFA 输出信号光功率要大于前向泵浦方式；从噪声特性来说，前向泵浦方式和双向泵浦方式的 EDFA 性能要优于后向泵浦方式。从总体上来讲，双向泵浦方式的 EDFA 性能最佳，因为采用 1 480 nm 和 980 nm 双泵浦源运用，1 480 nm 的泵浦源工作在 EDFA 的后端以优化噪声系数性能，980 nm 泵浦源工作在 EDFA 的前端，以便获得最大的功率转换效率，这样既获得高的输出功率，又能得到较好的噪声系数。如果要进一步提高 EDFA 的性能，如增大增益、提高输出功率、减小噪声系数，则须进一步优化 EDFA 的结构设计，例如，采用与拉曼放大器级联方式的 EDFA 结构。

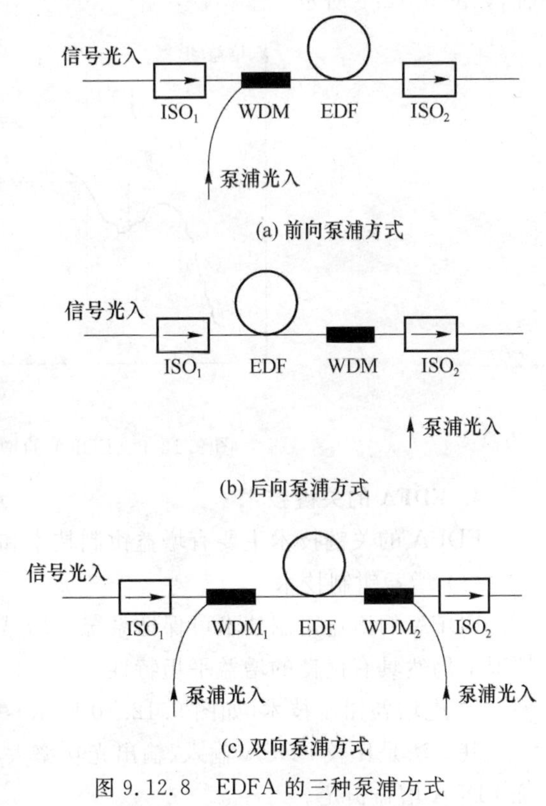

图 9.12.8 EDFA 的三种泵浦方式

EDFA 根据其在 WDM 系统中的应用可分类为功率放大器（BA）、预放大器（PA）和线路放大器（LA）三种形式。在发送端，EDFA 可用在光发送机的后面作为系统的功率放大器，用于提高系统的发送光功率。在接收端，EDFA 可用在光接收机之前作为系统的预放大器，用于提高信号的接收灵敏度。EDFA 作为线路放大器时可用在无源光纤段之间补偿光纤损耗，延长中继长度，称为线路放大器。

3. EDFA 的主要参数

(1) 增益

EDFA 的增益定义为输出信号光功率与输入信号光功率的比值，即

$$G=P_{sout}/P_{sin}$$

(2) 噪声

EDFA 的噪声主要来自放大的自发辐射噪声(ASE)，它能引起 EDFA 的信噪比降低。放大器 ASE 带来的对信噪比的影响常用噪声系数 NF 来表示：

$$NF=(S_{in}/N_{in})/(S_{out}/N_{out})$$

其中，S_{in}是输入信号光功率，N_{in}是输入光噪声功率，S_{out}是输出信号光功率，N_{out}是输出光噪声功率。

(3) 饱和输出功率

一般就用大信号输入时的总输出功率来表示。

(4) 增益平坦性

用增益差别不超过某一规定值的波长范围来表示，通常采用±1 dB 增益带宽来表征，如图 9.12.9 所示。

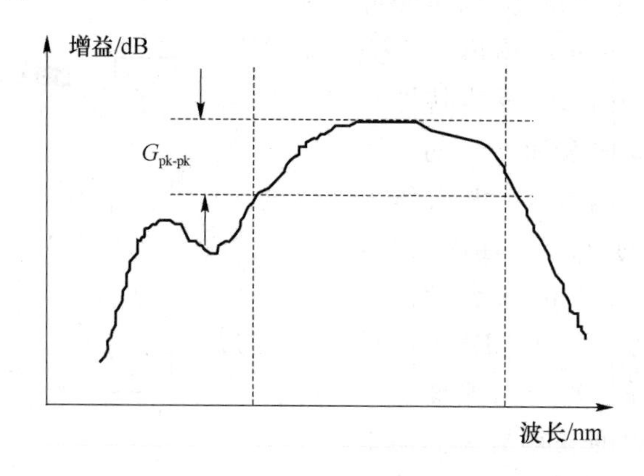

图 9.12.9 EDFA 的增益平坦性的示意图

4. EDFA 的关键技术

EDFA 的关键技术主要有增益钳制技术和增益均衡技术。

(1) 增益钳制技术

EDFA 的增益钳制技术可保证系统在增减波长时均无误码和保证系统在非满配置的情况下仍然具有优良的增益平坦特性。

① 电增益钳制技术(如图 9.12.10 所示)

其方法是比较 EDFA 输入、输出光功率大小，根据其比值去控制泵电流大小，从而保证 EDFA 增益恒定。

② 闲频光增益钳制技术(如图 9.12.11 所示)

其方法是在 EDFA 中引入选频激射机制，实现增益钳制。当输入通道数减少时，由

于光纤光栅或光反馈存在的原因，会在内部产生一个新波长激光，它吸收部分光功率，从而保持剩余通道光功率基本恒定。

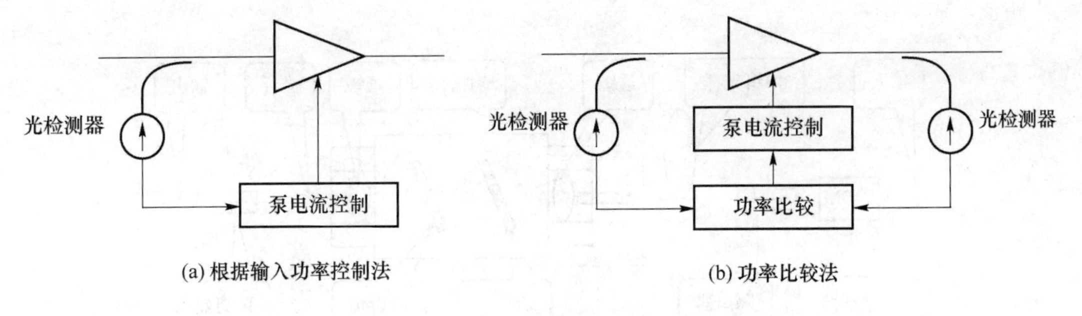

图 9.12.10 EDFA 的电增益钳制技术

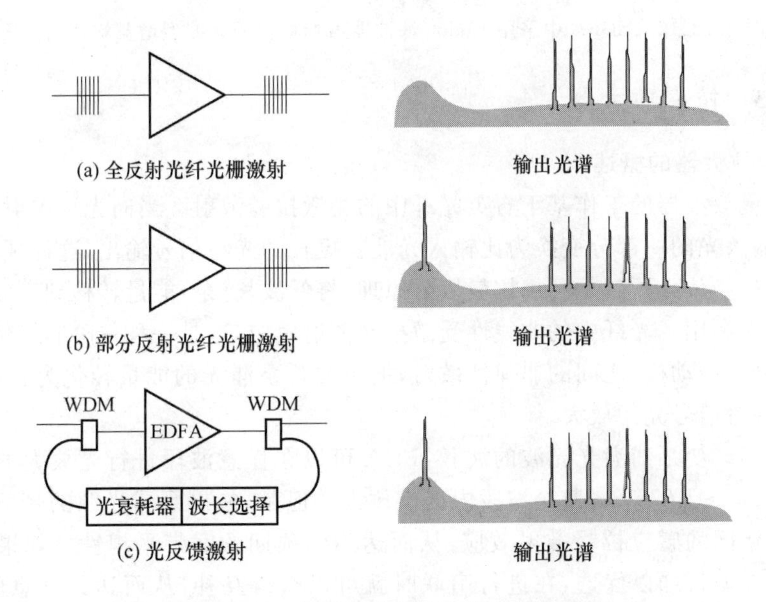

图 9.12.11 闲频光的 EDFA 增益钳制技术

(2) 增益均衡技术

EDFA 的增益均衡技术具有提高光放大器增益谱平坦性，减小系统输出端各波长功率差的特点。

方式如下。

① 本征型：采用高铝掺杂光纤或氟化物光纤等宽增益谱光纤。

② 滤波型：在 EDFA 中内插无源滤波器将 1 530 nm 的增益峰降低，或专门设计其透射谱与掺铒光纤增益谱相反的光滤波器将增益谱削平。

图 9.12.12 是一个采用增益均衡滤波器而将 ±1 dB 增益带宽扩展至 1 531～1 561 nm的一个滤波型增益均衡的例子。

由于网络可重构需求的发展，EDFA 增益钳制技术与增益均衡技术仍在不断发展推进。随着技术的进步，特别是以光纤光栅及滤波器为基础的新型光纤元器件的陆续面市，将为 EDFA 的增益钳制和动态平坦提供新的思路和对策，打开新的局面。增益钳制和增益平坦技术是新一代改善 EDFA 性能指标的重要技术,在光纤系统向多通道、长距离、智能化、高比特率发展的进程中占重要地位,如何做到有效结合及优化仍是值得探索的重要课题之一。

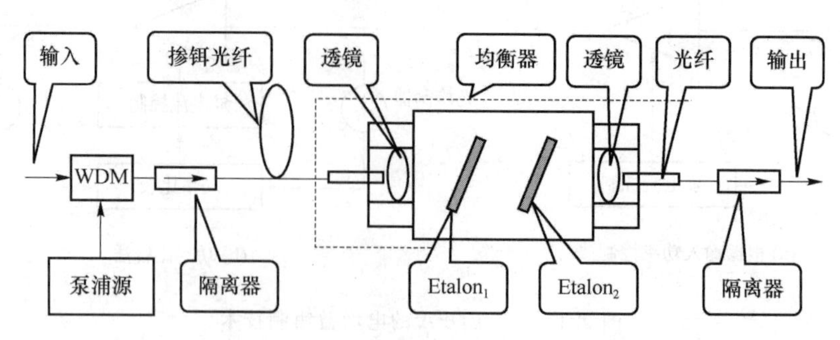

图 9.12.12 EDFA 中采用 Etalon 滤波器做均衡器的滤波型增益均衡的例子

9.12.5 拉曼放大器

1. 拉曼放大器的概述

光纤拉曼放大器的工作基于石英光纤中的受激拉曼散射。当向光纤中射入强功率的光信号时,输入光的一部分变换为比输入光波长更长的光波信号输出,这种现象就是拉曼散射。光纤拉曼放大器就是利用拉曼散射原理,将低波长(泵)能量转移到高波长信号上。拉曼光纤放大利用了光纤中的非线性受激拉曼散射效应,这是一种三阶非线性过程,是光子与声子(分子振动模)之间的非弹性散射,把短波长泵浦光的能量转化为长波长信号光的能量,实现对信号光的放大。

通过适当改变泵浦激光光波的波长,FRA 可以在任意波段进行光放大的宽带放大,甚至可在 1 270～1 670 nm 整个波段内提供放大。但是,如果泵浦光源的带宽过宽时,会出现泵浦光源间的感应拉曼散射效应,从而达不到预期的宽带平坦性。如果对 FRA 和 EDFA 的泵浦波长加以优选,在进行串联时就可以获得互补,从而达到满意的增益平坦性,实现宽带化。FRA 的拉曼增益与泵浦光功率有关。由于在光的行进方向和逆行方向均能产生拉曼散射光。因而,拉曼放大的泵浦光方向既可前向泵浦也可后向泵浦。另外,泵浦光的波长对 FRA 的增益最大点至关重要。

FRA 可分为分布式 FRA、分立式 FRA 和集中式 FRA。分布式 FRA 主要作为光纤传输系统中传输光纤损耗的分布式补偿放大,实现光纤通信系统光信号的透明传输,增益与损耗相等,输出功率与输入功率相等,主要用于光纤通信系统中作为多路信号和高速超短光脉冲信号损耗的补偿放大,也可作为光接收机的前置放大器,作为损耗补偿放大应用时,光纤既是增益媒质,又是传输媒质,光纤既存在损耗,又产生增益,增益补偿损耗实现净增益为零的无损透明传输,因而可辅助 EDFA 改善 DWDM 系统的性能。而分立式 FRA 或者集中式 FRA 是利用特殊的增益光纤作为增益介质,主要作为高增益、高功率放大,放大 EDFA 不能放大的波段或与 EDFA 一起构成超宽带放大器。

2. 拉曼放大器的基本原理

当光辐射通过介质时,大部分入射光直接透射过去,一部分光则偏离原来的传播方向而向空间散射开来，形成散射光。散射光与入射光在强度、方向、偏振态及频率方面均可能有所不同。在许多非线性光学介质中，对波长较短的泵浦光的散射使得一小部分入射功率转移到另一频率下移的光束，频率下移量由介质的振动模式决定，此过程称为拉曼效应，量子力学描述为入射光的一个光子被一个分子散射成为另一个低频光子。同时分子完成振动态之间的跃迁，入射光作为泵浦光产生称为斯托克斯波的频移光。由于材料中的分子处于一系列不同的能级上，因而各自引起的散射光的频移也不相同，使散射光谱表现为一定的连续性，但是其拉曼散射几率不同。散射概率不同在现象上表现为不同信号波长上的拉曼增益不同。研究发现，石英光纤具有很宽的受激拉曼散射增益谱，并在13 THz附近有一较宽的主峰。因为这一特性，光纤可用做宽带放大器的放大介质。如果一个弱信号与一强泵浦光波同时在光纤中传播，并使弱信号波长置于泵浦光的拉曼增益带宽内，弱信号光即可得到放大，这种基于受激拉曼散射机制的光放大器即称为拉曼光纤放大器。

拉曼效应在光纤中具有建设性的应用刚刚兴起。拉曼放大器利用硅光纤中的内在属性来进行信号的放大，信号在传输过程中的固有损耗可以在光纤内部进行补偿，这就意味着光纤本身将成为放大器的一部分，因而在光纤内部将同时进行着光信号的放大和衰减。以此原理工作的拉曼放大器通常称为分布式拉曼放大器(Distributed Raman Amplifier, DRA)。

DRA 工作的基本原理是受激拉曼散射效应，在足够强的短波长泵浦光以一定强度与信号光同时进入光纤后，信号在光纤中被放大，即将一小部分入射功率由一光束转移到另外一个频率下移的光束。频率下移量由非线性介质的振动模式决定，当波长较短(与信号波长相比)的泵浦光馈入光纤时，发生此类效应。泵浦光光子释放其自身的能量，释放出基于信号光波长的光子，将其能量叠加在信号光上，从而完成对信号光的放大。泵浦光子的能量产生了一个与信号光同频的光子和一个声子(Vibration Energy)，如图 9.12.13 所示。

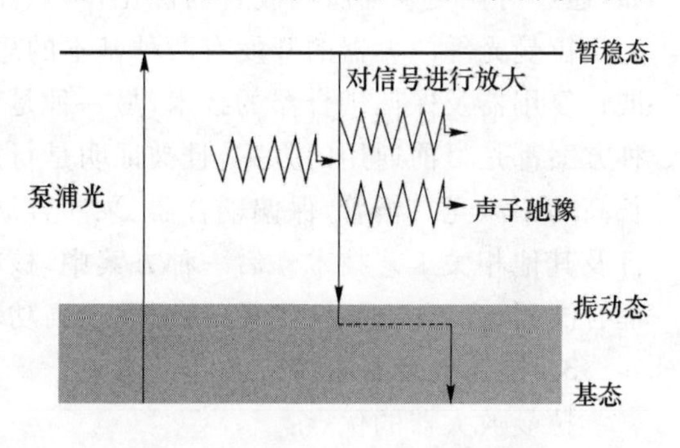

图 9.12.13　自激拉曼散射效应

在图 9.12.13 中，基态上方存在一个范围较宽的振动态，为信号光提供增益。由于振动态(Vibrational State)与基态(Ground State)间的宽度很大，也就提供了多种增益的可能，这可由图 9.12.13 中的阴影区域看出。

拉曼增益取决于泵浦光功率、泵浦光波长和信号光波长之间的波长差值。拉曼增益与泵浦光波长和信号光波长之间的波长差值呈线性关系。如图 9.12.14 所示，在差值为 100 nm 时，这种增长达到极点，即 1 450 nm 泵浦源在 1 550 nm 产生的拉曼增益最高，因此要放大 C+L 波段 1 530～1 605 nm 的工作波长，最佳泵浦源波长在 1 420～1 500 nm 波段，从理论上讲，采用拉曼放大器可以放大任何波长的工作信号。通常情况下，在泵浦光与信号光的波长相差 100 nm 以内，拉曼增益与该差值基本呈线性关系。随后随该差值快速减小。可用的增益带宽约为 48 nm。

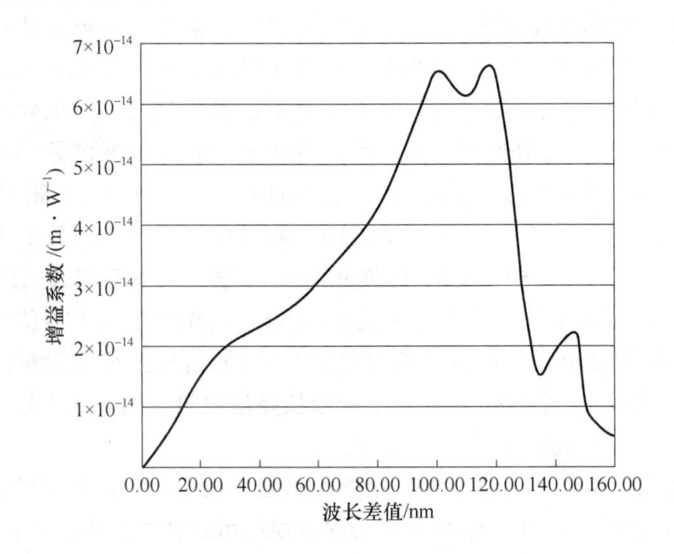

图 9.12.14　拉曼增益与波长增值的关系

拉曼放大器在拓扑结构上的设计易于掺铒光纤放大器，因为只要仔细设计，现有的光纤即可作为放大介质。但是，泵浦光强、波长数量和分布将对拉曼放大的增益和噪声起决定作用。通过选择光纤类型、泵浦源波长以及光纤的跨距，可以达到许多优化目标。例如，通过对拉曼泵涌所用波长的优化，可以保证增益非常平坦。

拉曼光纤放大器的开发有两种基本的思路：一种是使用 1 480 nm 的激光器组和特定波长复用器及保偏耦合器的技术，另一种是使用光纤激光器和拉曼波长转换技术。这两种方案都是目前通用的方案，且被证明是行之有效的，前一方案中，核心技术包括特定波长高功率激光二极管、保偏耦合器、泵浦合波器，适用于高功率的信号与泵浦的 WDM 器件及其他相关工艺技术。后一种方案中，核心技术包括包层泵涌的掺镱光纤、锥形多模泵浦合波器、光纤光栅、拉曼光纤，适用于高功率的信号与泵浦的 WDM 器件及相关技术。

3. 拉曼放大器的优缺点

拉曼放大器的优点：

① 可在任意波长处获得增益、更高的功率和更宽的带宽。

② 可使用传输光纤作为增益介质，可以弥补 EDFA 的不足，有利于改进整个系统的性能。这是因为 FRA 是分布式放大，放大器增益介质就是传输光纤的一部分。这种分布式放大光传输系统的噪声性能要优于集中式（如 EDFA）放大。而且，分布的泵浦降低了本地的信号功率电平，从而降低了信道间的非线性互作用影响。

总之，FRA 可改进系统的信噪比，有利于提高码速，有利于延长中继距离。

FRA 的主要缺点：

① 泵浦效率低，因而要求很高的泵浦功率。

② 拉曼增益与偏振状态有关。

4. 拉曼放大器的分类和应用方式

拉曼放大器可以分布式、集中式、分立式或混合式。因此拉曼放大器既可以充当稀土掺杂的放大器用于低噪声的前置放大，也具备全拉曼系统中所有放大器所需的功能而应用在全拉曼系统中。此外在拉曼放大器中，放大和色散补偿可以由同一段光纤来实现。拉曼放大器能够提供一个单一、简化的放大平台从而来满足长途和超长传输的需要。拉曼放大器主要分为两大类：分立式拉曼放大器和分布式拉曼放大器。

（1）分立式拉曼放大器

分立式拉曼放大器是指用一个集中的单元来提供增益，这一点与分布式拉曼放大完全不同，在分立式拉曼放大器中，所有的泵浦功率都被限制在一个由隔离器作为边界的集中单元中。图 9.12.15 给出了一个典型的采用集中泵浦的拉曼放大器。图中后向传输的泵浦光功率通过使用隔离器被集中在一个单元中。相比于 DRA 应用，图中的拉曼放大器基本没有泵浦功率进入外部传输线路。图 9.12.16 为传输单元内信号光功率和泵浦光功率沿着集中单元长度的变化情况。

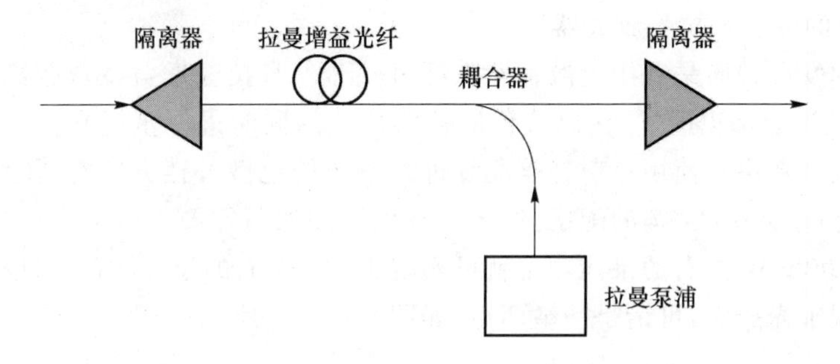

图 9.12.15　分立式拉曼放大器工作原理

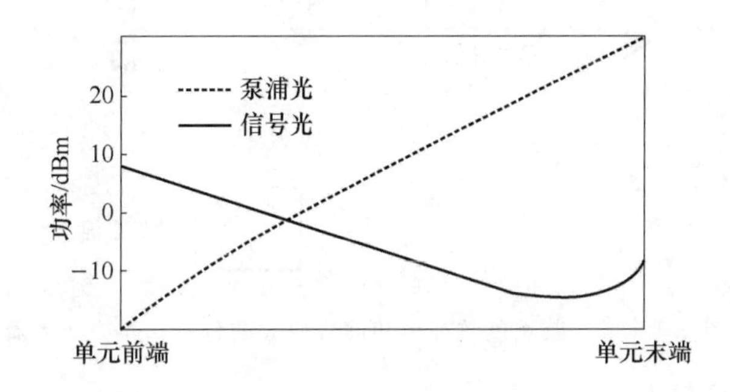

图 9.12.16　分立式 RA 在集中单元内信号光和泵浦光功率的变化曲线

分立式拉曼放大器采用拉曼增益系数较高的特种光纤（如高掺锗光纤等），这种光纤长度一般为几公里。泵浦功率要求很高，一般为数 W。分立式拉曼放大器可产生 40 dB 以上的高增益，其应用方式和 EDFA 完全一样，用来对信号进行集总式放大，因此主要用于实现 EDFA 无法放大的波段。

使用分立式拉曼放大器的一个主要的原因就是在石英硅光纤中开发新的可利用的波带。因为拉曼放大器的整个放大波段可以是 1 280～1 530 nm，而这么大的带宽对 EDFA 来说是不可能做到的。

在所有要开发的新波段中，最重要的要属 S 波段。因为相对于 L 波段来说，S 波段在 SMF

光纤中具有较好的衰减特性，而且也比 L 波段的抗光纤弯曲造成的衰减能力强。此外 S 波段也比 L 和 C 波段的色散特性要好。例如，S 波段的色散要比 L 段的色散小接近 30%。目前半导体光放大器、掺铒光纤放大器和集中式以及分立式拉曼放大器都可以用来开发 S 波段。

分立式拉曼放大器最早是工作在 1 310 nm 波段而被应用到有线电视中的。除此之外，人们再没有对拉曼放大器在该波段做过类似的商用开发。这里有一些原因。第一，1 310 nm波段不适于长途传输系统的应用。例如，在 1 310 nm 窗口的损耗是 0.35 dB 左右，而在 1 550 nm 窗口的损耗可以低至 0.2 dB。而高的损耗就意味着缩短再生器之间的中继距离。这无疑会增加系统的代价。第二，1 310 nm 适于 SMF 光纤的应用，但却不适于应用在零色散光纤的 WDM 系统中。即在 1 310 nm 附近不能开通太多的信道。第三，1 310 nm 波段的窗口相对 1 550 nm 的窗口还是比较窄的。在 1 310 nm 窗口内至多可以利用 20 nm 的带宽，而正在这段带宽内损耗增加得非常快。现在人们正在开发应用于 1 400 nm窗口的分立式拉曼放大器。

目前新的发展动向是利用色散补偿光纤（DCF）本身拉曼增益系数较高的特点，在原 DCF 光纤的基础上加以改进，在保持色散补偿特性的同时进一步提高其拉曼增益系数。这样当系统设计者决定使用色散补偿光纤进行系统的色散补偿方案时，按照色散补偿光纤与普通光纤（G.652）1∶7 的配比，每 80 km 的跨距段就需要 10 km 左右的 DCF 光纤，只要额外加 500 mW 左右的泵浦功率就可实现 10 dB 左右的拉曼增益。这样在色散补偿的同时也实现了光放大，可谓是一举两得，如图 9.12.17 所示。

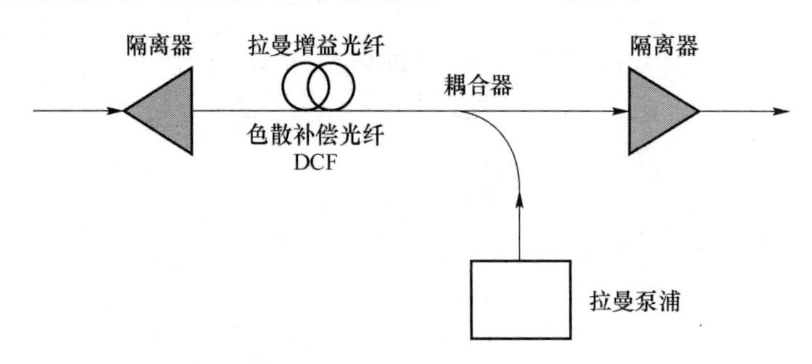

图 9.12.17　兼顾色散补偿和信号放大的分立式拉曼放大器

(2) 分布式拉曼放大器

分布式拉曼放大器（DRA）是一种可以对传输光纤进行泵浦放大的放大器。分布式放大器可以使光传输系统的性能得到极大的改善，而以目前的技术来看只有拉曼放大技术才能实现在光传输过程中的分布式放大，因此分布式拉曼放大器在系统中的应用前景正日益重要起来。分布式拉曼放大器所用的光纤比较长，一般为几十千米，泵源功率可降低到几百毫瓦，主要辅助 EDFA 提高 DWDM 通信系统的性能，抑制非线性效应，提高信噪比。在 DWDM 系统中，传输容量，尤其是复用波长数目的增加，使光纤中传输的光功率越来越大，引起的非线性效应也越来越强，容易产生信道串扰，使信号失真。采用分布式光纤拉曼放大辅助传输可大大降低信号的入射功率，同时保持适当的光信号信噪比。这种分布式拉曼放大技术由于系统传输容量提升的需要而得到了快速的发展。

分布式光纤拉曼放大辅助传输系统的典型结构如图 9.12.18 所示，DRA 就利用了传输网络中已有的传输光纤作为拉曼增益介质来进行放大。这是一个很典型的放大结构，即后向传输的拉曼泵浦与分立式放大器(如 EDFA)结合起来组成混合放大器。拉曼泵浦光在 DWDM 系统的每个传输单元(Span)的末端注入光纤，并与信号传输方向相反，以传输光纤为增益介质，对信号进行分布式放大。如此，分布式光纤拉曼放大器与掺铒光纤放大器混合使用，同时对信号进行在线放大。值得注意的是，这种后向拉曼泵浦由于传输单元末端的光信号功率微弱，不会因为拉曼放大而引起附加的光纤非线性效应。

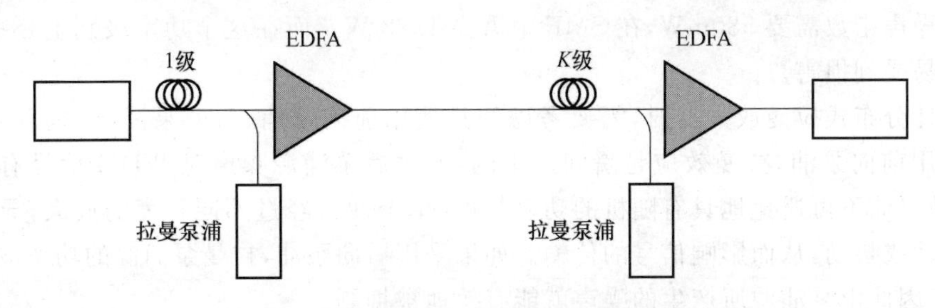

图 9.12.18 采用分布式拉曼辅助传输的 WDM 系统

使用 DRA 可以改善 SNR 并降低非线性损耗，如图 9.12.19 所示。该图画出了一个周期放大系统中的信号功率与传输距离的关系。其中锯齿状线条表示的信号是只经过常规 EDFA 放大的信号光功率的变化情况，而曲线状线条则表示的是使用了周期性分布式拉曼放大 DRA 放大后的信号光功率沿传输距离的变化情况。可以看出使用 DRA 技术后降低了整个信号的漂移幅度，同时在大功率信号区域，对于使用 DRA 的方案来说并不需要功率很高的注入信号，因此这就降低了非线性效益的影响，另外在低功率信号区域，信号光功率也不必非常低，这样就从根本上提高了 OSNR。

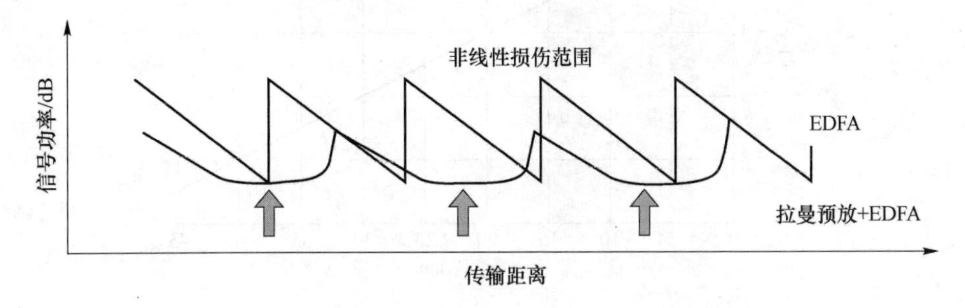

图 9.12.19 仅使用 EDFA 和“周期性使用拉曼放大＋EDFA 放大”的信号光功率与传输距离的关系

分布式拉曼放大器可以作为预放，置于接收机或 EDFA 的前面，以提高光传输系统的光信噪比，增加传输跨距长度，在长距离传输光纤中，信号被分布式放大，接收端信号的信噪比得到了改善。

使用 DRA 有很多的优势。首先，能够改善放大器的噪声指数。这样就可以使用较低的信号入口功率，同时还可以使系统容忍高的损耗或者可以延长再生器之间的传输间隔。第二个优势是在整个光纤谱内具有较为平坦的增益。这样可以改善信噪比，降低非线性效应的影响。这种特性对于高速以及孤子传输是相当有利的。第三个优势是当

DRA 和 EDFA 共同使用时，在线路上的复杂性就可以全部承载在 EDFA 上，即 DRA 只充当低噪声的前置放大器，而关于增益均衡、增益校正、上/下路复用器和色散补充等就可以由中间的 EDFA 来完成。当然 DRA 也面临着很多的挑战。首先，在典型的 DRA 应用中，光纤的长度不能超过 40 km，这是因为对于非线性效应来说，光纤的有效长度是由泵浦光波的衰减来确定的，而对处于 1 450 nm 附近的泵浦波长，其光纤的穿透力低于 40 km。其次，使用 DRA 后再传输光纤中所需的高的泵浦功率。例如，在 DSF 中要达到最优的噪声指数需要 580mW，在 SMF 中需要 1.28 W。而在这个功率级别上，一些连接器很容易受到损害。

设计分布式拉曼放大器时，需要考虑的是使用前向泵浦、后向泵浦，还是双向泵浦。如果采用前向泵浦，拉曼效应是瞬间产生的，放大后泵浦源噪声对 WDM 信号有很大干扰，拉曼泵浦不可避免地具有随机的功率起伏，单个冲击经过不同程度的放大，导致幅度上的波动或抖动，从而影响信号的传输。如果采用后向泵浦，拉曼泵浦源的功率波动会被均衡掉，因此由泵浦源所产生的噪声就能有效地被抑制。

在使用前向和后向泵浦两种不同拉曼放大应用方式的情况下，信号光功率随传输距离的变化情况如图 9.12.20 所示。

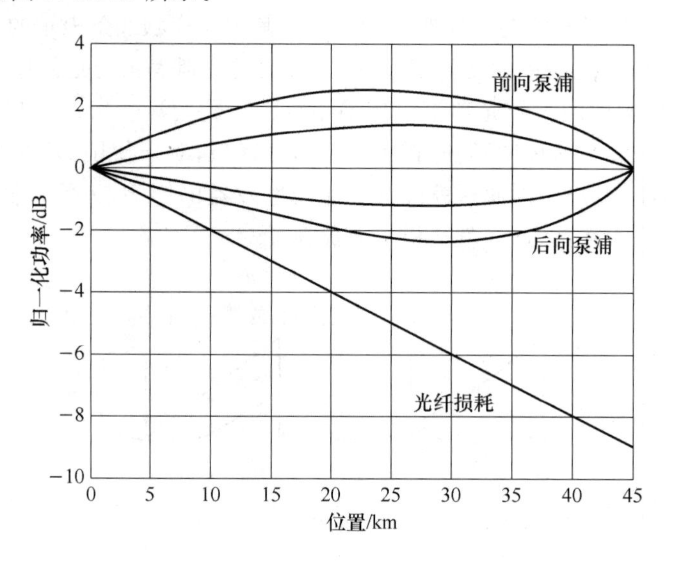

图 9.12.20 在使用不同拉曼放大应用方式下的光功率随传输距离的变化情况

从实现拉曼放大的方式来看，现在应用都采用传输线路光纤作为工作媒质，而不像 EDFA 专门用一段掺铒光纤进行放大。在采用拉曼放大器的 WDM 系统中，只需要泵浦源，而不再需要特殊的工作媒质。正常 EDFA 的噪声系数为 5～7 dB，拉曼放大器由于是分布式的，其等效噪声系数很小，大约为 −2～1 dB。由于一般情况下的使用方式都是拉曼放大器在前，EDFA 放大器在后，因此“拉曼＋EDFA”放大器的噪声系数在很大程度上取决于拉曼放大器的噪声系数。一般来说，采用拉曼放大器后可以减小光放大器噪声系数 3 dB 左右，也就是说，光放大器噪声从 6 dB 降低到 3 dB 以下，至少延长传输距离 1 倍，从而延长光电传输距离 1 200 km 以上。

从应用上看,拉曼更多采用的是后向泵浦。如果拉曼泵浦源和工作波长在同一个方向传输,泵浦源与工作波长信号传输方向和路径相同,经过的相位改变也相向,其偏振态的关系维持一个固定相位,即信号开始传输时的相位差。由于拉曼增益的偏振效应,如果工作波长与泵浦源的偏振态相差 90°,则信号无法获得增益,如果相差 45°,其增益也会受到影响。只有工作信号偏振态与泵浦源完全一致时,信号才能获得有效增益。而实际光工作信号经过许多段光放大段的传输,其偏振态随光纤传输变化很大,是一个动态数值,每个光放大器站放置的泵浦源很难保证与工作波长偏振态一致,其拉曼增益的效率将降低。由于偏振增益的关系,拉曼放大器一般不采用同向泵浦. 而采用后向泵浦。图 9.12.21 给出了采用后向泵浦 DRA 的工作原理示意图。

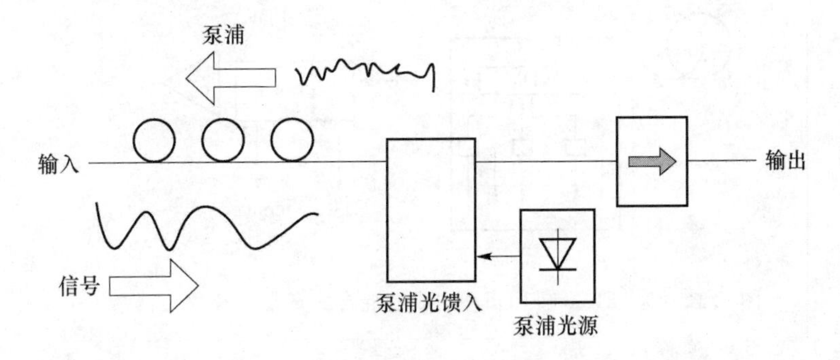

图 9.12.21　后向泵浦拉曼放大

在后向泵浦方式下,由于传输单元末端的光信号功率微弱,不会因为拉曼放大而引起附加的光纤非线性效应。对于受限于四波混频的波分复用系统,注入信号功率降低 6 dB 可以使波长间隔缩小一半。对于主要的非线性限制因素是互相位调制的系统,注入信号功率降低 6 dB 可以使波长间隔缩小为 1/4。可见,当注入光功率被降低到光纤非线性效应可以被忽略的程度时,在现有的 25 Gbit/s 系统中,DWDM 系统的复用波长间隔可以进一步缩短,复用的信道数可进一步增加,总传输速率从而得到提升。

传统的分布式拉曼光纤放大器大都采用后向泵浦的方式,与前向以及双向泵浦的方式相比,这种泵浦方式存在等效噪声指数大的缺点,如果只采用单一方向的泵浦结构就不能同时实现增益与噪声指数的优化。而通过双向泵浦结构及合理的泵浦波长的选择,在 1 528～1 605 nm 范围内可以同时实现增益与噪声指数的平坦化。这种新型泵浦结构的分布式拉曼光纤放大器的泵浦结构如图 9.12.22 所示。

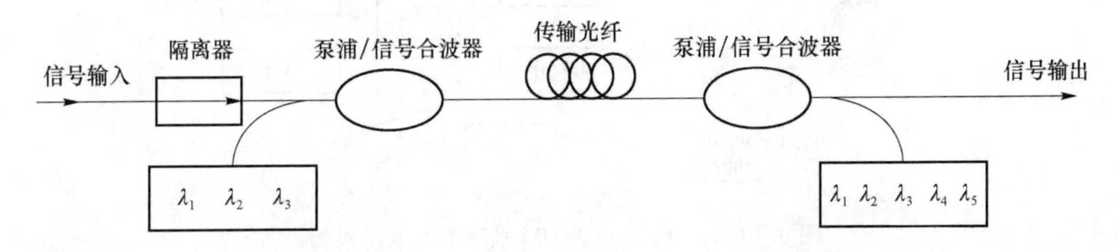

图 9.12.22　可同时实现增益与噪声指数平坦的双向泵浦结构

对于 10 Gbit/s 甚至 40 Gbit/s 系统,为保持接收端信号的信噪比,其注入端信号的光功率相对于门前的 25 Gbit/s 系统均需要有较大幅度的提高,这样即使是 32 波传输也会由于光强太大,在发送端会发生很严重的非线性效应,严重影响信号的传输。利用分布式拉曼放大技术,可以在保持接收端信噪比不变的情况下降低入注功率,使得在现有的通信环境下从 2.5 Gbit/s 系统较平滑地升级到 10 Gbit/s 系统成为可能。

(3) FRA 的应用

利用商用的色散补偿光纤作为拉曼增益介质,既可以补偿光纤的色散,又可以构成集中式的 FRA。尤其是构成 S 波段(1 480～1 530 nm)的 FRA,拓宽 EDFA 的工作带宽,构成混合式宽带光纤放大器系统,如图 9.12.23 所示。

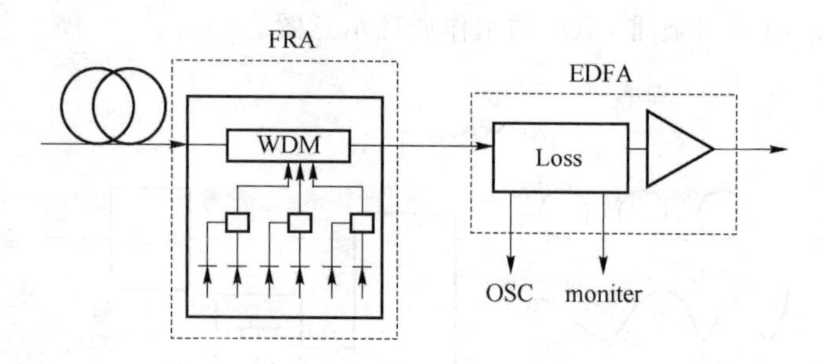

图 9.12.23　FRA 与 EDFA 构成的混合式宽带光纤放大器系统

混合放大器的总增益 G_{total} 为

$$G_{\text{total}} = G_{\text{Raman}} + G_{\text{EDFA}} - \text{Loss}$$

混合放大器的总增益 NF_{total} 为

$$\text{NF}_{\text{total}} = \text{NF}_{\text{Ramman}} + \text{NF}_{\text{EDFA}} \times \frac{\text{Loss}}{G_{\text{Raman}}}$$

图 9.12.24 是 FRA 应用于 WDM 系统中的一个实例。由图 9.12.24 可知,该系统由 FRA 与 EDFA 联合实现混合放大,使得系统具备分波段光放大、分波段色散补偿以及在 EDFA 级间色散补偿等特点。

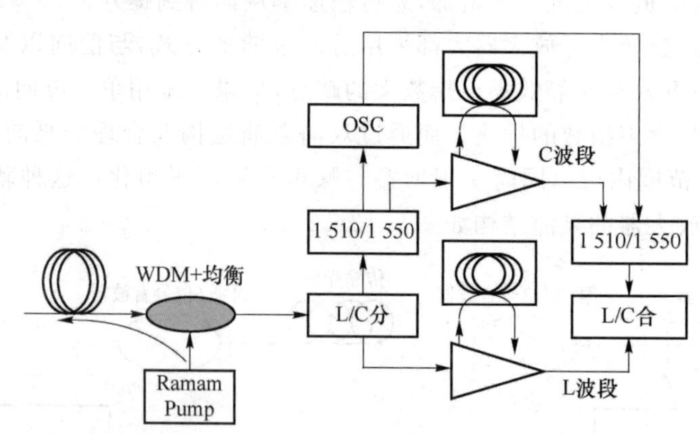

图 9.12.24　FRA 在 WDM 系统中的应用实例

在长途和超长的 DWDM 光纤系统市场中,由于拉曼放大在光传输系统扩容和增加传输距离方面具有巨大的优势和潜力,被认为是新一代高速超长距离 DWDM 光纤通信骨干网中的核心技术之一。

① 在单纤单向 WDM 系统中拉曼放大器的应用

图 9.12.25 显示了多波段 WDM 中分布式拉曼放大器的设计方案，采用多泵浦源，对波长区间为 80 nm 宽的 WDM 信号进行增益均衡。

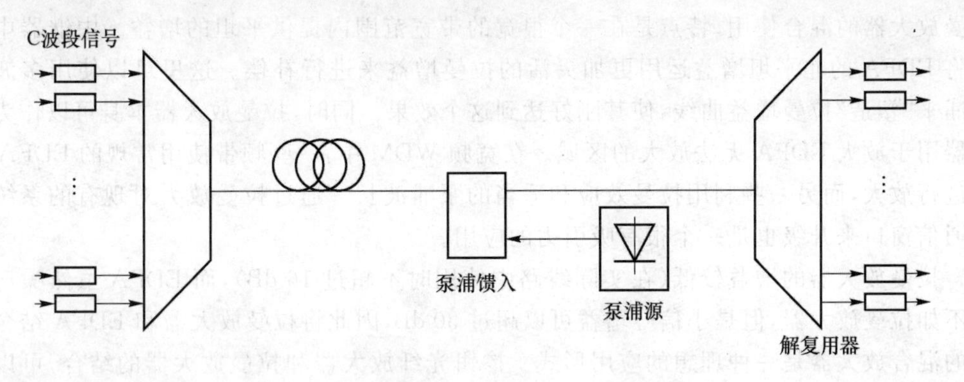

图 9.12.25 多波段拉曼放大器

信号波长覆盖将近 82 nm，波长间隔为 50 GHz(0.4 nm)，共计 205 个波长，每个波长的发送光功率为－3 dB 左右，光纤为 60 km 的 SSMF，8 泵源后向拉曼放大。8 个拉曼泵浦源的输出光功率范围为 19.5～21.5 dBm，通过对选择泵浦源波长的优化，能够保证很好的增益平坦度。泵浦源的波长区间宽为 86 nm，8 个波长的间隔不均匀，与 WDM 信号波长的差值为 77～163 nm，如图 9.12.26 所示。注意其中波长最短的 4 个泵浦的间距基本相同，其他 4 个的间距要大很多。对于泵浦波长间距的选择有两个原因，首先拉曼增益响应是非对称的，在泵浦波长与信号波长差值小于 100 nm 时，增益与差值呈线性增长。

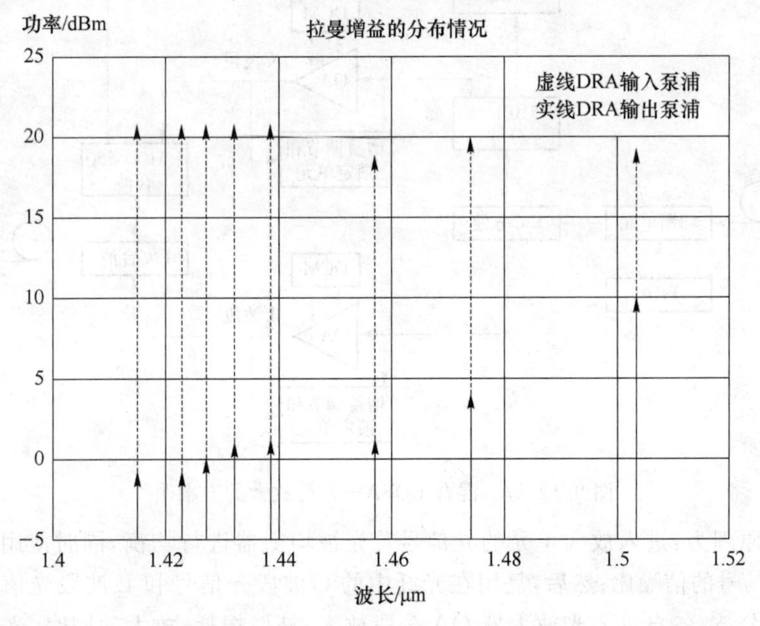

图 9.12.26 8泵浦拉曼放大器光谱分布

其次，泵浦和泵浦间有着很强的相互作用，由于拉曼泵浦的间隔跨度为 86 nm，相互之间的拉曼放大已经很严重了。短波长的拉曼泵浦对于长波长的泵浦而言也可看成放大器。

② 与 EDFA 混合使用实现宽带平坦增益的放大

拉曼放大器除了可以单独作为分布式放大器使用外，另一个应用方式就是 EDFA 和拉曼放大器的混合使用，特点是在一个很宽的带宽范围内提供平坦的增益。中继器中可以将 EDFA 的非平坦增益运用更加灵活的拉曼增益来进行补偿。这里可以使用多波长泵浦来“塑造”拉曼增益曲线，使其刚好达到这个效果。同时，拉曼放大器本身可以作为放大器用于放大 EDFA 无法放大的区域。在宽频 WDM 中，一些频带使用常规的 EDFA 结构进行放大，而另一些利用拉曼效应和适当的泵浦波长。通过拉曼放大对现有的系统增加通信窗口来升级也是一个很有吸引力的应用。

拉曼放大器的增益较低（在实际线路中使用时不超过 16 dB），而 EDFA 虽然噪声指数不如拉曼放大器，但是小信号增益可以超过 30 dB，因此将拉曼放大器和 EDFA 结合起来的混合放大器是一种理想的应用形式。掺铒光纤放大器和拉曼放大器的结合，可以在很宽的范围内保证群路信号的平坦性，利用拉曼增益的可调节特性，弥补 EDFA 放大的不平坦性。同时 EDFA 所不能放大的波长区域，拉曼放大器可以正常工作。

混合 EDFA 和拉曼放大的应用方式在最近的设计中很成功地用于大容量高光信噪比的 DWDM 中，或长放大距离的应用中，如架设光缆。

图 9.12.27 是“混合 EDFA＋拉曼”放大的一个可行方案。EDFA 设置在拉曼放大后很远的距离。

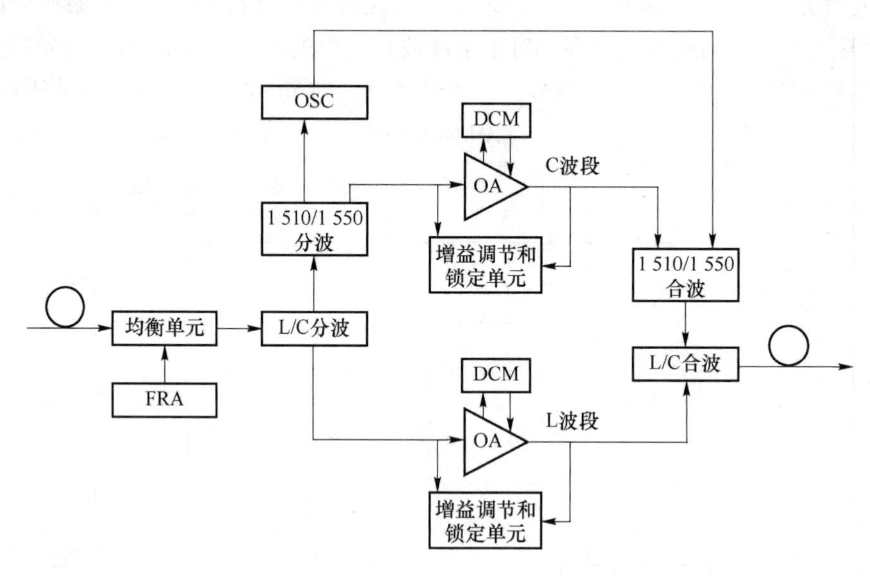

图 9.12.27 混合 EDFA＋拉曼放大的方案图

其工作原理为：进入放大单元的光信号首先被均衡器进行均衡，同时使用拉曼光纤放大器提高光信号的信噪比；然后，复用在光纤中的 C 波段光信号和 L 波段光信号通过 L/C 分波器进行分波，各自进入光放大器 OA 分段放大，补偿损耗；放大的同时，光信号还通过由 DCF 组成的色散补偿模块 DCM 进行色散补偿，而增益调节和锁定单元可以动态调节光放大器的增益并锁定各通路输出的功率；C 波段光信号在放大前通过 1 510/1 550 分波器和 OSC 监控信号再次进行分波，在放大过后两者又通过 1 510/1 550 合波器进行合波；最后经过放大了的 L 波段光信号和 C 波段光信号再通过 L/C 分合波器进行合波，然后输出。

该方案具有以下优点：

a. 增加了系统可用带宽。使用 C 波段 1 530～1 565 nm 的 35 nm 带宽和 L 波段 1 510～1 565 nm 的 55 nm 带宽，使系统的可用带宽达到 85 nm，大大提升了系统容量。

b. 具有动态增益调节和锁定功能。系统加入了调节和锁定单元，使得在进行信号放大时，可以动态调节和锁定增益。

c. 在放大光信号的同时，可以通过 DCF 进行色散补偿。

d. 均衡单元对可以对信号进行均衡，改善放大器增益的不平坦性，同时 FRA 的使用可以提高各通路信号的信噪比。

在信号放大段内的光信号的光强分布与放大方案有很大关系，并可通过拉曼泵浦功率和泵浦方向来控制。通过仔细地选择泵浦光波长、传输光纤长度和种类，可以制定出多种优化方案来。例如，通过频率相关的拉曼增益来实现整体增益的平坦，优化可以通过数字模拟来研究和分析。下面将给出一个实验来说明这种应用方式的优势所在。

实验中采用外调制光发射模块，码型为非归零码(NRZ)，没有加前向纠错(FEC)功能。发射模块的出光功率为 0.3 dBm，色散容限(2 dB)为 1 600 ps/km，中心波长为 1 550.1 nm。接收模块(PIN)的灵敏度为－18 dBm，过载点为 0 dBm，传输光纤为 160km G.652 光纤。实验装置如图 9.12.28 所示。160 km G.652 光纤的实际损耗为 33 dB，为了测试系统灵敏度，在两段光纤的中间加上了可调衰减器。考虑发射机的色散容限，选择补偿100 km 的色散补偿模块。实验结果为：拉曼放大器增益为 11 dB 时，系统灵敏度为－35.5 dBm；拉曼放大器增益为 16 dB 时，系统灵敏度为－36.5 dBm；拉曼放大器增益为 20 dB 时，系统灵敏度为－37.5 dBm。实验结果表明，将拉曼故大器和 EDFA 结合而形成的混合放大器将大大提高 10 Gbit/s 系统的接收性能。

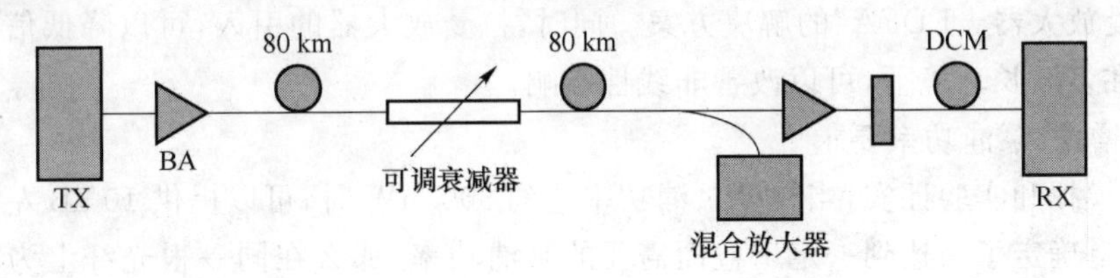

图 9.12.28　用于 10 Gbit/s 的 SDH 传输系统的混合放大器实验装置图

目前，采用分布式拉曼放大器和 EDFA 构成的混合式光纤放大器方案已成为高容量骨干网中的流行配置，在超长单跨和超长距离传输中有极明朗的应用前景。例如，在 40 Gbit/s系统中，为保证足够的误码率指标，必须提高单位比特内的平均信号光功率。为保证现今的跨距长度并且防止非线性效应危害，采用分布式拉曼放大技术成为优选方案之一。随着两用化半导体泵浦激光器价格的不断下调，分布式拉曼放大技术的实用化程度也不断提高，现在已经参与网络运营。

5. 拉曼放大器的系统应用设计原则

在应用拉曼放大器的系统中，产生拉曼增益有两个因素——光纤自身和拉曼放大器，根据它们的具体参数调制系统，改善 10 Gbit/s 系统或 400 Gbit/s 系统的传输性能。在早期的发展中，噪声被公认为是限制 40 Gbit/s 系统发展的障碍，40 Gbit/s 的信号需要电再生之前在每个区段上只能传输 40 km 左右，为了确保网络运营的经济性，必须将每个区段的间距维持在 80～100 km 左右，那么拉曼放大器在 40 Gbit/s 传输系统中发挥着关键作用，大幅度消除噪声造成的影响，使信号在电再生之前传输更远的距离。

在拉曼放大器的应用中，需要考虑增益、增益平坦度以及噪声等因素对改善系统传输性能的影响，与 EDFA 放大过程不同，拉曼放大效应是信号在光纤的传输过程中产生的，在设计过程中，需要了解光纤和拉曼放大器相关参数值之间的相互作用，如表 9.12.1 所示。

表 9.12.1 拉曼放大器工程设计原则

参 数	工程设计原则	公式说明	注 释
泵浦功率	$P_{\text{pump}}=P_{\text{pump},o}\times\dfrac{G}{G_0}$	提供在同一根光纤中泵浦功率和增益的比例	P_{pump}和$P_{\text{pump},o}$的单位为 mW，G和G_0的单位为 dB，$P_{\text{pump},o}$和G_0为参考基准下的泵浦功率和增益
增益或泵浦	$\dfrac{\text{FOM}_{\text{Fiber1}}}{\text{FOM}_{\text{Fiber2}}}=\dfrac{P_{\text{pumpFiber2}}}{P_{\text{pumpFiber1}}}=\dfrac{\text{Gain}}{\text{Gain}}$	提供不同光纤上泵浦功率和增益之间的比例	各类光纤 FOM 如表 5.4 所示
插损的调节	$P_{\text{pump}}=P_{\text{pump},o}\times 10_{\text{JumperLoss}/10}$	存在一点插损时，调节泵浦的初始功率	功率的单位为 W，跳线的损耗为 dB(一般为 0.5～1.5 dB)

拉曼放大器的应用不仅是在 10 Gbit/s、40 Gbit/s 长途传输系统中，还在某些需要增强系统余量的特殊环境下(比如，在一个高衰耗的区段中)；在应用波长倒换和选路单元后，系统累积噪声增大；需要延伸信号传输距离的场合。目前较多的是在超长距环境下，采用“拉曼放大器＋EDFA”的解决方案。同时，拉曼放大器的引入，可以降低信号的发送光功率，在多波长环境下，可以改善非线性影响。

(1) 增益/泵浦功率要求

通过模拟和实验证实，当拉曼泵浦功率达到 500 mW 时，可以提供 10 dB 左右的平均增益。一旦确定了为达到一定增益而需要的泵浦功率，那么在同一根光纤上为达到第二级的增益而需要的泵浦功率也可以通过推算确定下来，二者之间的关系可以表示如下：

$$P_{\text{pump}}=P_{\text{pump},o}\times\frac{G}{G_0}$$

其中，P_{pump}和$P_{\text{pump},o}$的单位为 mW，G和G_0的单位为 dB，$P_{\text{pump},o}$和G_0为参考基准的泵浦功率和增益。

除了在同一根光纤/光缆上根据要求进行多次升级外，还可以推算在其他光纤上需要的泵浦功率，可以依比例而计算，但需要光纤的具体参数，包括光纤的有效面积($A_{\text{eff,pump}}$)以及拉曼增益系数(g_R)与有效面积(A_{eff})的比值，还应考虑适当的有效作用距离(L_{eff})，根据这些信息，可以决定这一类光纤的参数指标(FOM)，如表 9.12.2 所示。通过 FOM 可以便捷地计算出不同光纤上所需要的泵浦功率。

表 9.12.2 光纤参数指标

光 纤	$A_{eff,pump(nm2)}$	$g_R/A_{eff,pump}$	有效作用距离/km	FOM
康宁 LEAF	61.6	0.457	19.76	9.1
SMF-28TM	75	0.380	20.12	7.6
SMF-LSTM	47	0.711	18.21	12.9

根据 FOM，在不同种类的光纤上所需要的泵浦功率(为达到一个固定的增益)可以表示为

$$P_{pump\,光纤\,2}=P_{pump\,光纤\,1}\times\frac{FOM_{光纤1}}{FOM_{光纤2}}$$

$$Gain_{光纤\,2}=Gain_{光纤\,1}\times\frac{FOM_{光纤1}}{FOM_{光纤2}}$$

其中，P_{pump} 的单位为 mW，Gain 的单位为 dB，根据以上关系，可以计算不同光纤在馈入同样的泵浦功率时达到的增益。

(2) 设计过程中需要考虑的因素

在馈入一定泵浦功率的条件下，就需要考虑影响拉曼增益的因素。在考虑安装带来的损耗时，这些损耗一般分布在拉曼放大器和光缆连接的部分，大约为 0.5～1.5 dB，考虑到这些，有如下公式；

$$P_{pump}=P_{pump,o}\times10^{JumperLoss/10}$$

其中，P_{pump} 和 $P_{pump,o}$ 的单位为 mW，JumperLoss 为光纤跳线的损耗，单位为 dB。根据以上公式，在实际工程实施中就具体参数设置泵浦功率。

6. 拉曼放大技术对光通信系统性能的影响

拉曼放大器辅助传输对 DWDM 系统性能的提升具有非常重要的作用，这从系统性能参数，如光信噪比、噪声系数(NF)和性能质量 Q 因子系数的分析与测量可以看出。

(1) 光信噪比

光信噪比(OSNR)是光纤信号与噪声的比值。OSNR 的大小决定了信号质量的优劣。一般对于 10 Gbit/s 信号接收端要求在 25 dB 以上(没有前向纠错编码 FEC 技术时)，光信噪比在 WDM 系统发送端一般有 35～40 dB，但是经过第一个光放大器后，OSNR 将有比较明显的下降，以后每经过一个光放大器 EDFA，OSNR 都将继续下降，但下降的速度会逐渐放慢。劣化的主要原因在于光放大器在放大信号、噪声的同时，还引入了新的 ASE 噪声，也就是本放大器的噪声，使总噪声水平提高，OSNR 下降。下降速度逐步放慢的原因在于随着线路中级联的放大器数目的增加，“基底”噪声水平提高，仅增加一个 EDFA-ASE 对总噪声水平的影响不大。

EDFA 的噪声系数决定了系统 ASE 噪声的积累速度。目前商用化 EDFA 噪声系数为 5～7 dB，要解决光信噪比 OSW 受限问题，必须降低光放大器的噪声系数。由于 40 Gbit/s WDM 系统需要的光信噪比比 10 Gbit/s 高 6 dB 左右，如果采用提高发射光功

率来满足 OSNR 的方法，则会使光纤非线性效应更突出，所以必须采用其他的措施。为了克服噪声的积累，在超长距传输环境下，引入了一种特殊的放大器——拉曼放大器，降低了光放大器的噪声系数和噪声累积速度，大大延伸了光电传输距离。

在同样传输距离的前提下，与以往 WDM 系统相比，使用拉曼放大技术的传输系统的每通路光信号的发送功率相对较低。输出光功率的降低，使每个通路经过线路放大器后，信号放大的同时，所引入的非线性损耗降低，这样使信号尽可能以线性模式(如准线性模式)传输。因此输出信号的光信噪比增大，从而保证在没有电再生中继设备的条件下，信号可以传输更远的距离。在 WDM 系统中，OSNR 是衡量光路性能的重要指标，但由于 OSNR 是放大器噪声和线性与非线性的积累效应所决定的，无法考虑波形失真和非线性效应，对于准确评估数字传输性能是不够的。Q 因子被定义为接收机判决电路信噪比，这种检测到的电 SNR 最终决定物理层系统 BER。可以适用于各种信号格式和速率的数字信号，由于不需要解开帧结构进行开销分析而比较简单易行，该参数的确立和测量方法对于实际维护和测试有重要意义。

(2) 噪声系数

在拉曼放大器中存在 4 种噪声源。

第一是双布里渊散射(DRS)，它其实相当于两种散射(一个是后向散射，另一个是前向散射)，这是精细玻璃合成时的不均匀造成的。后向传输的 ASE 会被 DRS 反射，从而变成前向传输，同时获得瑞利散射带来的增益。这反过来叠加到受到多重反射的 ASE 噪声上，从而降低了信噪比。此外，从 DRS 来的多路信号的相互干涉也会降低 SNR。DRS 与光纤的长度和光纤中的增益是成正比的，因此 DRS 在拉曼放大器中会由于光纤很长(通常会是几千米)而成为一个非常重要的影响因素。从实用的角度来说，DRS 会在每一级放大后降低 10～15 dB 的增益。因此通常可以在多级放大之间放置隔离器来获得高增益的放大器。例如，实验室已经研制出具有两级放大的增益为－30 dB 的拉曼放大器，它的噪声指数低于 5.5 dB。

第二个噪声源是拉曼放大器具有非常短的上升沿时间，一般短达 3～6 fs。这种瞬间增益会把泵浦的被动耦合到光信号中。通常采取的规避措施是使泵浦和光信号后向传输，这样就会产生一个有效的上升沿时间，一段相当于在光纤中的传输时间。如果使泵浦和信号在同一个方向传输的话，泵浦激光器就必须具有非常低的相对强度噪声(RIN)。例如，此时同向的泵浦激光器可以采用 FabIy-Perot 激光二极管而不能采用 Grating-Stabilized 激光二极管。

拉曼放大器的第三个噪声源就是常规的放大自发辐射噪声(ASE)。通常信号 ASE 的拍频噪声要大于 ASE-ASE 噪声而占主导地位。很幸运的是，拉曼放大器一般信号的 ASE 噪声都很低，这是由于拉曼系统通常都是一个后向系统。第四个噪声源来自于受激光子的光噪声，这是由于光信号在频谱上靠近泵浦使用的波长，从而被放大所导致的，换句话而言，在高温或较高温度时，会出现一族因受热而产生的离散光子，它们会自发地获得来自泵浦的增益，因此会产生靠近泵浦波长的信号噪声。实验已经表明这种噪声可以把噪声指数提高 3 dB。在分布式拉曼放大系统中，其噪声系数 F^R(线性)可以表示如下：

$$\rho_{\mathrm{ase}}^{R}(v)=h\nu(F^{R}G^{R}-1)$$

其中，ρ_{ase}^{R}表示 ASE 强度，G^{R}代表拉曼增益。从噪声系数(dB)的定义，F^{R}的值小于3 dB，在某些系统测试中，甚至可以是负值。

当一个分布式拉曼前置放大器(增益为G^{R}，噪声系数为F^{R})与一个 EDFA 放大器(增益为G^{E}，噪声系数为F^{E})级联在一起时，整体噪声系数F有如下定义：

$$F=F^{R}+\frac{F^{R}}{G^{E}}$$

拉曼放大器的噪声系数F^{R}一般都低于 EDFA 的F^{R}，根据上面的公式，增大拉曼的增益可以降低整体噪声系数。

在超长距系统中，采用拉曼放大和 EDFA 共同对信号进行放大的方式，系统的增益可达到 28 dB 左右，而噪声系数只有 2 dB 左右，保证信号的长距离传输。而一段 EDFA 的噪声系数在 5.5～7 dB。

拉曼放大器不可避免地引入了一定的噪声，由于多采用分布式拉曼放大方案，与 EDFA 相比，拉曼放大器的噪声较小。这是因为拉曼放大器引发的放大的自发辐射(ASE)噪声经过后向传输后被衰减掉，所以拉曼放大器的噪声较小。噪声系数F^{R}一般在 3 dB 以内，在某些情况下还会是负值。当拉曼增益增加时，噪声性能会明显下降。

在采用拉曼放大器的系统中，存在一种二次背向瑞利散射(DRBS)效应，影响了对噪声的改善程度。瑞利散射出的光被光纤捕获和传导，产生出 DRBS。后向散射的光传回到源端，与输入信号汇合，造成带内交叉串扰，又继续向前传送，散射光在传输光纤中来回经过了两遍，而信号光只传输了一遍，因此，在增益值较大的情况下，DRBS 的影响会尤为突出，DRBS 成为了拉曼增益效应的主要障碍。

在系统设计中应考虑其噪声特性。由于拉曼光纤放大是分布式的过程，RFA 的等效噪声相对于 EDFA 要小。低噪声的原因是在拉曼光纤放大过程中 ASE 也在一段较长的光纤中被衰减了，光纤越长噪声越低，由于光纤越长增益越大，因此对于 RFA 的特性是增益越大噪声越低。当仅考虑泵浦光、信号光(不考虑高阶 STOKES 光)及 ASE 噪声(不考虑瑞利散射引起的噪声)时，拉曼放大器的噪声光功率与拉曼放大器的增益成线性关系，即增益越大，噪声越大。在增益一定的前提下，随着信号衰减系数的提高，噪声光功率在变小，也就是说，光纤对信号的损耗一定程度上抑制了自发辐射的噪声。同样，在增益一定的条件下，噪声光功率随着传输距离的增大而减少，这是因为随着传输距离的增大，泵浦光的放大作用逐渐减弱，因此，由于对自发辐射信号的放大而引起的噪声也减弱了。

不过 RFA 对噪声性能的改进受到二次背向瑞利散射的限制，DRBS 对信号光有干扰并且造成串扰，尤其在高增益的情况下，DRBS 对噪声的贡献变得更加显著，因此 RFA 的增益也受到一定的限制。提高拉曼光放大器的噪声性能有两个方法：改变泵浦衰减和改变信号衰减。泵浦衰减影响到拉曼光放大器的等效光纤长度，衰减越小长度越大，因此对 AASE 的衰减也越大，有利于提高噪声性能。拉曼光放大器的优点就在于其分布式放大过程，增加信号的衰减也能够进一步减弱 ASE，不过同时也要求增加拉曼光放大器的增益来补偿对信号的衰减。对于泵浦衰减和信号衰减的控制是改善整个系统光信噪比的重要手段。分布式拉曼放大器常规 EDFA 混合使用能有效地降低系统的传输单元噪声，而不必减小单元长度。

(3) Q 因子系数

在光通信系统中,特别是 WDM 系统中,OSNR 是目前衡量光路性能的重要指标,目前在光域内还没有其他指标像 OSNR 一样真实地反映信号性能质量。但是越来越多的人认为:10 Gbit/s 及以上速率系统非线性效应很强,对系统最终的 BER 性能有着举足轻重的影响,仅仅依靠 OSNR 已无法准确地衡量系统的性能,同样的光信噪比情况下,非线性效应的大小会引起系统 BER 的显著变化。光信噪比并没有考虑非线性的作用,即同样的光信噪比情况下,由于非线性或波形失真,系统的误码性能可能有很大区别。为此,有些厂商倾向于提出一个新的概念,即用 Q 因子来衡量系统性能。所谓 Q 因子就是在判决电平点信号和噪声的比值,是一个电信号信噪比的概念。

Q 因子被定义为接收机判决电路信噪比。这种检测到的电 SNR 最终决定物理层系统的 BER。与 BER 和误码率相比,Q 因子只需要光电变换和时钟恢复,而不需要解开帧结构,进行开销分析,因此可以应用在 3R 中继器的光通路连接处。

Q 因子被定义为在最佳判决点,信号与噪声的比值。假设信号"1"和"0"的概率是相同的,$P(0)=P(1)=0.5$,噪声与信号的统计特性无关。

$$Q=\frac{\mu_1-\mu_0}{\sigma_1+\sigma_0}$$

Q 因子可以写为 dB 形式:

$$Q(\text{decibels})=20\times\lg Q(\text{linear})$$

其中,μ_1 是"1"电平时的平均电平,μ_0 是"0"电平时的平均电平,σ_1 和 σ_0 是"1"电平和"0"电平时的标准方差。

采用光放大器的系统,光放大器的输出功率($P_{\text{out}}\geqslant P_{\text{sens}}$)与光放大器自发辐射噪声 P_{sp} 的比值定义为光信噪比。系统的 Q 因子与光信噪比有定量的关系。

分布拉曼放大辅助传输对系统性能质量 Q 因子的影响可由以下分析得出。放大自发辐射为信号主要噪声来源时,Q 因子可用以下方程表示:

$$Q_{\text{amp}}=\left(\frac{P}{Nh_{v}GFB_{\text{e}}}\right)^{1/2}$$

其中,P 是信号入射功率,F 是放大器噪声指数(以线性单位表示),G 是放大器增益(以线性单位表示),N 是放大器数目,B_{e} 为电域带宽,h_{v} 为一常数。因为分布拉曼可被等效为一分立的放大器,相当于在每个传输单元添加了一个放大器。可做如下定性分析,由于放大器加倍,每个放大器的增益可减为原来的 1/2(这里增益是以 dB 表示的),转换成线性单位代入 Q 方程中,即使以"2×放大器数的增量",Q 值的提升也大于 2 dB(较高的 Q 值意味着较好的误码率)。这也是陆上 6×100 km 系统和海底 140×50 km 系统两者都能工作和具有相同噪声积累的道理所在。

由 Q 因子方程还可以看出,降低分母里的噪声指数 F 可以直接提高 Q 因子值。然而,光纤传输设计中通常要考虑 ASE 噪声和光纤非线性之间的均衡。当入射信号光功率过低时,ASE 噪声使 Q 值降低,当功率太高时,光纤非线性使 Q 值降低。分布式拉曼放大器不但使系统的 Q 值升高了,还使最佳入射信号光功率降低了许多,这对降低光纤非线性对信号的串扰有非常积极的作用。分布式拉曼放大器能提高系统性能的优点使其具有所谓的“跨距延伸效益”。跨距延伸使长距离传输干线上可撤除昂贵的3R中继器，趋向光透明性，具有直接的商业需求。分布式拉曼放大器还成为一种网络升级必需的器件，用以将现有的传输系统升级到40 Gbit/s。如果没有拉曼放大，现有的各种光纤类型只有在传输单元长度不长于50 km的情况下才能支持这个码率。除了距离和比特速率的提高外，分布式拉曼放大器还允许通过加密信道间隔，提高光纤传输的复用程度和传输容量。光纤拉曼放大器的这些优点及其作为分立式放大器使用时所具有的超宽带特性使其在近几年内获得了广泛的研究和应用，并取得了骄人的业绩。

参考文献

[1] 袁建国,叶文伟. 光纤通信新技术[M]. 北京：电子工业出版社,2014.
[2] Gerd Keiser. 光纤通信[M]. 4 版. 北京：电子工业出版社,2011.
[3] 孙学康,张金菊. 光纤通信技术[M]. 北京：人民邮电出版社,2009.
[4] 袁建国,叶文伟. 光网络信息传输技术[M]. 北京：电子工业出版社,2012.
[5] 徐荣,龚倩. 高速宽带光互联网技术[M]. 北京：人民邮电出版社,2002.
[6] 徐宁榕,周春燕. WDM 技术与应用[M]. 北京：人民邮电出版社,2002.
[7] Nakazawa, Masataka, Kikuchi, et al. High Spectral Density Optical Communication Technologies[M]. New York: Springer ,2010.
[8] 龚倩,徐荣,张民,等. 光网络的组网与优化设计[M]. 北京：北京邮电大学出版社,2002.
[9] 龚倩,徐荣,叶小华,等. 高速超长距离光传输技术[M]. 北京：人民邮电出版社,2005.
[10] 邓忠礼,等. 光同步传送网和波分复用技术[M]. 北京：北方交通大学出版社,2003.
[11] Peter Tomsu, Christian Schmutyer. 下一代光网络[M]. 龚倩,徐荣,译. 北京：人民邮电出版社,2003.
[12] Joseph C. Palais. 光纤通信[M]. 5 版. 北京：电子工业出版社,2007.
[13] 张宝富,刘忠英,万谦,等. 现代光纤通信与网络教程[M]. 北京：人民邮电出版社,2002.
[14] 赵梓森. 光纤通信工程(修订本)[M]. 北京：人民邮电出版社,1999.
[15] 朗讯科技(中国)有限公司光网络部. 光通信技术[M]. 北京：清华大学出版社,2003.
[16] 李淑凤,李成仁,宋昌烈. 光波导理论基础教程[M]. 北京：电子工业出版社,2013.
[17] 吴重庆. 光波导理论[M]. 2 版. 北京:清华大学出版社,2005.
[18] 李玉权,崔敏. 光波导理论与技术[M]. 北京：人民邮电出版社,2002.
[19] 王健. 导波光学[M]. 北京：北清华大学出版社,2010.
[20] Snyder. AW, Love. JD. 光波导理论[M]. 周幼威,译. 北京：人民邮电出版社,1991.

[21] 谭维翰. 非线性与量子光学[M]. 北京：科学出版社,2000.
[22] 杨祥林,温杨敬. 光纤孤子通信理论基础[M]. 北京：国防工业出版社,2000.
[23] 邱昆. 光纤通信导论[M]. 成都：电子科技大学出版社,1995.
[24] 刘德明,向清,黄德修. 光纤光学[M]. 北京：科学出版社,1995.
[25] 邓卫华,李玉权. 单模光纤偏振模色散及补偿方法[J]. 解放军理工大学学报,2001,2(5):45-49.
[26] 蒲涛,李玉权. 介质光波导中非线性薛定谔方程的一种近似解法及其应用[J]. 微波学报,2002,18(2)：28-32.
[27] 陈心敬. 高速超长距离 DWDM 光传输系统中非线性效应的影响及应用[D]. 上海：上海交通大学,2009.
[28] Demissie Jobir Gelmecha. 高速光纤通信在非线性色散影响下的传输特性[D]. 武汉：华中师范大学,2011.
[29] Sanogo Diakaridia. 长距离布里渊光时域分析系统的优化研究[D]. 哈尔滨：哈尔滨工业大学,2015.
[30] 杨祥林. 光纤通信系统[M]. 北京：国防工业出版社,2000.
[31] 刘德明,向清,黄德修. 光纤技术及其应用[M]. 成都：电子科技大学出版社,1994.
[32] 徐荣,龚倩,张光海. 城域光网络[M]. 北京：人民邮电出版社,2003.
[33] 徐宁榕,周春燕. WDM 技术与应用[M]. 北京：人民邮电出版社,2002.
[34] 黄章勇. 光纤通信用光电子器件和组件[M]. 北京：北京邮电大学出版社,2001.
[35] 黄章勇. 光纤通信用新型光无源器件[M]. 北京：北京邮电大学出版社,2003.
[36] 林学煌. 光无源器件[M]. 北京：人民邮电出版社,1998.
[37] 黄勇林. WDM 系统中光分插复用/解复用技术研究[D]. 天津:南开大学,2003.
[38] 袁建国,蒋泽,毛幼菊. 拉曼放大器中噪声对光接收机性能影响的分析[J]. 光电子.激光,2006,17：97-99,102.
[39] 袁建国,李好,何清萍. 光转换单元中锁相环带宽的优化[J]. 光学精密工程,2011,19(8)：1937-1943.
[40] YUAN Jian-guo,ZHANG Ben,YE Wen-wei . Impact of Noises in Raman Amplifier on its Performance[J]. 光学精密工程,2009,17(10)：2418-2424.
[41] Jian-guo Yuan,Tian-yu Liang,WangWang et al. Impact Analysis on Performance Optimization of the Hybrid Amplifier(RA+EDFA)[J]. Optik,2011,122(17)：1565-1568.
[42] Puc B,Chbat M W , Henrie J D,et al. Long-haul WDM NRZ transmission at 10.7Gbit/s in S-band using cascade of lumped Raman amplifiers[J]. in Optical Fiber Communicaton Conf. OSA Tech,Dig. Washington,DC 2001.
[43] Dominic V, Mao E, Zhang J, et al. Distributed Raman amplification with co-propagating. pump light[J]. in Optical Amplifibers and Their Applications OSA Tech,Dig. Washington,DC2001.

[44] Zhu B,Leng L,Nelson E,et al. 3. 2Tibt/ s(80 * 42. 7Gbit/s)transmission over 20 * 100km of non-zero dispersion fiber with simultaneous C + L-band dispersion compensation[J]. OFC2002,PD FC8.

[45] YUAN Jian-guo,LIANG Tian-yu,HE Li,HE Qing-ping. Performance of DRA with Different Pumping Schemes Basing on Coupling Equation[J]. Optoelectronics Letters,2011,7(3):0209-0212.

[46] Su Y,Raybon G,Wickham L K,et al. 40Gbit/s transmission over 2000 km of nonzero-dispersion fiber using 100km amplifier spacing. OFC'2002,ThFF3.

[47] Suzuki K,Kubota H,Nakazawa M. 1Tbit/s(40Gbit/s * 25channel) DWDM quasi-DM soliton transmission over 1500km using dispersion-managed single-mode fiber and conventional C-band EDFAs[J]. OFC'2001.

[48] Fenghai L,Bennike J,Supriyo D,et al. 1. 6Tbit/s(40 * 42. 7 Gbit/s) transmission over 3 600 km UltraWaveTM fiber with all-Raman amplified 100km terrestrial spans with ETDM transmitter and receiver[J]. OFC2002,PD FC7.

[49] 小林功郎. 光集成器件[M]. 北京:科学出版社,2002.

[50] 宋贵才,全薇. 光波导理论与器件[M]. 北京:清华大学出版社,2012.

[51] 唐同天,王兆宏,陈时. 集成光电子学[M]. 西安:西安交通大学出版社,2005.

[52] 彭军. 光电器件基础与应用[M]. 北京:科学出版社,2009.

[53] 袁国良,李元元. 光纤通信简明教程[M]. 北京:清华大学出版社,2008.